人类生态系统设计

景观、土地利用与自然资源

DESIGN FOR HUMAN ECOSYSTEMS

LANDSCAPE, LAND USE, AND NATURAL RESOURCES

[美] 约翰·蒂尔曼·莱尔 （John Tillman Lyle）著

骆天庆 译

上海·同济大学出版社

目录

"飘散的种子可以形成深度变型吗？"（Can floating seeds make deep forms? 这里的 form 是指生物学的变型，是生物分类上比变种更小的类群名称，以下则引申为设计形态乃至风景园林行业实践的改变。译者注）在 1992 年的一篇文章中，约翰·蒂尔曼·莱尔（John Tillman Lyle）要求读者将风景园林专业理解为"飘散的种子"——会分散开来、定植下来，有的会生根，在特定的时候形成某一个地方经过设计的物理景观表现。如果景观设计能够紧跟景观作用过程（例如水、土壤、风、能量和物种的流动和循环）的律动节拍，就可以生成深度变型的形态。深度变型的形态不同于"肤浅的"形态：肤浅的形态纯粹是追求视觉和风格的产物，贴着地表，与各种持续不断的自然作用过程并无关联。生成深度变型形态的设计所具有的潜力不受时间限制，可以创造出一种较少反映有形形态转而反映关键的自然作用、能够接受各种变化，并随着时间的推移还能保持巨大作用的景观结构。

《人类生态系统设计》（Design for Human Ecosystems）本身就是一粒"飘散的种子"，自 1985 年出版以来，已经引发了场所、人，乃至这个行业的深度变型和深刻变革。种子于植物而言，是成熟的迹象。同样，按照福斯特·恩杜比斯（Forster Ndubisi，德州农工大学风景园林与城市规划系教授，译者注）在《生态设计与规划（1997）》（Ecological Design and Planning 1997）一书的说法，莱尔的书是"风景园林专业及其规划设计变得成熟的一个指征"。

每当一个可以以不同的方式解释现有的知识，并且其需求不断增长的新的范式出现时，相对应的专业就会成熟起来。1985 年，美国《国家环境政策法》（National Environmental Policy Act，简称 NEPA，美国于 1969 年制定，是第一部使环境保护成为国家政策的法规。译者注）和其他一些环境保护法规要求，土地的开发决策必须有清晰、负责的决策程序，以便和公众沟通开发可能带来的影响。伊恩·麦克哈格（Ian McHarg）的适宜性分析绘图方法，如同 1969 年出版的《设计结合自然》（Design with Nature）中所采用的，应这个要求被广泛采纳。景观的生态结构以及各种自然作用是动态的、相互关联的；但是，通常在运用适宜性分析绘图时，这种动态性和相互关联性会被忽略。环境影响评价过程需要有科学家和设计师的共同参与，各种概念和专业语汇的共享需求也在不断增长。像"遗传多样性保护"这样来自保护生物学的概念，只是刚刚开始渗透到各级设计机构中来。科学家们已经意识到，设计师出于好意——为了美观而采取的那些行动，诸如用进口苗木对偏远的步道入口和停车场重新进行绿化种植之类，正在危及生境和物种的生存，而设计师们则强烈反对由此对植物选择加以种种限制，极力捍卫人类的爱美需求。必须要有更好的办法来解释各种生态学原理，特别是那些强调自然的或然性、动态性本质的生态学原理，要将它们纳入景观设计和规划中去。同样，为了对设计师和科学家都起到激励作用，设计过程和各种方案也必须要有更好的表现方式，由此生态学原理才能成功地整合到设计中去。有几位专家回应了这些要求，于是，很多专著出现了，阐述了在设计和规划中整合人类与自然的重要性，并介绍了这方面的实践情况。

《人类生态系统设计》被认为是当代影响重大的论著中的佼佼者。这本书传递了两个核心要点，因而为人称道：首先，莱尔提出了一个浅显易懂的观点，即设计师如果要创作出经得起时间考验的、负责任而又有益的设计作品，就必须要了解在各种尺度上运行的生态秩序，并将其与人类的价值观相关联。莱尔显然有着出色的聪明才智，可以轻易地跨越学科界限，因而这个观点引发了共鸣，并且他又凭借自身的专业和学术阅历，详细介绍了很多研究案例，坚定了自己的立场。其次，莱尔为他的论著提供了一个支撑点——基于阿尔弗雷德 · 诺尔司 · 怀特海（Alfred North Whitehead，英国数学家、哲学家，"过程哲学"的创始人。译者注）的各个学习阶段的一种设计方法，该方法将艺术和科学视为相互包容的要素纳入整体。该方法从加州州立理工大学波莫纳分校风景园林专业的研究生设计课程中得到在历史背景、案例研究，以及实践经验等方面的全面支持——莱尔在该校执教 30 年。乔恩 · 罗迪克（Jon Rodiek，德州农工大学风景园林与城市规划系退休教授。译者注）在 1986 年的一篇书评中写道：这本书"将标志着一个全新的教育时代的开始"。他总结道："为了欣赏莱尔的作品，读者必须拓宽他们的视野，超越当前的观念。那些能够做到的人可能会发现，这是设计教育者提出的、非常有意义的重任之一。"

　　莱尔的方法对于风景园林行业的影响是显而易见的——无论从影响规模，还是就对土地以及对人类的影响而言。立竿见影的是，他的工作将学生和教师吸引到加州州立理工大学波莫纳分校，在那里，凭借各种类似于《人类生态系统设计》中描述的设计课和研究项目，生态设计的原理和方法继续得以践行和完善。设计工作室（studio，是设计类专业的一种设计课教学和组织方式，莱尔所教授的研究生设计课程即采用了这种方式。译者注）这种设计课教学方式要求学生对已获得资助的项目进行落地设计，经常会将供水管理区、空气污染控制委员会、海岸带保护区、印第安部落，以及其他一些组织的成员转变为风景园林专业设计的新客户。1987—1993 年，该设计工作室完成的研究项目获得美国景观建筑师协会（American Society of Landscape Architects）专业奖的 6 个规划类奖项。

　　该设计工作室的一个项目"环境再生研究中心"（The Center for Regenerative Studies）是加州州立理工大学波莫纳分校校园内一个局地的里程碑，已经发展成为一个具有广泛吸引力的、令人瞩目的"现实世界"。在这个占地 16 英亩的地块上，学生和教师探索着人类生态系统设计的建成效果。花园和建筑、人与植物、教学和学习的种种对立统一，都在这里因对于环境再生的关注而融合到一起，这种对于环境再生的关注不仅仅是对于可持续、自然资源和未来子孙后代的关注。该中心主任琼 · 萨福德（Joan Safford）自中心成立以来就是其中的一员，她说："在我们就该中心的各种名称进行讨论期间，有过很多激烈的争论。约翰令人信服地提出并捍卫了罗伯特 · 罗达尔（Robert Rodale，美国推广有机农业和园艺的先驱人物。译者注）的'环境再生'理念，并将其作为核心思想。"莱尔在 1994 年写道："环境再生设计意味着用各种'源'、消费中心和'汇'之间的循环流取代当前线性生态系统的单向流……（环境再生设计）关于生命自身的复兴，因此关乎未来的希冀。"对此，萨福德说："10 年前因过度放牧导致土壤被踩踏板结的奶牛养殖牧场，一度被掩埋成为一个巨大的垃圾填埋场，现在从恢复活力的土壤中重生，产出了大片芳香四溢、茂盛的薰衣草、鼠尾草、迷迭香，想起来就令人惊叹。"

　　该中心的深度变型体现在对于建构（并仍然有待建设）生态秩序的关注之中。能量流由南向的屋顶花园和太阳能追踪收集器显现出来。水和营养物质从水产养殖塘流经湿地，在循环进入其他利用方式之前，这些养殖塘和湿地就充当污水处理系统。阶梯状的、由废旧轮胎堆筑的梯田体现出水资源的有效利用、各种物质的循环，以及土壤的就地恢复过程，并令人联想到其他干旱地区的农业景观格局。虽然莱尔对这个地方的整体愿景还在逐步呈现之中，但是其深层的发展潜力仍然成功触发了访客和居住者的想象力，令他们翘首以待。

以《人类生态系统设计》为基础，以"环境再生研究中心"为开端，莱尔于1994年出版了《环境再生设计：为了可持续发展》（*Regenerative Design for Sustainable Development*）。该书总结了莱尔在学术休假期间帮忙形成或调研的大量环境再生设计技术和实例。托尼·希斯（Tony Hiss，美国著名的城市和景观领域的作家、评论家和演说家。译者注）在1994年美国景观建筑师协会的颁奖典礼上指出，这本书标志着"……可持续发展运动的时代到来了"[该书出版当年即获得美国景观建筑师协会的优秀传播奖（Merit Award for Communications）。译者注]。《景观生态学：理论与应用》（*Landscape Ecology: Theory and Application*）一书的作者泽夫·纳韦（Zev Naveh）写道："（莱尔的）环境再生系统设计在我看来是确保未来农业生产，并且也是生命延续的最有希望、最可持续的方式。"

自1994年以来，环境再生设计不断从理论走向应用，从若干个孤立的项目转变为系统性的工作。莱尔规划和建成的案例有加利福尼亚州的克莱蒙特神学院（Claremont School of Theology）和他的私家庭园、明尼苏达州的平安岭项目（Shalom Hill Project）、俄亥俄州的格伦·海伦生态学院（Glen Helen Ecology Institute）和欧柏林学院（Oberlin College）项目、肯塔基州的教育资源中心应用部（Applied Ministries Educational Resource Center），以及华盛顿的迪安住宅区（Dean residence）。由加州州立理工大学波莫纳分校于1996年主办的环境再生设计研讨会示范性地展示了这些设计理念的广泛应用，从北美、欧洲一直到亚洲（如中东）。加州州立理工大学波莫纳分校的马克·冯·沃特克（Mark von Wodtke）教授在继续实现莱尔的几个项目设计方案。

约翰·莱尔写道："如果飘散的种子掉落到肥沃的土壤之中，并且找到与环境的契合方式，它们就会发芽、生长，并最终在那个地方开始全新的进化繁衍。"在某一专业范畴内考证语汇和书面交流方式的演变，为这种繁衍（culture，借英文的多义，此处作者由动植物栽培养殖的繁衍引申为文化方面的繁衍。译者注）提供了一个非常有意思的考察渠道。1985年，鲜有著作聚焦于生态设计。当时"生态"一词通常与生态学和一些硬科学（hard sciences，指较为严格或准确的科学领域。译者注）相关，而非风景园林。景观生态学刚刚在美国出现，只有少数几位景观设计师的工作有相关文字证据。1987年，世界环境与发展委员会（World Commission of Environment and Development）发布了《我们共同的未来》（*Our Common Future*）——关于全球环境退化的报告，呼吁可持续发展应是所有国家的优先目标。到20世纪90年代初，"可持续设计"一词渗透到了设计行业，有了大量的出版物就可再生资源的利用技术对设计师进行指导。公共机构，特别是那些关注区域尺度的公共机构，将这个术语应用到了工作中，最突出的是美国国家公园管理局，该局于1993年出版了《可持续设计导则》（*Guiding Principles of Sustainable Design*）。20

世纪 90 年代初期，莱尔的衍生词"环境再生设计"得到了推动，并且形成了一批数量不多但颇为忠实的追随者；20 世纪 90 年代中后期，许多作者将可持续设计的理念应用到了住区和新城镇的开发中，并且探索了想要资源供需之间更加一致关联的心理动机。目前已有数百本书可供参考。

生态设计、可持续设计、环境再生设计——尽管这些词语之间的区别仍有争议，但它们现在在很大程度上可以互换使用，因为它们都将生态原理与设计进行了整合。大多数新近的参考文献都是建立在麦克哈格的《设计结合自然》和莱尔的《人类生态系统设计》探索奠定的基础之上。难以想象的是，这些开创性的文字曾一度绝版，将不断增长的文献"齐根割断"，给新加入的学生和从业者留下实实在在的空白。

《人类生态系统设计》所占据的地位是独一无二的，应该拥有更广泛的读者。这是一本令人难忘、不会过时，并且可能改变我们人生的书。杰弗里·奥尔森（Jeffrey Olson）和莱尔是加州州立理工大学波莫纳分校三年级研究生景观设计工作室的共同负责人，他指出："我见到过一些学生，他们迷失在自己的各种目标中，难以确定，或出不来成果，阅读了《人类生态系统设计》后，有时几乎是刹那间，他们在工作时就变得非常擅长且富有洞察力了——灯点亮了，电梯一下子就到了顶楼！我的看法是，这本书最重要的贡献之一就是那个关注尺度的层次体系，学生一旦理解了，这个体系就能很好地帮助他们将工作聚焦。"西澳大学（University of Western Australia）的讲师麦克·史蒂文斯（Mike Stevens）写道："学生们简直是如饥似渴地吸收莱尔对于生态功能的见解，以及关于如何利用场地的信息。"加州州立理工大学波莫纳分校的在读学生艾琳·马丁（Aerin Martin）也表示赞同："莱尔的文字非常鼓舞人心，几乎是在命令人们采取个人行动。他的作品文如其人，富有远见，极具魅力。这些特质说服了大家，令人相信生态设计是与自身相关、极其重要的事情。"

莱尔的存在及其著作改变了景观设计课程，并将产生持久的影响。圣保罗路德神学院（Luther Theological Seminary in St. Paul）的迪恩·弗洛伊德伯格（Dean Freudenberger）教授写道："（莱尔）启人心智，充满智慧，循循善诱且结交广泛，他为整个环境保护运动做出了长久的贡献。（他的）贡献如此巨大，目前无法衡量。"奥伯林学院（Oberlin College）环境研究课程主持人大卫·奥尔（David Orr）补充道："……再过 25 年，人们还是会阅读他的著作，他将跻身于这个过渡时期的重要人物之列。"泽夫·纳韦说："我认为他是最富有创造力的领导人之一，引领人类走向更美好的未来。"

莱尔的存在改变了世界，他在 1998 年的突然去世也同样改变了世界。在这之前，他退出了教学，将更多时间投入咨询和实践。他一直是环境再生设计的卫士，全身心地进行写作和设计，他的影响力会在这个国家和海外继续扩散。《灰色世界，绿色的心》（Gray World, Green Heart）的作者小罗伯特·L.塞耶（Robert L. Thayer, Jr.）对莱尔的影响进行了总结："他所担当的角色无可替代。他以一种全新的方式看待这个世界，并践行于其中，是这种全新方式的发言人。"

约翰·莱尔也许会在晚些时候反思他这一生的工作，我们却失去了阅读和聆听的机会；但是，如此多的人已经受到了他著作的影响，种子会继续发芽、生长，并创造出深度变型，结出他这一生以及著作的丰硕果实。莱尔曾四处周游，分享各种想法，而《人类生态系统设计》静静地屹立着，像灯塔一样闪耀着……我们看到它的光芒，找到自己的航线。

莱尔的生与死改变了我们以及这个行业；但是，没有改变的是《人类生态系统设计》的相关思想，这些思想深入人心。菲利普 · 普雷基尔（Philip Pregill）和南希 · 福尔克曼（Nancy Volkman）在其《历史上的景观》（*Landscapes in History*）一书中论述了风景园林专业所遭受的诸多变革，并思考得出了一种不变性——"无论是什么项目类型、项目尺度或风格潮流，都要能够创造性地运用多种规则，解决多种问题，并操控多个有形的解决方案，这种能力仍将是该专业必须具备的最关键的技能。要说对过去的研究有什么价值的话，那就是它可以证明解决方案发生了变化，但是，最有价值的仍然是如此难以捉摸的创作过程。"

约翰 · 蒂尔曼 · 莱尔的《人类生态系统设计》令这个创作过程不再是那么难以捉摸，并认为设计会越来越重要。我们非常感激岛屿出版社（Island Press）将这本书带了回来，并正在送往未来深度变型的创作者的手中。

琼 · 赫希曼 · 伍德沃德（Joan Hirschman Woodward）
于加利福尼亚州波莫纳市的加州州立理工大学

前言

　　本书阐述了景观塑造、土地利用和自然资源保护的原理、方法和技术，这些原理、方法和技术都是可以令人类生态系统以自然生态系统的可持续方式运行的。它是写给关注这些问题的每一个人的，既包括普通公民，也包括景观设计师、规划师和其他一些专业人士。书中所写的思维方式源于我的教学经验以及我在过去的 15 年里与学生和同事一起开展的各种研究和试验项目，我试图将其作为支撑方法和实际应用体系的一个相当完整的理论基础。除了我自己的那些经验之外，构建这个思维方式的基本概念有着极其广泛的来源——来自各种学科。自第二次世界大战以来，非常有用的思想和研究已经有了爆炸式的增长，在我看来，相比以往能够借鉴的，这些思想和研究可以启发出更为有效的景观设计方法。我如鱼得水，汲取了自认为有用的一切，丝毫不考虑学科界限——这么做不仅非常方便，而且很有必要，因为风景园林和规划在这方面的理论与文献是如此的缺乏。我希望我的书能够有所贡献，能稍稍有助于这种状况的改观。如果没有一个更广泛的理论架构来确定目的，方法和技术就没有什么意义。

　　本书的组织既包括了文字部分，也包括了案例研究部分。后者是对如何有效应用文字部分中所讨论的概念、原理、方法和技术的举例说明。这些案例中的绝大部分是我参与的项目，主要是和我在加州州立理工大学波莫纳分校的两个试验性设计小组——试验性设计实验室和 606 设计工作室—— 一起完成的。由于在这两个设计小组中的磨炼，我形成了自己的思想，因此它们之于本书的写作作用重大。景观设计不是抽象生成的，而是在各种现实的热点议题以及由此而生的种种问题、争议、矛盾和乱象中推演而成的。试验性设计实验室包括多个教师团队，他们开展的是复杂而具探索性的景观设计和规划项目，主要面向各个公共机构，研究生作为工作人员的助手参与其中。606 设计工作室的项目由研究生承担，由教师指导，两个设计小组都以探索的方式解决了种种实际而迫切的问题，项目大多是由公共机构资助的。两个设计小组都非常谨慎地进行项目选择，只承接可能具有重大公共利益的并对探索我们特别感兴趣的想法有帮助的任务；因此，本书中给出的大多数案例都代表了这两个设计小组的工作，这么说是恰如其分的，也是必然的。在我看来，所有这些研究案例，包括取自其他来源的那部分案例，都是用于说明特定应用的最佳案例。

　　这些案例研究都不是完整再现的，只是挑选了针对书中论述的主题给出了大致理念并说明了特定应用的那部分案例。例如其中一个案例绘制了一幅水流图，另一个案例纳入了完整的资源普查结果，而第三个案例则呈现了带有评价比较的全部备选方案。总之，我认为这些方案即使没有涉及全部的尺度、景观类型、方法和技术，所涵盖的范围也非常广泛了。

　　撰写设计类书籍的人士似乎通常会在最开始或最后的那些语句中尽量反映出他们所要讨论的主题，我并不想这本书也是这样；相反，我希望它在设计方法的发展洪流中能找到一席之地，至少在一定程度上，我试过去追踪涉及各种自然作用的设计理念的历史发展脉络。对我们来说，重要的是要认识到，以我们的聪明才智和专业素养的根基所能做到的远远不只是现在这些。设计需要扎根于我们所有的文化思想都由之萌生的那片坚实的土壤之中。关于这个问题我还有很多话要说，远远不只是本书所说的这些，我期待着进一步的对话。

　　大约 30 年前，理查德 ·诺伊特拉（ Richard Neutra ）写道："人类在一张筏子上漂浮着，寻求可能的生存之地，岌岌可危，这张筏子——规划与设计——迄今为止还只是权宜之计，并且常常会漏水。"事实证明，他说得太对了，对于像我们这样不愿往前看的物种来说，这是一种令人绝望的困境。尽管如此，这张"筏子"还在"海面"上漂着，现在制作得更精致了一些，但是比以往任何时候都更加岌岌可危，令人坐立不安，而这片"海域"变得更加波涛汹涌、危机四伏。我们已经修补了一些漏洞，但还剩下很多，也许这本书会再堵住几个漏洞。

尽管"海上"波涛汹涌，但我认为我在这本书里所持的态度明显要比其他那些涉及生态问题的书更为乐观，因为这种思维方式——彻头彻尾的设计思维方式——需要乐观的精神，而我和诺伊特拉一样，都认为这是唯一有希望的一种思维方式。人们很难设计出什么东西来，除非假设这个设计可以被实现，并且会有人要采用它；因此，我乐观的理由与其说是对光明的未来充满信心，不如说是我深知，仅有悲观和绝望的话，结局肯定是一败涂地——这种前景是我无法接受的。

众多人和我一起研究出了这些方法，完成了这些研究案例项目，并形成了这本书。在过去 15 年左右的时光中，和我合作过的每一名学生都以某种方式做出了贡献，包括各种想法、见解、讨论，有时是为了给出更好的解释而面对的种种挑战或要求。那些研究案例的工作人员都列在了每个作品的介绍中，但他们只代表了众多参与者中的一小部分，我由衷感谢所有参与人员。同样，我们的客户——那些公共和私立机构的管理者和工作人员一直支持我们的工作，不仅提供了资金，还对我们的工作感兴趣，并带来了他们的专业知识和见解。相关人员太多，无法在此一一列出，但我要特别提到洛杉矶市（Los Angeles）、德尔马市（Del Mar）、亨廷顿海滩市（Huntington Beach）、艾尔辛诺湖（Lake Elsinore）、棕榈泉市（Palm Springs）和圣地亚哥县（San Diego County）的规划部门，美国国家森林管理局（U.S. National Forest Service）和美国土地管理局（U.S. Bureau of Land Management），加州海滩和公园管理部门（California Division of Beaches and Parks）、圣莫尼卡山地保护管理机构（Santa Monica Mountains Conservancy），以及尔湾公司（Irvine Company，美国知名物业管理公司。译者注）。

也许最重要的是，在此期间我在试验性设计实验室和 606 设计工作室的同事们，特别是亚瑟·约凯拉（Arthur Jokela）、杰弗里·奥尔森和马克·冯·沃特克。我们交换意见，几乎不停地投入各种争论中。如果没有他们，这本书肯定不会是这样的，也许根本就不会出现。他们三个人都阅读了这本书的手稿，并提出了富有洞察力的建议。

还有许多人也做出了贡献。西尔维亚·怀特（Sylvia White）阅读了这部手稿的部分内容，我的妻子哈丽雅特（Harriett）以及其他一些人也一样，所有这些对我都非常有帮助。杰克·丹格蒙德（Jack Dangermond）、刘易斯·霍普金斯（Lewis Hopkins）、马克·索伦森（Mark Sorenson）和卡尔·斯坦尼茨（Carl Steinitz）都非常慷慨地投入自己的时间和努力，贡献了研究案例。约翰·奥德姆（John Odam）对本书的设计非常重要，这是显而易见的。比尔·本斯利（Bill Bensley）重新手绘了一些精美的插图。露丝·斯特拉顿（Ruth Stratton）耐心而熟练地反复输入了文字部分。另外，要特别感谢加州州立理工大学以学术休假的方式给我留出了时间，使我能够最终将内容拼凑到了一起。

1 英尺 = 0.3048 米

1 英里 = 1609.344 米

1 码 = 0.9144 米

1 英亩 = 4046.856 422 4 平方米

1 平方英尺 = 0.092 903 04 平方米

1 平方英里 = 2.589 988 110 34 平方公里

1 加仑（英）= 4.546 092 升

第一章 绪论
当智慧与自然相遇时

地球上的每一片土地都有各自一段历史，可追溯到大约 45 亿年前，并且各有各的起伏跌宕。从岩石中去读取历史故事，会寻到一系列彼此关联的稳定时期，体现出兴衰、生死，以及蛰伏和重生的周而复始，其中一些时期很漫长，另一些则相对短暂，但是没有一个会永久持续下去。打破和划分这些或多或少可称之为"稳定"时期的是突发性改变所带来的间或性动荡。纵观过去的大约 1200 年，自从农业发展以来，特别是在工业革命开始后的近两个世纪以来，这种动荡绝大多数是由人类自身引发的。我们对于改变的无休无止的热衷，加上我们的技术造诣，改变了这个世界的大部分景观。

一直到 20 世纪中叶，大多数人似乎都认为这种改变是好的，对人类的处境而言，这是一种也许不确定但总体上还算稳定的改善；但是，从

那以后，寻求不断进步的信念带来了严重问题。生态学家拉蒙·马加莱夫（Ramon Margalef）的断言令人不寒而栗，"……人类的进步并没有朝着被动调节，从而可以形成更为成熟的生态系统的方向发展，实际上是借由生物圈其他部分的退化保全了自身的生存和延续"——这给出了一个暂停进步的信号（Margalef,1968: 97）。

尽管如此，也存在着例外的情形。无论是偶然，抑或是有意设计，人类时不时地会创造出至少与自然形成的景观同样丰富、稳定，偶尔也堪称"美丽"的景观。不妨想一想北欧那些连绵起伏的农田，或者是安第斯山脉那些壮观的梯田，印加人在那里长期耕种，已达数百年之久。

或者，也可以想一想索尔顿海（Salton Sea）北端的那一片非同寻常的沼泽地。那片区域是在

1905 年由一处灌溉渠的意外洪涝造成的，现如今已成为美国加利福尼亚州莫哈韦沙漠（Mojave Desert）的一部分。整片沼泽地由上游农业灌溉的径流水保持着湿润，支持着一个庞大而极具多样性的鸟类群落，而后者已成为一个被集中研究的课题。索尔顿海的咸水和径流淡水造成了不断变化的盐度水平，因此淡水鸟和咸水鸟都能在那里生活，至少是短时期内在那里生活。在春季和秋季的迁徙季节里，这片沼泽地就像是一处繁忙的国际机场，各种各样的鸟接连不断地在此着陆和起飞，还有数以万计的鸟浮在水面休憩。

如果没有周边土地上的农业发展，这个偶然形成的、不同寻常的、极具多样性的生态系统根本就不会存在；如果人类没有在那里定居并挖掘灌溉渠，那里一个谷地将仍然是一片沙漠。正如我在稍后将要论证的那样，千真万确，沙漠景观有着自身的美丽和价值，并且毫无疑问，这是一片瞬息万变的、脆弱的、不稳定的沼泽地。然而，如果我们以物种丰富度（richness）和多样性（diversity），或者由此所支持的生物数量来衡量一处景观，那么，在这片沼泽地上，人类肯定对自然做出了贡献，不过是在"无意间"而为之罢了。当然，人类也为自己的福祉做出了贡献，因为这片沼泽地是世界上生产力最高的农业区域之一，即便是农田也很难比这片沼泽地更稳定。

如果我们能够在无意间创造出这样一处丰富的景观，那么有理由相信，我们至少也可以有意识地做到这一点，并且通过适当的设计可以创造出更具可持续性的景观。生态科学为我们提供了可以利用的信息和概念，尽管在特定情况下，我们想要获得的精确而科学的数据往往还是会缺乏。即使没有大量精确的数据，我们循着生态学原则，也完全有可能创造出丰富的、

具有生物多样性的、富于生产力的景观，既能满足人类的需求，也能达成自然的作用。

我们可以通过详细探讨一个案例来深入说明这一观点以及其背后所隐含的一些原则。我们将详细讨论这一案例的复杂性，因为这些复杂性将引出后续章节中要阐释的概念和技术。在这片南加州海岸结构明晰又相对简单的环境中，生态的和社会的过程都清晰明了。这一案例的整体环境同样是一片沼泽地，这片沼泽地是自然形成的，却被人类破坏了，在这样一个地方，是时候通过设计去消除事故隐患了。

一个典型案例：圣埃利霍潟湖（San Elijo Lagoon）

圣埃利霍潟湖位于圣地亚哥以北约 20 英里，是一片窄窄的场地，混杂着沼泽、泥滩和浅浅的河渠，从太平洋中脱离出来，楔入南加利福尼亚州连绵起伏的沿海平原。这是一处宁静的景观，即便周边的开发不断推进——堤坝像长长的蠕虫一样切断了它的水系，一座污水处理厂在一处岛屿的端头慢慢地生锈，独栋住宅沿着潟湖的一边散布着，一条高速公路跨越而过——圣埃利霍潟湖仍具有那种漫不经心的宁静感，这是一种只要提及潟湖就会令人联想到的感觉。以连绵起伏的丘陵为背景，圣埃利霍潟湖是柔和的、毫不张扬的，几乎谈不上美丽，当然也不引人注目，任谁也不会指望它会成为一处利益冲突的中心，这是该潟湖近几年来的真实状况。开发商和环保主义者为了现已成为经典范例的这片湖区争斗不已。若要理解这一冲突及其最终的解决方案，还需要对这个潟湖的历史有所了解。

早在城市文明抵达这里之前，大约一万年之久，每天都有潮汐涨落，在冬天下雨的季节，

潮水会与从山麓流下的淡水混合到一起。由各种沼泽草、软体动物、各种类型和大小的鱼类、一系列涉禽和水鸟，以及一些小型哺乳动物构成了一个物产丰饶的生物群落，在不断流动的湖水中以及潟湖的周围繁衍生息着。数百年来，一个印第安人部落也在潟湖边生活，分享着此处丰饶的物产，尤其是易于捕获的贝类。这些物产确保他们生活闲适无忧。

1884年，所有这一切开始发生变化。当时，圣达菲铁路线（Santa Fe Railroad Line）沿着海岸建成了，跨越了潟湖的入海口。虽然栈桥下方水流可以流动，但是入海口不再能够像在自然条件下那样，顺应海浪的流动而自由变换。因此，当波浪在栈桥下方以外的位置挤压，希望能够形成新的入海口时，就会失败。结果，泥沙在河渠中不断堆积，在一年中的部分时期会阻断海水的流动，将潟湖水体与海域分隔开来。被阻隔的水体中，盐度会增加，被冲刷进入潟湖的物质开始富集。几年之后，当与铁路并行的一条沿海公路建成时，公路进一步制约了水体的流动，问题变得更加复杂。

通过这两条便捷交通线的连接，可以方便地前往南部的圣地亚哥市及其北部约100英里之外的洛杉矶市，于是，人们开始在周围的沿海平原定居下来，并在短短几年内，人口就增长到了需要进行污水处理规划的数量级。潟湖已失去了利用价值，湖水浑浊不堪，滩涂上臭味扑鼻，除了潟湖边上，还有哪个地方更适合来处理污水呢？毫不迟疑，这个污水处理厂就建在了一个小岛上，紧挨着铁路，而潟湖大片的矩形区域则被堤坝切分成为一系列的氧化塘。由于污水中的营养物质养殖了水藻，水藻以非常高的速率生长并且在氧化塘的水面上腐烂，使得这些氧化塘变成了淡绿色的几何形的大斑块。

几年之后，潟湖的退化继续保持稳定，没有发生戏剧性的突然变化。然后，到第二次世界大战之后，在与潟湖相邻的一处山坡上，出现了一排排整齐分布的独栋住宅。从这片新兴的城市化区域流下来的地表径流，由于草坪的灌溉增加了总量，挟带着侵蚀的土壤、肥料、杀虫剂和各种垃圾，汇流到静止的湖水中。及至20世纪60年代初，圣埃利霍潟湖成为一片丑陋而又危害健康的地域。只剩下了小块的沼泽草。虽然水中的鱼很少（如果有的话），但是仍有大量的候鸟在此停留、休息，在泥滩上徘徊、翩翩起舞，它们一边沿着太平洋迁徙路线去追寻太阳，一边沿路觅食蠕虫。

之后，在20世纪60年代中期，一名土地开发商提议将潟湖"变废为宝"，而按照他的构想，就是对湿地进行滨海房地产开发。他购买了大约一半的湿地，包括离海最近的地区，并制定了一项计划，要求挖掘一条宽阔的主河渠与海洋连通，同时挖掘若干条笔直的窄一些的河渠从主河渠向两边伸展开去。挖掘的土方将堆填成河渠之间的条带状地块，以用于住宅建设。每个条带状地块都会有一条街道直达中心，向两边排布的地块有40英尺宽。每个地块会有一边临河，在那里可以停留一条船。

此后不久，另一名开发商对潟湖的东半部提出了类似的计划，并且就此很快瓜分了尚未开发的那些坡地，形成的一系列独栋地块俯瞰着这片潟湖。

●认识和冲突

一切发展到了环保活动者开始觉醒并参与进来的时候。若干个团体联合起来，向这些开发商开战，潟湖的命运成为一个热门的政治议题。环保主义者的主要关注点是那些鸟群的命运，他们希望潟湖能够完好留存，而开发商则态度强硬，就私有财产权、计税基础和住房需

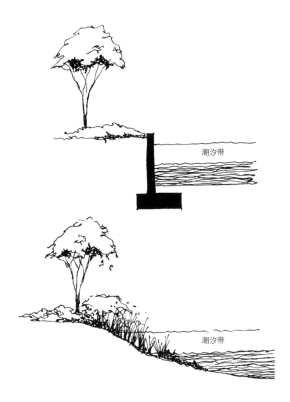

潮汐带

潮汐带

求展开争辩，闭口不提各种利润。区划方案与开发商不谋而合，大部分湿地被划为居住用地（R-1）。这是一场典型的开发商和环保主义者之间的冲突。鉴于争议陷入了僵局，圣地亚哥县环境发展局（Environmental Development Agency of San Diego County）请求我们这个试验性设计实验室（Laboratory for Experimental Design）来研究面临的这些问题，并为圣埃利霍和其他几个出现类似冲突的滨海潟湖提出土地规划政策和指导建议。

在对这些争议进行了一段时间的研究之后，我们很清楚，若只是简单地公布决议，倾向保护或是发展，是无法解决问题的。根据对各种政治的和生态的过程加以分析的结果，双方的提案都存在严重瑕疵。无论潟湖是被开发成滨海房地产，还是完全被留存下来，它都将成为一个环境负担，并且随着时间的推移，这个负担会越

来越沉重。无论采取以上两种方式中的哪一种，潟湖作为人类社区的食物供给地和生活设施区，以及所有它在自然系统中发挥核心作用的巨大潜力，都会消失殆尽。

如果要实施滨海房地产规划，沿河势必要建造混凝土堤坝，将土地就地圈护起来，并确保供大型船只通行的足够水深，其结果就是：水岸带不再有潮汐滩涂，也就不再会有沼泽草。如果没有沼泽草周而复始的死亡和腐烂，就不会再有植物碎屑供贝类和其他小生物食用。潮汐活动本可以将潟湖周围的碎屑推送到那些待在原地不动的生物那里，为它们提供能量补充；但是，如此一来，由于没有任何食物可供小鱼（和鸟类）食用，大鱼和鸟类也就不再会有小鱼吃，能量补充将无从谈起，海鱼也将不再游入潟湖产卵，最终潟湖将变成无生命的水体。这一因果作用链将引发各种不健康的后果，并持续不断。

对于留存潟湖的后果，在某种程度上预计不足。顺着潟湖上游的汇水盆地扩大城市化发展，将导致淤积率不可避免地提高。与潟湖保持其开展城市化之前的状态相比，淤泥的沉积速率将迅速提高100倍之多。无论人们是否在其周围定居，潟湖终将被淤泥填塞，先是成为沼泽地，最后变成干旱的土地——这是所有潟湖的共同命运。在圣埃利霍潟湖地区，如果人类没有出现，那么潟湖的这个填塞过程可能将会在接下来的1万～2万年之间发生。在目前的状况下，以当前的城市化速度，这个过程可能只需要20～25年，之后，无论如何都不会再有鱼类和鸟类的栖息地留存——这一信息清晰无误。城市化所带来的各种变化是如此的强烈，无孔不入，以至于只要是在城市影响的范围内，任何系统根本无法留存其在人类出现之前所具有的特征。

在规划滨海住宅或是留存潟湖的方法中，最为严重的，也是屡见不鲜的瑕疵在于二者都

只关注了单一的目标。如此狭隘的聚焦点导致对复杂系统中的某一方面过度关注，这也意味着对系统中其他方面的忽略，设计过程因而变得过度简化。如果这么做，最终的环境也将变得非常简单，系统中可能存在的大多数相互作用将会消失，并且与之相应，这些相互作用所带来的巨大效益也将不复存在。

当我们在为一片土地制定规划时，抑或当我们以看似微不足道的方式改造一片土地时，例如美化一下后院，重要的是要认识到：我们正在设计一个生态系统——我们正在将这片土地置入一个不断发生着相互作用的网络中去，未来这些相互作用将会延续，按照至少部分可预测的模式发展变化。一个非常简单的、目标单一的生态系统必定无法达成众多形形色色的、具有潜在效益的作用。同时，这样一个生态系统也会缺乏稳定性——为了抵御由各种外部事件带来的突发而剧烈的变化，这种稳定性是非常必要的。建造在从水中堆填而出的条块状土地上的住房可能会被一波海浪突然淹没，或者会因为一场地震引发的建筑基础柔性填充材料的震颤而成为碎片。

目标单一的系统从诞生的那一刻起，还会趋于退化。当然，随着时间的推移，这类系统和自然系统一样，试图变得更具多样性，这与系统自身的单一目标会有所冲突。为了抵御这一趋向，系统维护就会变成为一种抗争，而维护成本就会变得非常高昂。河渠将会被淤泥填塞，需要不断进行疏浚，而堤坝和防潮闸则需要经常进行检修。

● 公众的看法

考虑到现在关注环境问题的公众数量以及在重要问题上征询公众意见的法定要求，在诸如圣埃利霍潟湖这样的地方，公众的态度和价值取向对于生态议题而言至关重要。没有公众的支持，任何规划都不可能得到推进和实施，而最有效且实施性最强的规划要从一开始就顾及公众的态度，以便在推进过程中获得各方面的支持。

对于在如此复杂的环境中进行的设计而言，设计工作势必会遇到一些棘手的困难，不能指望每个人都能理解那些纠结在一起的各种生态问题。因此，有必要设问：必不可少的教育工作究竟有多少？以及设计师怎样才能不带自身偏见地、恰当地解释清楚这些问题？

在这种情况下，用于摸排公众态度的主要工具是一份调查问卷，这份问卷将之前阐述的所有基本信息缩减成一份非常简明的陈述，然后要求被调查者对可能的解决方案进行排序。结果表明，公众明显偏好"将潟湖恢复到自然的状态"以及"将潟湖开发为游憩之地"这两种解决方案，"居住性开发"和"用作游艇码头"的排序则非常靠后。

鉴于潟湖既已发生的种种事态，"自然"一词需要面对多种多样的诠释。科学家和设计师通常将其定义为"人类未作任何改变"，而这一含义相当狭隘。在这个案例中，受访者的意思是真正的"自然的呈现"，通过其他问题的答案以及一系列的访谈对此都有印证。

这种看法并不罕见。许多人在评价自然资源时，都将其视为"值得观赏的事物"。风景是人类文化遗产的重要组成部分，甚至塞拉俱乐部（Sierra Club，或译作"山岳协会""山峦俱乐部"和"山脉社"等，是美国的一个环境组织。译者注）也将其目标设定为"……探索、享受和保护这个国家的风景资源"。可能需要经过几代人的环境教育才能达成这样一种普遍的公众理解，即认清这样一个事实——自然及其各种作用的重要性远远超过风景。与此同时，一旦当地居民需要一个可以用于游憩的潟湖，并且认为这个潟湖看上去或多或少应该是自然的，我们就有义务对此进行更为深入的探讨。

●多种利用的好处

出于保护，或者更准确地说是为了创造一个风景秀丽的潟湖，在诸多的相关任务中，我们可以尝试做很多事情。鉴于潟湖是一个生态系统，并且细究其各种物质和能量流，以及其与周围城市建筑群的关系，我们意识到如果加以精心管理，潟湖可能会做出一系列的贡献。

首先，河口生态系统是一个巨大的蛋白质工厂。如果任由沼泽草在潮汐带周围生长，并保持潮汐向潟湖输送大量腐烂的沼泽草的功能，那么大量的鱼类和贝类将在那里生长。事实上，潮汐沼泽地可能是自然界中产出效率最高的食物生产系统，若以吨计每英亩生物量的产出，潮汐沼泽地大约是最高产的麦田的 7 倍，这种生产力还可以再提高几倍，如同日本的一些河口已经做到的那样。将其潜力发挥到极致，每年每英亩潟湖若以牡蛎计，可以轻而易举地产出超过 50 000 磅的蛋白质，或者以贻贝计，则差不多是这一数量的 5 倍。由此，为激发这一生产力而组织起来的任何城市资源都将有助于支持周边城市居民聚落的经济发展。一旦面临决策做什么和不做什么时，用美元、美分去核算一项革新的成本就显得相当重要了。

产出鱼类和贝类的这一食物链，同样也将支持大量的野生动物种群。如果这一食物链保持健全，并且如果鸟类的其他需要——包括筑巢地点和一些隐私需要——也能得到支持，那么大多数鸟类将继续栖息在这个潟湖中。当所有这些需求都得到满足时，许多野生物种都非常愿意与人类共享它们的生活空间。通过这种方式，食物链可以保持完整，滨海群落的生物多样性也会得以维持。

正如接受调查问卷的受访者所意识到的那样，一个健康的潟湖显然也可以用于游憩。平静的水域，如果通过潮汐的冲刷得以保持适度的清洁，就可以用于开展小型无动力划船和游泳活动，沿岸的平坦的土地则提供了垂钓、散步、骑自行车、野餐和闲逛的良好环境，而远离这些活动区域，观鸟和自然研究可以占据主导地位。

商业性娱乐，即便是相当密集的形式，只要与野生动物的栖息地完全分开，也是可以兼容的。商店可以架空于水面上，也可以建在漂浮于水面的驳船上，以使河口的生命活动在水下得以延续。海上商务和海鲜餐厅都很适合在这里发展、建设，海鲜餐厅可能会在菜单上将潟湖的出产作为特色菜。

如果能够控制土壤侵蚀，并且能够阻止富含营养物质的径流水进入潟湖，那么在可以俯瞰潟湖的坡地上进行住宅开发是无害的。理想情况下，房屋应顺应地形组成组团，在每个组团区域中，径流可以转向、减速，并且可以逐渐缓慢地渗透到地下以补给地下水，从而有助于形成一个缓冲带，阻止地下的盐碱水逐步向陆地运动。近年来，地下盐碱水的入侵已经成为一个大问题。自然排水过程最好确保畅通无阻，这样，降雨带来的淡水就可以不接触、不掺杂城市中的污物，干干净净地流入潟湖。

得知污水处理厂可以轻而易举地纳入这一整个复杂的排水过程，当地居民都很惊讶。《联邦清洁水法案》（The Federal Clean Water Act）禁止将质量较差的水引入自然水体。几年前，为了响应这一法案，当地的污水管理区被责令停止将污水排入潟湖，结果，就建造了一处入海排放口，经过初级处理后，污水被泵入 4 英里长的管道，排入太平洋深处，似乎到了那里污水就不再会有任何害处了。然而，这也不会带来什么好处。

这种污水主要由从科罗拉多河（Colorado River）经 200 多英里的水渠引来的水经过该管理区的住房使用之后排放而来，对于潟湖而言，这种污水可能非常有用。细加控制，这种淡水和养分的混合物可以在潟湖系统中发挥有益的作用，如图所示。经过初次沉淀之后，污水可以保存在隔离开来的生物处理塘中，用作种植水生植物的培养基，附加的水塘可以成为营养丰富的养殖鱼类和贝类的场所。之后，尾水将足够纯净，可用于游憩区的植物灌溉。这是一种简单、经济且经过验证的污水处理方法，目前在许多地方都得到使用（Bastian, 1982;Environmental Protection Agency, 1979 and 1980; Jokela and Jokela, 1978; Reed et al., 1981; Woodwell, 1977）；但是，这种方法尚未得到广泛推行。这种污水可以净化到允许其周期性受控排放到潟湖中的水平，在那里，污水有助于稳定水体的盐度水平，从而为河口的生命活动创建最佳条件。通过这种方式，系统的生产力可以得到大幅提高，远远超出在自然界中的水平。我们将在第十三章详细讨论生物污水处理技术。

应公众的要求，圣埃利霍潟湖应该成为事实上也已经成为一处城市景观的重要标志。相对于其他地方千篇一律的城市蔓延发展，这里宁静的景色因其自然的特点而形成了社区特征，其视觉形式表现出了陆地和海洋之间、自然景色与人类社区之间的特殊关系。简言之，圣埃利霍具备了一种场所感。

●联结人类系统和自然系统

虽然从活动强度和范围而言，城市环境相较于自然环境有着截然不同的特征，但它们至少在一个基本方面是相同的——二者都依赖于同样的基本作用过程。在城市中，我们会忘记这些重要的关联，那是因为能量、食物和水的天然来源变得几乎完全不为人知，被人工的单一用途的系统所取代，这些系统从遥远的地方运来这些必需品。例如，生活在圣埃利霍潟湖地区的居民所消耗的大部分能源、食物和水都来自数百英里之外。这么做成本很高，并且由于不断增长的人口争相夺取这些有限而重要的生命要素，其来源就越来越成问题。

与之相反，在自然状态下，潟湖以及它所支持的那些初始的生物群落从未有过可以依赖异地资源的机会，它们不得不依靠本地的资源生存。数万年来，河口生态系统通过适应现有的海洋和陆地条件而得以延续。经过反复试错，这一系统演进形成了自身独特的营养结构，各种生物充盈了每一处生态位，进行物质循环和能量分配；这一系统学会了借助潮汐能来促进动植物生长、提高生产力，尽管这种能量可能会是一种不稳定的影响因素；这一系统具备了在陆地和海洋之间斡旋、汇聚并控制一方或另一方的能力，以及尽量将这些能力充分发挥的种种方法。

如果要将所有这些经验充分运用到创造一个全新的自然的城市环境——一个有助于利用各种本地资源来支持人类社区的城市环境中去，我们必须要找到潟湖之所以拥有不同寻常的生产力的秘密。每个生态系统都有特定的激发作用，这些自然作用确定了它的基本特征，并为我们提供了一把理解这一系统并与之合作的钥匙。有时候这些作用从一开始就是显而易见的，但通常只有在仔细分析之后，这些作用才会显现出来。在河口生态系统中，这把钥匙隐藏在能量的流动中，尤其是每天两次向整个潟湖输送额外食物的潮汐以及食物网中。能量流和食物网的共同作用基本可以诠释潟湖生产力的起因。因此，

案例研究 I

圣埃利霍潟湖

圣埃利霍潟湖拥有一个河渠网,河渠中的水蜿蜒流经太平洋边的一大片宁静的、群鸟栖息的泥滩和盐沼。虽然由于周围的城市化发展,潟湖退化严重,但是一旦恢复潮汐的冲刷,它就可以恢复活力,成为一个可持续的、物产富饶的生态系统。若要充分发挥潟湖的潜力,就意味着要建立、整合一系列复杂的功用,每一项功用都要以支持其他功用的方式进行定位并展开运作。这些功用包括保护、生物产出、游憩和城市化。

由加州州立理工大学波莫纳分校风景园林系试验性设计实验室(Laboratory for Experimental Design, Department of Landscape Architecture, California State Polytechnic University, Pomona)编制。项目总监:约翰·莱尔。顾问:戴维·贝斯(David E. Bess)、安德鲁·萨瑟(Andrew Susser)、马克·冯·沃特克。研究生助理:布鲁斯·奥尔波特(Bruce Allport)、威廉·卡斯卡特(William Cathcart)、罗伯特·坎宁安(Robert Cunningham)、帕特里克·霍尔(Patrick Hall)、拉塞尔·亨特(Russell Hunt)、保罗·乔丹(Paul Jordan)、克雷格·纳尼尔(Craig Neurneyer)、泰伊希·吉姆·欧(Teiichi Jim Oe)、约瑟夫·罗德里格斯(Joseph Rodriguez)、丹尼斯·斯帕尔(Dennis Spahr)和大卫·察普夫(David Zapf)。作为区域环境管理综合计划(Integrated Regional Environmental Management Program)的一部分,由圣地亚哥县(County of San Diego)委托编制,由福特基金会(Ford Foundation)资助。

适宜性分析模型

主要考虑因素：

物理可行性

野生动物干扰

考虑的变量（按重要性排序）：

水文特征

水深

植被类型

住宅适宜性分析模型

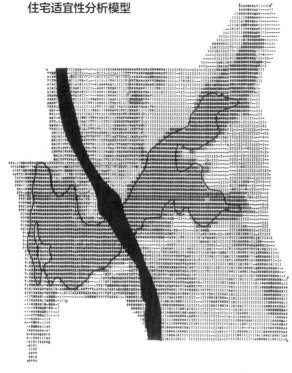

最适宜

最不适宜

适宜性分析模型是一系列地图。在这个案例中，这些地图是用计算机生成的，用于界定物理适宜性——用地适宜性，以展开某些预期利用。这些模型采用网格单元制图的方式，每个单元代表 111.1 平方英尺的用地面积，并且这些模型基于事先列出的一组关注点。反过来，这些关注点决定了将要生成的模型中的用地变量或特征，包括地理分布特征，如坡度变化和植被类型，这些变量也被列了出来。计算机搜索数据文件，为每个网格单元划分等级，综合确定其所具备的属性，并将整合结果以适宜性水平的形式打印出图。在这些地图中，单元格的阴影越浅，则适宜性等级越高。

轻度游憩土地利用模式

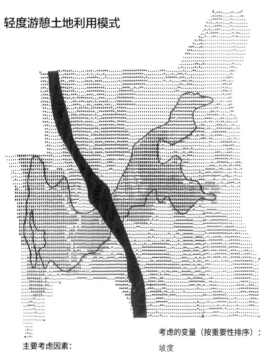

主要考虑因素：	考虑的变量（按重要性排序）：
建设可行性	坡度
侵蚀	土壤产流能力
滑坡	土壤侵蚀度
野生动物干扰	植被类型
	地质构造

游憩模型：划船和垂钓

主要考虑因素：	考虑的变量（按重要性排序）：
场地可行性	坡度
野生动物干扰	植被类型
侵蚀	水文特征
泥沙运输	洪泛平原

方案研究

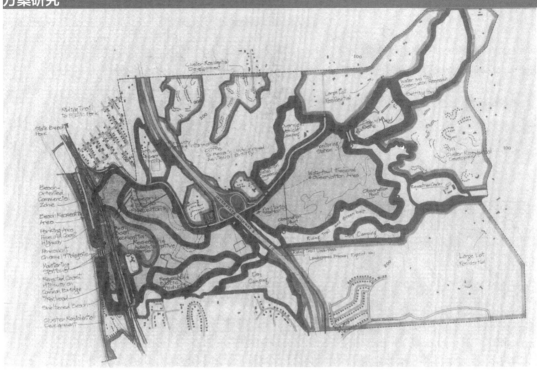

这些模型被用于指导设计研究，探索各种功用的组合以及可能的位置。这里展示了早期研究的 3 个方案。

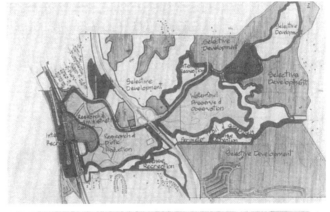

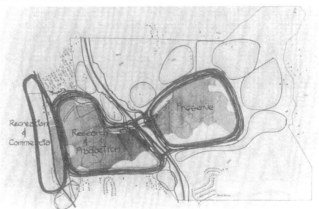

滨海潟湖是陆地和海洋之间极为敏感且产出量极高的重要地域，这些具有生态重要性的环境面临着城市化的严重威胁。处理河口区域各种事物复杂的相互作用方式，除适宜性分析模型之外，还需要使用多种设计方法，其中包括环境影响矩阵——这既是分析物质流和能量流的若干图表，也是通过设计控制这些流的分析指南，还是更为传统的分析技术。

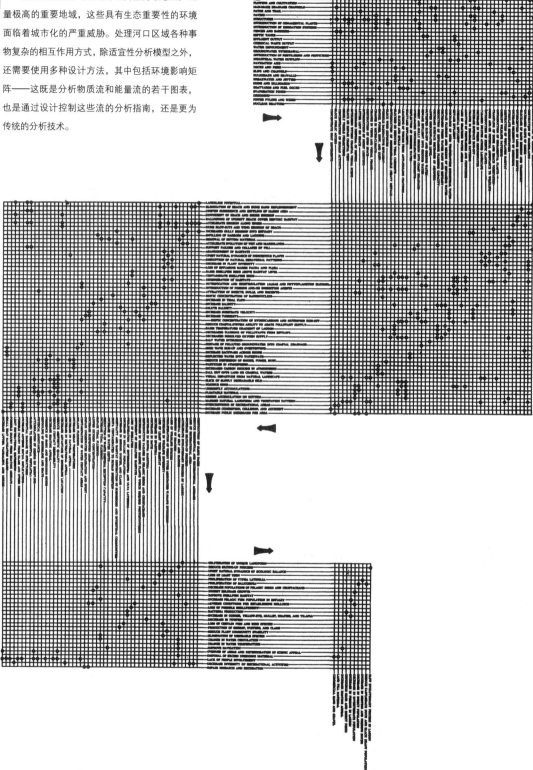

影响预测矩阵

影响链

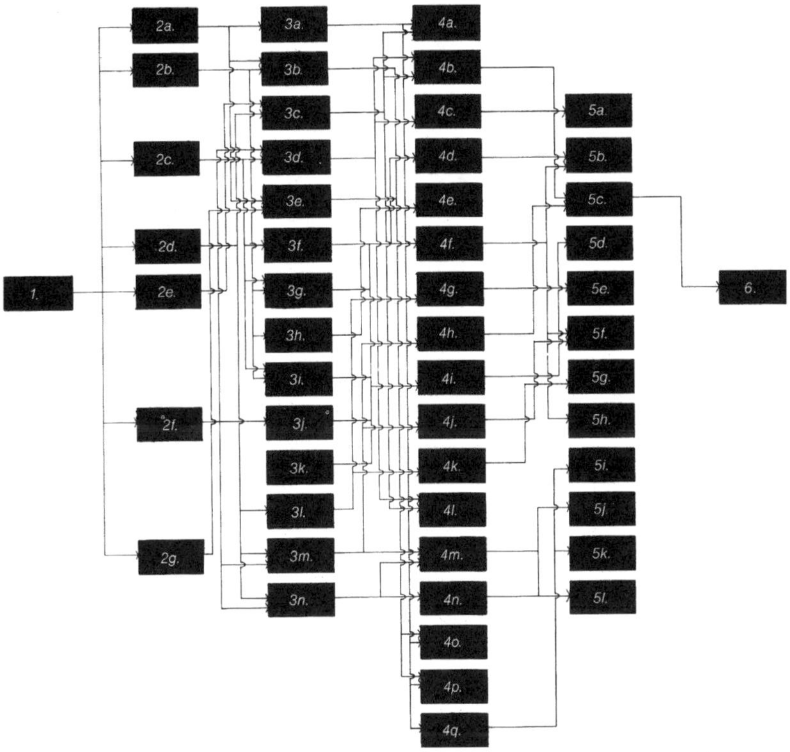

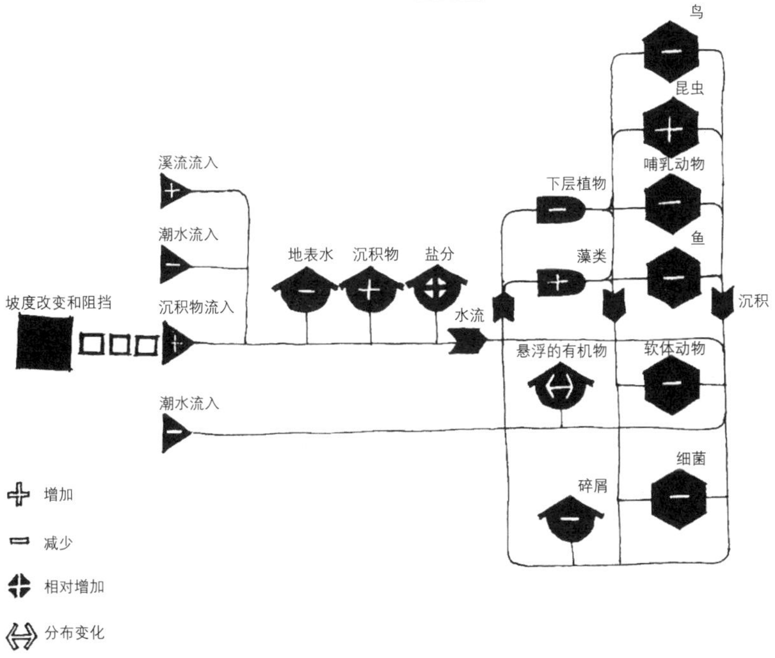

1. 填充湿地
2a. 地震冲击
2b. 破坏沼泽地
2c. 破坏湿地生境
2d. 增加地表径流
2e. 改变排水模式
2f. 片流和冲沟侵蚀形成滨海排水系统
2g. 过多的疏松的沉积物
3a. 滑坡可能性
3b. 沼泽区域的不均匀沉降和稳定性
3c. 河口侵蚀加剧
3d. 湿沼泽地的加速演变
3e. 填充湿地致使系统支持的失败和崩溃
3f. 放弃栖息地
3g. 干扰自然的行为模式
3h. 植物多样性增加
3i. 河口沼泽动植物群消失
3k. 增加贝类养殖基床超出其栖息地总量水平
3l. 污染贝类养殖基床
3m. 稀释盐度
3n. 加速沉积
4a. 破坏斜坡面
4b. 加速淤塞进程
4c. 加速潟湖的演化进程
4d. 野生物种消失
4e. 随着人类入侵杂草种类激增
4f. 野生生物的生物多样性下降
4g. 川蔓藻 (Ruppia maritima) 减少
4h. 贝类栖息地的变动
4i. 贝类消失
4j. 软体动物种群数量减少
4k. 虾、牡蛎和蛤蜊增多
4l. 淹没带和潮间带生物群落消亡及生境破坏
4m. 增加悬挂载荷 (suspended load)
4n. 影响水下探险和运动
4o. 危害居住人口
4p. 对构筑物的潜在危害
4q. 制约游憩发展
5a. 独特地貌的湮没
5b. 生态平衡的自然波动被扰乱
5c. 建立软体动物种群的不利条件
5d. 某些贝类可能消失
5e. 尖嘴鱼减少
5f. 某些鱼类和鸟类的消失
5g. 产出虾、牡蛎和蛤蜊
5h. 意向物种灭绝
5i. 某些区域过度使用以及风景优美度下降
5j. 缺少居民参与
5k. 游憩活动的多样性减少
5l. 影响研究和游憩开展
6. 无脊椎动物种群增加

图例：
＋ 增加
━ 减少
✛ 相对增加
↔ 分布变化

图中文字：鸟、昆虫、哺乳动物、鱼、沉积、软体动物、细菌、藻类、下层植物、悬浮的有机物、碎屑、水流、地表水、沉积物、盐分、溪流流入、潮水流入、沉积物流入、坡度改变和阻挡

人类在河口环境中的种种活动所产生的环境影响链，会作用长久且不断变化。影响矩阵是一种通过考察若干层级的相互作用来追踪这些影响链的方法，这一追踪始于启动影响链的那些活动。该流程图以稍稍不同以往的形式描述了由一种人类活动所引发的一系列影响，在这个案例中，这一人类活动就是填充湿地。

功能：水和营养物质的流动

自然状态

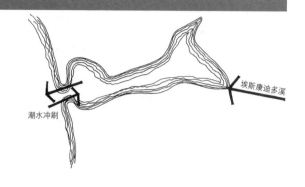

长期以来，流经潟湖环境的水和养分一直与污水的处理和排放密切相关。这些图表比较了4种不同条件下这些功能流的生态特征，首先是在自然状态的条件下。

湖边的污水处理厂排放的、经初级处理后的污水曾一度排入潟湖，造成一些严重的问题。现在，这些污水通过一条4英里长的排水管直接泵入太平洋。有一个备选方案可以更好地利用污水中的水和养分，就是生物污水处理过程。在这一处理系统中，藻类和特定的速生型水生植物，如水葫芦和芦苇，会从污水中吸收养分并进行净化，该过程是使污水流经一系列种植了这些植物，并养殖了各种鱼类的池塘。污水在经过几个池塘后，将变得足够纯净，可用于灌溉游憩区的植物，并可排放到潟湖中以利于稳定水位和盐度。第十三章中包含了对生物处理过程的更为完整的描述。

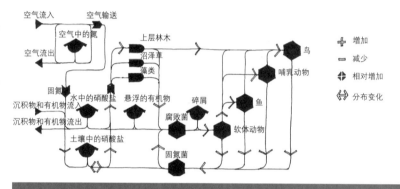

利用氧化塘进行污水处理

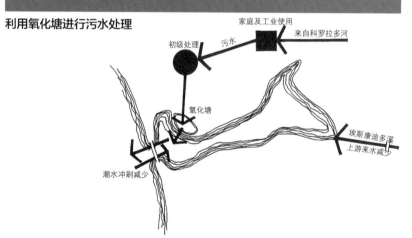

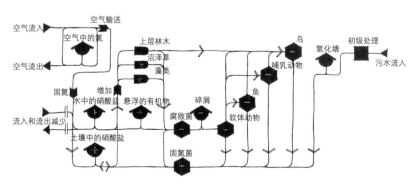

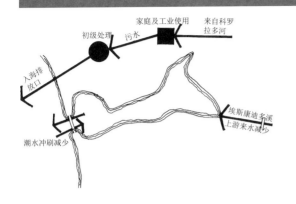

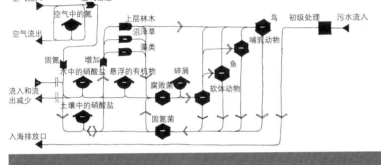

通过入海排放口
进行污水处理

光合作用

通过光合作用过程接纳、处理物质和能量，如同在绿色植物体内进行的那样

呼吸作用

通过呼吸作用过程接纳、处理物质和能量，如捕食食物链中的食草动物和食肉动物

人类活动

系统性的或目的性的人类活动，改变物质和能量，如农业生产或制造业

输入或输出

向既定系统或从系统中输入、输出物质或能量

储存

往既定系统中暂时保存物质或能量，如在水库中蓄水

流动关卡

由一些外来能量带动的物质流，如水的蒸发

（改编自 Lyle and von Wodtke, 1974）

结合生物污水处理系统的提案

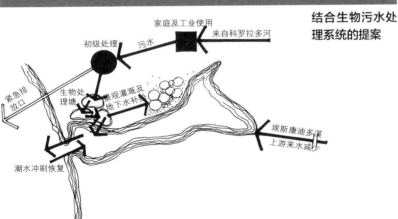

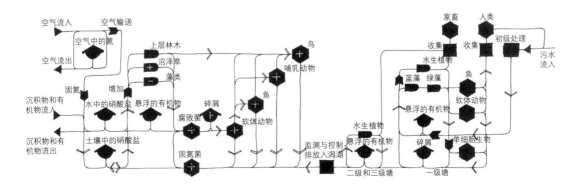

利用架构

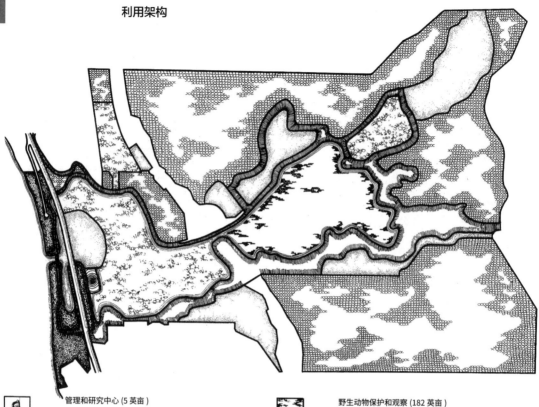

管理和研究中心 (5 英亩)

潟湖监护中心办公室
潟湖研究控制中心
潟湖教育设施
游客中心和信息发布设施
机制研究协同中心

生物生产、研究和保护 (250 英亩)

监测站
水产养殖研究设施
水产养殖生产区
污水处理厂的污水研究设施
自然能源研究设施
太阳能发电站
防潮闸和泄洪闸
风力发电站和风车
湿地和洪泛平原农业研究区及设施
水土保持和生产研究区及设施
植物和花卉研究设施
耐受性观赏植物培育基地
渔场
海鱼繁殖场

环游步道和缓冲区 (259 英亩)

骑马道
步行道
自行车道
马术中心、马厩和放牧区
野餐区
观察站
标绘的儿童自然观光道

野生动物保护和观察 (182 英亩)

监测站
观察站
海岸生物动物园运营企业
季节性水禽保护区
动物研究

高密度游憩及相关商业 (28 英亩)

公共海滩和游憩区
小型船只出发区 (皮划艇、脚踏船等)
小型帆船码头
有遮护设施的海水浴场
服务于潟湖区的商店和餐馆
服务于海滩旅游区的商店和餐馆 / 各种潟湖特产的售卖点
观景点和信息咨询区
酒店综合体
会员制运动俱乐部：网球等

游憩区 (228 英亩)

帐篷露营区
自行车租赁中心和服务设施
洪泛平原上的高尔夫球场
垂钓区
季节性单日狩猎区
野餐区
猎物活动区

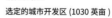
选定的城市开发区 (1030 英亩)

组团式住宅区
低密度住宅区
高密度住宅区
服务性商业区
马场住宅区

利用架构——为了潟湖的开发和管理而设计的架构，经过一系列的分析和研究产生——描述了 7 种不同的用地类区以及每一类区所允许的用地范围，其目的并非为了规定具体的利用方式，而是为了确定每个类区中不致严重影响潟湖功能完整性的、可持续开展的利用方式。

30

设计控制			下降 严重/中度/轻微	轻微/中度/严重	增加
耕种栽培	通过等高耕作（横向蓄水沟）防止顺坡下流的径流水产生的侵蚀力	沉积 土壤蓄存 水蚀 风蚀 径流 资源			临时措施，需要不断的监管和维护，无法防止风蚀。利于就地下渗
绿化种植	使用植物材料作为土壤黏合剂。种植方法多种多样： 1. 容器移植 2. 空中播种（大规模） 3. 水力播种（用机器在混合液中搅拌种子喷播）	沉积 土壤蓄存 水蚀 风蚀 径流 资源			其有效性取决于植物种类、种植时间。应考虑使用乡土种而非外来种，需要灌溉
黄麻网格布护坡	用重型黄麻编织层作为表土黏合剂，通常与绿化种植一起使用。一条条滚铺在斜坡上	沉积 土壤蓄存 水蚀 风蚀 径流 资源			在植物种植期间的临时过渡措施。会在短时间内腐烂分解
秸秆护坡	用秸秆播撒在斜坡上，然后用羊蹄辗滚压入地表，形成紧实的约束表层	沉积 土壤蓄存 水蚀 风蚀 径流 资源			在植物种植期间的临时过渡措施。需要监管和维护
岩毯护坡	用于地表的岩石层	沉积 土壤蓄存 水蚀 风蚀 径流 资源			需要大量的人工劳作进行放置施工。所需的机械可能免不了会压实坡面
喷涂合成材料护坡	以液体或丝状物形式施用的化学加工材料。用机器喷涂	沉积 土壤蓄存 水蚀 风蚀 径流 资源			临时措施，会长期遗留材料残余。通常会阻碍植物萌发，并且在大量施用时会阻碍渗水性能

（左侧纵向标题：地貌稳定性和土壤保持）

这张"设计控制"图表对为了开展各项开发活动而需要采取的种种技术手段以及可能由每一种技术手段所产生的环境影响进行了描述。这些技术提供了对潟湖进行危害控制的手段，而这些危害可能是由于周围地区的开发造成的。这个例子说明了稳定地貌的技术手段及其效果。

在圣埃利霍重建基本流的至关重要的第一步，就是要恢复潮汐的冲刷作用。鉴于现有的栈桥需要保留这一实际情况，可能不得不采用一座内置式机械装置，用于防止淤泥在河渠中积聚，而要实现这一点，已经有几种可行的技术提案。一旦这个装置得以运行，潟湖会得到持续的冲刷，在没有人为干预的情况下尽量清除不断汇集的淤泥，不过，一开始可能还是需要进行一些疏浚工作，以便获得足够的潮流量。

重建食物网的必要步骤是恢复沼泽草。一旦潮汐冲刷开始运行，沼泽草将会自然而然地开始在潮汐区重新生长、繁衍。然而，由于一个低维护种群的自然生成需要经历数年之久，因此最好在一开始就通过大量种植最有价值的草种——大米草 (Spartina)——来加快这一过程。一旦大米草覆盖了潮汐区，整个食物链，从藻类到鹰类，就会很快地重新出现。

人类生态系统是如何运行的

在"是保护还是开发"这一问题提出之初，人们都以为只要在二者之间进行简单的选择就可以了，而我们在这里想到的利用模式远比人们最初设想的要复杂得多。从这个意义上说，圣埃利霍的问题非常像 20 世纪最后几十年我们在前所未有的拥挤环境中所面临的大多数其他景观问题。虽然潟湖河口生态系统清晰明了，从而相比大多数地方，其所包含的各种过程和可能性更能明确界定，但是这些问题非常典型，因为它们涉及人类过程和自然过程的融合及其相互作用。

由 20 世纪六七十年代诸多冲突所引发的事关保护与发展做法的两极分化过于简单化了。毋庸置疑，地球上的大部分区域应该留存其自然状态，这很可能是所有环境议题中最为基本的，

荒野是我们的根源所在。正如温德尔·贝里（Wendell Berry，美国农民诗人和作家。译者注）所说："只有当我们知道土地能做什么的时候，我们才能知道它是怎样的。"（Berry, 1977: 52） 在承认这一点的同时，还要看到，世界上很可能还有其他一些区域，尽管面积有限，但切实的开发不会产生巨大损失，这样的区域完全将自然排除在外。

尤金·奥德姆（Eugene Odum, 美国著名生态学家。译者注）提议分室化（compartmentalization），按照基本生态作用将整个景观划分为各个区域。他认为，我们既需要演替后年轻的生态系统，因为它们具备高产的特质，也需要不年轻的生态系统，因为它们具备值得保护的特质。根据奥德姆的说法，"……可供生活的最令人愉快当然也是最安全的景观，是一处包含各种农作物、森林、湖泊、溪流、道路、沼泽、海岸和垃圾场的景观。换句话说，就是具有不同生态年龄的生物群落的混合体"（Odum, 1969: 267）。可能还要往里面添加住宅、花园、公园、运动场、办公室和商店等。为了实现或维护这样的混合体，奥德姆将所有用地分为四类：

(1) 生产区域，通过人为控制不断减缓演替，以保持高水平的生产力。
(2) 保护性的或自然的区域，允许或鼓励演替，使得系统进入成熟阶段。因此，系统是稳定的，即使并不高产。
(3) 妥协区域，在某种程度上是前两种类型的结合。
(4) 工业的或无生物的城市区域。

如果我们接受这一理论，许多最为紧迫的、最具挑战性的，甚至可能最为重要的争议性景观都属于第三类用地。然而，对于人类和自然在长期而又危险的疏离之后可能不得不再次共

同面对的那些地方来说，"妥协区域"并不足以充分概括。我更喜欢将这些地方称为"人类生态系统"。

有人可能会觉得设计生态系统的整体观念带有一丝人文主义的傲慢，因而我将不得不简短地阐述一下对此的理解。事实上，在之前的大约 12 000 年期间，人类一直在设计生态系统，自从第一次学会如何种植植物时就开始了。经过这么多年，人们已经习惯，甚至是带有强迫性地一直在改变这个世界上的景观。如果我们想要发挥人类的潜力，就有必要继续这样做。在当前这个时代，我们不得不继续这样做，仅仅是为了给迅速增加的人口提供基本的必需品也得这样做。我们改变景观所塑造的各种生态系统，无论是结构还是功能，总归不同于既往的自然生态系统，而它们会继续对完全相同的自然力做出反应，尽管这些系统可能或多或少地各不相同，或多或少地具有稳定性，或多或少地拥有丰饶的产出，或者具有或多或少的其他特质。我们几乎总是会在不经意间创建新的生态系统，也就是说，并未有意识地去了解自然过程是如何工作的，因此也就根本无法预测新生态系统会如何工作，甚至根本没有意识到它实际上是一个系统。因此，毫无疑问，因为缺少有意识的控制，新系统通常运行效果不佳。在圣埃利霍案例中，我们可以将铁路、高速公路和污水处理厂都归为无意识生态系统设计的示例，并且我们已经看到了种种后果。开发商和保护主义者的提案同属于一类，因为尽管他们确实考虑到了潟湖环境的某些方面，但是没有考虑到潟湖的各种生态作用及其相互影响和体系化的作用方式。

关键在于，如果我们想要设计生态系统（并且无论是否愿意面对可能造成的所有后果，我们都不断地在这样做），那么最好是有意识地去设计它们，利用我们可以用到的所有生态知识。只有这样，我们才能缔造出这样的生态系统——它们能够发挥所有的内在潜力服务于人类的目标，是可持续的，并且也可以支持人类之外的各种生物群落。当然，并非每一处景观都能完全实现以上三个目标，因此，奥德姆又提出了一个术语"妥协"。任何景观中总归都会有需要解决的冲突和有待确定的优先级。有意识地设计，意味着要进行有意识的选择。因此，我们要试着去做的就是要达成一定程度的控制，并非为了主宰自然，而是为了创造性地参与自然过程。

生态系统设计无疑是一项艰巨的任务。大自然并不会轻易而又直白地展示自己，总是存在这样或那样的风险，我们最终会摒弃斯宾诺莎（Spinoza，近代西方哲学界公认的三大理性主义者之一，与笛卡尔和莱布尼茨齐名。译者注）的观点："……试图揭示大自然从不做无用功的努力……似乎可以停止了，因为自然、上帝和人类同样疯狂。"要设计生态系统，首先必须承认我们的工具仍然是粗陋的，并且我们并没有足够的知识可以绝对自信地完成这项工作；其次要认识到，无论如何我们都必须完成这项工作。

要创造性地参与自然过程，并且理性地怀着成功的期望去做，就必须将各种形成和维护景观的系统都包括进来，因为设计的对象不仅仅是景观的视觉形态，还涉及其内部的运行。自然系统在持续不断地进行自组织（找不到任何人可以来组织这些系统），而我们可以靠自然系统的运行原则来使人类生态系统更具可持续性。为了做到这一点，我们需要了解这些自然系统，幸运的是，自然科学提供了大量的信息，虽然远未完善，但足以让我们开始这项工作。

一般来说，我们可以将这种科学知识分为两类。第一类是关于当前的真实情况或数据。对于任何景观，能够从中获取的这类知识有可能很多，也可能很少，这取决于已经进行了多少研究。对于圣埃利霍，依托附近几所大学的海洋生物学家和地球科学家所做的调查，大量的数据是现成的。例如，对各种种群已有充分了解，对潟湖周边岩层组成的了解也是如此，甚至对潟湖还在自然状态下时曾经出现过的贝类物种也已知悉——这是对印第安人遗留的贝壳沉积物进行分析的结果。从对加利福尼亚沿海的类似潟湖进行的研究中，可以推断出更具普遍性意义的实情。在处理设计的特定部分时，所有这些信息显然非常有用，但还远远谈不上信息完善。当然，在实践中，甚至对于微景观而言，都不可能获得能够充分描述这一景观所需的所有真实情况，因而我们不得不对能够获得的数据进行加工处理。

第二类科学知识或许可以大致归入以"概念"为标签的这一类。词典对"概念"一词的定义是在头脑中思考形成的一般的观念、想法或原则。生态科学已经形成了许多基本概念，例如生产力、营养级、演替和能量流，这些概念有助于统一、串联研究所得到的大量真实情况；否则，这些真实情况之间毫无关联。这些概念非常宽泛，内涵广，并符合已知事实，但由于它们是在头脑中构想出来的，因此要证明其中的任意一个是自然界中实际存在的，几乎不大可能。例如，虽然科学研究在不断地积累新的信息，进一步加深我们对于引发演替的相互作用的了解，但是，实际发生的演替仍然超出了实验可证实的范围。这种偏差偶尔会引发科学家之间的争论，他们有时会质疑诸如演替之类的概念，或者认为科学应该只涉及那些可以通过实验证明，并由此得以证实的理论（Rigler, 1975）。然而，出于设计的目的，生态概念是必不可少的，因为它们可以被普遍使用。事实上，实用性是评判一个科学概念的价值标准（van Dobben and Lowe-

McConnell, 1975），但它很少顾及科学事实或理论。

出于设计的目的，生态概念是非常有用的，因为它们可以生成联结所有真实情况的方法与机制。有了生态概念，可能在树木种植和生长之前，我们就可以与森林协同工作；有了生态概念，即使许多真实情况还是未知的，我们也有可能了解某个生态系统的运行情况。生态概念不仅为我们提供了领悟那些看不到的现象的机会，还为我们奠定了发展生态系统设计理论的基础，从而使我们能够深入景观内部，并重建其内部的运行。

在本书中，我们将讨论生态系统的真实情况和生态概念的作用。在一个好的设计中，生态概念为更为宏观的景观组织架构提供了基础，而系统的真实情况则为之提供了具体细节。

●生态系统的概念

"生态系统"是一个相当新的概念，由坦斯利（A. G. Tansley）于1935年首次提出；但是，这是一个重要的概念，提出伊始就成为所有生态学研究的基本原理。简单地说，"生态系统"是指有生命的生物与其周围无生命的环境间相互作用的集合。虽然人类本身在生物之列，但生态学家往往会选择研究不包含人类的生态系统，而在某种程度上人类通常也会自认为是脱离于生态系统的。下面是一个重要的观点，并且隐含在以后所有看法中：从各个层级上讲，人类都是各种生态系统不可分割的组成部分，而为了充分应对这些生态系统，我们必须认可这个简单的事实。在大多数情况下，即便是在生物圈的层级上，人类都可能成为凌驾于一切之上的、控制性的组成部分，但不管怎样，人类只不过是其中的一个组成部分。

此外，生态系统可以是任意规模的。我们可以研究、分析任意规模的任意景观，这对设计师来说是非常便利的，但需要遵循一些规则：没有一个生态系统是孤立存在的。"各级生态系统都是开放的系统，而非封闭的系统……"（Evans, 1956）这意味着各个生态系统通过各种能量流和物质流联系在一起。每个生态系统都会从周围的生态系统中汲取能量和物质，反之，也向周围输出能量和物质。因此，在绘制生态系统的边界时，我们需要顾及那些将其与相邻生态系统联系起来的功能流，忽视这些联系——所有能量和物质的输入和输出——已经在无意间导致大量生态系统设计失败案例的出现。

在塑造生态系统时，有三个关于系统组织的概念至关重要：第一个概念是"尺度"，或者说是所讨论的景观的相对规模，其与或大或小的生态系统的联系，以及最终与整个区域的联系。尺度为我们提供了一个包罗万象的参照架构。第二个概念是"设计过程"，这是我们在处理这个参照架构时需要遵循的思维模式。第三个概念是潜在的"生态秩序"，它将各个生态系统联结在一起，并使它们发挥作用。这三个概念构成了本书的三大主题，将本书分为三部分，即书的每一部分关注的是其中的一个概念。为了表明基本的观点，在开始更为详细的论述之前，我将在这里先简要介绍一下每个概念。

● 尺度

我们必须认识到，每个生态系统都是更大的生态系统的一部分，或者说是子系统，反过来，它自身又包含了许多更小的子系统，它与这些或大或小的系统单元间保持着必要的联系。例如，圣埃利霍潟湖既是稍大一些的流域单元的一个组成部分，同时也是更大的海洋单元的一个组成部分。80平方英里流域中的水最终汇入潟湖，带来了它在潮汐间歇期间所能获得的一切——可能包括

由坡地侵蚀而下的泥沙，由农田施肥而来的硝酸盐，由道路而来的油污，以及任何可能严重影响潟湖生命数量的其他物质。因此，如果潟湖要像一个健康的生态系统那样运行，就需要对流域的土地利用加以一定程度的控制。同样，所有这些物质最终从潟湖流入太平洋，从而建立起另一种联系。通过所有那些来此地休闲游憩的人，潟湖与圣地亚哥城市地区，甚至整个南加州地区相连。在更大的尺度下，潟湖还借着太平洋候鸟的迁徙路线与阿拉斯加和中美洲相连。因此，圣埃利霍潟湖发生的事件可能会严重影响到千里之外的动物群体。

尽管存在着所有这些联系，圣埃利霍潟湖仍是一个有限的景观单元，是一个具有一定规模和明确边界的景观单元，这意味着我们只能在一定的尺度下研究、分析它，我们能够详细讨论的问题同样局限于与这一尺度相适合的范畴。尽管如此，我们需要在更大尺度单元的背景下，或者说是框架下开展工作，而在这个案例中，更大的尺度单元是流域。然后，我们需要将提议的开发项目作为相对小尺度的单元，局限在潟湖的架构下。我们的所有设计尺度形成了一个层次结构，对应于层级的概念，可以与自然界或其他任何有组织的系统相整合。特定的组织原则贯穿了层次结构的所有层级，并可为任一层级的设计提供指导。接下来的四章（第一部分）将专门讨论这个问题——设计所关注的尺度。

● 设计过程

在书的第二部分，我们将探讨设计过程，即探讨为了达成我们所谓的"创造性地参与自然过程"所需借助的手段。根据所关注的尺度和现实情况，我们进行设计的方式自然会有所不同。

在这里，为了消除理解歧义，我不得不简

短地岔开一下话题。我在这里使用"设计"一词，意味着给物理现象赋予形态，并且我将用这个词语来表达各种尺度下的这种活动。我们所面对的种种挑战，需要对设计活动进行一些拓展和重新界定。按照埃里克·扬奇（Erich Jantsch，美国著名学者，著有《自组织的宇宙观》。译者注）的说法："设计就是试图找到一个生态作用，赋予其形态，最好像是这一过程的天生形态……（并且）着重于发现并突出处于演化中的各种内在因素，使它们为人所知，发挥预期的效用。"（Jantsch, 1975: 44）

这偏离了将"规划"一词用于更大尺度（细部构造尺度以上）景观塑造的惯常做法。鉴于"规划"一词过于宽泛，其所包含的内容并不明确，具体使用时会引发困惑，并且环境设计学科越来越趋向于将规划与管理活动而非赋予物理形态的活动相关联，我认为这一偏离是合理的。本书针对的是对景观进行物理性改变，而不是关于管理的、法律的或政策制定方面的活动，尽管要实现这些改变，通常需要大量管理的、法律的或政策制定方面的活动，这不必多说。因此，规划和设计是紧密相连的，协同发挥作用，有时甚至不分彼此。

从这个意义上讲，使用"设计"一词时，我坚信我是在追随而不是试图引发一种趋势。我们越来越多地听到"场地设计"的说法，而不是"场地规划"。卡尔·斯坦尼茨（哈佛大学教授，历届哈佛大学设计学院主要学术主持人，国际权威景观规划和城市设计教育家。译者注）提出"区域景观设计"，并且对这一说法做出了解释，将其定义为"有意识地改变……通过设计来改变景观及其社会格局"（Steinitz, 1979: 3）。伊恩·麦克哈格（规划师和教育家，生态规划创始人。译者注）自然而然地将其著名作品命名为《设计结合自然》（McHarg, 1969）。无论如何，"设计"一词带有"有意为之""精确""控

制"的意味，适用于我正在阐述的方法。此外，"设计"还夹带了情感的意味，扬奇称"设计"为"添加了爱意的规划"。因此，我在使用"设计"一词时，会牢记所有这些意味，尽管非常抱歉，这个词可能会带来一些困惑。同样，我将使用"规划"一词来明确指代管理的和体制性的活动，如政策的制定和实施。

将两种不同的思维方式——分析性地使用科学信息和进行创造性的探索（或者说是左脑和右脑，如果不介意我这么说的话）——结合到一起，生态系统设计可能会变得非常复杂。以上两种思维方式可以一起工作，但前提是每种思维方式的作用都得到明确。特别是在较大的尺度中，由于大量的人员——在某些情况下，正如我们将要看到的那样，参与的人数是个巨大的数字——参与其中，设计过程会变得更加复杂。为了以合理的方式应对这种复杂性，我们会把设计过程分解成若干个具有共性的主题：构思、信息、模型、可能性、方案评估和管理。然后，我们会仔细考察每个主题的工作内容以及与之相关的分析性或创造性导向。

将管理纳入生态系统设计尤其重要，因为未来变化不定，任何有机体的生存都要面对各种变化。生态系统设计是基于概率的，因为我们无法预言将来必定会发生什么，只能说明可能发生什么，而管理就是以控制的方式应对这种不确定性——通过观察实际发生的情况，并在必要时重新进行设计来加以控制。因此，作为一种以其他方式达成的、必不可少的设计延续，为了换一种表达方式对冲突和策略加以令人满意的说明，管理发挥着比通常预期的更具创造性的作用。重申一遍，设计和管理之间的密切关系对于任何一个生态系统的设计过程而言，都是尤为重要的。

●生态秩序

复杂之中存在着很多的转机，我们需要不断提醒自己，在人类生态系统中创建秩序的目的是令这些系统能够满足人类和系统中其他组成部分的需要。然而，我们该如何定义"秩序"呢？秩序的种类和程度有很多：在景观设计中，我们最习惯于以视觉秩序的方式来思考；生态系统的秩序是另外一回事，不过，它通常会反映在我们所看到的现象中。

在这里，为了回归生态学的那些概念，我们可以确定三种生态秩序模式，每种生态秩序模式对于生态系统内部运行的某一个方面来说，是极为关键的。这三种生态秩序模式就是"结构""功能"和"区位"。

先说结构。奥德姆将结构定义为"……生物群落的组构，包括物种和生物量、生活史和空间分布、非生物物质的数量和分布，以及诸如光和气候等条件的变化范围"（Odum, 1971）。马加莱夫的定义更为简洁，"如果我们考虑到各种要素以及要素之间的关系，我们就有了结构"（Margalef, 1963: 216）。

现有的要素数量、类型以及它们相互作用的方式是生态系统的基础特征。出于分析的目的，结构可以分解为亚结构。营养级的组成就是一个亚结构的例子，正如我们看到的，它在圣埃利霍潟湖中起着尤为重要的作用。沼泽草与分解菌，以及由分解菌引发的与软体动物的关系是海口生态系统的独特之处，是这类生态系统的核心结构。虽然对人类而言鸟类更容易被看到，也更加有趣，但其对生态结构来说并不那么重要，而其状态最终取决于沼泽草的健康状况。在这种特殊情形下，要素就是沼泽草、细菌、软体动物、涉禽和水禽的种类，而要素关系就是它们的相互捕食。我们可以将这些看

作是构建潟湖生态系统的"砖块"和"砂浆"。在本书的第十一章和第十二章，我们将针对生态系统结构这一主题，进一步探讨其含义，并细究通过设计塑造人类生态系统结构的方法。

第二种生态秩序模式——功能，或者说是能量流和物质流，与结构紧密相连。按照奥德姆的说法，"……一定地域内复杂的生物结构是靠整个群落的呼吸作用维持的，群落的呼吸作用会持续不断地排除无序（根据热力学第二定律，封闭系统总是趋向于使有效能即自由能减少，而使熵增加，最后导致一切过程终止，但是开放的生态系统可以通过自身复杂的生物结构保持有序状态，同时通过生物群落的呼吸作用排除无效能即热能，从而排除了无序。只要物质和能量不断输入，生物体就会通过自组织建立新结构，保持系统处于一种低熵的稳定、平衡状态，译者注）"（Odum, 1971: 37）。呼吸作用是由能量流推动的，并且保持这种流动，将能量分配给群落的所有成员，这是生态系统功能的基本目的。在圣埃利霍，潮汐会为这种"排出"加力，从而加快了能量流的速度，提高了生产率。每个生态系统都有一种与其结构相对应的能量流特征模式。当太阳辐射通过光合作用产生能量时，能量流就开始进入系统中的每一个生物体内。总体上，每个生物个体和整个生态系统都有能力保持一种其内部高度有序的状态，或者叫"低熵"的状态，只要它能连续不断地得到供给，获得运转所需的能量。当能量流过这一生态系统时，根据热力学第二定律，随着每次能量转换，它会退化成一种更加分散的形式。因此，当从沼泽草流向软体动物再到鱼类和鸟类时，能量会不断流失。然而凑巧的是，大米草和软体动物能特别有效地将能量转化为生物量：大米草具有一种独特、有效的细胞结构，软体动物则幸亏有了潮汐作用而无须觅食。大多数动物要消耗大部分能量用于寻找食物，但软体动物所需的碎屑食物是由潮汐能推动的水流供给

的，也就是说，潮汐作用额外产生了巨大的生物生产力。即便如此，相较于实际固定的能量，更多的能量会随着每一次转换损失为不可用的热量，其结果就是，潟湖生态系统需要太阳和潮汐持续不断地输入能量来加以维持。

水流与生命所必需的化学元素流对于生态系统的功能来说也至关重要。与能量相比，这些物质不会连续消耗，而是循着一些或多或少连贯的路径无损循环：由存储到环境，再到生物体内，再回归环境。因此，这些物质流，或者通常被称为"生物化学循环"，为每个生物体提供了其所需的化学物质和营养物质。

圣埃利霍潟湖如同大多数在无意间设计形成的人工生态系统一样，长期以来，系统中的物质流一直处于一种无休止的非正常状态，不是因为物质匮乏，而是因为这些流被导向了错误的地方。在将经初级处理后的污水尾水排放到潟湖中的那段漫长时期里，污水中大量富集的营养物质导致藻类快速生长，消耗了水中的大量氧气，从而导致鱼类和软体动物无法存活及其种群的不断消亡。当藻类以高于湖水能够吸收它们，或者潮汐能够将它们移除的速度死亡时，它们会在水面上腐烂，产生有碍观瞻的大片绿色漂浮物和难闻的气味——这就是由设计在无意间造成的常见困境的典型事例。对于这一"水污染问题"，最终实施的解决方案着眼于那条 4 英里长的入海排放口。现在，潟湖表面只是偶尔会有水华（水体中藻类大量繁殖的一种自然生态现象。译者注），主要是径流水中的硝酸盐肥料造成的。然而，人类为了自身的种种目的而导致流失的不仅是营养物质，随着污水中的淡水对湖水的补注被切断，潟湖表面的水位下降，湖区周边一些地方露出了大片干涸的泥滩。很久以前，由埃斯康迪多溪（Escondido Creek）而来的天然淡水供应量就因上游蓄水问题而大幅减少了。

因此，我们在这里谈论的，是一个单向物质流（once-through flow）的典型例子，这种流已经成为那些目的单一、无意间创建的人类生态系统的共同特征。从科罗拉多河流经 200 多英里而来的水，大部分只是一次性使用，主要用于冲洗厕所，然后就流入海洋。大多数营养物质以食物的形式流入，食物主要来自异地，一次性利用之后，就汇入家家户户抽水马桶的污水，随之流入大海。这样一个系统与各种自然系统形成了鲜明对比——在自然系统中，各种输入和输出的量都很小，流速也慢很多，并且水分和各种营养物质被一再重复利用，以支持多种多样的生物体。

我们建议的备选方案将重新引导这些物质流，通过生物污水处理来重复利用水分和养分：将初级处理后的尾水排入一系列水塘，水塘里的水葫芦和其他水生植物会吸收养分，这样一来，污水最终会达到一定的纯净度，可以用于游憩区域的绿化灌溉，并最终返回潟湖，水葫芦可以收获回来作为牛饲料，因而最终也可以返回生态系统。这种水和养分的流动模式更像是自然生态系统中的物质流模式，更为有效、经济，而为了应对溢流和其他紧急情况，仍然会偶尔使用入海排污口。

然而，至少在可预期的未来，还有一个主要的顾虑，即这样一个系统本身无法自运行。因此，人工管理将不得不替代自然河口系统的自我调节机制，这就意味着之前提到的那种高水平持续性、创造性的管理是非常必要的。

在本书第十章和第十三章中，我们将回到生态系统功能这一主题，更深入地探究能量流和物质流的运行，以及通过设计形成这些流的方式、方法。

第三种生态系统的秩序模式——区位，虽然在科学文献中鲜有探讨，但与其他两种生态秩

序模式相比，通常在设计中更受关注。区位的建议性排布往往被当作平面图。尽管这种做法遵循了历史惯例，并符合既有的决策模式，但常常会导致对结构和功能等相对不太显见方面的忽略。理想情况是这三种生态秩序模式同等重要，能够确实地相互关联，如果不考虑其他两种模式，就无从考虑三种模式中的任意一种。然而，区位毕竟是三者中最具可见性的，而"平面图"可能仍将是生态系统结构和功能设计的载体。

理想的区位布局主要取决于既有的排布。我们所阐述的各种生态作用和生物体遍布于景观之中，与气候和地形密切相关，如果我们的目的是在此基础上建造、发展出所讨论的那种人类生态系统，那么对这种既有的格局就必须加以尊重。圣埃利霍潟湖生长出沼泽草，由此支撑着整个食物链的潮汐区是整个景观场景的重要组成部分，涉禽赖以觅食的泥滩，水鸟赖以筑巢生养的浅水横流且又脏又湿的岛屿，也是整个景观场景的重要组成部分。

然而，这些都只是整幅拼图中的几小块而已。人类已经将其他各种排布叠加在这些自然格局之上：支撑着铁路、沿海公路和高速公路的护堤将潟湖划分成了三个特立独行的部分；现有的发展格局还包括了公路沿线的商业性利用，以及坡地上的居住性利用；还有一种排布，是对更多开放式海滩和更多受保护湖滨游乐区的需求。

也许，最难处理的是私有地产的排布，因为必须要显现出这片土地怎样能够获利，而在建议将其收购为公有时，必须要有充分的理由。

适宜性分析模型是对土地竞争性利用格局进行梳理的最有用的工具，它是一张由分析得出的地图，上面展示了用于既定人类活动的土地增量的相对适宜性。在圣埃利霍潟湖案例中，由于数据复杂，借助计算机制图技术来界定适宜性更为便利。无论这张地图是手工绘制的，还是计算机绘制的，对于适宜性分析模型来说，既不会有奇迹发生，也不会有不可更改的结果。手工绘制或计算机绘制将信息简单地组合、集中在一起，原原本本地展示出来，并以图形表达的方式生成分析结果。

例如，第22页第一张计算机生成的地图上显示的是相对的住宅适宜性（由于我们将在后面的章节中详细讨论计算机制图，所以在这里仅说明模型本身及其在设计过程中的作用，而不涉及建模技术）。每一个小符号，或者说是网格单元，都代表着约111平方英尺的区域，图上给出了该区域内既定开发活动的适宜性水平估计值。在每一张地图中，颜色最深的符号表示的是最低的适宜性水平，颜色最浅的符号则表示最高的适宜性水平。

这些适宜性估计是基于对未来经济成本和环境影响预测做出的。对于第一个关于住宅开发的分析模型，最适宜的区位假定是开发成本可能较低、侵蚀率较小、不可能发生滑坡，并且不受野生动物种群干扰的位置区域。当然，许多其他的标准可能已经在使用了，但上述标准是在这一特殊案例中被认为重要的一些标准。假设模型具备技术可靠性，那些颜色最深的区域就是开发成本高、侵蚀率大、可能发生滑坡，并且存在野生动植物破坏的综合区域，而这些用地不适宜进行住宅开发。

接下来的一系列分析模型显示了各种游憩和居住利用的相对适宜性。模型的标准各不相同，但在每种情况下都界定了最适宜和最不适宜的位置区域。

适应性分析模型在生态系统设计中发挥着关键作用，为生态作用及其用地区位的考量提供了连接纽带。这些模型将有关自然、社会和经济功能的复杂信息汇集成可供利用的形式，它们揭示了新的用地格局，虽然也有可能以其他一些方式辨别出这些新格局，但是会很难。

有时候，模型并不是作为制定规划的基础，而是被当作规划方案本身——这是一个严重的错误。模型只是简单地表达了各种能被清楚陈述的事实与价值之间的相互影响，建立模型之后，要生成一个规划方案，仍然需要创造性地跨越一大步。模型为这一跨越奠定了坚实的基础，但终究，规划方案与模型是全然不同的两回事。

●从模型到规划再到管理

我们在这里一直描述的经历了漫长过程才逐渐形成的圣埃利霍规划就是一个例证。该规划将潟湖及其流域划分成了七种不同的用地类型，这些用地都遵循从适宜性分析模型分析得到的格局，但实际的建成形态却与之截然不同。此外，这七种用地与传统的区划用地类型并不一致，因为这一用地划分的目的与传统区划的目的有很大差异。在这里，我们并非在试图促进用地的统一，而是鼓励最大限度的多样性，这可以促使潟湖的生态作用发挥其健康且产出丰饶的功能。因此，对于各类用地的界定是按照合理性确定的，具有普适性，并且可以包含各种想法。

顺应已建铁路和高速公路，湿地被分成了三个不同的区域。其中，高速公路以东的内湖区域——最丰饶、最具多样性的栖息地，也是鸟类最喜欢的觅食和筑巢地——成为野生动物保护区；高速公路和铁路之间的区域——水更深，野生动物大大减少——将用于生物生产和研究。因此，无论是自然的或者说是保护性区域，还是生产性景观区域，都是这一规划的重要组成部分。生产性区域主要是人工景观，但从生物学角度看却是一处非常活跃的区域。这里可能需要进行一些疏浚和岸线改造，以形成养殖鱼类和软体动物的最佳环境。潟湖边上的旧污水处理厂将被改造为生物处理设施，成为一处淡水的注入源。

湿地西部区域——介于铁路和海洋之间，已经被改变得面目全非——将成为一处高密度游憩区，进行一些商业性的开发。建筑物将伫立在潟湖水域的栈桥平台上，以便海洋生态作用可以在其下方不受干扰地得以延续。

湿地周围是一圈保护性的缓冲区，设置了一条步行道，成为更为敏感的野生动物栖息地的屏障，并且在其外侧较为平坦的土地上，会设置若干处被动式休闲区。虽然在那些可以俯瞰潟湖的坡地上鼓励城市开发，但必须受到各种设计控制，如限制坡度、保持自然排水过程和径流水位、种植植物以防止侵蚀——通过诸如此类的控制，这些斜坡的开发将与一个物产丰饶的潟湖共存。

然而，只有得到有效的管理——"人治"〔将"manage"（管理）一词拆分开来就是"man-age"（人治）。译者注〕——这样一个系统才会维持良好的运行。一旦这个系统成形，持续管理就开始成为其基本组成部分之一。只有管理才能控制那些反馈环，以增强那些已经演变为自然系统的内在功能机制的物质流。另外，还需要采取某些控制措施来防止外来的、潜在的有害物质进入潟湖，如肥料、杀虫剂、油污残留，或磷酸盐等。人类活动可以一定的方式加以规范，如防止其对敏感的潟湖生态作用或是种群造成干扰。潟湖环境质量，尤其是水质的关键指标需要得到监测，以保持系统的稳定性。当系统失衡情况出现时，或者某些地方出现了退化或冲突的迹象时，可以采取一些纠正措施。如果没有这样一道程序，不论之前设计得如何缜密，潟湖终将回归到目前的悲惨状态，甚至还会更糟。

这一凭借有意设计和管理形成的生态系统代表了城市发展过程和自然生态作用互惠互利的运作模式。食品生产、野生动植物栖息、休闲游憩、居住生活、资源保护、水和养分循环，以及视觉愉悦，彼此联结，相互依存——所有这些作为一个整体，其组成与河口生态系统截然不同。如果人类从未来到此地，圣埃利霍的河口生态系统将仍然存在，而其形态应该会较现在更加变化多端，各种活动也更为剧烈。虽然目前的河口生态系统要靠人类的力量和聪明才智来维系其稳定性，但在某种程度上反过来也同样成立（即人类的活动也有赖于这一系统的稳定。译者注）。如果一切顺利，如果我们的模型是准确的，如果我们的设计能起到应有的作用，如果管理是富有想象力而又正确的，那么人类的发展过程和自然的生态作用将不分彼此地融合成一个有机整体，一个名符其实的人类生态系统。要实现这样的系统可能会很难，但理想是驱动力。

第一篇 重要的尺度

第二章
尺度的层级体系

和人一样，景观也鲜有遗世独立的，每一处景观都与所有其他景观相联结，形成一张相互依存的网络，遍布整个地球。正如通常所说的，在某种程度上，世界万物是普遍联系的。因此，无论我们塑造何种规模的景观，都需要将其置于更大的视野中，以考察其相互关联的网络，并避免对关键部分造成破坏，有时还可能创建出新的关系。

怎样才能做到上面所说的呢？这关系到尺度的问题。我们是在一个尺度更大的参照背景中塑造景观，而塑造的景观又循着层级关系进一步成为包含在这一景观中的尺度更小的景观参照背景。不可避免地，在某些时候，我们必须要划定边界，去划分看似不可分割的部分，以界定我们的设计对象。在理想情况下，这些边界由地形特征决定，以使景观对象具有一定

的内在相关性和统一性。流域是一种具有内在相关性的景观典型，至少就某一个标准而非其他标准来说，是这样的。

然而，通常情况下，边界不是由地形特征决定的，而是由政治和经济特征决定的。这样的边界是抽象的，通常是看不见的，与景观的物理现实无关。在这种情况下，边界很难以设计手法来处理，因为缺乏自然的合理性，会出现"为何应该在这条假想线的一侧赋予用地以形态，而不是在其另一侧这么做"之类的困惑。

无论边界是否具有自然合理性，尤其是在其缺乏自然合理性的时候，大量的相互关系仍然会不加区分地穿越这些边界，对此我们只能倚仗对涉及更多事物的背景所进行的考察。尺度，或者说是相对规模，决定了在边界内发生的以及跨越边界的各种相互关系的类型。因此，

尺度决定了我们在一项设计工作中可以关注和解决的问题类型，涉及具体方法、详细程度和人数。

然而，并不存在通用的尺度语言，或是尺度系统，用以轻而易举并清晰具体地做出这种决定。我们常常会听到有关"大尺度"和"较小尺度"的说法，但对于这些术语的含义，没有明确的说明。因此，出于关注问题的需要，我在此将定义一个尺度系统，作为本书的参照架构。该系统可能会具有更为广泛的应用。

为了达成这一目的，整合或组织的层级概念是最有帮助的。自然界的整体组织可以被视为一个层级系统，有着一系列的整合层次，从基本粒子到原子再到分子，然后拓展到各级有机体层次——细胞、组织、器官、器官系统、生物体，以及生物群体层次——个体、种群、群落、生态系统。每一层级都由下一个更低层级的若干个相互作用的单元组成，不仅代表着这些单元的总和，而且是一种新的完全不同的组织形式。这些层级中的每一个都可以被进一步细分，并且也可以将其纳入更大的单元组中。例如，诺维科夫（Novikoff）将这些层级划归四个基本等级：物理的、化学的、生物的和社会的，按升序排列（Novikoff, 1945）。他指出，这些等级代表了进化发展的阶段，首先发展形成的是原子和分子的物理组织，而社会组织是新近才发展形成的。每一等级都有着独特的行为特征，这些特征源于不同的进化发展的力量。虽然人类社会组织通常也会以这种方式分层，并且似乎像各种自然系统一样，向着更高的整合层级演进，但是诺维科夫提醒，不要过于仓促地将在一组层级中观察到的规则应用于另一组。例如，适用于动物群落组织层级的规则也许无法用于人类社区，因为它们是应不同的力量发展而来的。对于诸如社会达尔文主义（Social Darwinism，由达尔文生物进化理论派生出来的西方社会学流派，主张用达尔文的生存竞争与自然选择的观点来解释社会发展规律及其和人类的关联，认为优胜劣汰、适者生存的现象同样存在于人类社会中。译者注）等理论而言，这在逻辑上是错误的。

说到这里，就出现了一个问题——人类生态系统应该被归于生物的等级还是社会的等级？显然，这类系统是以上两个等级的叠合，由此揭示出诺维科夫类型学中的一个缺陷。然而，由于他反对将规则从一个层级转移到另一个层级的提醒仍然有效，因此需要进一步澄清这个问题。我已经运用一个案例将人类生态系统归为生物等级的生态系统层级，但由于这类系统包含着自然界中不存在的各种人类控制过程，也许我们最好将它们看作是这一生物层级往更高层级的扩展，在更高的层级中，自然系统与各种社会过程相互作用。显然，这些相互作用必须加以考虑，但不必将任何行为规则从一个层级转移到另一个层级就可以做到这一点。例如，当我们谈到人类社区时，重要的是要记住，我们指的是一种与狼群或水禽群落完全不同的社会组织。

然而，有一些原则适用于所有层级，特别是适用于层级之间的各种关系。鉴于在每一尺度下，一处景观及其生态系统都包含了若干个属于下一个较小尺度的景观，并且这处景观本身就是包含在上一个更大尺度单元中的众多景观中的一个，尺度层级之间的各种关系是一个突出的重要问题。那么，我们如何才能准确界定这些关系呢？詹姆斯·费布里曼（James Feibleman，美国哲学家。译者注）的"整合法理论"（theory of integrative laws）对此很有用。该理论包括 12 条"法规"（laws）和 6 项"解释性规则"（rules of explanation），可用于定义任何按层级整合的系统或组织中各个层级之间的关系。虽然其中一些法规和规则对于设计而言没有明显的可应用性，无须在这里提及，但至少有 4 项法规和规则对任何需要处理规划层级问题的人来说，都耳熟能详。例如，第一条法规的表述是"……每一层级都会组织其下一个层级，并会组织形成一种初步的品质"（Feibleman, 1954: 63），由此，每一层级都指望着上一个更高层级的组织指导。

法规 3、4 和 5 构成配套使用的一组。法规 3 规定，较高的层级取决于较低的层级，而法规 4 则规定，较低的层级受较高层级的管理。之后，根据法规 5，"……对于任一层级的任何既定的组织，其组织机制都来自下一层级，其目标则来自上一层级"（Feibleman, 1954: 64）。换句话说，每一层级所确立的目标将在其下一层级达成，但为了完成目标搜寻工作，实际的运行机制存

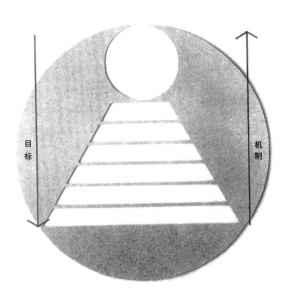

在于再下一层级中。对于设计而言，这是一个极为重要的规则，它明确界定了各个尺度层级之间的基本工作关系。为了检验其重要性，我们将探讨一个涉及 4 个关注尺度的研究案例。

水流作为一个整合要素

在景观中最为常见和显眼的联结方式是水流。景观中的溪流、江河以及各种静水体的序列告诉我们很多有关水流结构的实情。在干旱的气候条件下，水流量尤其可以告诉我们更多关于景观所能支持的种群数量的实情。

因此，在研究"重要的尺度"这一理论时，考察一下穿越一片主要城市区域的景观水流会非常有用。我们可以看到水的运动是如何将这片区域与其所属的更大景观，以及一处更小的景观联系起来的，而进一步看，这处更小的景观则是这片区域不可分割的一部分。我们还可以看到这三个尺度的景观设计是如何紧密相连的。不仅如此，我们还会看到一个快速增长的范例，以及与各种单向流生态系统，特别是那些严重依赖资源输入的生态系统相关的最终困境。

●水流和土地利用：南加州的例子

我在这里将要讨论的区域是南加州的城市连绵区，一片约 200 平方英里的地区，在过去的 100 年中已经被城市化所充斥，人口数从 1880 年的不足 2 万增长到 1980 年的超 1000 万。在第 46~50 页对这个南加州研究案例的描述中，图示出 1800—1975 年土地利用的演变：1800 年，人口分布在 3 块小小的农业殖民地中，而到 1975 年时，该地区几乎被城市发展所覆盖。与之平行的那一列图说明了水资源预算的相应增长和变化。

请记住，这些图示都是在事后很久才得以绘制的。顺沿发展路径而来，几乎没有过长期的规划，也从未意识到资源供给可能会对发展产生制约。

直到 1903 年，所在流域内，用水需求成为南加州人口增长的瓶颈。尽管有时候农业灌溉会致使地下水位明显下降，但在通常情况下，供水

是充足的。正如那一时期的地图所示，在此之前，该区域人类所利用的土地总量是非常小的。

1903 年，在经历了一次长期干旱之后，当人口数量刚刚超出 10 万时，城市管理者意识到这一自然流域无法再支持更多的人口增长，显然，水是其制约因素。在经过各种积极活动获得了公众支持，并通过一系列我们在此无须关注的政治运作之后，一条引水渠投入建设——从大约 233 英里外的欧文斯河谷（Owens Valley）引水。这个水源是内华达山脉（Sierra Nevada）的雪山融水。该引水渠于 1913 年完工，恰逢第一次世界大战和 20 世纪 20 年代的人口繁荣期。

正如第 48 页流程图所示，到 1917 年，该引水渠的供水量超过了当地的降雨量或地下水供水量。这类流程图为我们提供了一种易于理解的制图技术，以便图解这些事实。图上的箭头是表示输入和输出量的向量，但是为了获取各方面的信息，并不需要有很高的精度。事实上，后知后觉地绘制这些早期的水资源预算所依据的数据是相当粗略的。大小不等的箭头以其宽度表示水量，那个圆圈代表的是洛杉矶大都会区（Los Angeles Metropolitan Area），而圈内的色块则表示三种基本用途的用水量，色块的宽度与箭头的比例相同。

1925 年的土地利用图显示：自 1900 年开始，出现了大规模的城市扩张，这正是洛杉矶闻名的城市蔓延模式的早期表现。我们也许无法下定论说，是这条引水渠导致了城市蔓延，但是可以确定的是，如果没有这条引水渠，这样的增长是不可能的。1923 年，又一场干旱使得人们确信，如果这座城市的预测人口数不受制约的话，则必须另觅水源，而这一次，在需求更多水资源的同时，还需要更多的另一种重要的资源——能源。因此，该市全力支持美国垦务局（U.S. Bureau of Reclamation，后改称"水和能源服务部"WPRS。

译者注）的提案，在科罗拉多河上的博尔德峡谷建造一座高坝，以满足这两方面的需求。1941 年，恰逢第二次世界大战初期的繁荣时期，一条 240 英里长的新的引水渠开始从科罗拉多河向洛杉矶大都会区输水。

这些水资源预算图和土地利用图描述了这一时期水资源输入大幅增长的历程，与之相应的是快速的城市化。在那些年，这一地区中大片的农业区被城市郊区所取代。

接下来开采利用的水资源来自加利福尼亚州的北部，那里拥有该州三分之二的水资源，但人口仅占全州人口的三分之一。加利福尼亚州调水工程（California Water Project）——从 400 多英里外北加州的几个水库向洛杉矶地区输水——酝酿于 20 世纪 50 年代的繁荣时期，于 1973 年全部完成。与此同时，整个输水系统又增加了一小部分——欧文斯河谷的引水渠向北延伸了 100 多英里，从毗邻的莫诺湖（Mono Lake）流域汲水。1975 年的水资源预算图和土地利用图基本上展示了这一供水系统目前的状况。该供水系统的反复扩张为城市化提供了可能性，使得城市几乎覆盖了洛杉矶大都会区内所有可建设的土地，此外，还覆盖了大量许多人认为不可建设的土地。这种增长并未真正理解水资源和土地使用之间的关系，没有想过可以有各种备选方案，也没有考虑到节约用水或循环用水的可能性。如果在任何一个支持这些大规模输水项目的决策制定之前，水资源预算得以与土地利用规划的备选方案一起制定，那么，今天的洛杉矶地区可能会是一个截然不同的地方，那些被汲水的地区同样会天差地别。

从内华达山脉到南加州城市区的水流

洛杉矶地区城市化的显著扩张，与一个庞大的、从远地水源输水的供水系统的周期性扩张密切相关。这里我们会概述这一系统的增长情况，首次从233英里以外的欧文斯山谷取水，然后从科罗拉多河取水——事实上这意味着从美国的整个西部区域取水，而后再从北加州取水。供水对该地区的人口数量产生了自然的制约，通过从远处景观借取水资源，供水系统不断扩张，其结果就是人口数量不受控制地增长，并且远远超过该地区资源所能供养的程度。从荒野到农业生产，再到城市化，土地利用的演变格局一直在推进。

案例研究 II

南加州城市区的土地利用和水流

由加州州立理工大学风景园林系试验性设计实验室研究。首席研究员：约翰·莱尔。助理研究员：威廉·本斯利（William Bensley）、彼得·汉默（Peter Hummel）、朱丽安娜·莱利（Julianna Riley）、戈登·陶卡（Gordon Taoka）和雷蒙德·沃尔什（Raymond Walsh）。作为"聚焦洛杉矶"（Focus on L.A.）项目的一部分，由富国银行基金会（Wells Fargo Foundation）资助。

　　南加州的功能性流域，其供水总面积目前占美国大陆面积的 1/12。

　　历史解说图片反映了为试图满足人口不断增长的需求，在第一次非保护性的、未慎用水资源的行动之后发生的变迁。

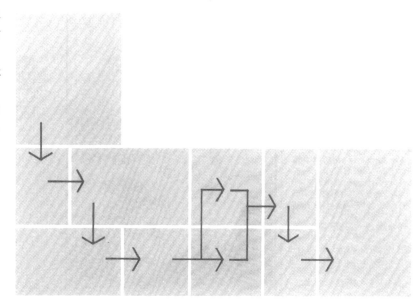

南加州城市发展和水资源利用的编年史

1771 年 圣盖博旧教区（Old Mission of San Gabriel）在圣盖博河（San Gabriel River）的河岸上建成。节约用水是设计和土地利用的基本考虑因素。由西班牙殖民者引入的从罗马法直接派生的印度法案（Law of the Indies, 西班牙腓力二世于 1573 年颁布的一套法律，主要用于殖民地管理规划，强化王室对于新大陆殖民地事务的统治。译者注）控制着水资源的利用。

1781 年 在珀金库勒河（Porcuincula River）和不久前被一个印第安村落"Yang-na"占据的低矮山丘之间建立了洛杉矶普韦布洛村落（Pueblo, 在拉丁美洲或美国西南部指有传统房屋建筑的村落。译者注）。洛杉矶河（Los Angeles River）是该聚居点的生命力所在，由西班牙国王查尔斯签署的一份皇家公告授予了普韦布洛村落对于整条河水的永久所有权。

1800 年 普韦布洛村落的人口：315 人。

1810 年 圣费尔南多教区（San Fernando Mission）建成了一个灌溉系统。普韦布洛村落对教区牧师提起了一场"法律诉讼"，迫使他们最终拆除了一座大坝，并将洛杉矶河的完全使用权还给了洛杉矶市。

1830 年 地区城镇人口：1200 人。

1833 年 世俗化法案（Secularization Act, 是墨西哥于 1833 年发布的一系列法案，借此推进反教权运动，要求把集中在教会手中的财产分配给世俗土地所有者。加州当时是墨西哥的领土。译者注）使得各个教区开始衰落，"地产繁荣"初见端倪。

1850 年 洛杉矶的输水渠系

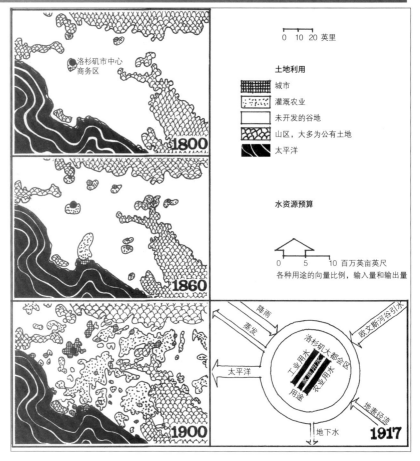

0　10　20 英里

土地利用

城市

灌溉农业

未开发的谷地

山区，大多为公有土地

太平洋

水资源预算

0　　　5　　　10 百万英亩英尺

各种用途的向量比例，输入量和输出量

洛杉矶市中心商务区

1800

1860

1900

降雨
蒸发
欧文斯河谷引水

洛杉矶大都会区

工业用水用途
农业用水

太平洋

地表径流

地下水

1917

统建成。这是一个输水干线系统，包括一个大型的运河网络、一个巨大的水轮、广场附近的一座砖制储水箱，以及一个由空心原木组成的系统，可以将水输送到城市的一些主要地区。

洛杉矶建市并通过了第一部反水污染法律，规定在输水渠系统中不得清洗衣物或丢弃垃圾。

1852 年 输水干线系统无法满足用水需求，各种私营公司成立。

1861—1862 年 一系列洪灾袭击了该州。从洛杉矶到太平洋，延绵圣佩德罗湾（San Pedro Bay, 位于洛杉矶市以南。译者注）和巴

洛纳湿地区（Ballona, 位于洛杉矶市以东。译者注），整个山谷地区成为一片汪洋。

1870 年 洛杉矶县人口总计：15 309 人。

1874 年 参议员查尔斯·马克利（Charles Maclay）划出一片56 000 英亩的圣费尔南多牧场，说服南太平洋铁路公司建造了一座火车站。这是促使偏远地区得到发展，之后融入洛杉矶的一种初始方法。

1877 年 干旱毁害了农作物。水资源成为首要的关注点。

1885 年 给排水管理区将其水利系统扩张到更高的用地上，可以多服务 10 000 英亩的土地。

1900 年 洛杉矶人口总计：102 479 人。

1895—1905 年 严重缺水的干旱年份。"洛杉矶市政供水系统之父"威廉·穆赫兰德（William Mulholland）是该系统的负责人，他说，"无论是谁带来了水，就意味着带来了人"。

1905 年 洛杉矶市民投票发行了 150 万美元的债券，以购买欧文斯河谷的土地和水权，为欧文斯河谷引水项目奠定了基础。

1913 年 11 月 5 日，总长233 英里的欧文斯河谷引水渠完工，来自高原雪山的水首次抵达南加州。

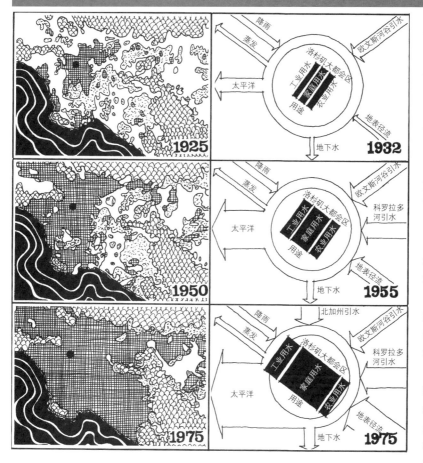

德 蒙 斯 通（A. D. Edmonston）提交了第一份关于菲泽河项目（Feather River Project）的完整报告，涉及奥洛维尔市（Oroville）的发电厂、多用途水坝和水库。

1952 年 亚利桑那州在美国最高法院就水权向加利福尼亚州提起诉讼。

1955 年 州议会拨款开始建设加州调水工程（the State Water Project）。

1957 年 奥罗维尔大坝（Oroville Dam）启用紧急资金开建。加州调水工程的第一步步入进行时。

1960 年 泵的设计采用了新技术，以高能源成本将水提升并跨越特哈查比山脉（Tehachapi Mountains）。

1964 年 美国最高法院的判决（亚利桑那州对加利福尼亚州的诉讼案）增加了亚利桑那使用科罗拉多河水资源的份额，而将加利福尼亚州的使用份额减少到原有份额的一半以下。

1964—1969 年 建设洛杉矶来自欧文斯河谷的第二条引水渠。引水始于 1969 年，引水量为 309 000 英亩 - 英尺。

1980 年 能源成本为 0.005 美元 / 千瓦时。泵输送 1 英亩 - 英尺的水需要 3400 千瓦时。每英亩 - 英尺的能源成本 = 17 美元 + 176 美元费用化支出 / 英亩 - 英尺，总计 193 美元 / 英亩 - 英尺。市政供水管理区的收费按 100 美元 / 英亩 - 英尺的批发价格。一般 5 口之家使用 1 英亩 - 英尺 / 年。

1914 年 在圣费尔南多谷地扩大农业生产，从欧文斯河谷引水的直接结果是增加了 10 万英亩的农田。1916—1934 年干旱年份，最严重的是 1928—1934 年。

1924 年 与欧文斯河谷的牧场主展开抢水争斗。

1928 年 南加州大都会水资源管理区（Metropolitan Water District of Southern California）成立，由 13 座城市——伯班克（Burbank）、比弗利（Beverly Hills）、格伦代尔（Glendale）、帕萨迪纳（Pasadena）、圣马力诺（San Marino）、圣莫尼卡（Santa Monica）、洛杉矶（Los Angeles）、阿纳海姆（Anaheim）、圣安娜（Santa Ana）、托兰斯（Torrance）、康普顿（Compton）、长滩（Long Beach）和富勒顿（Fullerton）组建公共委员会（最后提及的 4 座城市直到 1937 年才加入）。博尔德峡谷法案（Boulder Canyon Act）通过，为最终从科罗拉多河引水奠定了基础。

1930 年 洛杉矶人口总计：1 238 048 人。

1931 年 加州注册工程师爱德华·海厄特（Edward Hyatt）向立法机构递交了第一份《加州引水计划报告》。这份报告对加州的水资源和土地、洪水控制需求，以及灌溉潜力进行了分类，其目的是将北方的余水配给到该州中部和南部的缺水地区。

1932 年 博 尔 德 大 坝（Boulder Dam）和科罗拉多河引水渠开始施工。

1941 年 科罗拉多河引水渠完工，共计 266 英里长，其中 93 英里是隧道，可输送水 750 每秒 - 英尺，供应覆盖人口超过 200 万的 14 个选区。

1944 年 南加州大旱开始，并持续至 20 世纪 60 年代。

1950 年 洛杉矶市人口总计：1 970 358 人。

1951 年 加州注册工程师埃

南加州区域的实际流域

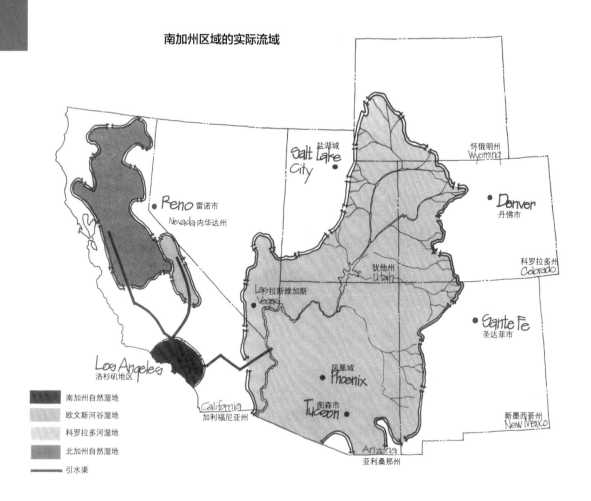

南加州自然湿地
欧文斯河谷湿地
科罗拉多河湿地
北加州自然湿地
—— 引水渠

北美水电联盟提案

目前南加州的用水来自三片异地流域，通过总长度超过 800 英里的三条不同的引水渠供给。这三片流域都存在水资源利用的竞争以及需要关注的生态问题，它们会日渐形成威胁，导致供水限制，从而对整个地区造成严重影响。

显然，这种情况必须要加以终止，而出于这一目的，各种提案层出不穷，其中最雄心勃勃的一个提案，可能要算是如图所示的北美水电联盟了。这一提案建议从加拿大育空地区（Yukon）调水，以协助加拿大、美国和墨西哥的各个区域供水，特别是南加州的供水，估计此项成本会超过 2000 亿美元。另一个备选方案是设计更为有效的水资源利用和再利用方法。

在所有这些地区，输出水资源都造成了严重的问题。欧文斯河谷中数千英亩曾经富饶的农田因为农作物缺水，现在都已抛荒。自1903年以来，洛杉矶与欧文斯河谷居民的争水之战一直在间歇性地进行。最近的一轮争战通过了一项全民公决，赋予河谷居民权利，限制将地下水泵送到洛杉矶，然而，这一争战随即被法院的否定性判决平息。不仅如此，在欧文斯河谷以北，莫诺湖的水位在洛杉矶开始从其支流中取水以来已经下降了20多英尺，导致野生动物种群大量减少。一些环保组织正在通过诉讼争取限制水资源的输出，也许他们能够成功阻止这种做法。

在过去的40年里，科罗拉多河水也面临着大量的争用问题。在经过了长达12年的法律诉讼之后，美国最高法院于1964年做出裁决，支持亚利桑那州增加其科罗拉多河水使用份额的诉求，这一裁决意味着，到1985年，加州的用水份额将会减少一半以上，而地处上游流域的印第安部落的诉求与出于农业利益的诉求还会进一步减少这一份额——这是完全有可能的。

最后，在加利福尼亚州北部，一些环保组织正在努力限制水资源输出，几个大坝项目已经被叫停。而今，非常令人质疑的是，这一输水系统的最后一个增项——一条经由农业出产富饶的萨克拉门托三角洲（Sacramento Delta）输水的运河会不会建成，对该项目的支持提案在公投中被该州的投票者否决了。

然而，最显著的问题可能不是环境退化，而是能源问题。那些翻山越岭，一路将水提升、输送到洛杉矶盆地的巨型泵使用了大量的石油燃料。据估计，从欧文斯河谷驱动水泵泵水的电力可以满足一座10万人口城市的用电需求。因此，供能和供水密切相关，而我们都知道能源将会短缺，其价格将会上涨。到1984年，由于为这些特殊水泵供能的燃油成本上涨了4倍，供水的价格也将飙升，可能达到一个不会再随意浪费的水平。

虽然洛杉矶的案例可能有些极端，但并不是独一无二的，大多数其他城市也有类似的情况——为了支撑城市的增长，从越来越远的地方获取资源，而不顾来源处景观的代价如何。例如，纽约在150多年前就开始从克罗顿流域（Croton Watershed）输水，之后在卡兹奇山脉（Catskills，美国纽约州奥本尼西南方的一处高原。译者注）和阿迪朗达克山脉（Adirondacks，美国纽约州东北部的一处山地。译者注）建造水库，最近又将其供水系统延伸到了特拉华河（Delaware River）。几乎对于任何一个地方，水资源都是一个重要的区域性问题，通常会波及若干地区。事实上，洛杉矶从中取水的那些地区——这座城市的功能性流域（functional watershed）——覆盖了美国大陆十二分之一的区域。现在这些原本不相干的地区正在彼此遭遇、相互交叠，并发生冲突。对于其他资源而言，类似的模式也开始显现，其中最显著的就是能源。任何一个规模庞大的城市，其"能源区"（energyshed）都横跨全球。

第5页的地图显示了南加州城市区域的自然流域，涉及其从中输水的广大流域。近一个世纪以来，直到仅仅几年之前，该地区推行的目标是更大尺度层级的整合，我们称之为"次大陆层次"，这是一种政治现象而非自然现象，显然违背了"费布里曼法则"[Feibleman's Law，詹姆斯·费布里曼在其1954年发表的论文《整合层级理论》（Theory of Integrative Levels）中将整合层级系统归为12个定律。译者注]。然而，现在情况似乎正在逆转。可能由于那些水资源输出地区的人口不断增加，政治影响力得以增强，次大陆层次的整合开始推行其自身的目标，包括保护自然河流和野生动物栖息地以及挖掘其自身的农业和工业潜力。南加州地区很可能会被迫接受这些目标，这些目标对于一项水资源保护政策的制定具有决定性影响，并且出于实践操作的考虑，接下来会依靠较小尺度的整合层级。

●阿利索溪（Aliso Creek）：一个层级递减的案例研究

下一个较小尺度的层级是规划单元，即一片土地区域，包含了各种常见的用地，具有可以确定并执行的明确边界。现在，我们来看看这样一个特定的规划单元，并详细考察一下可用于这片区域的、有助于实现地域性目标的若干运行机制，我们还会看到在这一尺度下，接下来如何为更小尺度的层级建立起更为精准的目标。这一规划单元涵盖了位于奥兰治县（Orange County）境内一片快速城市化地区中5400英亩平缓起伏的、绝大多数地方缺少树木的区域，地处南加州大都会区（Southern California Metropolitan Region）的边缘地带。阿利索溪流域主要由未经开发的土地组成，地表径流汇入一条间歇性的小溪，然后流入太平洋，这一规划单元被视为阿利索溪流域的代表性部分，以便为这一流域中的其他地区提供一些设计借鉴。

这里所采用的一项最主要的运行机制是水资源预算，这是为了达成一个重要的地域性目标——减少水资源的输入总量。然而迄今为止，这个对景观设计而言最为有效的方法却鲜少得以开发和运用。未来，随着水资源重要性和高效分配用水的需求日益显著，这个方法可能会得到更为广泛的使用，而类似的预算编制技术也可用于其他稀缺资源的分配。

为阿利索溪的这个规划单元所开发的5个土地利用备选方案包括从延续土地的放牧利用、只建设一处小型的商业中心，到相对密集的郊区化建设，以及平均每英亩大约6人的一系列规划。

土地利用比较表展示了各个备选方案的多种土地利用方式和面积，还展示了其中3个备选方案的相应规划图纸。规划决策很少会只基于一个因素去制定；但在这个案例中，视觉特征是一个极其重要的关注点。

为这片区域构想的5种备选土地利用格局都可以靠每年不到10 000英亩-英尺的输入水资源运行，但这些方案的水资源分配和利用方式却截然不同。第一个方案，即备选方案Ⅰ，会将绝大部分区域留作放牧牛群，将275英亩的土地用于建设一处区域性公园，将100英亩的土地用于建设一个办公综合体。备选方案Ⅱ会把2539英亩的土地用于农业，主要是大田作物，而将剩余的土地大部分用于营建开放空间，但会预留696英亩用于中低密度（每英亩1～6个住宅单元）的住宅开发。这样会形成大约3427人的人口规模，即整片区域大约每英亩0.7人。备选方案Ⅲ会保留3782英亩的开放空间，将其余土地开发为中密度住宅，形成大约14 819人的人口规模。备选方案Ⅳ会允许更高的总体密度，同时保留较少的开放空间，大约2549英亩，这样会形成所有备选方案中最大的人口规模，大约32 000人——基本上与最初奥兰治县的规划人员为该地区制定的规划方案相同，并且作为一项常规的规划实践，该方案不失为一个很好的个案，无须考虑资源基础，只要确立各种密度的开发。最后，备选方案Ⅴ同样是一个高密度的方案，但具有更多的开放性空间，达到3241英亩，由此人口规模相较方案Ⅳ小，大约是23 000人。土地利用比较表中汇总了这些数字，其中3个备选方案（编号为Ⅰ、Ⅳ和Ⅴ）的土地利用分布则在手绘地图中进行了标绘。

所有方案出于灌溉目的都提出了一些水资源再利用的措施。备选方案Ⅴ旨在实现最大程度的水循环，利用并不昂贵的、技术简便的且经过充分验证的各种生物处理技术，这么做在技术上和经济上都是可行的，这是在该方案中大量开放空间得以保留的一个原因。高效的水资源利用需要有大面积的土地，既用于收集水，又用于储水、输水，并经过滤进入、回补到地下。

水资源预算有多种可能的表现形式，取决于所搜集到的信息。在这一尺度下，与以上展示的粗略图形预算相比，更为准确的数字会更有帮助，在这种情况下，如果图形减少，表格则是一种更为适合的形式。在不久的将来，由于前面提到的种种原因可能会出现调水的种种限制，考虑到这一点，每个备选方案的关键数据是所需输入的水资源总量。基于这个原因，预算的表现形式强调的是供需量，因此，前三列给出了由三个即时可得的水源（地表径流、地下水和再生水）供给的水资源量。在这一案例中，没有考虑地下水，这是因为得不到关于地下水供应的数量或质量的信息。取水的总量等于补给的总量。当然，地表径流的数量和质量会随着开发的类型和强度而变化。再生水是二次处理的污水的尾水，可从该地区现有的污水处理厂获得，而这个污水处理厂处理的污水实际上来自另一个流域。由于目前的技术和健康性限制，要将这些水按照饮用水质量标准处理，会代价高昂。然而，通过稍许升级处理，尾水可以用于景观灌溉、填充游憩用湖泊、为野生动物栖息地补水，并可为该区域内的间歇性溪流补水并稳定其水位。这一水资源预算还包括每年 1460 英亩 - 英尺的水量，这是备选方案Ⅲ和Ⅴ实现间歇性溪流补水和水位稳定目标所需的量。

进一步说明这个预算表中的其他一些数字会有助于更好地理解这些方案。也许，最令人惊讶的是灌溉预算的总量。在家庭使用一栏中，灌溉和厕所冲洗合并在一起，因为获取到的数据很难将其分开，但我们通常可以假设灌溉，即

该地区的住宅景观浇灌，一般占家庭用水量的一半左右，而灌溉公园和高尔夫球场的水量会相应较高。显然，通过仔细选择植物，特别是通过使用更多的耐旱物种和更少的草坪（草坪是灌溉用水的消耗大户），这部分用水可以得到大大缩减。所有以上备选方案都想仔细选择植物，在其对景观的贡献度和灌溉用水量之间谋求平衡。此外，如果按照方案开发水循环系统，水资源预算表明大部分的灌溉用水可以利用再生水来满足，至少对于备选方案Ⅴ来说是这样。

为了理解我们将其作为整个系统进行规划的环境，将所有用水囊括进来是极为重要的。因此，水资源预算中包含了植物吸收的水量和通过蒸散（植被与地面整体向大气输送的水汽总通量，主要包括植被蒸腾、土壤水分蒸发以及截留降水或露水的蒸发。译者注）返回大气层的水量。在炎热、干燥、晴朗的天气条件下，蒸散量会特别有指导意义。

基于这一分析，由于备选方案Ⅴ达成了人口密度和高效用水的最佳结合，因此被选为用于进一步开发建设的方案。

再来看费布里曼法则，规划单元为其下一个较小的整合层级，即项目层级，提供了目标。在这一层级，排布了特定的使用和活动区域，并界定各种功能支持系统。水资源预算提供了一个非常具体的目标；到了项目层级，其运行机制是一个可以实现这一目标的水资源利用和再利用系统。第 54 页的第一张透视图展示了自然景观中水文循环的运行情况，第二张透视图则展示了在规划的人类生态系统中，水流将如何发挥作用。

案例研究 Ⅲ
阿利索溪的开发

在阿利索溪流域，城市化迫在眉睫，在所难免。如果开发遵循这一地区当前的趋势——独栋住宅，拥有单向流的供水系统，周围是需要被大量灌溉的草坪和外来植物——该地区的供水系统，如案例研究 Ⅱ 所述，将进一步被过度使用。幸运的是，有了备选方案。

由加州州立工大学波莫纳分校风景园林系 606 设计工作室编制。桑迪·万斯（Sandy Vance）、布鲁斯·盖伊（Bruce Gay）和乔治·汉森（George Hanson）编写，约翰·莱尔、杰弗里·奥尔森和亚瑟·约凯拉提供建议。

谷地中的自然水流

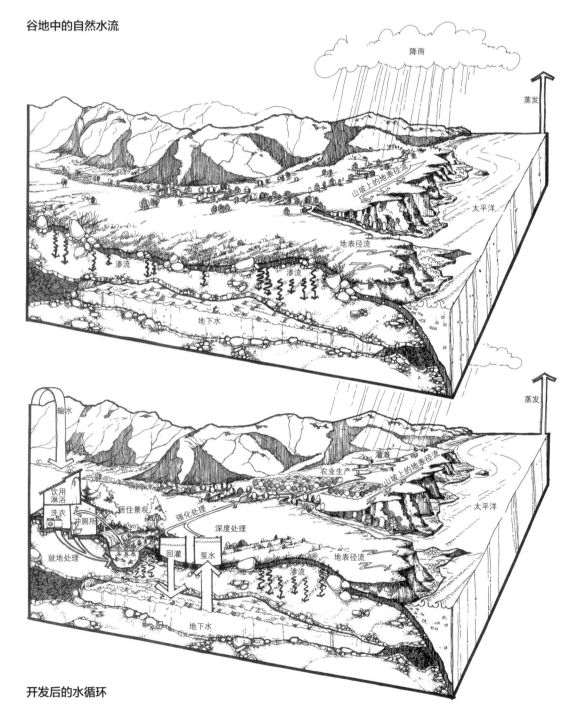

开发后的水循环

策略 1：不增长

这里探讨了五种可能的开发和水资源利用格局，并与这些格局所能支撑的人口数量以及所需要的用水量进行了比较，对其中的三种格局进行了更为详细的展示。

通过设计水流系统达成最为经济的再利用和再循环，并利用景观自身的处理能力，人均用水量可以减少到目前水平的一半以下，而这样做也会形成一个更丰富多彩、更具多样性和可持续性的景观。

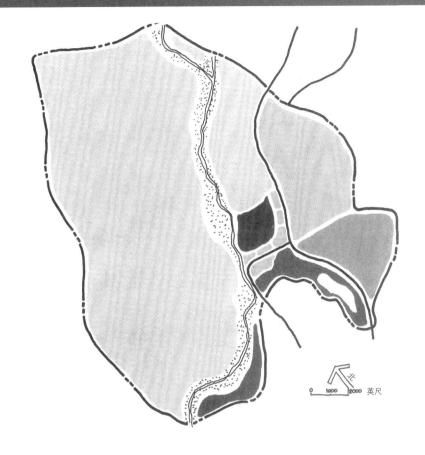

- 放牧牛群
- 专业办公开发
- 溪流漫滩
- 建设中的住宅区域
- 区域性公园
- 不开发的开放空间
- —— 二级公路

0 1000 2000 英尺

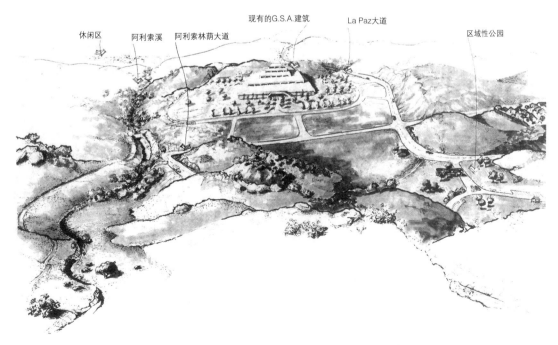

休闲区　阿利索溪　阿利索林荫大道　现有的G.S.A.建筑　La Paz大道　区域性公园

策略IV：按照预期规模增长

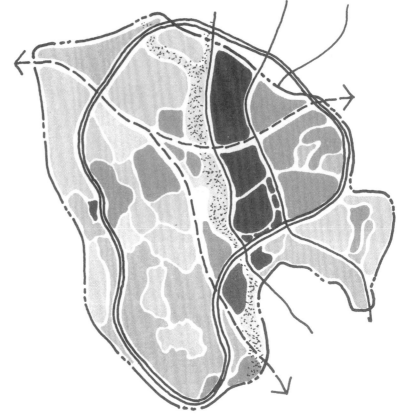

开放空间——公园

居住：10~18住宅单元/英亩

商业

居住：4~6住宅单元/英亩

工商业园区

游憩性社区

主要公路

二级公路

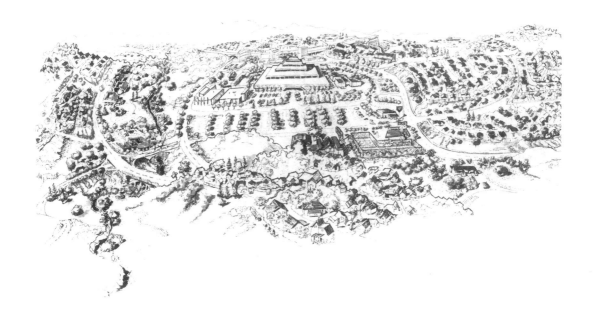

策略Ⅴ：基于水资源高效利用的增长

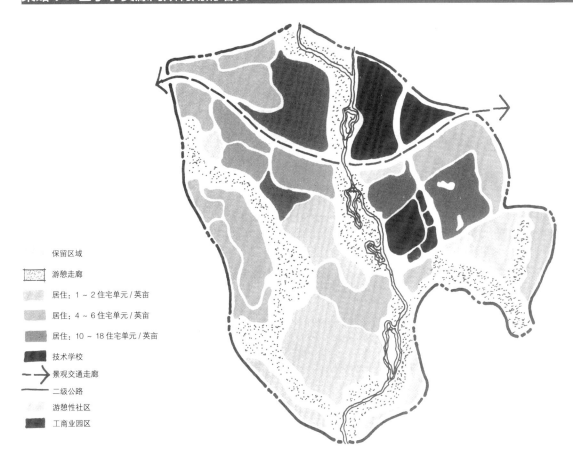

保留区域

游憩走廊

居住：1～2住宅单元／英亩

居住：4～6住宅单元／英亩

居住：10～18住宅单元／英亩

技术学校

景观交通走廊

二级公路

游憩性社区

工商业园区

规划的水流系统

土地利用比较分析

		策略 I 不增长	策略 II 均衡的增长：重农业	策略 III 均衡的增长：重游憩	策略 IV 目前的县域规划	策略 V 最优的水资源管治
总面积（英亩）		5403	5403	5403	5403	5403
总密度（住宅单元/英亩）		0	2.4	4.3	5.8	5.4
净密度（住宅单元/英亩）		0	2.4	5.2	6.8	5.9
开放空间面积（英亩）		275	2168	3782	2549	3241
开发面积（英亩）		120	696	1621	2854	2162
居住单元		0	1071	4631	10 006	7318
密度	低 1.0～2.0	0	96	695	1500	1098
	中低 2.1～3.5	0	459	926	2004	1464
	中 3.6～6.5	0	516	1853	4002	2927
	中高 6.6～10.0	0	0	787	1500	1244
	高 11.0～18.0	0	0	370	1000	585
人口		0	3427	14 819	32 020	23 420
土地利用 - 英亩	居住	0	440	1081	1728	1351
	工商业园区	100	56	135	873	481
	零售/商业	0	5	22	27	14
	游憩性社区	0	11	103	48	90
	公共道路	20	60	194	264	65
	学校	0	27	86	128	158
游憩用地		275	546	1702	334	616
保留用地		0	1622	1324	972	1523
开放空间（消极的）		0	0	756	1243	1102
技术学校		0	97	97	97	97
牧场		4231	0	0	0	0
农业用地		0	2539	0	0	0

水资源预算比较

既定条件	自然景观的地表径流 (地表径流)	地下水	再生水	供总量	差额	需总量	灌溉、冲洗厕所	洗涤	饮用、烹饪	商业	工业生产（包括医院）	树木栽培	地下水回灌	植被	蒸散	溪流补水	农业生产	游憩性湖泊	公园、高尔夫球场等	公共服务	杂项	既定条件
策略 I	648		0	648	470	1118	0	0	0	0	0	0	0	100	11 564	0	0	200	918	0	0	策略 I
策略 II	850		384	1234	8185	9419	391	175	12	56	0	415	0	94	3731	0	6217	200	1824	6	29	策略 II
策略 III	810		1654	2469	8781	11 250	1694	747	50	430	3	826	0	33	4784	1460	0	350	5283	249	125	策略 III
策略 IV	1659		3857	5516	7813	13 329	3658	1614	108	252	6	5517	0	51	5095	0	0	200	1116	538	269	策略 IV
策略 V	983		2623	3606	3895	12 206 7501	2677	1181	79	392	4	3234	0	31	6038	1460	0	500	2057	394	197	策略 V

供　　差额　　需　　　　居住　　生态系统　　游憩

一个典型的项目尺度的方案平面图

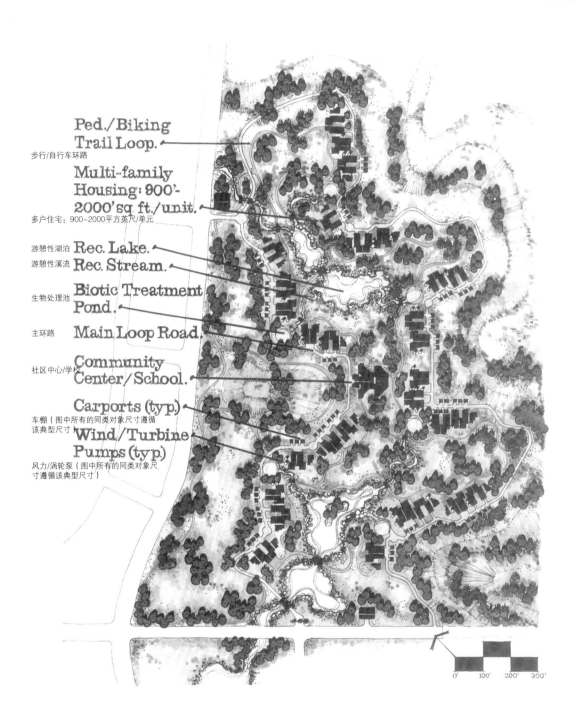

Ped./Biking Trail Loop.
步行/自行车环路

Multi-family Housing: 900'-2000'sq ft./unit.
多户住宅：900~2000平方英尺/单元

游憩性湖泊 Rec. Lake.
游憩性溪流 Rec. Stream.

Biotic Treatment Pond.
生物处理池

主环路 Main Loop Road.

社区中心/学校 Community Center/School.

Carports (typ.)
车棚（图中所有的同类对象尺寸遵循该典型尺寸）

Wind/Turbine Pumps (typ.)
风力/涡轮泵（图中所有的同类对象尺寸遵循该典型尺寸）

0'   100'   200'   300'

策略 V 的水流系统

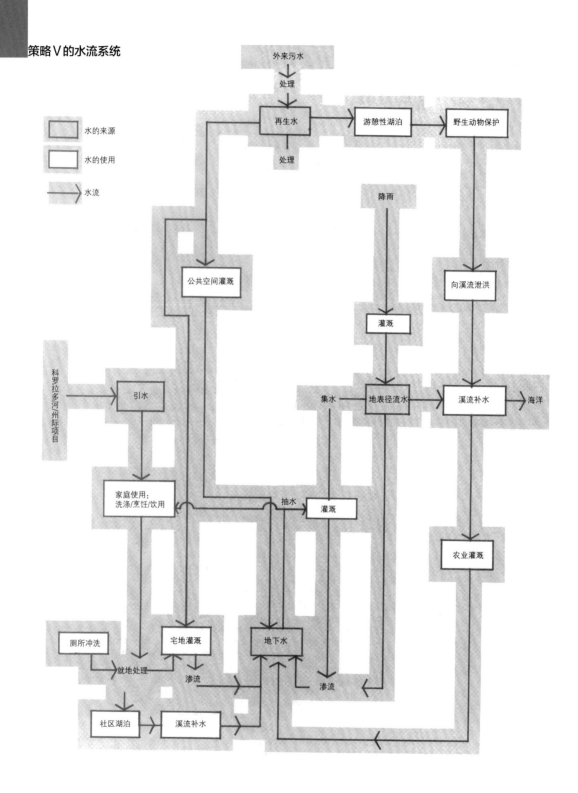

水从两个来源输入该地区：科罗拉多河引水渠和以未经处理的污水形式从相邻流域的排污系统中引入。纯净的科罗拉多河水将仅用于洗涤、饮用和烹饪。在使用过后，对其进行生物处理，并再次用于厕所冲洗和景观灌溉。引入的污水会进行初级处理，然后流经一系列生物处理池进行净化，达到适合各种景观用途的水平，但不能进行家庭使用。

最有趣的是，这种水可以用来增加阿利索溪的流量。目前，这条溪流一年中只有几个月有水，通过这种方式，阿利索溪可以成为一条能用于灌溉、游憩，并提升野生动物栖息地质量的输水渠道。当然，在使用过后，大部分水会回渗、补充地下水。尽管不太生动，但流程图更为明确地展示了这一系统是如何运行的。

一旦这种水流系统在工程项目和场地设计的尺度上得以形成，会对景观的形态和功能带来深远的影响。第 59 页的平面图展现了建筑物、水池和植物元素的布局。由于增加了溪流流量，使用了水池进行蓄水，并通过这些要素的排布寻求最佳效益，水成为景观中的重要视觉表征。与此同时，动植物的多样性和数量也会显著增加。因此，正是在节约用水和高效用水的过程中，景观变得越来越富有生机，不再干旱、贫瘠。

有些人可能会质疑，认为我们在这里创造了一种不自然的景象，认为保持这片土地的自然干旱生态系统会更好。我要提醒这些人：无论如何，这个景观在未来都不可能成为一处自然的景观，因为它正在为了人类的目的而被重新塑造。一个自然生态系统将被一个人类生态系统所取代，我们不需要假设这个自然系统会比取代它的那个系统更好。如果是这样一种情况，设计一个人类生态系统，为各种可用的资源谋求最可行的利用，同时为人类和野生动植物都缔造出最适宜的可持续栖息地，似乎是更合理的。

"可持续"一词是关键。除非南加州城市化区域的其他部分也转向更为节约的用水模式，否则将来这个体系哪怕采用相对保守的需水量，也都无法得到满足，并且就像在圣埃利霍，即使有水可用，也需要采取先进的管理方式来保持整个系统的运行。如果没有持续不断的水和能源的注入，我们将不得不承认这一系统是不可持续的，而这种持续不断的注入也正是管理的体现形式。我想说的是，如果有这样的收益，这些注入不失为一笔出色的投资。

通过这个案例研究，我们已经说明了整合所适用的尺度：次大陆—区域—规划单元—项目。每个层级通过目标与上一个较大尺度的层

级紧密关联，并通过运行方式与下一个较小尺度的层紧密关联。在这一点上，费布里曼法则的又一个智慧之处令人瞩目。他在第一个原则解释中指出："任何组织的参照必须在于最低的层级，这一最低层级将会提供充分的解释。"他继续解释道，"我们不得不遵循经济性原则，以尽量简单的解释来尽可能地说明原因，这就

意味着在各个整合层级中，所得到的素材要求我们处在哪个层级，我们不会去更高的层级。"（Feibleman, 1954: 64）该法则适用于解释，似乎同样也适用于设计，也就是说，设计决策最好在尽可能小的尺度上进行。尺度越小，设计师对于事态的理解可能会越准确。一方面，一个设计如果在对于素材而言过大的尺度上构思，总会具有毫无实际价值的违和感，也显得缺乏细节理解。另一方面，一个设计如果在过小的尺度上构思，则通常会无法契合更大的背景环境。无论何时，只要我们所关注的多于所能完全理解的，我们就需要去到一个更大的尺度中获取素材。

不同的关注点，会有不同的范畴和特征，或多或少会需要不同的设计方法和不同的细节层级。在不同的尺度进行设计，我们还是需要探寻一个尺度和另一个尺度之间的功能差异。

七个尺度

1969 年，美国建筑师协会城市设计委员会（Urban Design Committee of the American Institute of Architects）发布了一个包括 12 个递增层级的尺度体系（Brubaker and Sturgis, 1969）：

　　　　(1) 个人
　　　　(2) 家庭
　　　　(3) 街区
　　　　(4) 邻里
　　　　(5) 地区
　　　　(6) 城市
　　　　(7) 大都会区
　　　　(8) 区域
　　　　(9) 国家
　　　　(10) 大陆
　　　　(11) 世界
　　　　(12) 太阳系

尽管这一体系可以诠释全球或银河系中各种尺度的组织规则，但它存在几个问题，会阻碍其应用于设计：某些术语，如"地区"，过于模糊而难以应用。其他的术语，诸如"城市"或"邻里"，都是抽象的概念，在我们的大都会地域中很难进行界定。大多数术语是社会性的单元，由人口的分群而定，虽然这些单元对于社会分析和城市设计的某些方面来说是有帮助的，但与土地本身或是常规的设计任务则不一定相干。

对于景观设计而言，通过几十年的实践，已经或多或少地出现了一套可操作的尺度体系，尽管到目前为止还没有像上述体系一样得以明确表达，但因为是从实际应用而不是从理论抽象中得出的，所以这套体系具有灵活性，与政府的管理流程以及土地权属确切相关，并且适用于项目管理实践。体系中每个层级的大小和范围具有充分的可变性，可兼容其他的一些体系，后者或是基于社会性单元划分的，如前文给出的 12 级尺度体系，或是基于生态单元划分。然而可以确定的是，这一体系并非唯一可行的体系，任何人都可以设计出任意数量的按层级组织的分隔单元，并且同样的法则也能够适用。

我们已经介绍了这个体系中的 4 个居中的层级——次大陆、区域、规划单元和项目——并展示了这些层级是如何紧密关联的。在次大陆尺度以上，几乎没有机构能加以操控，因此缺乏实施的手段。有许多国家级的景观规划案例，但在大多数情况下，这些案例都是在我们称之为次大陆的尺度上操作的。目前，还没有真正出现任何形式的大陆层级的规划；未来，国际层级和大陆层级的景观设计很可能会有所增加，并且次大陆层级和全球层级之间的整合层级案例可能会真正出现。虽然认识到这一点，但我不会试图在这里对其进行界定。不过，应该指出的是，全球尺度是最终的参照架构，因为在这一层级上生态系统变成了封闭的单元。虽然在全球层级上还没有做出任何实际决策，但它作为各种目标的兼容性源头，其重要性在未来很可能会彰显。在这里，我不会试图将设计的范围拓展到整个太阳系。

在这一尺度谱系的另一端，我们可以从项目尺度往下，进入场地设计尺度，再从那里往下，进入建筑施工的尺度。到了这些尺度，我们会面对特定的形态和细部，大致对应于美国建筑师协会那套尺度体系等级中的个人、家庭和街区层级。

我们可以将这7个整合层级设想为一座多层建筑，具有金字塔的形状，或许还拥有一个宽大的基础。最底层——建筑施工尺度——坚实地倚靠着地面，这是物理性改变会实际发生的一个尺度层级。在这里，挥舞铁铲的工人辛勤工作着，并以此成为所有人与现实世界相联结的纽带。在另一端，建筑的顶层——全球尺度——拥有一个可观望各个方向的巨大的全景视野，但距离如此遥远，那个挥舞铁铲的工人根本无法看到。一楼分隔成了一些小房间，每个房间只有一个小窗户提供一个有限的视野看到外面；

二楼是较大的房间，覆盖并包含了下面的几个小房间；三楼是更大的房间，覆盖了若干个第二层级的房间……以此类推，一直往上到第七个层级，这里没有划分房间，视野开阔，全景开放。位于上面的每一个层级中的每一个房间都通过各种通信方式与位于其正下方的一组房间联结，并且有门可以通往其所在层级上的相邻的房间。

这一整座建筑有着自身的各个层级和联结这些层级的各种通信线路，可以作为景观设计的基本框架，其中包含了所有的尺度和所要关注的问题。根据费布里曼法则，我们发现在每个尺度层级上都存在一个需要关注的主要领域，从而成为这一尺度上最重要的设计焦点。

在这一点上我应该说得很清楚了，我正在谈论的是生态系统组织，也就是景观组织，而不是政治组织。我并不是在描述一个自上而下传递指令的体系，公众参与目标的设定是另一回事情。一个区域的民众有权参与制定其所在区域的生态系统目标，在各个整合层级上这么做都是正确的。广泛的参与是一个既定假设。这里所说的重点是每一层级上不同类型的目标和运行机制都应是恰当的，并且为了联结各个层级，需要各种通信线路。

除了自然作用所产生的目标之外，还会有很多其他的目标，明确这一点同样重要。功能性的、美观的、社会性的目标在各个层级上都会出现，并且不同类型的目标，或者是来自不同层级的目标，往往会产生冲突，并制造出各种难题。

因此，在不同层级上展开的行动会有所不同。在接下来的章节中，我将详细探讨每一个层级，查看其作用范围、所关注的和需要担责的一些领域，以及一些恰当的应对之策。我还会留些篇幅讨论一下各个层级之间的沟通方式。

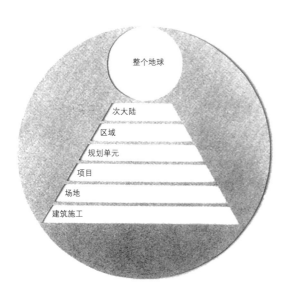

第三章

区域尺度

我们不打算从尺度层级的底层或顶部而是在靠近中间的区域尺度开始讨论。之所以这样做，是因为近些年来对于规划和设计而言，区域这一概念变得尤为重要，并且因为区域尺度恰好介于那些更大的和更小的尺度之间，对于前者的宏观、抽象和后者的细致入微而言具有折中性。从这个层级开始讨论，还有可能探讨一些会触发更大尺度设计的概念性根源，而绝大部分这些更大尺度的设计都是在区域尺度上生成的。

对于区域规划的热衷在 20 世纪稳步增长，这是非常令人惊讶的，毕竟我们以为还没有办法明确界定区域的范围，并且对于在这一尺度上可以或应该进行怎样的规划也还没有达成一致的意见。

韦氏词典将极其含糊的区域一词定义为"地表或空间中任意广阔而又连续的部分"，显然，这不足以帮助我们确立起一个可开展研究、规划或设计的学科领域。然而，该术语的含糊不清却又使之具有灵活可变的优势，任何人想要处置一大片土地，几乎都可以自主界定一个区域。事实上，正如斯坦纳（Steiner）、布鲁克斯（Brooks）和斯特拉克迈耶（Struckmeyer）所述，每一个关注区域问题的学科都对这个术语有不同的定义（Steiner, Brooks and Struckmeyer, 1981）。人类学家约翰·贝内特（John Bennett）认为区域是"多学科研究的框架"（Bennett, 1976: 309），而经济规划师约翰·弗里德曼（John Friedmann）则将区域规划定义为"在超城市空间（supra-urban space）——比单个城市更大的地域中关注人类活动的秩序"（Friedmann, 1964: 63）。20 世纪 20 年代的美国区域运动基于历史经验，将区域定义为"具有共同文化传统，并已经形成了社区归属感的各种地域"。

在所有定义中，地理学家们的定义可能是最有帮助的："一个不间断的地域，其核心部位具有某种同质性，但是缺乏明确的界限。"（Steiner, et al., 1981: 1）同质性的评判标准留待研究人员、规划师或设计师确定，他们可以按照自己的关注点来定义该区域。借用上一章给出的例子，南加州区域首先是由城市化程度，其次是通过流域来界定的，区域也可以由各种行政辖区或是其组合来界定，或者可以由共同的文化特征或地理单元来界定。对于区域的大小，一个极端例子可能是梅萨罗维奇（Mesarovic）和佩斯特尔（Pestel）的划分结果，他们将全世界划分为10个区域，目的是预测全球的资源耗竭格局（Mesarovic and Pestel, 1974）。这种划分是基于"共同的传统、历史和生活方式、经济发展阶段、社会政治排布以及重大问题的共同性……"（Mesarovic and Pestel, 1974: 40）。在他们的分析层级上，从目的来看，这10个区域尽管非常大，但可以被认为是同质的，其中一个包括了整个俄罗斯和东欧地区。

出于设计目的划分的区域，通常会比这10个区域小很多，并且其界定往往讲求实效。理查德森（Richardson）阐述了界定一个区域的三种不同的依据，视目的而定（Richardson, 1979）：第一种是某些特征的同质性，可能是视觉特征、生态特征或社会特征，诸如此类。第二种是节点性，而节点就是城市。因此，节点性区域就是一片城市化区域，就像上一章讨论的南加州区域一样，关注的焦点是各个城市及其相互关系。第三种是规划区域，根据手头问题的地理范围确定。所有这三种界定依据在区域设计中都是常用的。

区域规划的成长和方向

至少从城市出现开始，土地开发就已遵循了区域的格局。事实上，古埃及就是一个线性的城市加农耕区域，由尼罗河联结起来，以陡峭的悬崖界定，这些悬崖是尼罗河洪泛平原及其两侧广阔的沙漠之间的标识界线。在古希腊，城市以及对其具有支撑作用的农业腹地被视作一个整合单元，实际上就是一个区域，尽管并没有使用这个术语。通常情况下，一个城市 - 农业单元会占据一整个谷地，可以在周围的山坡上放牧，区域的边界则由山脊界定，这可能是逐渐而有组织地形成的一种必然而又合理的格局，并非有意识的先见之明。在区域尺度上进行设计，最早的迹象可以追溯到文艺复兴时期。按照希格弗莱德·吉迪恩（Sigfried Giedion）的说法，列奥纳多·达·芬奇（Leonardo da Vinci）是第一位"基于对一个区域物理结构的理解来制定明确规划"的人（Giedion, 1967）。这种结构，正如列奥纳多所理解的那样，是基于水的流动，这令他终身痴迷。这幅美丽的草图描绘了他的一个规划方案：通过围绕无法通行的部分地域，横扫一切地清理出一条宽阔的弧形运河，联结佛罗伦萨和皮斯托亚（Pistoria）这两座城市，使得亚诺河（River Arno，位于意大利中部。译者注）可以通航。这幅图让我们清楚地看到列奥纳多的眼界之广，他的那些方案——抽干蓬蒂内沼泽（Pontine Marshes），挖掘一系列运河以联结米兰和意大利北部湖泊群——也有着类似的横扫一切的魄力。这些计划具有令人震惊的愿景，都萌生于文艺复兴时期，因为这一时期普遍存在的假设是人类无所不能。列奥纳多试图在区域尺度上

节点　　　　同质特征　　　　相关的问题

重组自然力，但并没有想到要对众多因素进行详尽的分析；而如今，在这一尺度上进行设计，要素分析是不可或缺的。

这个世界没有采纳列奥纳多的直升机、潜艇，或是多级城市，似乎同样也一直没有准备好接纳他的区域设计。在列奥纳多之后，直到20世纪初期，都没有区域设计的迹象。

正如我们现在所知，区域设计的概念源自帕特里克·盖迪斯（Patrick Geddes，苏格兰生物学家，人文主义规划大师，西方区域综合研究和区域规划的创始人。译者注）认识到这样一个事实，即城市为了应对工业革命以来的城市化压力，不再被视为具有明确边界的单元。更确切地说，城市正在向乡村蔓延，纳入其他的市镇，成为更大的聚居地，盖迪斯非常贴切地采用令人生厌的"组合城市"（conurbation，又称"集合都市"，Geddes, 1915）一词来形容这种城市，带有惩罚的意味。

盖迪斯是一位生物学家，他用生物的语汇描绘这个世界。因此，他清楚地知道没有任何事物可以无限增长，并且从这一认知，他提出了著名的预言：工业时代将分为前期和后期，彼此截然不同，就像石器时代一样。他称前期的工业时代为"旧技术时代"（Paleotechnic Age），而后期的工业时代为"新技术时代"（Neotechnic Age），并从理论上说明后一时期的城市将与前一时期的城市截然不同。旧技术时代拥挤的、单调乏味的、有毒的城市最终将让位于"……类自然的视觉景观……"以及"……为了城市的健康，对自然的秩序和美丽所进行的建设性保护……"。新技术城市将"……对自然加以保护，并提升其可达性……"，它会"……在大部分地区建有户外学校……"以及拥有"……可租种的土地和花园，而这些是每个城市改良者都必须越来越多提供的，所有一切都通过绿树成荫的廊道和繁花锦簇的树篱相连，鸟儿和情侣们在其中畅行无阻"（Geddes, 1915: 95, 94, 99）。

在盖迪斯建议用于规划新技术城市的那些方法中，一个基本的方法被称为"区域调查"（regional survey）。这样的调查包括物理因素——土壤、地质、植被，以及社会因素。他认为这不仅是一种实用工具，而是为了更为睿智的目的。"长期以来思想家们借助于逻辑、数学和其他大量、深奥的专业知识的帮助，共同在理论层面上寻求一种综合的认知，但实际上所有这些专业的知识都与这个由大自然和人类生活构成的简单世界相距甚远。随着我们对于这个真实世界的调查不断展开，如果长期以来梦寐以求的综合认知真的在我们的周围直接显现的话，它们二者之间会有什么不同吗？"（Geddes, 1915: 336）这仍然是一个值得关注的问题，我们将在稍后回来对其进行讨论。

在某种程度上，新技术城市也许正在某些地方以某些方式生成着；但无论这个预言是否能实现，盖迪斯对于设计师、规划师和理论家都产生了巨大的影响，尤其是对那些极为关注城市与自然景观之间关系的人士。美国区域规划协会（Regional Planning Association of America）成员将他的一些想法运用于区域的尺度，在这些尝试中，最为生动的是一项为纽约州制定的规划，其工作内容包括令人印象深刻的全州自然资源普查。本顿·麦凯（Benton MacKaye）是该协会的创始成员之一，他与这个协会能言善辩的发言人之一刘易斯·芒福德（Lewis Mumford）一起，提出了一个区域规划理论，试图将城市发展紧密地融入事物自然发展的方案中。

麦凯将这一区域视为一个战场，土著居民与大都会居民之间正在发生争斗，"……两个'世界'，两种生活理念，或许与希腊和罗马一样，存在尖锐的冲突，但却以最为密切的关系交织在一起"（MacKaye, 1962: 56）。一方面，麦凯认为"土著"由原始地带［我们现在称之为"荒野"（wilderness）］、农村（主要是农业）和城市组成（注意与前面讨论过的奥德姆的生态系统发展类型有相似之处）。另一方面，他认为的大都市则是一副由机器控制的、城市化的人造面孔——不仅是不自然的，而且明显是反自然的。因此，"应该变更目的以适合运用既定的方法，而不是为了达到目的而改变方法。作为替代物的工业被创造出来是为了成就文化，文化被创造出来是为了响应工业的语调。油画的批量化生产不是为了促进艺术，艺术的批量化生产只是在为油画进行广告宣传"（MacKaye, 1962: 71）。

20 世纪 20 年代以及其后，区域规划协会确定的方向为一系列思想家和规划师所努力追寻。20 世纪 30 年代，田纳西河流域管理局（Tennessee Valley Authority）以及稍后国家资源委员会（National Resources Commission，简称 NRC）所做的工作，成为这种追寻的高潮部分——二者发起了对美国各地自然和文化资源的区域性调查。这项工作由各个区域的居民完成，并由该委员会提供协助并出版。不幸的是，这一努力就此结束了。田纳西河流域管理局和国家资源委员会的工作有着极具前景的开端，却没有得以延续。在第二次世界大战的灾难中，盖迪斯阐述的颇具说服力的所谓"综合认知"，在某种程度上已经遗失了。随着对增长和发展漫无边际的热衷，当"区域规划"一词于 20 世纪 50 年代再现时，就开始坚定地依附于经济发展和城市工业化，并以此作为达成区域规划的手段。区域规划的方法变得具有高度分析性，主要来自新古典经济学家的抽象理论和数学观念。冯·杜能（Von Thunen）的区位理论经由克里斯泰勒（Cristaller）和廖什（Losch）拓展之后，提供了空间组成部分。这些都是建立在经济学的均衡理论之上的，与自然资源或景观的自然特征无关；

相反，它们关心的是运输成本。

通过阅读廖什著述中一段简短的引文，我们可以洞察在被称为"区域规划"的新领域中的种种假设，但更加准确地可能应称之为"区域经济规划"。廖什以下假设开始研究、发展他的区域中心理论："……广阔的平原上原始物资的分布是公平的，无论从政治的或地理的角度，都没有任何的不均衡。我们进一步假设只有自给自足的农场规则地排布在那样的平原上。"（Losch, 1964: 107）如此一来，他去除了经济变量以外的所有变量，遵循了冯·杜能早期建立的传统，后者就是基于一片广阔的、与世界上其他地方隔绝的平原提出了农业区位理论。

结果，盖迪斯、麦凯、芒福德及其他一些区域规划早期倡导者阐明的对于自然资源的重点关注，一度被经济学的狂热所取代。1964 年，约翰·弗里德曼写道："……区域规划者主要关注的是经济发展，或者更确切地说，关注的是经济增长的空间几率。"（Friedmann, 1964: 83）从 20 世纪 60 年代后期开始，区域发展的理论和实践开始越来越关注城市的增长以及经济、社会和资源的不平等，以此作为制定区域规划方针的基础。自然资源分配的不公被视作阻碍经济发展的根本问题。

20 世纪五六十年代，只有少数设计师和规划师仍然将自然资源视为塑造区域景观的基本考虑因素（Sceinitz, et al., 1969）。直至 1969 年，这种观点再次出现在伊恩·麦克哈格的《设计结合自然》一书中。从那时起，这种景观方法的影响力和成熟度稳步增长，并与经济方法分道扬镳——二者的理论基础是完全不同的。景观设计师将"不平等"作为出发点，而廖什则假设这种"不平等"是不存在的。我们所说的景观特色，即其自然资源、特征和作用过程，以及人类使用的多样性，是塑造其未来的最根本的考虑因素。

区域并不是一种糟糕透顶的划分，甚至不一定是一种不健康的划分。我将在本章稍后的部分回过头来讨论这个问题，并展示一个将这两种方法或多或少成功地结合在一起的研究案例。

区域尺度上的目标

在区域层级我们实际设计了什么？答案是：事实上很少。这一尺度太大，难以在地面上绘制线条或确定特定用途。此外，区域内的各方权力机构很少拥有实施规划的实权。通常情况下，这些机构只有协调职能，担负一些制定方针政策的责任。

区域尺度是一个广阔的格局层级，横扫各类景观，大到足以容纳人类和自然的全方位互动，但还是足够小，使得我们能够感知赋予整体景观以情感意义的种种细部。在比区域更高的层级上，细部将会消失，景观会变得抽象，而在比区域更低的层级上，细部可能会过分突出而使大局模糊不清。

根据之前给出的定义，区域至少在一个方面是同质的，可能是文化方面或是物理方面。出于设计的目的，同质性特征通常会关乎最引人注目的环境性问题，这常常是城市化。我们已经知道，区域这个概念最早来源于这样一种认知，即城市不再是完整的单元，而是不断向更大地域扩展。现在，我们因惯性思维以为最小而完整的城市单元，并不是一座城市，而是一个城市区域，包括了城市增长的全部范围。随着这些区域进一步向外扩展、联合，它们周围的界线会变得越来越难以描绘。美国东海岸的大都市区从华盛顿延伸到波士顿，虽然明显是一整个区域，正如戈特曼（Gottmann，法国地理学家。译者注）很久以前就令人信服地指出的那样（Gottmann，1961），但又很难作为一个整体来加以把控。

区域规划协会最初关注的就是城市区域，包括城市化地区以及对其具有支撑作用的腹地。它们共同形成了一个生态单元。然而，正如我们在上一章中看到的那样，随着腹地的扩展，最终会涵盖整个地球，因而变得越来越难以界定。因此，生态单元最终就是整个地球。

通常在实践中，会将较小的、更便于管控的区域从较大的区域（例如大都市区）中抠出，以便开展设计研究。马萨诸塞大学（University of Massachusetts）的研究团队进行的大城市区域风景规划模型（Metland）系列研究（Fabos，1977，1979，1980）以及卡尔·斯坦尼茨及其团队在波士顿大都会区东南部开展的工作（Sreinit.z, et al., 1976）都是这样的例子，其中一些部分会在第71~76页作为研究案例加以展示。这两项尝试以及世界各地的其他许多尝试都聚焦于郊区化或大都市化的问题，对此，盖迪斯和麦凯都有非常有说服力的著述。

菲利普·刘易斯（Phillip Lewis）提议，大都市区之类的组合城市［他使用更为温和的"城市群"（constellation）一词］应该成为区域设计的主要关注点，并将工作集中在他所谓的"圈层城市群"（Circle City constellation）中，包括芝加哥（Chicago）、密尔沃基（Milwaukee）、福克斯河谷（Fox River Valley）和双子城（Twin Cities）（Lewis，1982）。通过使用一种整体性的常规"可视化"（visualization）方法，刘易斯的工作涵盖了整个城市区域。与马萨诸塞大学的系列研究所采用的分析性极强的方法相比，刘易斯采用了更直观的步骤和更多的图形，更具沟通性。

一般情况下，经济发展规划几乎完全聚焦于城市区域。农村和农业景观的至关重要性只是最近才引起广泛关注。在城市化程度较低的景观中，同质性的依据往往是物理的或文化的。最常见的物理同质性依据是流域单元，通常也称为"集水盆地"（drainage basin），包括向一条常规的溪流、河流或湖泊汇水的所有土地。鉴于水对于塑造景观具有极为重要的作用，流域是一个特别有用的设计单元。在国家资源委员会推行区域性调查的年代，由于流域决定着水力发电的潜力，显然也与能源开发密切相关，流域单元因而成为发展规划的单元，不仅对田纳西河流域管理局而言是如此，对国家资源委员会的所有发展规划而言都是如此。在发展中国家，集水盆地已经成为大多数区域发展规划的物理单元，通常是在一个巨大的尺度上。

对田纳西河流域管理局而言，流域单元要与文化同质单元相结合，因为对于农村地区，文化同质化通常是一个重要的考虑因素。经济发展可能会带来巨大的社会变化，并颠覆长期传承的文化传统，当这一尺度上的经济发展涉及能源输入时，就像田纳西河流域管理局的农村电气化项目所达成的那样，这种改变尤其会发生。这是美国南部地区需要认真加以关注的事情，而如今在大多数欠发达国家，这个问题更应加以关注，因为这些区域往往拥有浓厚的文化底蕴。

哥斯达黎加的乌塔亚特兰蒂克（Huetar Atlantica）区域就是这样，在第80~90页将会展示这个研究案例，并用一定的篇幅加以讨论。就文化而言，乌塔亚特兰蒂克区域与哥斯达黎加的其他地区截然不同：这里的大量居民都是黑人，是西印度洋群岛的移民后代；这些居民在音乐、服饰、饮食和建筑方面大都保留了自己的传统；他们的语言仍然是英语的韵味，而不是西班牙语的；与哥斯达黎加的其他地区相比，这一区域发展缓慢，多姿多彩，经济落后，并且在其他地区的哥斯达黎加人看来，这里是一个完全不同的地方，他们几乎不会冒险前来。出于设计的目的，这种文化的独特性使得乌塔亚特兰蒂克区域必须成为一个独特的整体。

无论是由城市化、地貌，还是由文化进行界定，区域层级的"显性特征"（emergent quality）往往是区域的方针政策。在这一尺度上，可以建立协调性准则，以便对更大尺度的景观发展和管理加以引导。因此，这一尺度上的大多数设计工作都是指向政策制定的。在区域设计的方法中，有助于制定区域政策的有以下几种：

（1）为更低层级的政策决策和设计提供信息库。
（2）明确区域性景观格局和变化趋向。
（3）建立一个区域发展的总体框架。
（4）专门设计一个流经、串联整个区域的线性网络，如水路和交通线路。

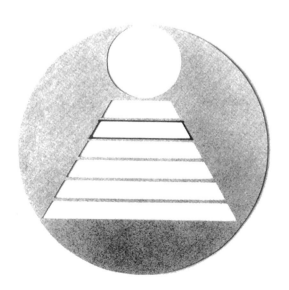

区域性信息库

上述方法中的第一个，就是区域信息库，对于这一尺度上的设计和管理而言，这不失为一种重要的工具，特别是对于工业化程度较高的国家，在复杂的政治和经济环境中，这样一个信息库几乎必然是自动化的。这种自动化信息库可提供各种位置变量及其属性，通常被称为"地理信息系统"（Geographic Information System）。这种系统本质上是一套由计算机处理、存储的地图。这些地图通常会显示某一景观的自然特征，如植被和土壤类型、不同地域各色人等的使用方式、连接这些用地的交通网络、各种政治和行政边界，以及任何可能影响决策的、散布于这一景观之上的其他特征。

地理信息系统可用于两个截然不同的基本目的。第一个也是最简单的目的是检索已存储的数据。这些数据极为广泛、复杂且细致入微，如果没有计算机的帮助，检索其中的任何一项数据都将是非常困难的（不过，检索到的数据会是最初存储的那一份）。

地理信息系统的第二个基本目的是从原始数据中发掘出各种描述和分析模型，即使用它来获取新的信息。在大多数情况下，新的信息是一种位置模型，它结合了描述不同变量的、已存储的各种数据，以显示无法直接观察到的某些景观特征的分布情况。

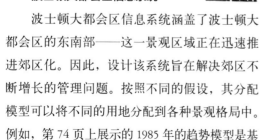

● **案例研究：**

波士顿大都会区信息系统

波士顿大都会区信息系统涵盖了波士顿大都会区的东南部——这一景观区域正在迅速推进郊区化。因此，设计该系统旨在解决郊区不断增长的管理问题。按照不同的假设，其分配模型可以将不同的用地分配到各种景观格局中。例如，第 74 页上展示的 1985 年的趋势模型是基于这样的假设：从 1975 年到 1985 年，发展观念和政策，以及由此而来的增长模式都基本保持不变，换句话说，这是对 1975 年现状格局的一个线性预测。每一处用地都是按照符合这一假设的具体规则进行分配的。

1985 年的整合方案是将不同团队为项目区内不同城镇制定的规划方案结合到一起制定而成的。第 71 页的流程图展示了这些方案的制定和整合过程。

趋势模型可用于设定一条底线，整合方案以及任何其他的方案或模型可以与之进行比较。这一信息系统可以轻松、快速地计算出数值用于比较，如第 76 页表格所示。然后，评估模型可以预测特定发展趋势下以及其他任何可能提出的用地分布情况下的财政、人口和环境影响。这里展示了沉积作用和空气污染增加的预测实例，而其他评估模型则预测了不同的土地利用模式对土壤、水质和水量、植被、关键自然资源、交通、噪声、历史资源和财政核算的影响。

一旦运行起来，这类系统可以针对不同的问题做出许多不同类型的预测。然而，虽然这类系统已相当成熟，但是由盖迪斯最先指出麦凯明确加以描述的增长困境并未从根本上得到改观。尽管与推衍得到的趋势相比，整合方案的影响已有所减少，但仍然是势不可挡。

案例研究Ⅳ

波士顿大都会区：管理郊区增长的模型方法

这里所讨论的地区是波士顿大都会区的东南部，包括 8 个城镇，共 756 平方公里。就世界各地城市边缘地带的增长格局而言，当前这里正在发生的快速郊区化具有典型性。为这一区域研发的地理信息系统旨在预计由各种备选规划战略决定的土地利用格局，然后预测这些战略的社会、经济和生态后果。对于那些对土地利用和开发感兴趣的各色人等（包括规划师、公共机构人员和私人开发商），这一系统不失为一个工具。

由哈佛大学风景园林研究室（Landscape Architecture Research Office, Harvard University）编写。首席研究员：卡尔·斯坦尼茨、彼得·罗杰斯（Peter Rogers）、詹姆斯·布朗（H. James Brown）、威廉·杰森坦纳（William Geizentanner）、大卫·辛顿（David Sinton）、弗雷德里克·史密斯（Frederick Smith）和道格拉斯·韦（Douglas Way）。由国家自然科学基金会（National Science Foundation）按国家应用需求研究项目 [Research Applied to National Needs (RANN) program] 资助。

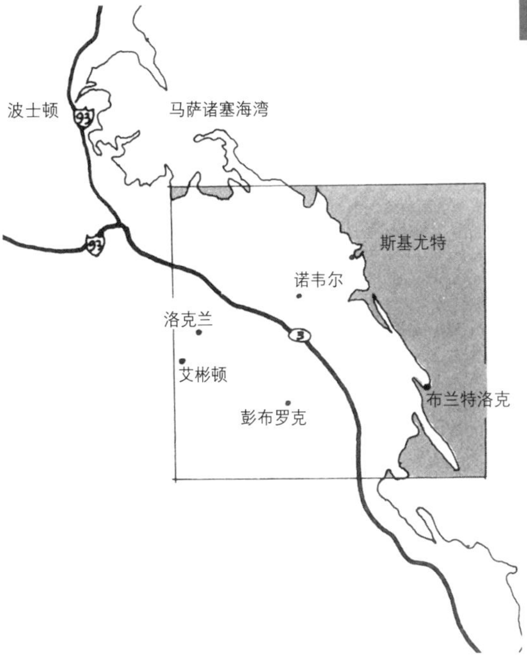

比较方案的生成

人员	分散式计算能力	集中式计算能力
城镇委员会　工作团队	程序系统　城镇数据文件　城镇输出端	程序系统　研究区域数据文件　模型程序包　城镇和区域输出端

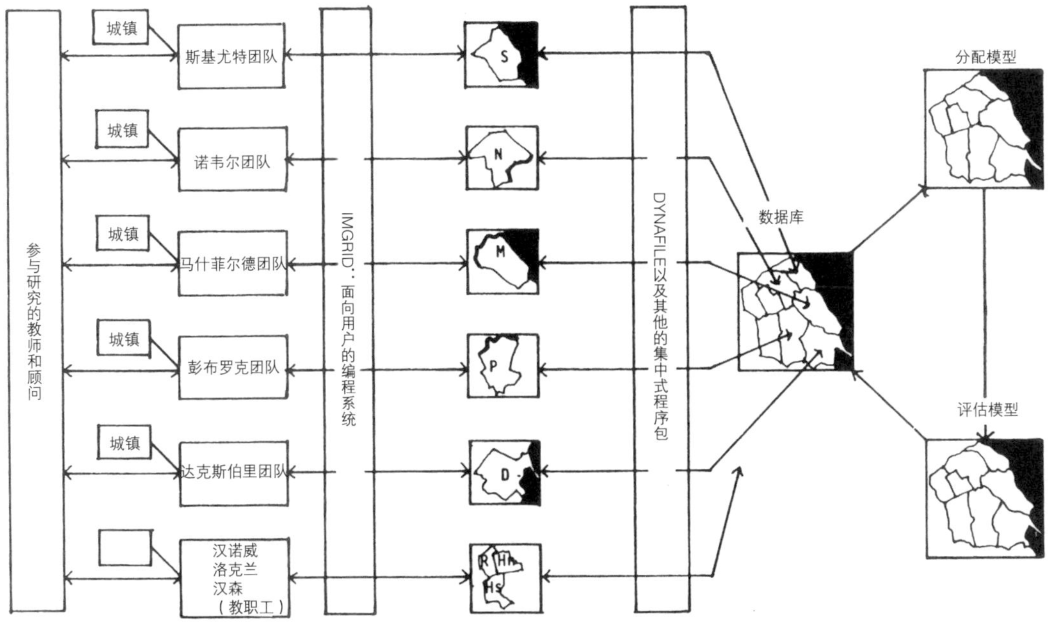

城镇团队、城镇数据文件和区域模型之间的关系

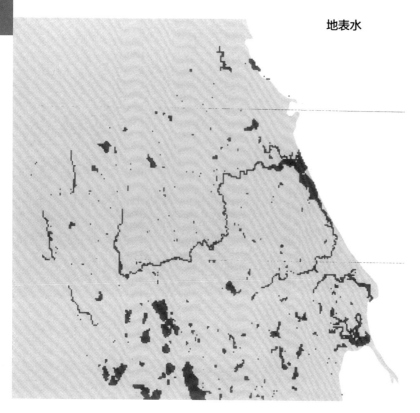

地表水

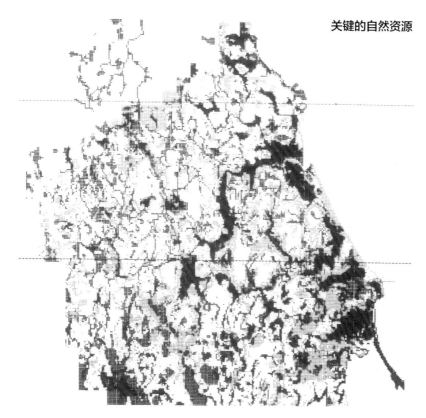

关键的自然资源

数据以 1 公顷见方的方格单元绘制。研究区域共计包括 75 600 个方格单元。数据库包含了四种类型的信息：地理和自然系统、土地利用和地被、行政辖区，以及功能区和那些通过其他三种类型的数据组合而来的数据。

建模程序有两种类型：分配模型和评估模型。分配模型提供了若干组决策规则，然后根据这些规则将用地性质分配到特定位置，而评估模型则预测由此得出的土地利用配给对于环境、财政和人口的影响。

因此，该系统可以响应各种各样的问题。业已提出并得到答复的问题有：开放空间的优先使用权应该是怎样的？如果开发工业区会产生什么影响？马什菲尔德（Marshfield）如何才能保持其景观特色？

这些地图是存储在地理数据库中的信息的示例，反映了地表水、马萨诸塞州法律所规定的关键的自然资源，以及现状用地的百分比。土地使用的基准年是 1975 年，数据会定期更新。该系统确认了 267 种不同的土地类型和用地性质。为了与土地利用现状图相一致，这些图都被整合成了十分类进行表现。

土地利用现状

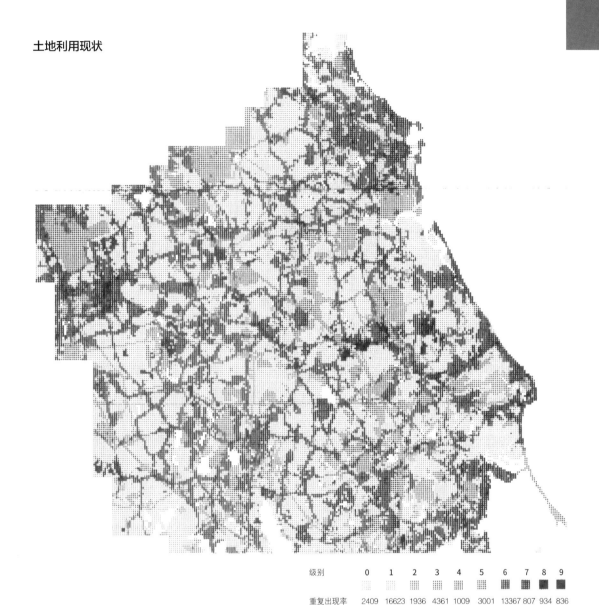

级别	0	1	2	3	4	5	6	7	8	9
重复出现率	2409	16623	1936	4361	1009	3001	13367	807	934	836

空白：　海洋、开放的淡水水域和户外研究区域

级别　0：其他水域和湿地
　　　1：森林
　　　2：农业
　　　3：保护和游憩
　　　4：公用事业
　　　5：交通
　　　6：居住
　　　7：学校
　　　8：工业
　　　9：商业

　　第二幅地图显示了 1975 年的土地利用格局推衍到 1985 年时的状况，这是基于分配模型得到的，假设当前的增长政策和趋势将会继续。趋势推衍可形成一个基准条件，供各种替代格局进行对照测评。

　　1985 年的土地利用整合是一种替代格局，它是经由一系列研讨会得出的结果。在这些研讨会中，研究区内五个城镇的规划人员、公职人员和居民在研究人员的帮助下，制定了替代性的增长管理方针政策。这些方针政策整合到一起，形成了区域发展战略，然后将这一战略用作为 1985 年土地综合利用格局的依据。第 71 页的图表描述了这一过程。

　　评估模型说明了推衍得到的土地利用趋势对空气质量的影响预期以及整合规划的沉积格局。

1985 年的土地利用趋势

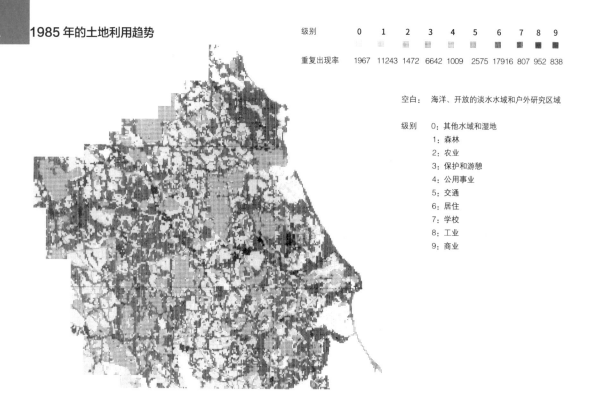

级别	0	1	2	3	4	5	6	7	8	9
重复出现率	1967	11243	1472	6642	1009	2575	17916	807	952	838

空白： 海洋、开放的淡水水域和户外研究区域

级别　0：其他水域和湿地
　　　1：森林
　　　2：农业
　　　3：保护和游憩
　　　4：公用事业
　　　5：交通
　　　6：居住
　　　7：学校
　　　8：工业
　　　9：商业

1985 年的土地利用整合方案

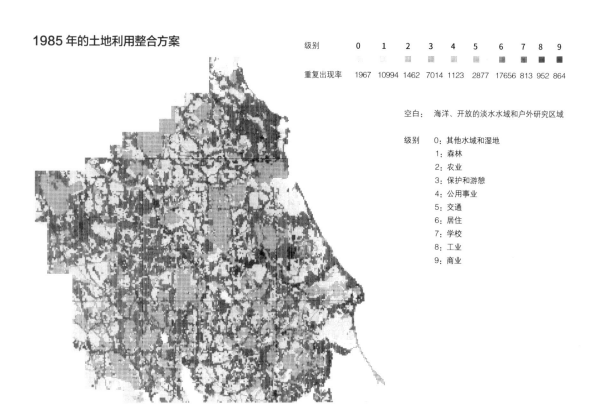

级别	0	1	2	3	4	5	6	7	8	9
重复出现率	1967	10994	1462	7014	1123	2877	17656	813	952	864

空白： 海洋、开放的淡水水域和户外研究区域

级别　0：其他水域和湿地
　　　1：森林
　　　2：农业
　　　3：保护和游憩
　　　4：公用事业
　　　5：交通
　　　6：居住
　　　7：学校
　　　8：工业
　　　9：商业

空气质量影响

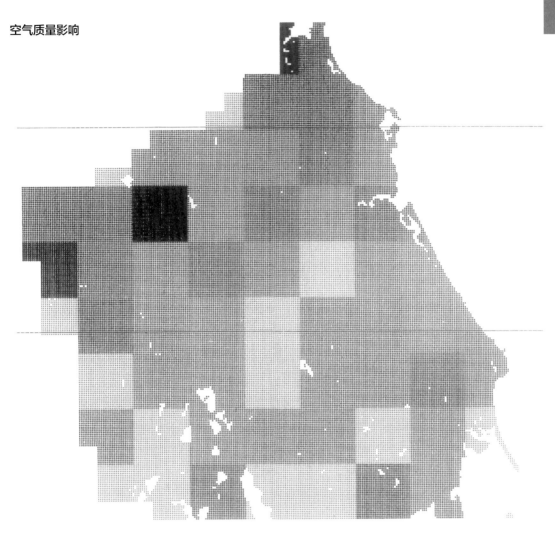

沉积影响

渐变色反映的是土地利用
趋势模型中用地格局影响程度
的高低；色调越暗，影响越大。

		达克斯伯里	汉诺威	汉森	马什菲尔德	诺韦尔	彭布罗克	洛克兰	斯基尤特
单个城镇人口	1975	11 460	10 056	6885	19 139	8411	12759	14 651	16 367
	T	23 559	23 386	13 766	29 879	15 857	24 690	18 157	21 964
	C	20 784	24 474	15 781	28 734	11 890	21 378	18 092	23 840
单个城镇净人口	T	12089	13 330	6881	10 740	7446	11 931	3506	5597
	C	9324	14 418	8897	9595	3479	8619	3441	7473
单个城镇居住建筑占地总面积（公顷）	T	3154	2885	1448	3352	2295	2562	959	2299
	C	2754	2180	1745	2906	1754	2270	1040	2519
居住用地开发率（%）	T	49	51	36	44	42	42	36	47
	C	43	54	43	38	32	37	40	51
单个城镇需水量（百万加仑/天）	T	1.37	2.13	0.90	2.46	1.04	0.99	3.16	2.09
	C	1.12	2.03	0.85	2.37	1.05	1.14	3.22	2.14
各种野生动物栖息地消失率（%）	T	39	70	40	28	34	36	36	26
	C	46	69	29	35	45	25	36	29
最偏远的野生动物栖息地消失率（%）	T	8	100	30	15	26	56	56	2
	C	11	100	32	16	25	74	56	1
截至1985年关键自然资源消失率（%）	T	62	60	13	56	47	55	86	31
	C	62	60	13	63	53	41	86	31
重要流域/农业用地消失率（%）	T	25	24	6	13	15	16	15	13
	C	10	25	6	10	6	1	17	18
历史资源消失（公顷）	T	23	16	4	20	32	15	8	8
	C	7	18	4	8	22	1	1	14
道路景观视觉质量不佳率（%）	T	13	23	21	32	16	19	71	23
	C	10	26	19	32	16	13	78	21
过度喧闹区新建住宅占地面积（公顷）	T	118	18	30	94	55	68	18	20
	C	87	18	20	70	12	45	37	43
独立式住宅每英亩开发成本（1970年美元）	T	3863	NA	3590	3751	3886	3696	NA	3667
	C	3835	3781	3509	3686	3823	3591	3693	3661
每英亩独立式住宅平均开发收益（1970年美元）	T	8420	NA	7110	7560	8310	7360	NA	7280
	C	7740	4980	5510	6390	7350	5530	5150	5910
当地税基增长（百万，1970年美元）	T	70.05	61.88	30.53	48.65	40.82	47.15	25.18	28.92
	C	54.39	67.42	43.25	49.48	17.40	34.64	27.78	41.10
单个城镇学龄儿童数	T	5522	6205	3824	7422	3986	5974	4681	6725
	C	4957	6424	6402	6854	3218	5506	4797	7111
当地人均消费（百万，1970年美元）	T	7.09	8.13	4.83	8.61	5.30	7.22	6.13	8.41
	C	6.10	8.41	5.35	8.64	4.87	6.37	6.02	9.05
当地营运开支（百万，1970年美元）	T	6.73	8.02	4.77	8.61	5.24	7.12	6.13	8.41
	C	6.01	8.30	5.19	8.64	4.16	6.30	6.02	8.82
当地税基变化（美元/1000增量）	T	1.14	1.59	1.82	0.57	0.63	1.04	0.84	0.64
	C	1.26	1.57	1.64	1.04	0.91	1.98	0.44	0.53
收入中位数（千元，1970年美元）	T	14.96	14.95	14.30	14.24	15.19	13.90	12.350	14.60
	C	14.77	15.03	15.18	13.24	15.07	14.03	12.85	14.82

推衍趋势和整合方案的比较分析

该表格是对这一地区八个城镇中的每个城镇预期由推衍趋势和整合格局产生的影响所作的比较。虽然整合规划的格局影响相当有限，但两种情况下城市化带来的变化都很显著。

管理分区：
以乌塔亚特兰蒂克区域为例

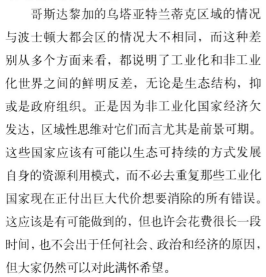

　　哥斯达黎加的乌塔亚特兰蒂克区域的情况与波士顿大都会区的情况大不相同，而这种差别从多个方面来看，都说明了工业化和非工业化世界之间的鲜明反差，无论是生态结构，抑或是政府组织。正是因为非工业化国家经济欠发达，区域性思维对它们而言尤其是前景可期。这些国家应该有可能以生态可持续的方式发展自身的资源利用模式，而不必去重复那些工业化国家现在正付出巨大代价想要消除的所有错误。这应该是有可能做到的，但也许会花费很长一段时间，也不会出于任何社会、政治和经济的原因，但大家仍然可以对此满怀希望。

　　在哥斯达黎加，政府将整个国家划分的五个区域，其中大西洋沿岸区域（Atlantic Coast region）的乌塔亚特兰蒂克区是经济最不发达的地区。这里经过一片泥泞的滨海平原之后，地面向上抬升，当上升到作为中美洲脊梁的、起伏的科迪勒拉山脉（the Cordillera）时，变得越来越富有野趣且崎岖不平。这些坡地被高耸的热带雨林覆盖着，树林的成分随海拔而变化。热带研究中心（Center for Tropical Studies）已经确定并绘制了该地区的五种不同的雨林植物群落，这些群落都拥有非常丰富的动植物品种（Tosi, 1969）。放眼全球，所有这些群落都很重要。雨林对于调节全球的气候格局具有重要作用，并且为世界上一半以上的野生动物提供了栖息地，但它们也是全世界受到最为严重威胁的生物群落之一。乌塔亚特兰蒂克区是一个典型的冲突案例，而诸如此类的冲突正在世界各地的雨林中蔓延，并造成破坏性威胁。尽管热带雨林的体量庞大，拥有惊人的生产力和令人难以置信的多样性，但仍然是一个脆弱的群落，究其原因，很大程度上来自水土作用关系以及不同类型的人类使用的影响。

　　几个世纪以来，在世界上大部分地区的雨林中，人口规模都很小，并且人们通过轮作来种植粮食。在这种体系下，小片的雨林植被被砍伐和焚烧，然后种子被播种在土壤和灰烬的混合物中。种植格局是不规则的，而不是条带式的，并且不同的品种相当密集地混种在一起，不进行犁耕。在作物生长了一段时间之后，通常是2~5年，农民将弃种这片清理过的土地，转移到新的地方砍树开地。人们曾经认为，当产量下降时，农民们会因为土力已经衰竭而继续转移到别处耕种，但最近的一些观察表明，在土力衰竭之前，杂草和害虫可能已经令这块土地抛荒，不利于作物生长了（Janzen, 1973）。后一种解释可能更符合实际情况，因为经常可以看到，雨林很快就会再生。在仍在进行轮作栽培的地区，可以看到各种小块的、或多或少带点圆形的、处于不同演替阶段的林地。

　　从某些方面看，轮作是在模仿雨林的自然再生过程（Gomez-Pompa, et al., 1972）。在自然条件下，林间空地是由洪水、风、火、年老树木的死亡，以及诸如此类原因造成的。那些在茂密的树冠下难以生长的植物，无法占据这些空地并开始再生。一些研究证实，在为了农垦清理出空地后，同样会经历这个过程。因此一般说来，轮作似乎是在与自然作用协同做功。

　　这是一个古老的农业体系，在非洲、亚洲，以及中美洲和南美洲都经过长期的实践。在欧洲，最早的农民，即多瑙河人（the Danubians），在现今荷兰和德国边境附近的橡树林中采用了类似的做法。只要人口不超过森林的再生能力，这是一个可以无限持续下去的系统，研究人员认为它似乎对森林没有任何不良影响。然而，当人口过度增长时，清理的周期会加快，在演替序列有时间再次形成后续演替阶段多样化的森林之前，农民们发现自己又回到了曾经耕种的地区——从这一刻开始，农业开启了一种阻碍森林演替的模式，土壤没有时间得以充分恢复，而且支持人类生存的能力下降了。多瑙河文化的灭绝就是这种模式导致的一个例证。在拉丁美洲，人口增长给雨林带来毁灭性压力——要腾出空地，永久性地种植欧洲和北美的作物品种，而这么做正在造成严重的问题，其原因在于雨林生态系统的结构和功能主要是土壤与水的相互作用。在雨林中，营养物质主要储存在植物群落的生物量中，而不是在土壤中，这里的土壤通常极其瘠薄。

富含铁和铝氧化物的红色和黄色类型的赤红壤是最为常见的。当覆盖的植被被移除时，这类土壤中的少量营养物质会在暴雨过程中迅速流失。这样的土地可以在几年内产出一些作物，但产量会逐年减少，直至土力衰竭，根本无法再生长任何作物。只有大量且不惜代价地施用肥料，才能维持其肥力。当植物不再生长时，表层土壤会被冲走，侵蚀率高得令人吃惊，特别是在那些陡峭的坡地上。然后，富含铝和铁氧化物的土层会暴露出来，会干燥，形成被称为"砖红壤"的一层地表硬壳，这层物质是如此之硬，在某些地方会用来做建筑材料。这层硬壳会阻挡各种种子的定植，因此，这片土地不仅难以产出农作物，还丧失了森林自行重建的可能性。而且，由于形成降雨的大部分水分来自树木的蒸腾作用，大面积的砍伐会带来气候的变化。在哥伦比亚的亚马孙河流域，随着森林的广泛砍伐，已观测到降雨量减少了21%～24%。

与此同时，乌塔亚特兰蒂克区域居住人口极其贫困，人们迫切需要更好的方式自给自足。哥斯达黎加有着积极而有效的土地分配计划，但难以满足需求。对于无地居民而言，进到部分森林中，将其砍伐掉以种植庄稼，是极为常见的事情，不管其土质将会如何，而随着对农业用地需求的增长，政府也开始在雨林中建立定居点。无论是合法的还是非法的，乌塔亚特兰蒂克大部分地区的农业定居点都很难长期维系下去。当然，这种冲突不会很快得到解决，饥肠辘辘的人不太可能为生态必要性的言论所左右，如果能找到在保持雨林生态系统的同时又能从土地上获得一定水准产出的方法，可能会有所帮助。

虽然整体上其茂密的生长格局并无明显变化，但即使在同一片雨林中，环境也变化多端：降雨量从高到极高（每年2.4～4米）不等，而且土壤并非都是赤红壤。该地区有大片相对肥沃的新积土，可以持续开展农业生产。由于某些地区比其他地区更适合进行农业生产和定居，因此每一个地区都可以以不同的方式加以利用，以取得生产和保护的某种平衡。

鉴于冲突不容忽视，并且为该地区制定的任何规划方案都要有机构去施行，因此，实施策略必须简单明了。为阿拉斯加或波士顿大都会区开发的那种复杂的信息系统将毫无用处。

●常规管理分区

加州州立理工大学咨询团队为乌塔亚特兰蒂克区提出的，并在第80～90页图示说明的策略，是建立一个关于常规用地和特殊用地的管理分区系统。共有五个常规分区，每个分区都表现出互不相同、相当一贯的土壤类型、植物群落、气温和降雨量的组合特征。在每个分区内，各种作物的种植潜力和局限性、可能的环境影响，以及有效的控制措施往往是相同的。这意味着每个分区的土地管理决策和实践可以以一套统一的指导方针为基础。这些指导方针涉及农业实践和控制措施，至少在某种程度上复制了自然生态系统用来自我维系的功能和结构方式，这主要意味着要保护土壤。案例研究所附带的表格中列出了这些实践措施。由于可用于环境管理的资源非常有限，因此指导方针非常简单，关注要点，而不关注细微之处。对每个分区进行简要的说明将有助于解释管理分区的概念。

哥斯达黎加的沿海地带是沿着海边从巴拿马延展到尼加拉瓜边境的一片狭长的地域。这是一片美丽、宁静的景观，主要由棕榈树覆盖，超过 40 种棕榈树原产于该地区。这里的气候炎热、潮湿（平均气温约 25℃，平均降雨量约 2.8 米），但比大西洋区域大部分地区的情况要好些。这一分区长期以来一直进行小规模农业实践，并且往往在沙质土壤〔按国际说法是"粗骨土"（regosole）〕中取得成功，最成功的是遵循自然植物群落格局种植的各种棕榈树作物。椰子、油棕、桃子棕榈果（Pejibaye，是哥斯达黎加的一种独特的水果。译者注）和棕榈芯都很适合这里的环境，具有巨大的经济潜力。

这一基本准则——鼓励人类遵照自然群落样本进行种植——是该区域所有开发活动都可采用的准则。在被称为赤红壤山麓的分区中，这是一个特别有前景的方法。这一分区从坡度相当平缓的沿海平原上升，形成山脚地带；这里的土壤是深红色和黄色的赤红壤，被非常潮湿的热带森林密集覆盖；降雨量高于沿海地区，在 2.4~3.8 米。这些特质组合到一起，由于前述的原因，最不适合进行伐木开地和定居。尽管如此，这些山坡是可加以管理且是可达的，其位置靠近现有的人口中心。在此定居的压力因此很大，但事实上，定居行为正在迅速发生。

该分区内任何将植被从土壤上移除的行动，哪怕是暂时的，也会导致一定程度的淋溶（土层中可溶性物质与易溶性物质，如碳酸钙、碳酸镁等，为渗漏水所溶解，并随之迁移至下层土壤。译者注）、侵蚀和养分流失；但是，如果植被可以被快速重建，并且土壤能够

得到保护，那么某些形式的经济产出是可持续的。达成这种可持续的最佳方法是种植经济林木。栽培的树木可以像天然植被一样保护土壤。在众多天然林中，遭到过度开采却不知何因未予商业性种植的若干种原生硬木，都具有极高的经济价值，而且部分硬木的生长迅速，足以在不到 30 年的时间内产出木材（Tosi, 1971）。因此，对赤红壤（Laterites）山麓而言，原生硬木种植园似乎很可能会是一种生态兼容性和高产出性兼备的利用方式。短时期内，像产出可可、夏威夷果、扁桃仁，以及其他坚果、水果等经济林木，也可以共存。在这里，生物多样性尤为重要，因为害虫的潜在危害始终存在，随时可能发生，并且会破坏由单一物种构成的整个种群。

此外，在事实上，经济林木几乎全部是出口商品，尽管可以促进国际贸易并产生现金收入，但无法直接为该区域的人口提供食物。为了供给食物，新积土平原必须开展更为集约的耕种。这一分区整体上较为平坦，覆盖着富含养分的新积土（Alluvials），其天然植物群落是潮湿的热带雨林。通过在管理分区图上叠加显示了现有人口中心和交通线路的地图，我们可以看到，也许是正确的决策和试错性尝试相结合的结果，迄今为止，绝大多数的定居和开发都是在这片平原上发生的。只有当人口增长超出这一分区所能轻松支持的数量时，定居点才开始拓展到赤红壤地区。

事实上，为了产出食物，与现有的利用强度相比，新积土可加以更为集约的利用。通过改善农业生产实践方式——例如在某些情况下，通过引入诸如等高耕作和作物轮作等简单的措施以及通过谨慎选择作物品种，而在其他情况

案例研究 V
哥斯达黎加的乌塔亚特兰蒂克区域

在这一区域的港口城市——利蒙（Limon）的市区以外，乌塔亚特兰蒂克的人口主要是农业人口，包括大量无地和少地的农民。无论是通过政府的土地分配计划，还是通过非法的隐姓埋名的定居，人们不断进入这片覆盖了区域大部分土地的雨林之中。这些森林，从沿海地带的各种棕榈群落到高处山坡上的高耸入云且极具多样性的绿色斑块，在支持人类发展的能力方面差异很大。

最难以自然修复的是生长于红色和黄色的赤红壤上的森林，赤红壤经过伐木开地之后，会产生一层硬壳，无论是人工种植的还是自然萌发的植物都很难生长。实事求是地讲，在这些地区砍伐森林可能意味着永久性毁林。其他类型的土壤，特别是低处山麓的新积土，则可以无限期地产出。

尽管有许多限制，但如果仔细选择使用方式和手段，这一区域的大部分地区都能够支持一些经济性生产。一般说来，有助于保护自然生态系统的一些作物应该是最可能保持长期高产的。通过介绍两种植被——自然的和理想化栽培的——可以说明这一原则。

Ⅰ 中央区域

Ⅱ 乔洛特加区

Ⅲ 布伦卡区

Ⅳ 乌塔亚特兰蒂克区

Ⅴ 韦塔诺特区

哥斯达黎加的规划区域

由加州州立理工大学波莫纳分校的区域规划咨询小组和哥斯达黎加国家规划局OFIPLAN 编写。项目总监：西尔维亚·怀特。环境整治顾问：约翰·莱尔。规划方案由研究助理罗莎·拉薇（Rosa Laveaga）绘制，研究助理格雷戈里·德·扬（Gregory de Young）提供文件。

常规管理分区

I：沿海地带

土壤：	岩性土（Regosoles）
降雨量：	< 2.8 米 / 年
气温：	> 25℃
植被：	耐盐碱的沿海物种，棕榈为优势种
坡度：	0~5%
优选用途：	棕榈树，水果和蔬菜，水产养殖（在潟湖中进行），可可和其他树木
可接受的用途：	和谐的城市化，小规模的游憩开发
人类使用的主要影响：	海洋污染，珊瑚礁破坏
控制措施：	所有聚居点配置污水处理系统，有限使用化肥、除草剂和杀虫剂

II：低处湿地

土壤：	排水不佳的新积土
降雨量：	> 4 米 / 年
气温：	> 25℃
植被：	非常湿润的热带雨林
坡度：	0~5%
优选用途：	自然保护区，有限的伐木，野生动物牧场（饲养本地品种）
可接受的用途：	生产林，带排水系统的混合农业
人类使用的可能影响：	道路可达地区的森林砍伐，土壤的饱和与淋溶，本地动植物物种的消亡，河流和地下水的污染
控制措施：	只建造确实需要的道路，在可行和需要的地方建立排水体系，在耕地上保留部分森林覆盖，尽可能限制使用化肥、除草剂和杀虫剂

III：新积土平原

土壤：	大部分排水良好，有一些排水不畅的新积土
降雨量：	2.8~4 米 / 年
气温：	22.5~25℃
植被：	湿润的热带雨林
坡度：	0~15%
优选用途：	集约化混合农业（大田作物、经济林木、动物），水产养殖，有限度的城市化，生产林
可接受的用途：	其他类型的农业

人类使用的可能影响：	土壤侵蚀，排水不佳地区土壤饱和，洪涝，河流和海洋污染，本地动植物物种的消亡
控制措施：	在需要的地方建立排水体系，构筑堤坝防止聚居点受洪水影响，尽可能地限制使用化肥、除草剂和杀虫剂，禁止空中洒播，保留部分森林覆盖，保持森林保护区之间的良好连接

IV：赤红壤山麓

土壤：	赤红壤
降雨量：	2.4~3.8 米 / 年
气温：	22.5~25℃
乡土植被：	非常湿润的热带雨林
坡度：	15%~45%
优选用途：	森林保护区，有限的商业性伐木
可接受的用途：	生产林，经济林木
人类使用的可能影响：	土壤养分的不可逆淋溶和植被维系能力的丧失，土壤侵蚀，牧区土壤板结
控制措施：	保留植被覆盖，在必须进行耕种的地区持续施用必要的土壤改良剂，尽可能少修路

V：高处坡地

土壤：	赤红壤
降雨量：	4.0 米 / 年
气温：	22.5℃
乡土植被：	多雨的雨林
坡度：	40%
优选用途：	森林保护区
可接受的用途：	商业性伐木，有限的地下采矿
人类使用的可能影响：	极端土壤侵蚀，采矿污染河流
控制措施：	伐木开地后立即重新造林，获取采矿许可证需要提供污染控制和恢复计划

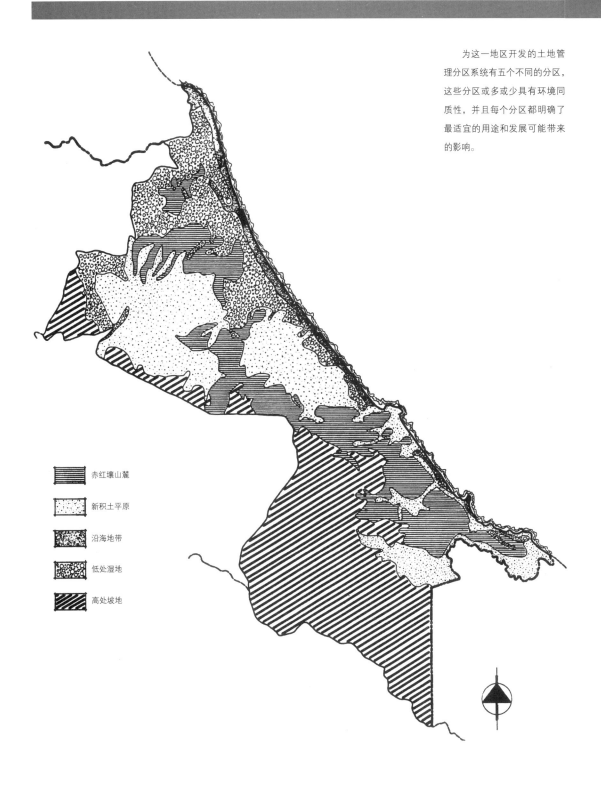

为这一地区开发的土地管
理分区系统有五个不同的分区,
这些分区或多或少具有环境同
质性,并且每个分区都明确了
最适宜的用途和发展可能带来
的影响。

赤红壤山麓

新积土平原

沿海地带

低处湿地

高处坡地

特殊管理分区

特殊管理分区是具有特殊特征，并且无论是出于保护还是生产目的都需要重点加以关注的地区。

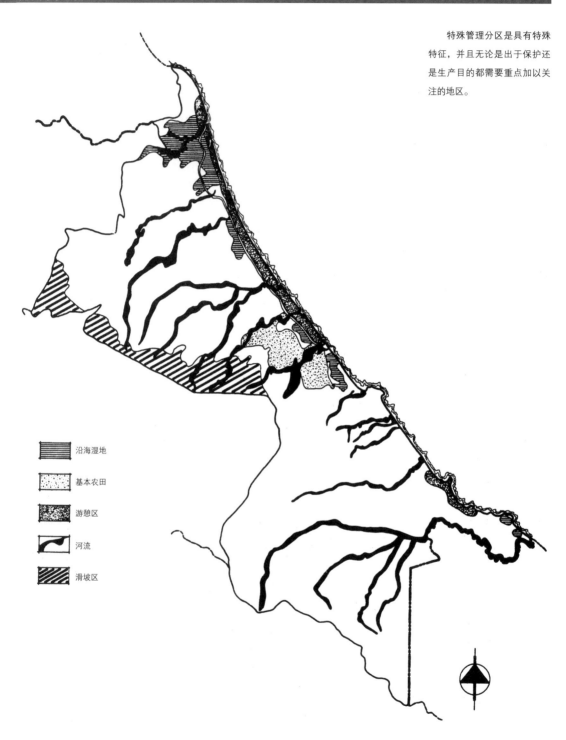

沿海湿地

基本农田

游憩区

河流

滑坡区

1. 沿海湿地

沿海湿地是靠近海洋的土地，永久或定期地被水淹没。它们之所以重要，是因为拥有极为丰富的野生动物种群和极具潜力的产出能力。对于集约化水产养殖来说，湿地是特别富有前景的选址地。一些水产养殖试验已经在开展，并且这些试验有望成为蛋白质的一个来源。因此，重要的是，湿地应作为野生动物保护区和水产养殖场加以保护和管理。

2. 基本农田

大西洋区域中大约有300平方公里的地区拥有特别优质的农业土壤，由于这些土壤很少见，最重要的是要对其进行保护和滋养，从经济性角度，可从中牟取高产也很重要。该地区可能是一个特别合适开展小规模、集约化混合农耕的地区，可以将经济林木、粮食作物、动物生产和可能的水产养殖结合起来。

3. 游憩区

该区域非常具有游憩潜质的两个地区是南部毗邻卡乌伊塔国家公园（Cahuita National Park）的那些海滩，以及北半部的河流和运河网络。利蒙以南的海滩地区最吸引人的就是那种宁静的、似乎一触即碎的美丽，很容易被过度的开发所吞噬，也许最好是鼓励建设小规模的、分散的、舒适的独立式小屋和餐馆组团，主要是为了来此度假的哥斯达黎加人，以及来自其他国家的、想要体验哥斯达黎加自然环境独特品质的游客。

虽然海岸带的北部具有进行更为密集发展的潜质，但会来这里的潜在的游客应该是那些相对少数的、更喜欢独特自然环境而不是热闹刺激的阿卡普尔科（Acapulco，是墨西哥南部著名的港口及旅游城市。译者注）的人。

4. 河流

那些主要的河流对于大西洋区域的生态有着极其重要的作用，不过它们的功能已经因人们在这个地区的定居而被扰乱了。砍伐森林导致沉积加剧、洪水泛滥，以及频繁的景观改变。有迹象表明，农业生产中使用的杀虫剂、除草剂，以及人类的排污等都对河水造成了严重污染。

管理应聚焦于追求以下的目标：

（1）各流域控制森林砍伐
（2）控制农业污染
（3）为滨河的社区建设污水处理系统
（4）寻求水力发电的备选方案
（5）稳定并控制河岸
（6）防洪
（7）开展水上交通管制

5. 矿区 *

主要矿产资源是塔拉曼卡山脉（Talamanca Range）上游的铜矿床，其他一些矿产资源则包括塔拉曼卡山麓的石油和波科西县（Pococi）的大量铝土矿。由于这些资源已被开采，可能会带来重大的环境问题。任何露天开采都不可避免地会对景观造成破坏，但是在矿藏被开采殆尽之后，这种破坏立即可以通过重整地形和重新种植来减轻至最小的程度，必须始终对该区域的所有采矿活动加以严格的环境规划控制。

6. 滑坡区

这一区域有几个主要的地质不稳定区，最关键的位于塔拉曼卡山，以及瓜皮莱斯（Guapiles）和锡基雷斯（Siquirres）的西南部。由于一直存在滑动危险，未来的开发不应考虑这些地区。

* OFIPLAN 要求地图上不得标示矿区

植被横断面：自然植被

资料来源：Boza and Mendoza,
1981; Haller,（出版日期不详）；
Holdridge and Tosi, 1971

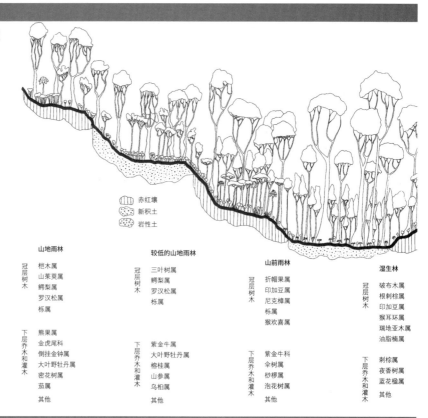

赤红壤
新积土
岩性土

山地雨林

冠层树木
桤木属
山茱萸属
鳄梨属
罗汉松属
栎属

下层乔木和灌木
熊果属
金虎尾科
倒挂金钟属
大叶野牡丹属
密花树属
茄属
其他

较低的山地雨林

冠层树木
三叶树属
鳄梨属
罗汉松属
栎属

下层乔木和灌木
紫金牛属
大叶野牡丹属
榕桂属
山参属
乌桕属
其他

山前雨林

冠层树木
折帽果属
印加豆属
尼克樟属
栎属
猴欢喜属

下层乔木和灌木
紫金牛科
伞树属
桫椤属
泡花树属
其他

湿生林

冠层树木
破布木属
根刺棕属
印加豆属
猴耳环属
瑞地亚木属
油脂楠属

下层乔木和灌木
刺棕属
夜香树属
蓝花楹属
其他

植被横断面：理想的农作物

资料来源：Holdrige and Tosi,（出版日期不详）

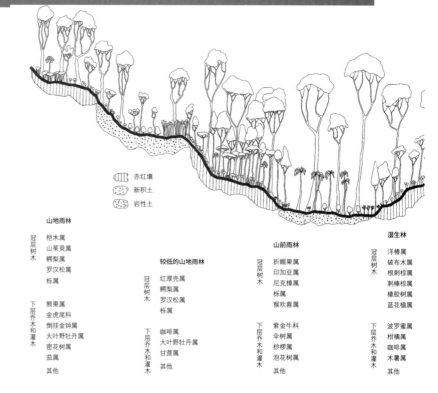

赤红壤
新积土
岩性土

山地雨林

冠层树木
桤木属
山茱萸属
鳄梨属
罗汉松属
栎属

下层乔木和灌木
熊果属
金虎尾科
倒挂金钟属
大叶野牡丹属
密花树属
茄属
其他

较低的山地雨林

冠层树木
红厚壳属
鳄梨属
罗汉松属
栎属

下层乔木和灌木
咖啡属
大叶野牡丹属
甘蔗属
其他

山前雨林

冠层树木
折帽果属
印加豆属
尼克樟属
栎属
猴欢喜属

下层乔木和灌木
紫金牛科
伞树属
桫椤属
泡花树属
其他

湿生林

冠层树木
洋椿属
破布木属
根刺棕属
刺棒棕属
橡胶树属
蓝花楹属

下层乔木和灌木
波罗蜜属
柑橘属
咖啡属
木薯属
其他

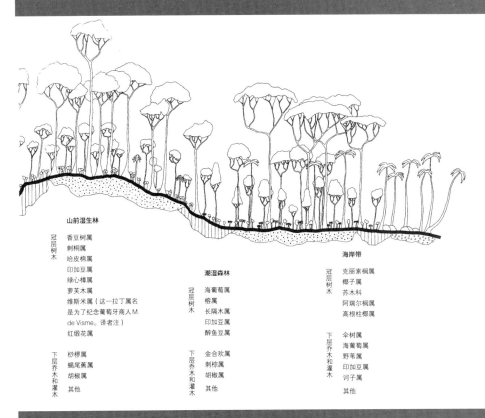

山前湿生林

冠层树木
香豆树属
刺桐属
哈皮棉属
印加豆属
绿心樟属
萝芙木属
维斯米属（这一拉丁属名
是为了纪念葡萄牙商人 M.
de Visme。译者注）
红缀花属

下层乔木和灌木
杪椤属
蝎尾蕉属
胡椒属
其他

潮湿森林

冠层树木
海葡萄属
榕属
长隔木属
印加豆属
醉鱼豆属

下层乔木和灌木
金合欢属
刺棕属
胡椒属
其他

海岸带

冠层树木
克丽索桐属
椰子属
苏木科
阿瑞尔桐属
高根柱椰属

下层乔木和灌木
伞树属
海葡萄属
野苹属
印加豆属
诃子属
其他

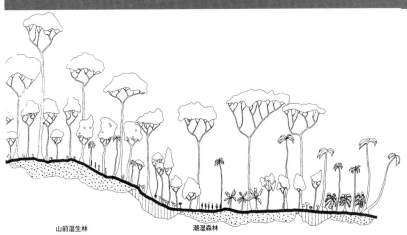

山前湿生林

冠层树木
破布木属
山油楠属
刺桐属
哈皮棉属
绿心樟属
红缀花属

下层乔木和灌木
波罗蜜属
番樱桃属
蝎尾蕉属
拟爱神木属
胡椒属
其他

潮湿森林

冠层树木
海葡萄属
橡胶树属
长隔木属
印加豆属
醉鱼豆属

下层乔木和灌木
头九节属
印加豆属
芭蕉属
鳄梨属
胡椒属
玉蜀黍属
其他

海岸带

冠层树木
椰子属
油棕属
桃棕属
苏木科

下层乔木和灌木
海葡萄属
印加豆属
诃子属
其他

雨林的分层结构

分层农业

生产林

保留部分冠层的传统农业

植被结构

　　雨林的自然植被结构由若干个竖向的分层组成，每一层都被特定的物种占据着。这种结构创造了各种生境和微气候，保护着土壤，并可服务于其他一些生态目的。无论何时，当森林必须加以改变以服务于人类时，这种垂直结构都必须尽可能地予以保留，以便它能够继续发挥至少其中的某一些作用。商业性种植的树木，无论是为了获得木材，还是为了其他产出，都可以通过确保其枝叶的持续覆盖来提供保护。当一片森林被砍伐用于农业时，应就地保留一些树木，并种植其他的生产性树木，这样才有助于弥补损失。

散布的自然保留区

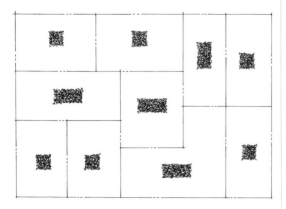

自然保留区组团

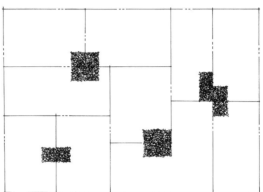

由廊道连接的岛屿式聚落

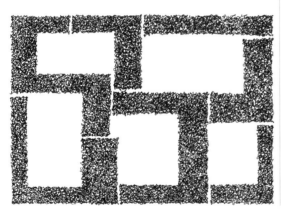

由廊道连接的组团式自然保留区

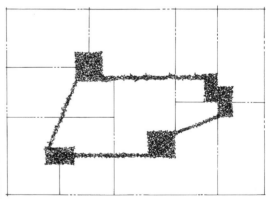

自然保留区

哥斯达黎加政府赞助的那些新的农业定居点经常是在雨林中开辟出来的。每个定居点通常都会保留一小片未被干扰的自然保留区。这些自然保留区分布广泛，其格局如第一幅图所示。通过仔细的协调和设计，这些自然保留区可支持更为多样化的野生动物种群。如果这些保留区的单个面积更大一些，并且位置彼此更靠近，尽管数量会变少，但是相同的总用地面积会拥有更大的物种多样性。如果要用自然廊道将这些自然保留区连接起来，最好是沿着河流和溪流，则物质多样性还会进一步增加。之后，在理想情况下，定居点会像岛屿一样，在更大尺度景观的连续自然基质中被创建起来，并被自然基质包围。然而，为了实现这一景象，定居点之间需要更多的土地，并保持更远的距离。

推衍至 1990 年的
格局提案

现状聚落格局

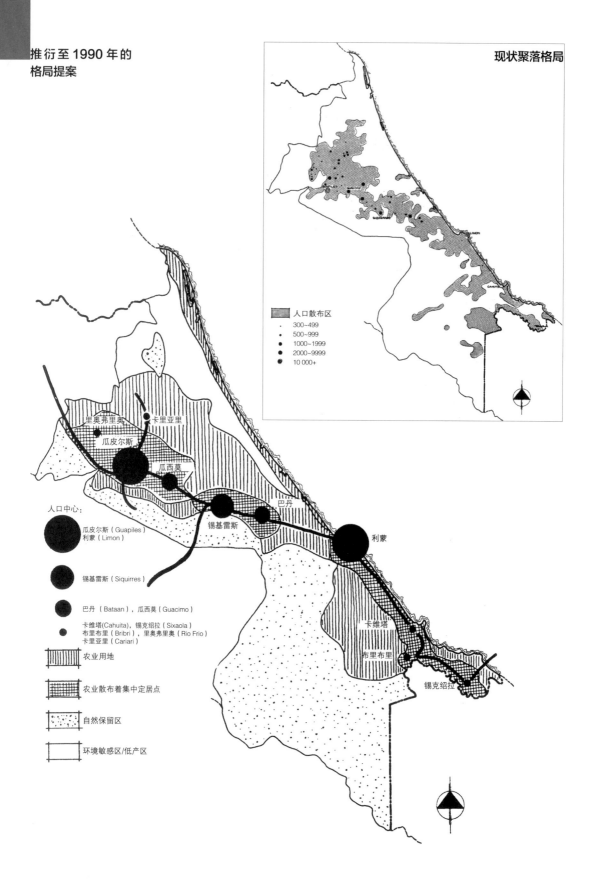

人口散布区

· 300~499
• 500~999
● 1000~1999
● 2000~9999
● 10 000+

人口中心：

瓜皮尔斯（Guapiles）
利蒙（Limon）

锡基雷斯（Siquirres）

巴丹（Bataan），瓜西莫（Guacimo）

卡维塔(Cahuita)，锡克绍拉（Sixaola）
布里布里（Bribri），里奥弗里奥（Rio Frio）
卡里亚里（Cariari）

农业用地

农业散布着集中定居点

自然保留区

环境敏感区/低产区

里奥弗里奥
卡里亚里
瓜皮尔斯
瓜西莫
巴丹
锡基雷斯
利蒙
卡维塔
布里布里
锡克绍拉

下，通过由出口转向粮食作物等方法——新积土地区的产出可以成倍增长。各种混合种植系统也具有巨大的潜力，特别是那些最有效地利用人力，而将需要极高的资金和能源成本的、以化石燃料驱动的机械使用率最小化的系统。通过仔细设计诸如此类的混合种植系统，这些肥沃地区的产出可能会增加几倍，从而大大减轻那些更为敏感、土壤肥力更低的地区的压力。

另外两个分区可加以经济性利用的潜能则非常有限。低处湿地的特征是极高的降雨量（每年约4米，或超过3.8米）、非常平坦的土地（坡度为0%~5%）和湿润的热带雨林植被。土壤主要是新积土，但由于降雨量大，地形平坦，很多地方会不断被水淹，一旦去除植被覆盖，这种情况会变得更糟，因此大多数形式的农业生产在这里都是不可行的。在这一分区中的部分地区穿行，会看到摇曳的玉米秆——如果还没有倒伏的话，因为这里饱含水分的土壤很难掌控住玉米的根系。

这就出现了经济活动可与自然群落和谐相应的另一种情况。例如水稻，在这样的条件下可能会茁壮成长，野生动物牧场也极具潜力。野生动物种群庞大而又多样，正如许多农民所做的那样，在这种不利条件下饲养本地种，而不是试着养牛，可能会更有前景。有几种可食用的野猪能够在这里茁壮成长，就像短吻鳄一样，后者可以饲养以获取皮革。

高处坡地更不适合被人类利用。那里的降雨量与低处湿地中的（4米）大致相同，但土壤是赤红壤，原生植被是多雨的雨林，并且坡度大多在40%以上。这些条件相结合，几乎排除了任何不会招致灾难性后果的经济性土地利用。这些地区都应该留作自然保护区。

如果这五个分区都在了解其可能性和局限性的情况下进行管理，则有助于一系列广泛的

利用方式而不致破坏其生命支持能力。这些分区至少可以为现居此地的人口提供食物、工作和经济收入，尽管其能够维持人口增长到何种程度还是一个需要加以更多分析的问题。对于每个分区的主要适宜用途，我们可以总结如下：

沿海地带：棕榈树，小规模的粮食生产。
赤红壤山麓：经济林木，森林保护。
新积土平原：集约式粮食生产。
低处湿地：本地物种的有限产出，森林保护。
高处坡地：森林保护。

●特殊管理分区

在常规分区的总体框架内，存在大量具有特殊的、独一无二的发展潜质和/或敏感性特征的较小的地域，需要更为具体的详细的管理。这些地域包括以下几类：

沿海湿地：对集约化水产养殖而言，这些湿地拥有很高的产出，极具前景，但是非常敏感，易受到汇水地块带来的侵蚀和污染危害的影响。

基本农田：这些地域是这个国家土壤最好的一小片地区，因此必须非常小心地进行管理。

游憩区：是环境宜人的、具有吸引力的地域，并因此吸引大批的度假者。出于经济收益而加以过度开发的诱惑是巨大的，但这些地域很容易被淹没和退化。

河流及其洪泛平原：这两个地域对于定居而言都具有危险性，并且其生态功能至关重要。一些河流具有水力发电的潜质，而另一些则具有运输潜力。所有河流都需要有污染控制方案。

矿区：主要是铜矿床，所在地域如被不受控制地采矿，可能造成严重的破坏。

滑坡区：这些地域岩层极端不稳定，非常危险。

●规划方案整合

这里给出的景观管理方案实际上只是一项更大的区域规划工作的一部分。除了我自己是景观规划师外，团队中还包括了一名区域（经济）规划师（即负责这个项目的西尔维亚·怀特教授）、一名农业经济学家、一名交通规划师和一名人口规划师。问题是要将我们前面讨论过的两种截然不同的区域规划方法，即经济的和生态的方法结合起来。如果我们有机会使经济发展与生态完整性相协调，那么这两种方法不会相互排斥，而显然是能够相提并论的。在乌塔亚特兰蒂克区的例子中，常规用地管理分区为该规划方案的其余物理性层面提供了一个框架。

第90页上的地图显示了现状人口分布。正如我前面提到的，这张图告诉我们，一直以来，定居活动都在追随着赖以支持其开展的土壤。直到近些年前，高处赤红壤坡地的唯一居民是小规模的印第安部落，人口分散，从不伐木开地，在这片土地上不着痕迹地生活着，几乎完全脱离于经济体系。外来人口定居点的激增是最近才出现的现象。

尽管如此，农业和经济研究与生态分析的结果是一致的，新积土平原实际上可以养育比现在多得多的人口。简单地改善农业生产实践方式，并且更加谨慎地选择作物品种，可以大大提高作物产量，而发展农业相关工业则可在极少量的土地上提供更多的就业机会。因此，乌塔亚特兰蒂克区最具前景的区域发展方针就是：随着现有城镇的受控性扩张，已经发生定居的地域应越来越集约地加以利用——这是第90页发展方案中所展示的格局。替代性建议是采取分散人口并开拓新的定居地的策略，这么做会破坏环境且难有经济回报。然而，赤红壤山麓和低处湿地会不可避免地遭到一些开发，如果

这些开发能够局限在与更适宜开发的用地相邻的地域，就像发展规划所建议的那样，并且如果这些开发能够遵循为每个管理分区所建议的做法，那么，这些边缘性土地可以做出一些经济贡献而不致引发灾难性的环境恶化。

经济发展规划和土地管理规划的这种整合，有望为这个发展中国家突出的土地利用问题提供有效的解决途径。不幸的是，一片极具敏感性的景观，加上缺粮少地的人口，对于世界上经济更为贫困的地区而言，是非常普遍的现象。当然，一幅地图显然难以解决资金短缺、土地集权、技术匮乏，以及其他长期困扰这些地区、令其难以明智地利用土地的所有问题。尽管如此，这幅地图指出了正确的努力方向。

作为区域网络的河流系统

在第84页的那张地图中，那些蜿蜒穿过乌塔亚特兰蒂克区域的河流线条说明了这样一个事实：不同的区域是由水流编织到一起的。一片区域中最丰富、最具多样性的动植物群落都是沿着这些河流及其相关的溪流、池塘和沼泽集聚，并由其串接起来，人类也被吸引到了河边。从历史上看，在温带气候区（虽然通常不是在热带地区，那里的河流经常会引发疾病），当新的区域发生定居时，首先沿河的土地会被耕种，而最早的城镇会坐落于河岸之上。这是沿着印度河、尼罗河、底格里斯河和幼发拉底河的那些最早的人类文明所遵循的模式，而在美国南方和中西部区域的定居过程中也再次得到印证。河流制约着发展，而发展开始之后，则会扩散、填充河流之间的空间。近年来，人们出于游憩的目的，更加频繁地被吸引到河流地带。

由于河流及其相关的特征性要素在区域景观中至关重要，对其加以集中的规划管理是合

情合理的。菲利普·刘易斯在 1962 年对威斯康星州的风景和游憩资源所做的研究中，发现 90% 以上具有吸引力的、高品质的景观都分布在沿河的、被他称为"环境廊道"（environmental corridor）的地区中（Lewis, 1964）。在这些廊道中，他确定了需要加以特殊管理的四种地表类型：水、湿地、洪泛平原和砂土。他为威斯康星州制定了游憩发展和景观保护规划，采用廊道或"遗产小径"（heritage trail）网络的形式，将该州的风景和游憩资源串接起来。

不过对于区域规划而言，河流系统长期以来一直被当作是一种物理环境，过去最关注的问题始终在经济发展方面——电力供应、工业和就业，全世界都是如此。著名的例子包括密苏里河规划（the Missouri River plan，1944 年，美国国会批准密苏里流域防洪和水资源开发的综合规划，在密苏里河及其支流上兴建了 100 多座水坝和水库。译者注）、沃尔特河（Volta River，又译"伏塔河"，是西非的河流，20 世纪 60 年代因兴建阿可桑布大坝而成形的沃尔特水库是世界最大的人工水库之一。译者注）项目、阿斯旺水坝（Aswan Dam，位于埃及首都开罗以南约 800 公里的阿斯旺城附近，是尼罗河干流上的一座大型综合利用水利枢纽工程。译者注）、卡里贝大坝（Karibe Dam，南非赞比西河上的四大水电站之一卡里巴水电站的枢纽，是世界上蓄水量最大的水库之一。译者注）和达莫达尔河谷（Damodar Valley，又译"达莫德尔河谷"，其中分布有印度最重要的煤矿与云母矿，工业发展迅速。译者注）项目。在诸如此类的项目中，河流很少被视为生态系统，其结果往往是灾难性的。

在酝酿这些庞大的项目时所犯下的严重错误，也许首要的就是在重型机械进场开工之前往往未能充分了解现场情况。在对一条河流的资源进行彻底调研时，就描述本身而言，其详尽程度和丰富性通常足以激发出各种想法和关注点。这样的描述会给出多方面的见解，关乎河流，甚至是小溪流，在蜿蜒流经一个区域，并将区域中的各个部分串接在一起时，是如何行使其多种多样的功能，并在日常生活中发挥着各式各样作用的。最显而易见的是，河流汇集了陆地上所有的水——汇流成河，并最终流入海洋。不那么明显的是，河流会缓慢地重塑它所流经的土地，将高处的土壤输送到低处，并经年累月地蚀去以英寸计数的岩层。河流对于维系地下水体同样起着举足轻重的作用，因为在大多数地方，水流会从河床底部、相连的沼泽和湖泊渗透到下面的含水岩层中。最终，河流会支撑起一个物种丰富的植物群落——沿着河岸，在沼泽和洪泛平原中生长的河岸植物群丛，通常会比周边地区的植物群丛更具多样性和生产力。这种财富由食物链层层往上传递，直到顶层的食肉动物，因而在河流附近，通常食肉动物也会丰富多样。正如我们所看到的，人们同样被吸引到河流地带，为了河流的富饶物产，也为了自身的游憩需求。

案例研究：洛杉矶区域的防洪系统

通常，对于那些穿越城市的河流来说，它们多种多样的作用被简化成了一个：防洪，流经洛杉矶市的那些河流就是这样的例子。在这个城市干旱的气候条件下，三条河流的流量都很小，且时有时无；尽管如此，它们对于区域水系而言却至关重要。为了便于供给灌溉用水，最早的聚落是西班牙人定居的普韦布洛村落（Pueblo）和天主教区，都分布在河岸附近；后来到 19 世纪末 20 世纪初，当城市的中心部分发展起来时，工业也被吸引到河流旁边。虽然从最早的探险家开始，很多人都观察到并指出这些河流的洪泛频率及其在这片沿海平原松软的新积土上改变河道走向的趋势，但建筑物还是建起来了，一直建到河岸上。一旦下雨，可以想见会出现各种问题：建筑物会被洪水淹没，建筑基础会被破坏，业主们四处呼吁，寻求帮助。美国陆军工程兵部队（U.S. Army Corps of Engineers）提供了解决方案——浇筑混凝土。到 1940 年，所有这些河流都被拉直了，并用混凝土修筑驳岸，等到这一区域的其他部分全面城市化时，这些混凝土渠道也抵达山麓。渠道上游建造了大型土坝，以便在雨季时蓄积地表径流。第 95 页展示了这一区域性水网。

结果就是，在解决水系洪泛问题的过程中，河流的其他功能和作用都被严重弱化：河岸动植物群丛急剧减少；游憩机会丧失；泥沙在水坝后面淤积，截断了有助于营造海滩的侵蚀物质流；南加州著名的各大海滩都失去了沙粒补给的来源，开始变得越来越窄，其中一些海滩几近消失。

由于城市中地表水可以有效渗入含水岩层的地区越来越少，地下水枯竭成为一个问题，第 96 页的断面图显示出在沿海平原的大部分区域下面伸展的黏土透镜体（clay lens，地质构造中呈透镜状的不连续黏土块体。译者注）有效阻止水流渗透到更深的含水层中，就是对此的说明。只有在被称为"前灌区"（Forebay）的相对较小的区域内，水流才能同时进入浅层和深层的含水层。不幸的是，在 20 世纪初期，洛杉矶市的前灌区开发了工业用途，大部分地表都进行了铺装，导致地下水回灌严重受阻。

如此说来，现在对于这一区域的河流系统所能做的，难道就是修筑混凝土渠道吗？这样的河渠除了能够尽快地将雨水输送到海洋之外，什么都做不了。如此一来，河流系统将不再是一个自然的系统。然而，我们可以重塑该系统，以恢复大部分的生态多样性和人类的多样化利用。第 95~100 页的案例研究图示了一些能够达成这一目标的举措，这是威廉·斯诺登（William Snowden）在洛杉矶县防洪管理区（Los Angeles County Flood Control District）资助下完成的一个毕业设计项目。这个水网是在区域尺度上进行探究的，因为它延伸并流经了整个城市化区域，但是在规划单元、项目或场地尺度下并没有做什么。因此，正如在详细设计中所示，下一步工作必须在建筑尺度下展开。

最紧迫的问题涉及地下水资源。洛杉矶县防洪管理区正在构建两种主要的地下水回灌方法：漫流地（spreading grounds）和注水井（injection wells）。第 96 页地图上展现出已经建设采用了这些方法的位置，这张图还显示了上面提及的可透水的前灌区的范围。下一张地图显示了最适合进行地下水回灌的地域——位于地表水体区和前灌区内的地域。之后的地图则显示了充气坝的建议位置——这是一种完全可行的技术，可以在需要时滞蓄水流，而让水在其余时段顺畅流走。在这些水坝后面，可以如第 97 页所示的典型的设计方案那样，再为这些河渠建一些短的截流道。这些截流道会进行加宽以容纳更多的水，并且为了确保下渗，都有着软质的底部，河岸也是软质的，建立河岸植被以稳定岸线，并为野生动物提供栖息地。漫流地也可以按照再下一张图所示的那样进行设计，从而重建各种河岸群落。

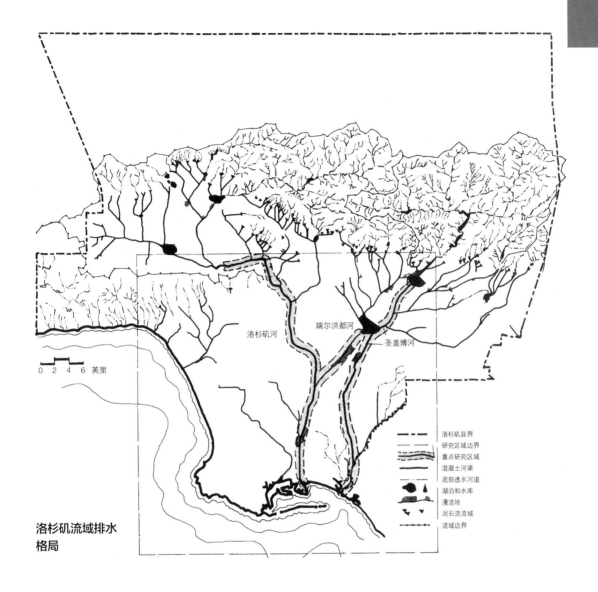

洛杉矶县界
研究区域边界
重点研究区域
混凝土河渠
底部透水河道
湖泊和水库
漫流地
泥石流流域
流域边界

0 2 4 6 英里

洛杉矶河　瑞尔洪都河　圣盖博河

洛杉矶流域排水格局

案例研究 VI

多用途的洛杉矶区域防洪系统

20世纪初，随着洛杉矶地区的发展，间歇性流经这座城市的三条小小的河流被限制在了混凝土渠道中，原因有两个：为了防止规律性发生的洪灾，为了固定河流的走向——河流经常发生改道，会扰乱沿岸的开发。虽然这两个目的都达成了，但从那时起，显而易见的是，混凝土渠道使得河流难以行使其所能发挥的其他大部分生态作用。这些作用中最主要的一个就是河水下渗，进入地下水加以储存。此外，混凝土渠道也破坏了原本可开展游憩活动的自然环境。

自然河流的一些功能可能尚未在这个混凝土防洪系统中得到恢复。恢复的方法有很多，这里展示了其中的几个。

由加州州立理工大学风景园林系606设计工作室为洛杉矶县防洪管理区编制。威廉·斯诺登在约翰·莱尔、亚瑟·约凯拉和杰弗里·奥尔森的指导下完成。

地下水回灌

现状排水系统分布

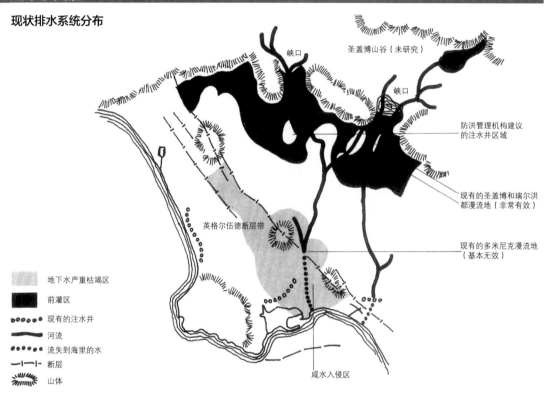

峡口

圣盖博山谷（未研究）

峡口

防洪管理机构建议
的注水井区域

现有的圣盖博和瑞尔洪
都漫流地（非常有效）

英格尔伍德断层带

现有的多米尼克漫流地
（基本无效）

咸水入侵区

地下水严重枯竭区
前灌区
现有的注水井
河流
流失到海里的水
断层
山体

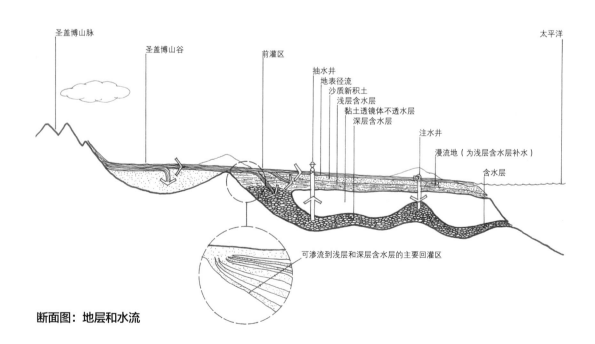

圣盖博山脉

圣盖博山谷

前灌区

抽水井
地表径流
沙质新积土
浅层含水层
黏土透镜体不透水层
深层含水层

太平洋

注水井

漫流地（为浅层含水层补水）

含水层

可渗流到浅层和深层含水层的主要回灌区

断面图：地层和水流

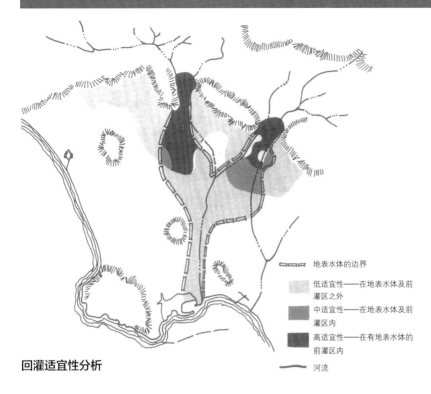

位置适宜的坑塘可以为地
下水提供一些补充，但它们能
有效发挥作用的适宜选址并不
多。浅层和深层含水层的回灌
只能在前灌区内进行，因为只
有那里才没有大面积的黏土透
镜体。在这个流域的大部分地
域下面都分布着黏土透镜体，
会阻止水流通过。此处的分析
显示了最适宜进行回灌的地点。

回灌适宜性分析

◻◻◻ 地表水体的边界

低适宜性——在地表水体及前
灌区之外

中适宜性——在地表水体及前
灌区内

高适宜性——在有地表水体的
前灌区内

—— 河流

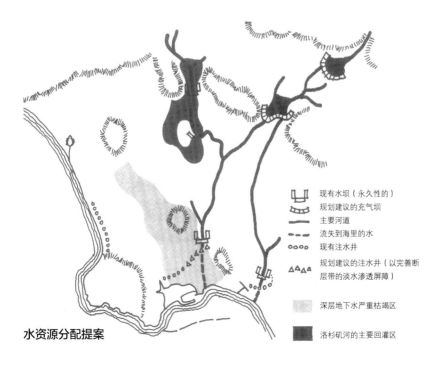

现有水坝（永久性的）
规划建议的充气坝
主要河道
流失到海里的水
现有注水井
规划建议的注水井（以完善断
层带的淡水渗透屏障）

深层地下水严重枯竭区

洛杉矶河的主要回灌区

水资源分配提案

游步道网络

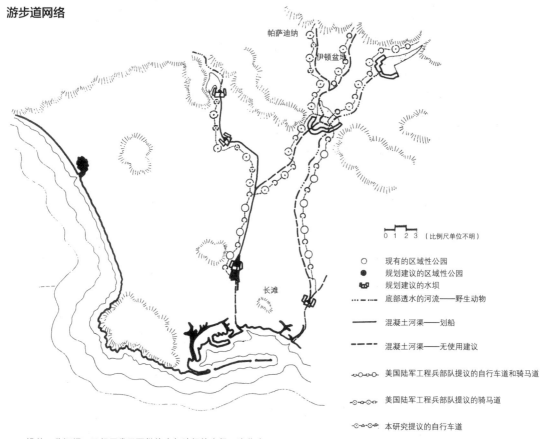

0 1 2 3 （比例尺单位不明）

○　　　现有的区域性公园
●　　　规划建议的区域性公园
🏛　　　规划建议的水坝
- - - -　底部透水的河流——野生动物
————　混凝土河渠——划船
- - - -　混凝土河渠——无使用建议
-○-○-○-　美国陆军工程兵部队提议的自行车道和骑马道
-○-●-○-　美国陆军工程兵部队提议的骑马道
-○-○-○-　本研究提议的自行车道

　　沿着一些河渠，已经开发了可供徒步与骑行的小径，这些小径可以延展形成从山区到海边的各种游憩路线。游泳区、划船区、社区花园也都是可供选择的游憩点。

一些游憩利用

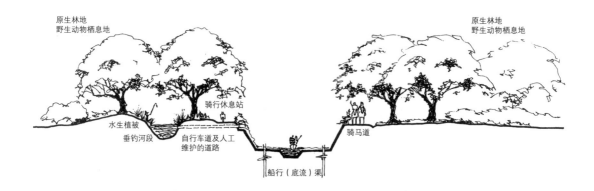

原生林地
野生动物栖息地

原生林地
野生动物栖息地

骑行休息站

水生植被
垂钓河段
　　　自行车道及人工
　　　维护的道路

骑马道

船行（底流）渠

生产能力

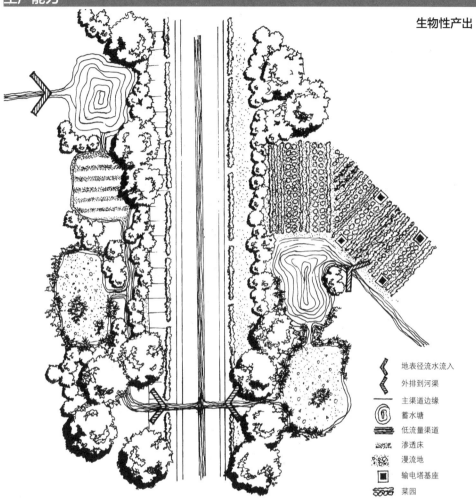

生物性产出

地表径流水流入

外排到河渠

主渠道边缘

蓄水塘

低流量渠道

渗透床

漫流地

输电塔基座

菜园

一些生产性利用

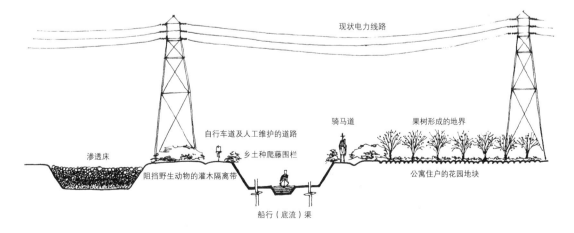

现状电力线路

自行车道及人工维护的道路

乡土种爬藤围栏

骑马道

果树形成的地界

渗透床

阻挡野生动物的灌木隔离带

公寓住户的花园地块

船行（底流）渠

漫流地内的野生动物栖息地

现状

规划建议

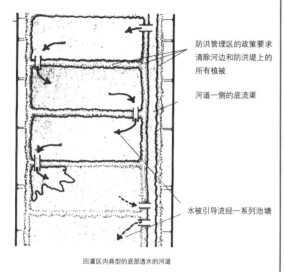

防洪管理区的政策要求清除河边和防洪堤上的所有植被

河道一侧的底流渠

水被引导流经一系列池塘

回灌区内典型的底部透水的河道

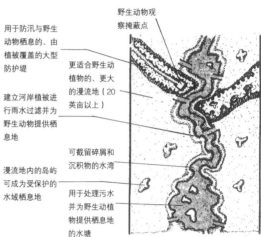

用于防汛与野生动物栖息的、由植被覆盖的大型防护堤

建立河岸植被进行雨水过滤并为野生动物提供栖息地

漫流地内的岛屿可成为受保护的水域栖息地

野生动物观察掩蔽点

更适合野生动植物的、更大的漫流地（20英亩以上）

可截留碎屑和沉积物的水湾

用于处理污水并为野生动植物提供栖息地的水塘

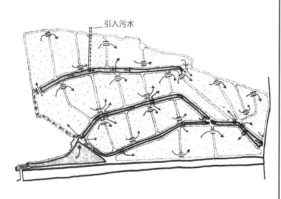

引入污水

如若遵循栖息地设计的各项原则，沉淀池可以形成针对众多野生动物种群的支持体系。

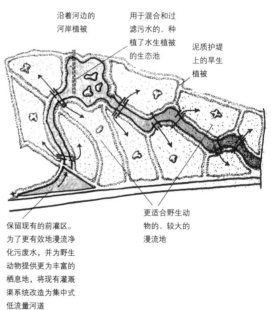

沿着河边的河岸植被

用于混合和过滤污水的、种植了水生植被的生态池

泥质护堤上的旱生植被

保留现有的前灌区。为了更有效地漫流净化污废水，并为野生动物提供更为丰富的栖息地，将现有灌溉渠系统改造为集中式低流量河道

更适合野生动物的、较大的漫流地

至于游憩方面，美国陆军工程兵部队的态度与早期防洪时相比已有明显改变，其与当地的公园管理部门合作，正在沿着河边构建一个游步道网络，以连接整个城市地区。第98页的地图展示了现有的和提议的自行车道与骑马道。剖面图显示，这些路径都布局在与河渠相近的位置，并附带其他的游憩用途。图中还显示了对底流渠——一条河渠之中的较小的渠道的利用方式，可用于划船旅行。在干旱的夏季，从上游水库中控制性地下泄少量的水，就会使得这种航行成为可能。

这种控制性泄水还可以为灌溉供水。因此，沿着河边可以开发建设集约化的农业用地，可以采用自美索不达米亚时代以来沿着自然河道的同样方式引水灌溉。如第100页所示，在这种情况下，污水在事先流经一系列处理池后，可以补充灌溉供水，而地表径流则被排入河道并输送到海洋中去。

通过这种方式，即使在人类影响占据主导地位的、城市化程度较高的地区，河流的各种作用也可以得到保留或恢复。事实上，洛杉矶的河流系统最终会发挥更为多样化的作用，原因在于其所支持的各种活动和生物群落远比在自然状态下所支持的要多很多。这里展示的只是迈出的第一步：对于它可能成为怎样的系统提出合理的看法。

层级之间的沟通

对于具有共同目标的整合层级，相互之间必须传递信息。在区域层级，最重要的信息事关目标，这些目标之后会被传递到较低的层级。我们已经说过，向下传达目标最常用的方法是政策性声明——可采取不同形式，有时也受法律支持。这并不意味着上级政府会强行施行政策，而是整个区域的民众应充分参与区域层级的政策制定中。也许，在这里我们可以提出另一种整合法则：更高层级上的目标应反映更低层级的价值观、意愿和看法。

这些案例研究说明了下达目标的一些方法。正如我之前所说的，波士顿大都会区的各种模型可以为城市发展的方针政策指明方向，也可以为规划单元层级的设计工作提供信息和指导。这些模型还可以为诸如屋面材质等具体县域法规的制定提供依据。

在乌塔亚特兰蒂克区的案例研究中，下达目标的主要方法是建立各种管理区，并明确相关管理导则。由于将这些管理区付诸实践只能在"层级建筑"的地面层进行，最终由那个挥舞着铁铲的工人完成，因此，在逐级下达的过程中，目标必须越来越具体而准确。

最后，对于洛杉矶河流系统来说，沟通远远不会那么确切，尽管在某些方面会更有意思。在这个案例中，区域层级已经对可能的开发提出了合理见解，但并未试图制定任何明确的政策或导则。这是区域设计的另一个非常重要的作用：让人们得以对可能的未来惊鸿一瞥。

第四章
次大陆和整个地球

　　如果在区域尺度上进行景观设计已属罕见，那么更高层级上的设计更是如此。然而，这种状况也可能会发生变化，因为资源变得短缺，而且各种通信网络带来日益密切的沟通使地球变得越来越小，我们将不得不在更大的层级上考虑问题。但凡有严重的问题必须加以解决，而这些问题只会在更大的尺度上出现；不过，主要是因为缺乏经验，比区域更大的整合层级尚未确切形成。未来可能会出现任意数量的大尺度层级，但就目前而言，我们所能做的就是将各种可能的层级纳入次大陆这一被泛泛冠名的层级类型中。一个次大陆单元的大小会比区域大，比大陆小，我们无法说得更多了。

　　正如第二章所述，像美国西部水网中的水资源分配和控制这样的问题，只能在次大陆的尺度上得到完善的解决。如果终有一天所有这些冲突都得以解决，并且如果水资源将成为最大的利益和可持续因素，则必须要制定一项次大陆尺度上的规划。鉴于目前相关各州的政治态度，那一天可能还遥遥无期。

美国西部的一项早期规划

然而，令人惊奇的是，对于这同一片景观，一个世纪以前就制定过一项规划，但显然从未设想过会有这样一番景象。对于这项规划值得开展一些讨论，因为这将有助于澄清次大陆尺度的设计所具有的一些目的和会遇到的一些困难。

设计师是约翰·韦斯利·鲍威尔少校（John Wesley Powell，以 1869 年鲍威尔地理探险著称。译者注）。人们通常不会认为他是一位景观塑造师，抑或规划师，他的历史地位在于其作为一名探险家而引人注目的一系列探险行动。他是第一个从头到尾走完科罗拉多河的人，也是一名出色的军人、教授、地质学家、人类学家和官员，不过，他最令人印象深刻的成就可能是针对美国西部的规划方案。

鲍威尔非常了解美国西部，先是通过几次探险行动，后来在那里居住了相当长的时间。他颇为敬仰美国西部印第安人的文化，并对其进行了详细的研究。他所了解到的是一个相当简单的事实，但此前在这片新景观中定居的人们却无人知晓，好在认识到这一点还不算太晚：这片落基山脉以西的广袤地域占到美国大陆的 40% 以上，需要采用全然不同的方式进行定居和土地利用。

在这片新大陆不同地区定居的人们，不可避免地会带来他们在来自的那片土地上所形成的景观形态和技术，并加以运用；但是，他们来自的那片土地通常与现在定居的这片土地截然不同。这种情形在美国的东部和南部各州都有发生，尤以中西部为最。在这里，这种不理解本土景观的做法，最终在尘暴时代（dust bowl era）的灾难中得以终结。

在这个国家的历史上，很早时候就存在极其僵化的观点，无视这片大陆不同地区的截然不同之处，依照惯例按方格网进行勘测调查。方格网的源起随着历史的流逝已然成迷，但至少在从大英帝国分离出来后不到 10 年的时间里，这些 1 平方英里见方的网格就落到了美国全域 13 个最初的殖民地上。从那以后，几乎所有的土地权属分割线都被绘制在这些网格线上，或是与网格线紧密相关，这在上一章中所述的结果中可以看见，全然不顾气候或是地形情况，美国的景观成为一个整齐划一的棋盘，无论在哪里定居都一样。

当各式各样的《赠地法案》（又称《莫瑞尔法案》，是 1862 年由美国参议员贾斯廷·莫瑞尔推动实施，由政府免费提供土地用以创办"赠地大学"，此后，又出台了诸如 1862 年的《宅地法》《太平洋铁路法案》等，将土地产权授予公民、公共事业机构，鼓励进行开垦或用作公共福利项目。译者注）出现时，所赠地块的大小是基于这些网格确定的，一个网格的四分之一，即一平方英里的四分之一，就成为标准的宅地单元。对于东部的一个家庭农场来说，降雨可以为农作物提供充足的水分，这是一个合理的规模；但是，对于西部尘土飞扬、连年干旱的景观，大批定居者在南北战争之后来此要求占有土地，鲍威尔发现这些占地要么太大，要么太小——对于灌溉农业而言太大了，对于被称为"经营性牧场"的放牧场地来说又太小了。在干旱的西部地区，这是两种可行的农业类型。灌溉农场必须靠近溪涧或河流才能获得供水，而可靠又可控的定期浇灌才能切实获得高产，但这就需要大量的劳动力，不仅是为了耕作，还为了要修护这些灌溉渠。一个家庭无法管控超过约 80 英亩（即 1/8 平方英里。译者注）的土地，而自从 5000 年前底格里斯河和幼发拉底河沿岸最早的灌溉作业以来，历史已一再地重演并证实：灌溉农业确实是一种合作经营型农业，最好是由可以共享劳动力的社区来运作。沿着底格里斯河和幼发拉底河，这种合作型灌溉社区最终演变成了最初的城市文明。在犹他州，由各个教会社区组织的摩门教农民运用从亚利桑那州的印第安人那里学到的技术，在灌溉农业方面做得非常出色。

在远离水源又得不到灌溉的土地上，由于降雨量低，很难种植农作物。大量的定居者为了尽量在这片年均降雨量通常不到 1 英寸的土地上能够长久生存，痛苦地汲取了这个教训，但已有 1/4 的区域寸草不生，只留下尘土飞扬的犁沟，点缀着行将倒塌的小木屋。在这些干旱的土地上放牧牛群是可行的，但只能以非常低的密度进行，需要 1/4 网格的 10~20 倍的一个区域，才能放牧足够数量的牛以养活一个家庭。结果就是，因为无法获得足够的自己的土地，牧场主们大多过着游牧的生活，在政府持有的土地上四处游荡，放牧牛群。

回过头去看，赠地政策显然需要加以改变，但似乎并没有人注意到这一点，或者是注意到了，但没有就此做出评论。正是鲍威尔天赋异禀，才看到了如此显而易见的事实，并基于此制定了几乎占据这个国家一半土地的景观设计。

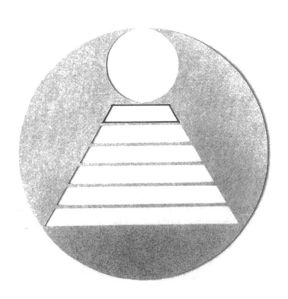

●**鲍威尔的愿景**

鲍威尔于 1878 年向国会提交了他的报告，标题很长——《基于犹他州土地详解的美国干旱区域报告》（*Report on the Arid Regions of the United States with a More Detailed Account of the Lands of Utah*），正文却很简短。虽然鲍威尔作为一名训练有素的科学家，运用了有关景观特征的信息来支撑他的各项建议，但实际上数据太少，而且没有采用像样的正式的分析方法。总而言之，这是格式塔方法（gestalt method）的一个很好的例子，我们将在后面的章节中介绍这种方法。鲍威尔并没有通过将这片景观分解成片段，再将它们组合在一起来进行景观分析，相反，他不仅将其作为一个整体来加以理解，并且将其作为一个整体来处理和对待。如果说格式塔方法很少在这么大的尺度上运用，那仅仅是因为如此广袤的景观很难被视为一个整体。在任何尺度上使用格式塔方法都需要对所涉及的土地有一个深刻的理解。

鲍威尔将这一大片西部景观分成了三个地理层级——低地、高地，以及山谷，丘陵、桌状山（mesa，又称"方山"，是顶平如桌面，四周被陡崖围围的山体，在美国西部多有发育。译者注）及其间坡地，他看到了它们的用途："……下面是可灌溉的土地，森林坐落在上面，而牧场位于二者之间。"（Powell, 1962: 16）

可灌溉的低地需要加以最为细致的考虑。这些土地位于河流和溪涧的边缘，处在较为平坦的地域，相当广阔，其限制因素不在于土地的数量，而在于可供灌溉的水资源总量。鲍威尔满心以为，若能节约利用，经验数据是每立方英尺每秒的水量可以灌溉 80~100 英亩的土地。在此基础上，犹他州的 80 000 平方英里地域中的大约 2262 平方英里，或者说是 2.8% 的地域，可以得到灌溉。

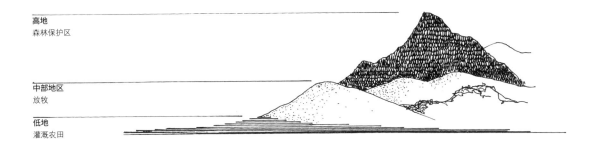

从小溪给配水所需的小型灌溉工程可以由农民个人建造，但小溪数量相对较少，并且沿线的大部分土地已经被征用；大一些的溪流需要广泛的沟渠网络，超出了个人劳动力和资本的范畴。为了获得显然有必要的合作组织，鲍威尔提出建立灌溉区系统：任意 9 个和更多数量的人都可以出于定居的目的，从定性为可灌溉的土地中选取一块。该小组的每个成员都可以在相邻的地域中占据至多 80 英亩的土地。然后，该小组可以提出申请，由总测量师办公室进行实测。这个灌溉区的成员将协同建设灌溉工程，但这些工程必须在 5 年内就位。只要有了水，新的定居者就可以加入这个灌溉区，在相邻的地块中获取至多 80 英亩的土地所有权。水权会包含在地权中。

这个方案给予了定居者一定的保障，使他们能获得一些资源，在西部恶劣的条件下得以生存。最关键的资源——水——会由那些要使用它的人来加以控制，水资源的投机买卖得以杜绝，而那些被纳入灌溉区的宅地得以规避令人心痛的结局。对于政府而言，宅地的毁坏和废弃问题将得到解决。

这个灌溉区的方案意味着从个人定居向群体定居的转变，这在心理上是一个重大的变化，也是一个艰难的变化。坚定的个人主义已经成为西方信条中最根本的一条，不计代价。

林地大约占据了西部景观的 23%，均位于高海拔地区，不过其高程的上限和下限应当地的气候条件而变化。据鲍威尔称，这片地域实际上只有大约一半是有林木覆盖的，这是印第安人为了驱赶他们的猎物而放火烧林之故。他认为，恢复林地的唯一方法就是让印第安人移居他处。一旦停止放火，林木就会再次生长。他还认为林地应该可以购买，因为直到那时林地都还不能被买卖。"木材供应量应当由那些有意愿从事原木或木材交易的个人或公司所能购买的木材量决定，并且这样的供应量可能是必要的，以刺激工厂的建设、引水渠的建造、道路的修建，以及这个国家各行各业利用木材时所需要的其他一些改进。"（Powell, 1962: 40）至于如何实现这一目标，他并没有提出任何说法。

和针对可灌溉的土地提出建议一样，鲍威尔对于介于低地和高地之间的牧场用地也提出了针对性的建议。由于草很少——无论是夏季还是冬季，这些草都有很重要的环境保护价值——他建议各个"放牧农场"，或者称为"经营性牧场"，应保有 2560 英亩或 4 个网格单元的土地。这些大型牧场中的每一个都需要有约 20 英亩的一小片灌溉区域，用于种植牧场主自给的食物和喂牛的干草。这 20 英亩的土地因此必须在可灌溉的区域内，而其他大片地域应该是无须灌溉的。由于又涉及了灌溉，就会再次需要建立灌溉区。鲍威尔预见到，如果没有这些保障措施，一条溪流沿线的第一批定居者将霸占两岸的所有土地，从而获得对这整片土地后续定居的操控权。牧场的灌溉区也有9个或更多的成员，他们的住宅会尽可能靠近、组合在一起，以便就近可达道路、学校和其他地表设施。所有草场都是共用的，不会设置围栏。鲍威尔认为，绘制地产边界以确定灌溉区和住宅组团，需要对景观细加研究，"……这些土地的划分应该由地形特征决定，使得每个牧场的灌溉区域都能够临水"（Powell, 1962: 40）。

除了认识到这片景观独具特色，需要有不同的定居格局之外，鲍威尔提案中的其他一些特征也与美国通行的定居方式截然不同，其中之一是流域概念的重要作用。虽然"流域"这个词本身并未被明确提及，但如果遵循这些提案，最终的结果就是形成一个流域管控系统。每个灌溉区实质上都会包含在一个流域中，而一个流域中的全部灌溉区必然会成为下一级较大的管控单元。特别是在干旱的景观中，只要开始对这片景观开展合乎情理的整治，最终很可能是将流域作为基本的土地单元。

更为重要的是鲍威尔的这个想法——房地产界线的实际绘制应依据当地的具体情况进行。对此，他的陈述极具说服力：

就农业生产的目的而言，沿着溪流的土地连绵成一体或者呈正方形排列这件事并不重要；只有当这些土地受各级蜿蜒的、输送灌溉用水的灌溉渠调控，成为可灌溉的地块时，才会有价值，而且对于每一个这样的灌溉区来说，如果土地可以被划分成一块块的，地块的划分只受汇流、配水条件的影响，那就再好不过了。然而，在拥有这整片土地之前，这样的地块划分并不能妥善进行，但地块划分必须与灌溉渠系统的选用同步进行，应该赋予在这些土地上定居的人权利，允许他们将土地划分成最适合如此利用的地块，并且

不应该受目前武断的土地划分体系的影响，可以随意划分地块（Powell, 1962: 51）。

首先，鲍威尔认识到了将地块细分的界线与景观形态联系起来的重要性，并从更大尺度的关注角度出发，预见到了强制实行一个武断的土地划分系统将会带来的种种问题。他所提议的是一幅项目尺度上的地产界线图，所谓的"项目尺度"就是我们在这本书中一直提及的。

其次，另一个重要话题是水权，这与所关注的适宜尺度有关。无论是哪种情况，水权都需要附加在土地之上，与土地永不分割。此外，一直到水被实际使用掉之前，水流都不会被授予任何人，这样做可以防止投机者或没有在此流域中居住的用户篡夺水权。

依据水流确立规划方案，鲍威尔遵循的正是我们所谓的"制约因素"的方法。他也许不一定知晓38年前尤斯图斯·利比希（Justus Liebig，德国著名化学家，主要贡献在于农业和生物化学。译者注）所阐述的最低量法则（Law of the Minimum，又称"利比希最小因子定律"。译者注）。利比希注意到作物产量通常不是受限于像磷或氮这样的主要营养素的缺乏，而是受限于需要量很小但可获取量可能更少的微量营养素的欠缺。因此他提出，植物的生长取决于"以最低数量提供给它"的营养物质的总量。这一概念后来得到了扩展，涵盖了生物体从其所在的环境中能够获取的所有输入和条件，其中任何一项都可能具有限制性，其含义非常明确：为了提高产出，首先要应对制约因素。

在美国西部，由于制约因素是水，因此首先对此加以集中关注是合情合理的。鲍威尔之所以采取这样一种方式是经过深思熟虑的，正如我们所看到的那样，甚至可以说是极具远见的；但是，可能是对这一制约因素过于关注，导致他忽略了其他一些重要的、正在开始引发西部景观改

变的影响性因素。和几乎所有的同时代人一样，鲍威尔认为西部是一个巨大的可供利用的资源库，而且他几乎只关注粮食生产。他对待森林很疏忽，并未意识到在没有强有力的政府控制的情况下，存在乱砍滥伐的可能性。那个时期东部阔叶林所遭受的人为破坏仍历历在目。这些破坏激发了种种努力，如 1872 年纽约州森林委员会（New York State Forest Commission）叫停纽约林地交易的行为，以及 1873 年开始的美国科学促进会（American Association for the Advancement of Science）保护国家森林的运动。对于这些运动和国会为建立国家森林保护区所做的初步努力，鲍威尔肯定是知道的，但是由于某种原因，他没有响应这些呼声。

同样，他没有考虑要建立国家公园和从整体上保护景观。虽然这是一个新的设想，但在那个时期这个设想已经相当成熟：早在鲍威尔撰写报告之前 14 年，优诗美地山谷已经被国会保护起来，供公众享用；在此报告之前 6 年，第一个国家公园——黄石公园已经建立。世界上最震撼人心的一些景观都在他报告所涉及的地域范围内，他对此当然也是一清二楚。他乘坐的船只曾在彩虹桥下经过，在沿科罗拉多河顺流而下的史诗般的旅途中，穿越了格兰峡谷和大峡谷，以及犹他州的锡安峡谷和布赖斯峡谷。这片区域他都做了详细研究，但所有这些景观都没有被提及。

更令人惊讶的是，他没有考虑到城市化的前景。显然，那个时候西部城市化的条件已经成熟。30 年前的淘金热已经显示出突如其来的一群群定居者聚集在某几个地方，会如何改变那里的景观。旧金山清晰展示出一座繁荣的城市会是怎样的景象，以及这样一座城市对于其乡村资源的影响和作用。距离郊区化的开始还有两年时间，而此后一次又一次的郊区化竟会

波及整个南加州并扭曲其发展，但彼时，会带来郊区化发展的种种趋势已清晰可见，特别是那些新建的铁路。

在次大陆尺度上，这些都是非常重要的大格局类型。鲍威尔准确地洞察到了水流的作用，河流、山谷和流域的大格局，以及契合这种景观的农业格局。这是一个充满希望的开端，但是拥有这片景观的人类会更为深入地推进其发展，随着人类影响力的增长，会形成更为复杂的自然保护区、自然留存地和城市化的格局。在次大陆尺度上，我们可以从更大的角度将它们视为相互影响、互为补充、彼此相关的系统。虽然在区域尺度上我们能够很好理解一座大都市及其增长的趋势，但只有在次大陆尺度上我们才能真正把握支持这座大都市的各种资源所处的更大的背景环境。再回顾一下南加州流域的地图，该流域覆盖了西部各州中的大部分，只有在这个尺度上才能够仔细考察城市化对资源及其分配的复杂影响。同样，我们可以将自然留存地和自然保护区视为可以包含任意数量的不同景观的系统，这些景观有时候可以相隔很远，但仍然彼此关联。

凭借后知后觉的高昂代价，我们现在可以发问：如果鲍威尔及其同事在他们对于美国西部未来的种种建议中顾及自然保护区、自然留存地和城市化，结果会怎样？如果他们仔细地标绘出所有那些令人叹为观止的风景资源——不仅是所有那些后来成为国家公园的资源，还有像太浩湖和格兰峡谷这样的地区，并建议立即将它们留存、保护起来，结果会怎样？在整个西部的大多数地域仍然是公有土地的情况下，这么做并不困难。或者，如果他们将森林视为一种自然基质，将其作为围绕生产性景观和城市景观的一种保护性景观加以管理，结果又会怎样？当然，大多数森林在后期得以被纳入国家森林

系统中，但还是有一些明显的遗漏和空间间隔，严重影响其保护作用。最令人感兴趣的是，如果鲍威尔能够制定一项城市化政策，可以在城市的增长和选址与水资源这一制约因素之间取得平衡，就像他试图对农田所做的那样，则结果又会如何？为此他可能会绘制出什么样的地图呢？

当然，一味诟病鲍威尔没有应对这些在当时甚至还不成其为问题的问题是非常愚蠢的，正如我们所看到的，他对于未来的洞见远远超出了当时的其他任何一个人。然而，这些问题仍然值得提出并加以思考，因为它们可以令我们注意到设计的潜在广度，在可能但仍未实际存在的次大陆尺度上，将土地利用和资源联结在一起。

●规划方案的失败

事实证明，鲍威尔的这些提议一直未被采纳。正如华莱士·斯特格纳（Wallace Stegner）所说的那样："那个令人困惑、不切实际、充满漏洞的土地法仍然一如既往地存在着，基于方格网的勘测继续推进着，这些方格网的水平投影跨越了汇水分区，脱离了河谷的范围，经常将数英里内所有的水资源集中到一个单元格内，而拥有了这些水资源的人可以轻易地将整片干旱的土地收入囊中。"（Powell, 1962: xviii）鲍威尔为实施他的种种提议所撰写的那些议案，从未被国会执行过，尽管他的报告集结了一场土地改革运动，但也引发了长达几十年的争议。9年之后，在那场由1887年的干旱带来的恐慌之中，国会终于授权并拨款，令鲍威尔继续进行可灌溉土地的勘测——这是其规划方案所需的基础工作。他将首先完成对整个西部的地形测量，这本身就是一项庞大的任务，接下来将进行水文勘测，测量河流的流量。然后，利用这两次勘测得到的信息，他将绘制出潜在的蓄水地点、渠首位置、灌渠线路，以及最终可灌溉的土地。他估计这些工作将耗时7年，需要700万美元，而彼时的国会是赞同的。

鲍威尔起初得到了内华达州有钱有势的参议员威廉·斯图尔特（William Stewart）的大力支持。然而，很快情势就明朗化：斯图尔特和他的幕僚们主要是将这项勘测看作是他们自己进行土地投机的一个指南，计划获取那些潜在的蓄水地。等到美国司法部长办公室下令在鲍威尔完成勘测，并在一项新的硬性政策得以出台之前中止所有土地的授权时，斯图尔特的热情就降温了。1890年，他和他的幕僚们刻意将鲍威尔的预算削减至一个不敷使用的金额。这项宏伟的设计很快就消亡了，而鲍威尔则离开了联邦的官僚机构，把时间投入民族学和哲学。

1878年，除了美国西部这片景观仍然相对处于处女状态外，世界上次大陆尺度的景观已荡然无存了。然而，这项规划的经验教训可能对大量已得到部分开发的地域还是价值匪浅。正如区域尺度的规划一样，这一尺度的规划最具前景的应用可能会是在欠发达国家，在那些国家中，绝大多数较大规模的自然生态系统格局仍然存在，并且可能仍然会成为人工/自然格局广泛整合的基地。乌塔亚特兰蒂克区的案例中所展示的区域尺度格局，可以被推广到更大的尺度上。

实际上，在次大陆尺度上制定的大多数景观政策都发生在国家这一层级。以全国性的政策为纽带，将一个国家划分为各个区域单元的情况，就像第80页所示哥斯达黎加的那五个区域，是相当普遍的；但是，对区域的不同资源、结构和能力，区域之间的能源和材料流动，以及所有这些因素对次大陆所具有的意义都加以深思熟虑，仍然极为罕见。

全球层级

经由各个尺度层级的所有行动途径将汇集于全球层级。如果把高处的大气层也包括进来，地球就是一个最佳的、没有输入和输出的封闭系统，一个必然而然的封闭系统。自从由太空传回我们这个可爱的不停旋转的球体的第一张模糊的影像之后，这一认知，虽属一知半解而非深刻洞悉，但已成为常识，而反映这一认知的种种术语也已经进入我们日常的语汇中。巴克敏斯特·富勒（Buckminster Fuller，20 世纪的美国建筑师、工程师、发明家、思想家和诗人，毕生致力于论述技术与人类生存方面的相关思想。译者注）对于"地球太空船"（spaceship earth，富勒认为地球是一艘太空船，人类是地球太空船上的宇航员，以时速 10 万公里行驶在宇宙中，所以必须知道如何正确运行地球才能幸免于难。译者注）的生动想象已成为陈词滥调。在更具技术性的层面上，我们通常谈论的是生物圈——覆盖了全球大部分地区的薄薄的生命层，并断定它具有完整性。詹姆斯·洛夫洛克（James Lovelock，英国科学家，环境领域的重要作家，被誉为"世界环境科学宗师"，提出了"盖亚假说"。译者注）指出：地球不仅仅是被比喻为而实际上就是一个"生物体"。我们甚至听到过泰亚尔·德·夏尔丹（Teilhard de Chardin，汉名"德日进"，法国哲学家、神学家、古生物学家，是中国旧石器时代考古学的开拓者和奠基人之一。译者注）令人难以理解的概念"智慧圈"（noosphere）——全球的智慧层。在夏尔丹看来，这一智慧圈层的成长会产生一种更为重要的、本质上与生命过程有关的思想，并且在这一思想的整个演进过程中，最新近的阶段是向着更为复杂的方向，他称之为"……人类的自动的大脑化（autocerebralization，大脑化是指随着人类的进化，脑，特别是大脑的容积会增加，形状会发生变化，机能也会显著提高的现象。译者注）是对思考机能进化的最为集中的表现"（Teilhard de Chardin, 1966: 111）。实际上，这意味着不管怎样，人类的智慧已经掌控了整个地球。

鉴于目前所处信息和通信的技术发展阶段，我们可以认为生物圈和智慧圈这二者是不可分割的。无论希望与否，人类的控制网络已经涵盖了所有的生命体，而显然我们要为之担责。全球生态系统是一个人类的生态系统，残留的自然景观或保护性景观，对于更大的整体景观而言实在只是小片的斑块，依赖于人类的远见和智慧才能继续存在，就像其他所有景观一样。但鉴于新近的一些发展态势，这是一个不容乐观的想法，就像地球本身一样——只有依赖于人类的远见和智慧才能存在下去，似乎是不可避免的。

然而，完全不必因此而郁闷或沮丧。自 20 世纪 70 年代初以来，人类已经时不时地表现出一些应对这一挑战的迹象，这些迹象有时甚至是令人鼓舞的。一些全球性的管理机构已初步形成。自 1972 年联合国人类环境会议召开以来，联合国环境规划署（United Nations Environment Program，简称 UNEP）已表露出其日益增强的信心。我们经常会听到一些针对这一机构作用的质疑和失望的言论，然而实际上，其存在本身就颇受争议，记得这一点非常重要。除了收集和发布信息，并且促进和协调一些普遍无争议的项目之外，联合国环境规划署并无其他的权限；但是，其理念是积极而富于建设性的，即身体力行地着重强调发展与环境保护的相互依存性。联合国教科文组织的"人与生物圈计划"是对联合国环境规划署的补充，是出于同样的善意。

几乎可以确定的是，终有一天，在全球尺度上会形成有效的环境管理，而景观管理则肯定会成为其中的重要组成部分，其管理机构可能会由于联合国的各种计划而壮大成形，或者可能会采取另一种形式。由于这种形式必须从各种政治实体中演变而来，目前无法预知后面情况。这一管理机构的权力会非常有限，不可避免地遭受到极大的政治性限制是极有可能发生的事。对全球生态系统的管理不会通过全球尺度的大规模项目来实现，相反，将会是各级关注尺度上的无数努力的总和——这意味着会有一个共同的关注焦点、源源不断的信息流通，并且至少会有一些共同的目标。事实上，在这个最大的尺度上整合法则要求有最重要的、最具包容性的目标。制定这样的目标可能是我们未来最重要的职责。

要确定一个共同的关注焦点，或者制定出共同的目标，必须先要获得重要的信息。我们需要知道管理对象是什么，而且信息的准确度需要高于那些从太空获得的朦胧的影像照片，甚至应该是新近的非常清晰的照片。幸好全球尺度的信息正以惊人的速度在积累，世界上大多数基本资源的分布格局都已绘制成图，至少大体上是这样的。许多公共的和私营的机构一直都在对全球资源进行清点，并重新加以评估。罗马俱乐部（Club of Rome，是 1968 年在意大利成立的关于未来学研究的国际性民间学术团体，也是一个研讨全球问题的全球智囊组织。译者注）的一系列报告受到了广泛关注。当卡特政府决定对 2000 年的资源进行评估时，

这一评估计划是在全球尺度开展的。

在全球尺度上进行设计的一个重要步骤，也许是决定性的一步，就是要开发一个统一的信息库—— 一个地理信息系统，它将包括已经出现和在研究中不断涌现的全球资源数据，并加以整合。之前已有一些尝试，如道萨迪亚斯（Doxiadis，希腊建筑规划学家，人类聚居学理论的创立者。译者注）和巴克敏斯特·富勒所做的那些工作，都是朝着这个方向进行的，但直到最近，计算机技术才达到了可能构建出一个实用系统的技术水平。还有很多问题有待解答，其中一些是技术性的，例如应该包括哪些变量，以及怎样的分辨率是合适的，而另一些问题则涉及管理机构：谁来管理这一系统？在哪里进行管理？谁会拥有访问权限？我们怎样才能确保这些信息不会被用于竞争获利，甚至被用于军事目的？

一个全球系统可能采取何种形式，由区域地理信息系统所获取的经验为我们提供了一些理念。一个全球系统将包括一组以地图形式呈现的位置分布信息，除了土壤和植被类型等资源的存量地图外，还将提供反映当前荒漠化、城市化和森林砍伐等格局变化状况的数据。属性文件将存储对结构和功能的描述性事实和统计信息，并关联到位置数据。这一系统将整合现有的各种全球信息库，如著名的列明濒危物种数量的红皮书，并且该系统很可能为全球导向的研究工作提供更为确切的关注焦点和方向。这一系统将为全球性的物质流和能源流提供建模的原始数据材料，类似于罗马俱乐部所做的那样，但精度会更高。因此，该系统将为我们提供一种预测资源短缺、过度利用和机能失调的方法，能够赶在这些情况发生之前。

不幸的是，这一全球地理信息系统无疑将描绘出一幅相当惨淡的画面：全球生态系统的方方面面都在某种程度上受到人类活动的严重

威胁，而在 20 世纪或 21 世纪中的某个时刻，每一项威胁都有可能导致生态系统的部分或整体性破坏。莫里斯·斯特朗（Maurice Strong）在担任联合国环境规划署执行主任期间写道："……我们在环境治理方面面临的是一系列问题，如果我们不采取足够快的行动，这些问题会在不同的时间和地点成为区域性危机，并且可能升级为足以对整个国际社会产生政治和道德影响的灾难。"（Strong, 1974: 93）斯特朗继续指出环境署强调的 6 个主要方向：人口控制，资源保护，经济和社会进步，贫富国家直接的资源分配平衡，聚焦于环境、资源和人口问题的科技筹集，以及海洋资源的国际性控制。有人可能会质疑，因为这些领域中的每一个都在某种程度上涉及景观，但究竟该如何涉及的方法尚不明确。事实上，景观与这些领域的关联有很多都是间接性的，而且相当牵强。

在某种程度上。由联合国环境规划署、世界自然基金会（World Wildlife Fund）和国际自然和自然资源联盟（International Union of Nature and Natural Resources）共同发起编纂的《世界自然资源保护大纲》（World Conservation Strategy）中所陈述的目标更切中肯綮。这些目标包括：

（1）维护重要的生态作用和生命支持系统。
（2）保护遗传多样性。
（3）将动植物资源维系在一个可持续产出的基准之上。

这些目标很好地总结了对自然资源进行保护的理由，但仍然非常笼统，并没有为下一个整合层级提出具体的指导。对于在全球尺度上开展的大量讨论而言，这是一个常见的难点，其事实是这一尺度上需要处理的问题是如此广泛，以至于这些问题与其他的关注尺度之间以及最终与那个挥舞着铲子的工人之间的关系是模糊不清的。对于所有关于生物圈、智慧圈和地球太空船的讨论，以项目或规划单元尺度，甚至以区域或次大陆尺度的视野，要看清楚这些问题与全球系统之间的种种联系是非常困难的。毫无疑问，问题就在那里，但在能够清楚地看出联系之前，我们对这些问题的认知仍然是一个抽象的概念，而抽象的概念是无从激发起行动的。

由于全球生态系统的相关信息尚在积累，管理机构尚待形成，而目标正逐渐浮现，因此未来几年内会有一些模糊和不确定性，这可能是不可避免的。尽管如此，简略地审视一下既有的信息和机构，看看它们可能提出怎样的全球性目标，也许会具有教育意义，甚至很有帮助。至关重要的是，要明白在全球层级上，几乎所有的景观变化迹象都是日积月累而来的，也就是说，任何变化都是在不同地方采取大量行动的结果，而不是一次大规模事件所能做到的。因此，在每一个尺度上做出的每一项决策都会起到其中的一部分作用，简言之，我们都参与其中。

为了开展这些行动，第一章中介绍的生态秩序模式提供了一套非常有用的准则。

全球生态结构

全球生态系统的结构包括所有生物以及支持它们的土壤和气候。我们将在第十一章中对这些要素相互作用的方式进行详细的讨论，这种相互作用使得生态系统的每个部分——每个物种和种群——对整体系统来说都很重要。纵观历史，人类的各种活动已逐渐耗尽了这一生态结构的基础——土壤。土壤的耗竭是一个长期的趋势，近年来，随着人口增长和技术应用的增加而有所加速（Hyams, 1976）。根据《2000

年全球报告》（Global 2000 Report），"……现在土壤条件是至关重要的，未来几年内其重要性可能会增加"（Barney, 1980: 98），而"……土壤的显著恶化随处可见，包括在美国"（Barney, 1980: 105）。根据报告，土壤恶化的主要原因有以下几个：

(1) 荒漠化。

(2) 因灌溉系统而导致的排水不佳，引发水涝、盐化和碱化。

(3) 陡坡区域和热带地区的森林砍伐。

(4) 常规的土壤侵蚀和腐殖质流失，主要是农业生产所致。

(5) 土地转为城市化和其他形式的开发。

由于所有这些土壤流失的原因都是可加以管控的，因此设计的目标显而易见。

全球生态结构中的大量生命体要素同样受到了威胁。根据《2000年全球报告》，"森林砍伐和荒野地区'人工驯化'的主要后果是，20多年来地球上的所有物种预计损失了大约1/5（粗略推测至少是500 000种植物和动物），对全世界而言这是一种预期性损失，确实超出了评估的数值。"（Barney, 1980: 224）事实上，这是一种良心的谴责，任何一个理智的人都不会认为这种损失是可以接受的。

所有的野生物种都应加以保护，赞同这一观点的大量论证在其他许多地方都振振有词地阐述过了（Enrenfeld, 1972; Ehrlich and Ehrlich, 1981），在这里没有必要复述。不过，保护野生动植物的理由确实令人难以辩驳，哪怕是本着极为现实的、以人类为中心的想法，也需要保护对我们具有支持作用的各种生态系统和基因库的完整性，这本身就是将野生动物保护作为首要目标的充分理由。任何一种植物、动物或群落的现实价

值或重要性的确很难加以评估，其未来的价值更是绝对难以预测——无法知道未来哪些物种可能对我们有用，甚至是不可或缺的；一个物种一旦灭绝了，就无法再创造出来。因此，任何一个物种的丧失都是一种潜在的永久性资源损失，这很可能是一种至关重要的资源。由于没有一个物种是孤立生存的，每一个物种都依赖着一个与其环境和其他物种相互作用的网络而生存，所以，物种保护就意味着需要保护栖息地和生态系统结构。鉴于"人与生物圈计划"，地中海群落保护系统得以建立。这一系统包括了群落中各类栖息地的多个样本。对于全球层级上所需保护的栖息地和生态系统类型而言，这只是一个很小的个案。

只有一个全球性的野生动植物保护区体系才能真正确保所有物种，或是大部分物种都能得以保护。这样一个体系需要每种群落都有一个足够大的样本才能使其持续不断地繁衍下去。那么，我们如何对群落进行分类才能确保所有物种都被包括在内呢？仅有11个世界上主要的陆地生物群系的样本显然是不够的。沙利文（Sullivan）和谢弗（Shaffer）认为，库赫勒（Kuchler）对于植被群落类型的划分可能是建立一个保护区体系的合理基础。如果在美国境内对库赫勒划分的116个植被群组中的每一个都指定一处保护区的话，那么除了一些特有的、局地的情况之外，几乎这个国家中所有的物种都将被包括在内（Sullivan and Shaffer, 1975）。其他国家并没有遵循这个体系进行植被群落类型的划分，但是如果它们也这么做的话，保守估计将会确定出一千多个群落，这会产生出数量众多的保护区。尽管这些保护区中有相当的数量已经存在了，但某些群落却很难获得足够的样本，当然也不是毫无可能。即便是得到了样本，规模也通常很小，样本以外的区域仍然会有特有的物种和其他特

殊情况。而且，只要看一眼库赫勒的地图就会发现，一些群落只限于面积很小的区域才有。

所有这些难点都印证了在任何可能的地方保护那些自然的和近自然状态的景观的重要性，以及在人造景观中尽可能地保留或创造新的栖息地的重要性。然而，即使对所有已确定的群落都进行了大量的抽样保护，也还不够，如果物种要继续进化，并且出现新的物种，就需要有形形色色的种群。景观多样性促进了遗传变异，从而促进了物种形成。如果保护区体系得以形成，一旦其形成之后，将确保最低水平的物种保护。然而，基因库并不仅仅是在保护区中存在，而是无处不在。因此，一个明智的目标就是要保护和健全景观中的植被和野生动物群落，无论何处，只要能够做到。

全球生态功能

在全球层级对能源和物质流动的关注主要集中在各个次大陆之间的输入和输出方面，以认识全球格局和全球性问题。例如，能源流动环绕了整个地球，化石燃料从少数产出国往消费国输送，在输送线两端的产出国和消费国中，在从产出国到消费国的输送路线上，以及在消费国达成了消费使用之后，都会产生各种难题。

●能源

在输入国和输出国之间的输送路线是全世界关注的问题。开展化石燃料运输，特别是使用油轮，也包括通过管道进行输送，存在国际性风险，这是众所周知的事情。石油泄漏，易遭受恐怖袭击，以及封锁和禁运乃至于战争的威胁，是众所周知的三大风险。在输出国这边，化石燃料的燃烧会造成最为严重的环境影响，这同样是全球性问题。从向空气中排放会形成酸雨的硫或氮氧化物（通常是通过燃烧石油或天然气）的地方，到距此数百乃至数千英里的任何地方，都会下酸雨，瑞典、挪威、美国东部和加拿大的部分地区受此影响最甚。现在已知这些酸类物质对淡水鱼养殖场具有致命的影响，但它们对于尺度较大的陆地生态系统的影响仍然不是很清楚。然而，土壤、森林树木和农作物等资源已由于其他原因而颇具压力，酸雨会对其造成更大的破坏，并由此进一步加剧这些资源的耗竭，这似乎是确定无疑的。

化石燃料燃烧的另一种主要的产出物——二氧化碳，对于全球生态系统可能是最为严重的威胁。二氧化碳在大气层中的积聚，通过温室效应已经在地表附近吸收了大量热量，其所产生的确切影响虽然仍然是一种推测，但至少在一定程度上会导致全球变暖。在接下来的几十年中，任何变化都可能会具有区域性的重要意义，但在 21 世纪之内，世界范围的温度升高确实可能会带来气候格局的重大改变，并导致极地冰盖部分或完全融化（SMIC, 1971）。

大气中二氧化碳的增加同样与之前谈到的植被群落的丧失密切相关。虽然已经认识到大部分上升到大气中的二氧化碳是由化石燃料的燃烧引起的，但最近的研究表明，其中大部分来自森林砍伐后植被腐败和腐殖质暴露所释放的二氧化碳，数量占到半数以上（Woodwell, 1978）。

无论这两个主要来源的相对数量如何，布鲁克海文国家实验室（Brookhaven National Laboratory，位于纽约，是隶属美国能源部的世界著名大型综合性科学研究基地。译者注）为《2000 年全球报告》开展的一系列研究预测表明，如果目前的种种趋势得以继续，到 1990 年，二氧化碳的排放量将增加35% ~ 90%。

在未来几十年，全世界可能会面临石油和天然气的短缺，已有大量文献对此进行了论证，并且这已成为一个普遍接受的现实。然而，未及广泛考虑的却是这样一种可能性，即燃烧化石燃料的限制因素可能并不是其资源供应量，而是其燃烧排放的环境容量。现在看来，似乎是酸雨所造成的破坏以及大气中二氧化碳的危害水平所产生的威胁，更不用说像雾霾之类更为局域的问题，都可能会导致化石燃料的使用减量，如若能够明智地做出这样的决策的话，在供应尚未发生短缺之前，化石燃料的使用量就会减少了。如果这能够成为现实，煤炭的用量也会受到影响，虽然据预计，煤炭的供应在数个世纪或者更长的时期内还不会发生短缺。

无论最终的限制缘由是什么，转变对化石燃料的依赖迫在眉睫，实际上这种转变已经开始了，并且对全球景观将会产生深远的影响。对于这个课题最为正式的一些研究［例如，斯托博（Stobaugh）和耶金（Yergin）的研究，Stobaugh and Yergin, 1979］都建议向着艾莫里·洛温斯（Amory Lovins）所谓的"软能源路径"（soft energy path）转变（Lovins, 1977）。各种软能源技术普遍以可再生能量流（主要是太阳、风、植被）、多样性、灵活性，以及可与用户端所需的规模和能源品质相匹配为特点。简言之，软能源路径充分利用了景观在产能和节能方面的潜力，它是对景观的可持续利用，同样是一种良性的利用，因为其破坏性的影响微乎其微。此外，软能源路径与开采、加工化石燃料的集约性特征形成了鲜明的对比。软能源路径相较于硬能源需要更多的土地，大量设施的选址必须邻近终端用户，这就意味着会与其他各种人类活动和用地混杂在一起。如果技术规模确实与用户端相匹配，那么设施规模将在非常小到非常大的范围内变动。我们可以预见，这样的技术设施会在很大程度上改变景观，同时引发大量的新问题。

这些问题的其中之一，是发电设施的位置和选址，特别是太阳能和风能发电场。因为如果再次与化石燃料资源进行对比，太阳辐射和风力资源往往会很分散，这样的发电场会非常大，占地数平方英里，而且非常显眼。此外，由于在地球表面上风和太阳辐射的发生率变化很大，只有在某些特定的地方，它们才能最有效地发电。沙漠地区往往风力和阳光都很充沛，被视为是主要的适合地点。在具有理想的产能潜力但同时还有着其他一些特征，从而具有其他重要利用价值的地方，可能会出现各种用地冲突，怀特沃特汇流区（Whitewater Wash）的案例研究就说明了其中的一些冲突。

无论是规模大小还是严重程度，更大的潜在冲突是颇具发展前景的能源植物种植园——这些种植园将植物作为替代性能源来种植。瑞典政府委托进行的一项研究得出的结论是，到2015年，瑞典的能源需求可以完全靠太阳能满足，价格可以接受，并且不会发生重大的社会变化（Johansson and Steen, 1978）。为了实现这一目标，大型能源植物种植园的总量需要达到将近750万英亩，或者说差不多是瑞典居民人均1英亩。鉴于瑞典的太阳辐射水平较低，气候更为温暖的国家需要的用地面积可能会小很多，但这些数字确实给出了针对种植园规模的一些概念。虽然这一面积值还不到现在瑞典生产性森林面积的1/8，但它仍然是巨大的，并且会引发很多问题。瑞典政府的报告称，这些问题都可以通过远期规划加以解决（Emmelin and Wiman, 1978）。

在实践中，能源植物的种植可能有很大部分是分散进行的，其中有许多可能是出于其他的景观目的，并且与其他用地相混合。因此，许多决策可能会往下——在项目、场地和建筑施工的尺度上做出。如果设计能够就地采集并优化使用能源，经年累月，则最终可能会成为全球能量流的主要部分，在大学村（University

Village）的案例研究中展示了一些技术和设计方法。像在西蒙住宅（Simon House，参见第 156 页。译者注）中展示的那些技术一样，一些简单的保护技术也可能起到一定的作用。无论这些技术是否具有全球性的重要意义，它们无疑都有助于使当地的能源消耗达到可持续的水准。

在全球能源问题的背景之下，由于其庞大的规模和拜占庭式的复杂内部组织，对景观进行软能源路径利用的相对潜力和重要意义仍然具有不确定性，并且这种不确定性可能还会持续相当长的一段时间。尽管如此，我们足以从这里所描绘的全球图景中依稀分辨出一些明确的目标，以形成可以从全球层级向下传递的未来的景观。这些目标可以归结为了最合理地从景观中采集能源而进行设计，以及为了尽可能低地就地能源消耗而进行设计。

●水

虽然水文循环的运行在总体上是全球性的，但陆地上的水流是向汇水盆地汇集，不会形成与由能量流形成的全球网络同样类型的网络。因此，水资源问题往往更趋于区域的或次大陆的范畴。然而，若干个重大问题在地球上不同地域的不同流域中反复重演，引发了全球性的关注。

在全球层级上，供水量超出用水量将近 7 倍。然而，许多流域，特别是在干旱和半干旱地区的流域，在未来几十年内仍可能面临旱灾和供水量的大幅波动，而这些波动可能导致越来越多的水从一个流域被输送到另一个流域。正如在洛杉矶案例中所看到的那样，工业化社会中的城市会将农村和自然地区的水资源汲取殆尽。

《2000 年全球报告》预测，对于更为可靠的水资源供给，尤其对于灌溉粮食作物的可见需求，与对防洪和电力的需求一起，将导致水

利工程大量增加。到 2000 年，3 倍于目前水库蓄水量的水资源可能会被拦蓄、利用，这个数量相当于全世界径流量的 30%——这意味着这个世界的景观将会发生巨大的改变，而人类的控制将会达到一个可怕的程度。实际上，各个汇水盆地的整体景观会得到重新设计，为了可预见和不可预见的未来，设计和管理并重的决策将决定这些生态系统的功能。

然而，若说所有这些水利工程都是确实必需的，则让人难以置信。保护和循环利用技术在满足用水需求方面也可以发挥重要作用。与能源一样，供水规模和品质需求与用户端相匹配，这一点很重要，但因为人类存在应用最新技术的愿望，这一点经常会被忽视。与软能源技术一样，更小尺度上的技术，如在阿利索溪研究案例中所展示的那些，利用了景观对于水资源的处理能力，需要更大的占地面积，并且相较于传统工程，需要对人类生态系统进行更为谨慎而又敏锐的设计。这些技术的优势在于它们对于景观的改变并不那么显著，并且可能在更长的时期内持续发挥作用。

●粮食

像能源一样，粮食已经成为全球性的商品，在世界范围内被从一个国家输送到另一个国家，严重依赖于化石燃料及其化学衍生物。一些政府认为这一全球网络非常脆弱，极易受到破坏（Brown, 1978）。气候格局和政治关系的种种变化，各种病虫害就更不用说了，几乎在任何地方都可以在短时间内引发粮食的短缺。此外，随着世界人口的一再增长，粮食生产力方面的压力也变得越来越大。至少从系统经济学发端以来，已经频频预测到世界人口最终会超过其农业用地的承载力，里卡多（Ricardo）和亚当·史密斯（Adam Smith）都做出了这样的预测。这一时刻

终会到来。全世界的农田能够生产足够粮食的可能性已经很小，土壤恶化更进一步威胁到粮食的产出。正如我们已经提到的，在全球尺度下，土壤品质正在下降。环境质量委员会（Council on Environmental Quality）完成的一项调查显示，在所调查的 69 个国家中，有 43 个国家存在严重的过度放牧和过度种植问题，从而导致了严重的土壤侵蚀（Bente, 1977）。不过，很显然，我们将需要越来越多的粮食。

《2000 年全球报告》曾预估 1970—2000 年世界粮食产量将增长 90% ～100%。这是基于美国农业部（U.S. Department of Agriculture）的一系列研究，并且假设耕地面积会增加，目前耕地的产出水平会提高。粮食的实际价格预计将增加 30% ～115%，这个估计值真的可能太低了。

预计的耕地面积增长大约仅为 4%。所有可耕种的土地都会被耕种，并且这些土地中的大部分都质量不佳，或是位于陡坡之上，或是位置偏远。目前大多数的农业生产实践都具有重型机械化与大规模的特征，这意味着只有通过提高养分的投入才能增产，而养分投入的形式主要是化石燃料衍生的各种肥料。预计全世界 2000 年的肥料使用量将达到目前水平的 2.6 倍。考虑到其中大部分必须来自石油，并且当前全球的化石燃料市场具有波动性，即使我们假设供应会得到保证，这也将是一个令人担忧的前景。此外，农业肥料是造成水污染的主要原因，如已经产生了大约 70% 进入地表水的氮，而增加农业肥料的使用无疑会加剧这一问题。

当然，正如《2000 年全球报告》指出的那样，我们需要考虑各种备选方案，迄今为止能想到的最具前景的备选方案包括发展小规模农场，减少化石能源的使用，增加人力和技术的投入，并且应用各种"中间"技术，即运用那些介于完全的劳动力生产和机械化生产之间的技术手段。

一般说来，这些技术需要有更多样的作物和更为集约化的管理，通常是应用在小块的土地上。这些备选方案尤其给发展中国家带来了希望，但是其重要意义对于所有国家都一样。随着粮食价格的上涨，我们可能会看到诸如此类的农业生产在工业化国家的城镇和郊区附近更多地得以实施，这种情况已经在发生。城市的粮食供应并不安全——这种认知深刻影响了众多城市居民的观念，其中许多人已经在增加粮食的自给部分。对于充分利用土地潜力的小规模的尝试，需要进行更为谨慎、详细的设计。虽然这种农业生产方式可能需要几十年的时间才能得到普及，从而足以对全球的粮食生产形势产生实际影响，但其所基于的技术基础正在迅速形成。正如能源技术、水资源保护技术和污水处理技术对于景观会产生影响一样，这种农业生产技术也会对景观产生深远的影响。大学村的案例研究表明，这样一种中间技术型农业发展是可以达成的，而北克莱蒙特（North Claremont，参见第 235 页。译者注）的案例研究则展示了一处郊区景观如何才能应不同的粮食生产需求呈现出不同的格局。

全球生态区位格局

各种资源在地球表面非常不均匀地分布着，这是一个无可争辩的事实，而人口也是不均匀地分布着，这是更为显著的一个事实。不仅如此，这两种分布格局似乎或多或少是各自独立的，也就是说，人口的集中程度不一定与资源的集中程度相对应。

从生物学的角度来看，我们可以将这个世界细分为以下 11 个生物群系，或者说是生态系统类型：

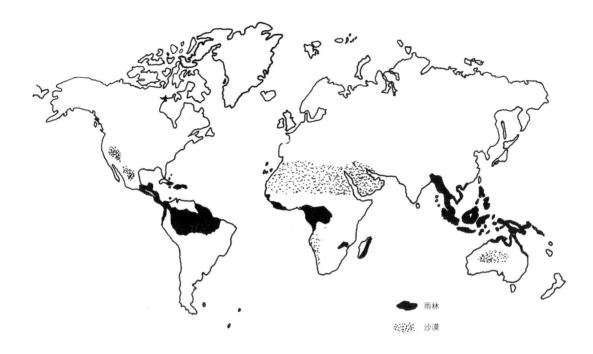

雨林

沙漠

苔原

北方针叶林（泰加林带）

温带落叶林和雨林

温带草原

查帕拉尔群落（Chaparral，北美洲加利福尼亚中南部
冬雨区的夏旱、硬叶常绿灌木群落。译者注）

热带雨林

热带落叶林

热带灌木林

热带草原和稀树草原

山地

沙漠

　　大多数工业化国家位于温带地区，其自然植被是落叶林、雨林或草原。最集中的人口按常规也分布在温带地区。尽管如此，最受人口过多胁迫的生物群系是那些处于降雨水平两个极端的生物群系：沙漠和热带雨林，这只是因为它们本身只能供养有限数量的人口。尽管生态特征迥异，物种最丰富、最具多样性的生物群系和那些物种最稀少的生物群系存在着共同的问题。在这两种生物群系中，超出了土地承载力的那部分人口会试图从土壤中强行获取生活所需，任由土壤贫瘠下去而无法重建植被覆盖。

　　在过去的几十年里，主要因为铲除了植被和过度放牧不适于景观的动物，荒漠化已经像癌症一样肆意发展。撒哈拉沙漠每两年就会自行扩大一片面积——超出康涅狄格州的大小。如果目前被认为受到严重荒漠化威胁的所有土地（主要是在现有沙漠边缘地带的干旱土地，包括美国西部的大片地区，即鲍威尔提出过更好设想的同一片地区）确实会变成为沙漠，结果将是3倍于这个世界的既有沙漠面积。这意味着全球资源库将大幅减少，并且会造成数百万人的严重饥饿。荒漠化甚至还可能给其区域以外的地区带来显著的气候变化。它很可能会扩展到更大的地区。

　　沙漠的扩张可以被阻断，甚至逆转，但这是一项艰巨的任务。在沙漠的边缘地区通过土地利用来保持土壤、植被和水域尤为重要。最有效的方法似乎是种植大片条带状的树木，即在沙漠周围形成绿墙，这将是一项规模巨大、代价高昂、耗时长久的艰难尝试。阿尔及利亚正在其全境建设一条 715 英里宽的绿墙，其他一些国家也有类似的计划。

雨林的破坏即使谈不上更快的话，也是进展迅速。无论何时，一旦像第三章中所讨论的那样清除掉植被，雨林会迟迟难以再生，至少在人类存在的时间跨度中，这些雨林会永久性地成为不毛之地。尽管如此，在非洲、东南亚和中南美洲的大片地区，雨林正被快速砍伐，这对于全球的雨林总量而言是一个悲剧，因为雨林是一种具有全球性重要意义的资源。就物种多样性而言，雨林是迄今为止世界上物种最为丰富的生物群系。

已经测得的雨林平均净生产力大约是每平方米每年约 8400 千卡，相比之下，温带落叶林为 5980 千卡，草原为 2800 千卡，耕地为 2795 千卡（Golley, 1971）。不幸的是，我们只找到了有限的方法可以利用雨林的这种生产力来生产粮食，供人类食用。事实上，正如我们所看到的，雨林环境支持人口的承载力是非常低下的，与此同时其支持植物物种的能力却极高，所有已知物种有一半以上生活在雨林中。1 公顷的雨林通常会包含 50～70 种物种，相比之下温带落叶林则为 10～20 种（Richards, 1952）。对鸟类群落的研究表明，从温带地区到热带地区，物种多样性会稳定增长。

由于雨林是全球基因库的一个主要储备地，哪怕只是为了这一个原因，保护雨林也是极其重要的；至少还有另一个原因也同样重要，那就是雨林对于气候的重要影响。由于热带地区所降雨水中的大部分都通过植物的蒸腾作用被带入了空气中，植被减少就意味着返回大气中的水分会变少，因此降雨量也会减少。极端情况下，我们会发现，以前的雨林变成了沙漠。因此，这个世界上主要的问题区域都是同呼吸、共命运的。

铲除植被会增加景观的反射率。一片绿色森林的反射率为 7～15，这意味着它反射了 7%～15% 的太阳辐射，而一片沙漠的反射率则在 25%～30%。由于这种反射率的变化会造成大型气团的变暖或冷却，而此种变化又会影响全球的大气流动，也就是说，铲除植被很可能会对大气流动产生深远的影响。热带地区反射率的增加将会引发全球气候格局的重大变化。

所有这一切都意味着，在生物圈所面临的所有迫切的问题之中，最为紧迫的是干旱地带和雨林的问题，并且这些问题应该首先得到关注。也许并非巧合，这些地方也处于世界上人口最多、最为贫困的地区之中，在关注这些环境的同时也会关注到大多数最需要帮助的人群。不幸的是，阻止沙漠的扩张和雨林的破坏不是一项轻而易举的任务，也不是很快就能够完成的。

全球景观要务

我们可以一直这样继续下去。诸如此类的简短讨论只能触及一个极其复杂的议题的表面，但我确信这足以证实生态系统设计最终会是一项全球性的事业，并不是说任何特定的努力都必须涵盖全球维度的地域范围，而是指每一项工作都会在全球背景下开展。全球尺度下的种种问题令人应接不暇，正如这些问题是由各种较小规模的行动叠加导致的，问题的解决也在于较小规模的行动的聚合作用。即便是像这样稍作关注，我们也能够看到，从最高整合层级的视角可以阐述大致的目标，从而指导更低层级的设计，并进而协调那些层级上所开展的工作。由《世界自然资源保护大纲》的三大世界保护战略目标，我们可以列出一些更加具体的目标，其中包括以下几个：

(1) 留存所有自然群落的充足样本。

(2) 为物种的保护和多样性进行设计。

(3) 使得景观中无处不在的能量和景观的净水能力更易于为人类利用。

(4) 最有效地利用景观的生产力。

(5) 为干旱地区和雨林建立可持续的生态系统。

前四个目标可以适用于所有地方的景观。显然，有些目标是相互冲突的，而且并非对所有的景观都具有同样的适用性。上述目标并不是全部，其他一些目标会在各个关注的层级上出现。此外，可能会有人指出，由于大多数景观问题在发展中国家更为严重，因此诸如此类的目标对那些国家才更为重要。然而，即使确实如此，也不可能是一个国家遵循一套目标，而另一个国家遵循全然不同的另一套目标。工业国家必定会起到带路的作用。此外，即使是粗略地看一下这一全球整合层级，也可以确信所有景观之间存在相互联系，并且由此可以认同共同目标的重要性。

人口不断扩张，资源日益减少，软能源技术——其本质上远比工业时代的集约化技术更为分散——日显重要，所有这些都意味着对有限土地的竞争越来越激烈。迎接这一挑战需要谨慎而又高水平的景观设计。聚居、开展农业生产、种植生产林，以及进行其他一些人类利用，都必须与野生动物保护区相结合，形成一个复杂的格局肌理，而这种格局肌理必然要用极大的敏感性和技巧才能编织出来。然而，很难编织出浑然一体的格局。通常看来一件势在必行的事情，就是需要在地方层级上采取行动，针对当地的目标，以睿智而又可持续的方式利用当地景观的各种生命支持能力，这似乎是由我们对全球生态系统进行勘测时所看到的一切加以概括总结而得出的，看似与全球性相矛盾，但可能是正确的。全球系统中的许多（倘若不是大多数）功能失调都是由物质和能源的移来移去而导致的，将物质和能源从一个地方转移到另一个地方，一地会深受短缺之苦，一地则会面对供应过剩的压力，更有甚者，另一地还会物资过剩。通过在每一个尺度层级上寻找到每一处景观的可持续潜力，可以大大减少这种物质和能源的转移。在下一章中，我们将探讨在规划单元以及更小的尺度上达成这些更为宏观目标的一些方法。

第五章
规划单元以及更小尺度的景观

在区域尺度和规划单元尺度之间，存在着一道无形的分界线。在这道分界线之上，目之所及的是广泛而又抽象的事物，设定目标是至关重要的。在这道分界线之下，视野会更为精准聚焦，为了实现目标的各种运行机制则往往会成为最为关注的焦点。在本章中，我将对规划单元尺度以下一直到实际的建筑施工尺度上可加以应用的各种运行机制进行阐述。每一种运行机制都会对更高层级所制定的目标做出响应，并且无论其在这个层级结构中距离全球尺度有多远，每一种运行机制都会在某种程度上反映全球尺度体现的总体目标。因此，在规划单元以及更小的尺度上进行的设计，会呈现更大尺度上的更为开阔的视野，最终直至地球的尺度。

规划单元层级

在规划单元尺度上，最常见的运行机制是确定用地类型。一个规划单元通常是具有既定边界的一片土地区域，无论是地貌界定的边界，还是行政界定的边界，理想状况下都应完全包含在一个规划管辖区内。就大小而言，规划单元可谓足够小，从而可以准确、细致地斟酌土地的特征，这些特征将决定土地的最佳利用方式；规划单元可谓足够大，从而可以囊括多种土地利用方式。这就是通常被称为"社区规划"的尺度，即通常是公众参与最多的一个尺度。可以将一个小城镇，或者大城市中的一个区看作是一个规划单元，事实上，这就是传统的控制性详细规划（zoning，又译为"分区规划"或"区划"。美国的 zoning 在尺度和形式上相当于中国的控规，故本书译为"控规"。然而，因两国的土地制度、政治制度，以及政府地位和权力行使方式不同，二者实质上存在着诸多不同。译者注）的尺度。一个规划单元通常占地 5000 ～ 50 000 英亩——这个面积小到足以让个人了解认知并与之发生密切关系，但也大得足以涉及复杂的政治决策。而且，这样一个规划单元也足够细微，可以显示在大约 1 英寸：400 英尺～ 1 英寸：2000 英尺比例范围的一张地图上。如果我们假设水平方向上的制图误差可以保持在 2 毫米以下——这并非一个不合理的精度，那么，实际误差范围应该在 32 ～ 160 英尺之间。如果对于绘制土地权属边界而言这还不够精确的话，对于确定土地利用来说是足够准确了。

在区域边界是由流域界定的情况下，规划单元的边界通常就是子流域。

将较大的单元按地貌细分——这种合理的划分方式是非常理想的，并且我们经常会发现，在区域规划得以有效实施且大片土地由单一管理机构管控的情况下，这种划分能够付诸实践。例如，大多数国家森林就按照地貌被细分成了合理的规划单元，然而，在其他情况下，规划单元的界定通常会综合各种实际的考虑因素，这些考虑因素更多是与所涉及的议题的热度有关，而不是与地貌的完整性有关。

●怀特沃特汇流区案例研究：对彼此冲突的利用方式进行调解

怀特沃特汇流区廊道诠释了规划单元尺度上的一些典型的关注点。这条廊道是一处独特的、适合进行能源生产的环境：一年中的大部分时间都会有风呼啸而来，吹过圣戈尔贡尼奥沟谷（San Gorgonio Trough）往北而去；天空总是万里无云，阳光强烈。世界上很少有景观具有如此巨大的可再生能源产能的潜力，并且其地理位置位于南加州城市区域人口集中区的边缘，因而对这片地区进行这种利用的呼声尤其高。

这条廊道也是一处景观，还需要应对许多其他的需求。作为一片非常干旱的区域中为数不多的河道之一，怀特沃特汇流区既是一个重要的游憩区，也是一处有着多种濒危物种的野生动物栖息地。此外，它位于首屈一指的度假城市棕榈泉（Palm Springs）的景域内。因此，怀特沃特汇流区让我们得以窥见一些问题，一旦我们转向了软能源，这些问题可能会变得越来越普遍。

在这里，区域环境未能给出明确界定的边界，而沙漠地貌受风向变化和零星降雨的显著影响，总是微妙、复杂而又难以辨识。那种在温带气候带中令大部分景观清晰可辨的、由山脊和山谷构成的明确格局，在这里完全不存在了。怀特沃特汇流区如其名字所寓意的——一片沙滩，其上是泛着泡沫的水波。附近的山上下雨之后，水面上漂浮的泡沫随波起伏、蔓延，久久不散，直至蒸发；水流挟带着泡沫，向索尔顿湖奔腾而去，或者渗入地下，补充含水层（怀特沃特的英文名Whitewater，直译为"白色的水域"，即因水面上漂浮的白色泡沫而名。译者注）。即使是汇流区自身，其土地也相对平坦，在特大暴雨之后，水流会散布到一片广阔的区域，地图上所表现的就是这种极端的情况，展示出百年一遇的洪泛平原的范围。然而，这个汇流区的关键地域是那些在常规降雨下经常有水，并且在冬天雨季的大部分时间里通常保持湿润的区域。经由这片区域，河水常年流动，下游水体得以维系，这是干旱地区的一个最重要的特征；经由这片区域，河水会渗入地下含水层，这是一个非常重要的过程，对这片地区而言，尤其如此——因为其地下含水层要为附近棕榈泉市中可观的城市人口供水。于是，在绘制这一规划单元的边界时，首要的考虑因素是汇流区本身的范围。然而，在汇流区本身的边线之外，并没有明确的地形边线来界定廊道的范围。因此，所包括的地域范围需要视手头的议题而定。

掌控着这片汇流区中大部分土地的美国土地管理局（U.S. Bureau of Land Management），正考虑为该地区的几处风电场发放许可证，而附近棕榈泉度假小镇的居民则担心在他们目之所及的北部圣贝纳迪诺山脉（San Bernardino Mountains）起伏的山巅上，那些正在修建的风车会危害到森林。因此，首先将那些考虑用于风电场的区域和那些具有异常高的视觉敏感度和可见性的区域，与高风力区相重叠的部分纳入这一廊道中，是很有必要的。其次，要考虑将土地现状图上所展示的公有土地和准公有土地也包含进来。南侧边界由棕榈泉的城市范围和圣哈辛托山（Mount San Jacinto）极为崎岖的、基本上难以进入的山麓边缘界定。由于这些边界的界定并不精确，并且在未来几年内需要关注的议题很可能会扩展到这些边界之外，因此，在绘制成图时，土地资源普查的关键因素都涵盖了更大的地域，看一下风力图和视觉敏感度图就知道了。

凭借这些分析，怀特沃特汇流区应其所在的更大的背景环境而得出的目标就清晰可见了。我们可以将之概括如下：①维系水体。②利用独特的风力潜质为这一区域的人口发电。③保护珍稀的植物群落和野生动物栖息地。

所有这些都是区域性目标，尽管最后一项会受到联邦法律的约束。由于它们在某种程度上彼此冲突，并且随着保持畅通无阻的视域和提供各种游憩区等更能体现当地诉求的目标的提出，在最大限度上实现所有这些目标是不可能的。将由这些目标产生的三大利用方式——发电、保护景观和开展游憩活动——与这片景观相匹配，并且对它们之间的争端进行协调，成为对设计的挑战。

如第128~130页所示，通过适宜性分析建模过程可以应对这一挑战。土地资源普查描述了景观的物理特征。这些特征中的每一个与各种利用方式之间的潜在的相互作用，都在适宜性矩阵上做出了分析和概括。基于这些分析，各个模型随后就可以将每一种用地按适宜程度排序，显示出其最佳位置。运用这些模型得到一系列备选方案，根据对每一种利用方式的不同强调程度提出不同的土地利用格局。由此，用地争端得到了理性解决，景观的物理特征和作用过程得以与人类的价值观相匹配。在众多施行适宜性分析建模过程的方法中，这只是其中之一，稍后我将回到这一话题上来，进行更为深入的讨论。

案例研究Ⅶ
怀特沃特汇流区

从山上呼啸而出、经由圣戈尔贡尼奥沟谷进入怀特沃特汇流区的劲风会产生周期性的扬沙问题，但与此同时也使得这里拥有不同寻常的风力发电前景。能源开发商已经申请用地许可证，想在美国土地管理局掌控的几块土地上安装风力发电机。临近的棕榈泉市的民众关注着这些计划，因为这些风力发电机高达200英尺，会破坏他们远眺山脉的视野，也许还会冲击这个汇流区的游憩性利用。因此，这里的关键性

问题集中在发电、景观视觉保护和游憩价值开发用地之间的种种冲突。

该项目完成了土地资源普查，并且对景观涉及产能、游憩和保护方面的每一个特征都进行了分析。这些分析可以为针对各种竞争性土地利用的适宜性分析模型提供建模依据，而这些模型则可以进一步用于优化每一种用地，形成备选方案。第四个备选方案组合了各种用地，每一种用地都只是占据了最适宜的位置。

由加州州立理工大学波莫纳分校风景园林系606设计工作室为棕榈泉市编制。玛格丽特·哈斯金斯（Margaret Haskins）、多萝西娅·霍夫曼（Dorothea Hoffman）、凯伦·麦奎尔（Karen McGuire）、

罗斯玛丽·莫里茨（Rosemary Moritz）偕同顾问约翰·莱尔、弗朗西斯·迪恩（Francis Dean）、杰弗里·奥尔森和亚瑟·约凯拉编制。

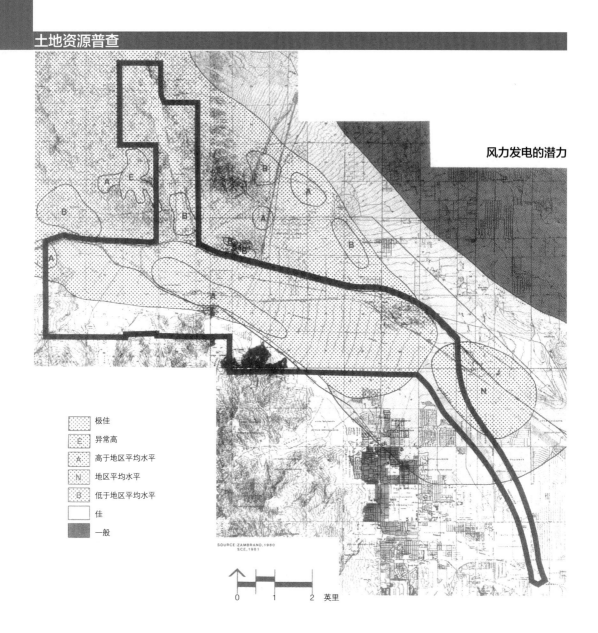

风力发电的潜力

极佳
E 异常高
A 高于地区平均水平
N 地区平均水平
B 低于地区平均水平
佳
一般

SOURCE: ZAMBRANO, 1980
SCE, 1981

0   1   2   英里

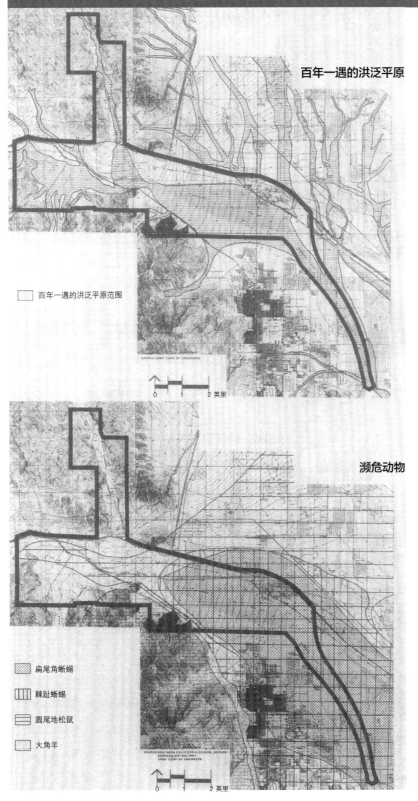

百年一遇的洪泛平原

百年一遇的洪泛平原范围

SOURCE ARMY CORP OF ENGINEERS

0 1 2 英里

濒危动物

扁尾角蜥蜴

棘趾蜥蜴

圆尾地松鼠

大角羊

SOURCE: SOUTHERN CALIFORNIA EDISON, DEVERS-
SERRANO EIR-EIS, 1981
ARMY CORP OF ENGINEERS

0 1 2 英里

这里所展示的是从怀特沃特汇流区的土地资源普查中选取的一些代表性的地图。风力发电潜力图表明，几乎整个地区都具备极佳的风力发电能力，其中一些地区具有异常高或高于地区平均水平的潜力。

濒危动物地图展示了该地区发现的四种濒危物种的大致栖息地边界，其中的三种——两种蜥蜴和一种松鼠——主要分布在风力发电潜力高的地区内，而第四种——非常怕人的大角羊——大多待在西南部的崎岖山岭中。

显然，风力发电与濒危物种之间存在着直接冲突。由于风力涡轮机需要设围栏和维护区，而且必须通过道路网相互连接，如果未能仔细进行选址，它们可能会破坏大面积的动物栖息地。

近乎平坦的谷地与由北部山区暴雨造成的山洪暴发情况相结合，形成了大片频繁受淹的地区，这对风力发电机的建设来说是一个严重的问题。虽然可以构建防洪体系，但在这个地貌不断变迁、冲积土扬尘严重的地区，构筑这些设施代价特别高昂，而且它们会严重破坏野生动物的栖息地。

这个土地资源普查项目中的其他地图在这里并未展示出来，包括以下内容：

现有特征	坡向
土地状况	岩土工程因素
土地利用现状	地下水
扬沙	古迹
坡度	重要植物群落

土地资源普查

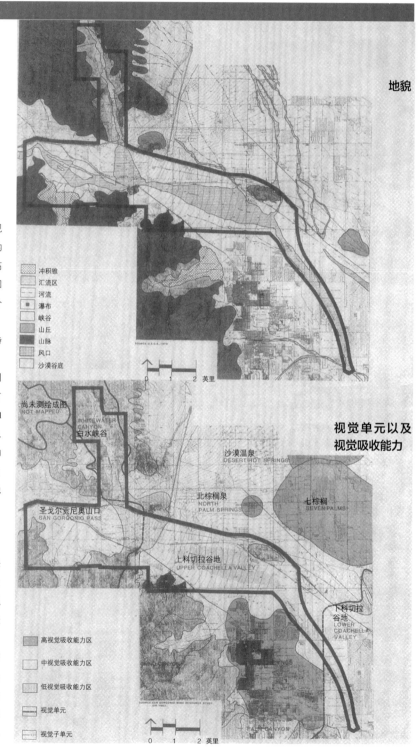

这两页展示的地图显现了土地资源普查中关于视觉的部分。鉴于风力发电机非常高（100~300 英尺），而其周围环境又极美，视觉质量是一个主要的考虑因素。

每张地图都表现了视觉特征的某一个特定的可见层面。视觉单元是同一时间所能看到的景观区域，并且看上去具有统一的特征。视觉吸收（visual absorption）是景观能够包容人工元素而不致受到严重改变的能力。在具有高视觉吸收能力的地区，风能开发可以很好地融入现有的环境中。一般来说，这些地区植被繁茂、地形多样、或是已经进行了广泛的开发。

主要的视线和视点都标示在这张显而易见的图上。人口中心和高速公路是最重要的视点，其中三条公路穿过或靠近该区域。

这些地图中的数据来源是 Wagstaff and Brady and Robert Odland Associates. San Gorgonio Wind Resource Study: Draft Environmental Impact Report. Berkeley, California, 1982.

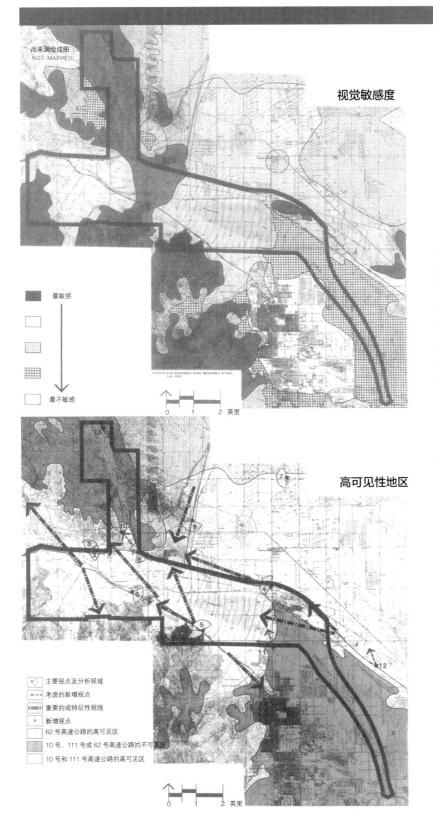

视觉敏感度

尚未测绘成图
NOT MAPPED

最敏感

最不敏感

SOURCE SAN GORGONIO WIND RESOURCE STUDY.
1 IN 1952

0 1 2 英里

高可见性地区

主要视点及分析视域
考虑的新增视点
重要的或特征性视线
新增视点
62 号高速公路的高可见区
10 号、111 号或 62 号高速公路的不可见区
10 号和 111 号高速公路的高可见区

0 1 2 英里

视觉敏感度图是一种描述性模型，利用了上两张地图中的数据。例如，被评定为"最敏感地区"的是那些至少从两条线路都能够看到的、具有低视觉吸收能力的区域。那些仅从一个地方能够看到的，或是具有更大的视觉吸收能力的地区则在某种程度上被认为是"较不敏感的"。在等级体系的另一端，那些具有高视觉吸收能力的、从任何一个主要视点都看不到的地区，则被认为是"最不敏感的"。

适宜性分析模型

关注点 / 物质资源	现存特征				风力发电潜力		扬沙			坡向					坡度			岩土工程因素					百年一遇洪泛平原	重要植物群落				
议题	美国国务院工程	未开发	渗透岸	已开发	极佳	佳/一般	源区	落沙区	外围区	北向	南向	东向	西向	相对平坦	0%~10%	11%~25%	26%	花岗岩基岩	砾岩-鼎积岩	可见的断层迹线	推断的断层迹线	隐藏的断层迹线		沙丘草	滨河湿地群落	绿洲	霍霍巴树群落	变叶木和刺莲花群落
保护 古迹																												
濒危动物																												
地貌																												
重要植被																								●	●	●	●	●
游憩 主动式分散活动区	●	●	◉	○			◉	◉	◉															●	●	●	●	●
被动式分散活动区	●	●	◉	○			◉	◉	◉															●	●	●	●	●
主动式接待服务	○	●	◉	○					●															◉	◉	◉	◉	◉
被动式接待服务	○	●	◉	○					●															◉	◉	◉	◉	◉
主动式游路	●	●	◉	○			◉	◉	●															●	●	●	●	●
被动式游路	●	●	◉	○			◉	◉	●															●	●	●	●	●
主动式游憩水域	○	◉	○	○																				●	●	●	●	●
被动式游憩水域	○	◉	○	○																				●	●	●	●	●
沙地帆船	○						◉	◉	●															●	◉	○	○	○
越野车	○						◉	◉	●																			
能源 太阳能和风能兼有	○	◉	◉	○	●	○	◉	◉	◉	●	○	○	○	○	●	○	○							○	○	○	○	○
太阳能	○	◉	◉	○	○	○	◉	◉	◉	○	●	◉	◉	◉	●	○	○							○	○	○	○	○
风能	○	◉	◉	○	●	○	◉	◉	●										◉					○	○	○	○	○

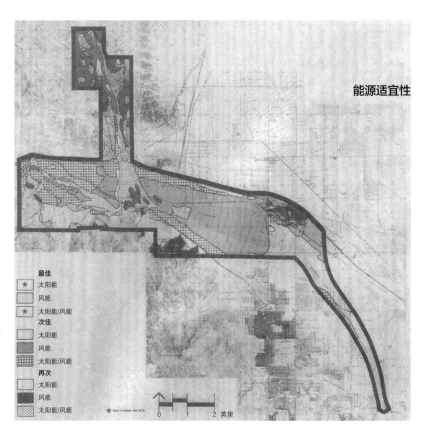

能源适宜性

在 19 张普查图中所表现的每一个特征，都至少与 3 种建议的用地类型中的一种相关，而一些特征会与所有 3 种用地都相关。适宜性矩阵是一个工具，用于分析特征和建议用地之间的关系。上面所显示的符号是对每个特征进行的评级，以确定其与各类用地的相容性——高、中、低，或者不相关。通过对这些相容和不相容特征的集合设定评判规则，就可以从这些评级中得出适宜性分析模型。

● 高
◉ 中
○ 低
□ 不适用

评判标准依据的是两组因素。第一组因素涉及建筑施工的制约条件，如坡度。河滨县禁止在 25% 或更陡的斜坡上施工。第二组因素出于风力发电潜力等有利条件，确定了某些重要的位置。风力发电潜力图反映了整个地区的风速变化情况。其他的物质资源图表现出了对以下问题的关注：

- 坡向（以确定开发太阳能的最佳位置）
- 扬沙（太阳能开发的限制因素）
- 地质、水文、土地利用、土壤和坡度（建筑的限制因素）

最佳
★ 太阳能
风能
★ 太阳能/风能
次佳
太阳能
风能
太阳能/风能
再次
太阳能
风能
太阳能/风能

★ NOT FOUND ON SITE

0   1   2 英里

社会性关注点 · 政治性关注点 · 经济性关注点

列标题（自左至右）：

- 古迹 敏感度高
- 敏感度低
- 种族敏感地区
- 土壤 建设潜力中高
- 建设潜力中等
- 建设潜力中低
- 濒危动物 扁尾角蜥蜴
- 棘趾蜥蜴
- 圆尾地松鼠
- 大角羊
- 地貌 冲积谷底
- 汇流区
- 河流
- 瀑布
- 峡谷
- 山丘
- 山脉
- 风口
- 沙漠谷底
- 奥杜邦协会*
- 塞拉俱乐部
- 视觉敏感度 最高
- 第三高
- 第四高
- 第五高
- 棕榈泉市
- 河滨县公园管理局
- 视觉敏感度 最高
- 第二高
- 第三高
- 第四高
- 第五高
- 自身可持续性

行分组（自右侧标注）：保护 / 游憩 / 能源

*Audubon Society（奥杜邦协会），以鸟类学家奥杜邦的名字命名的全美鸟类保护的民间组织。译者注

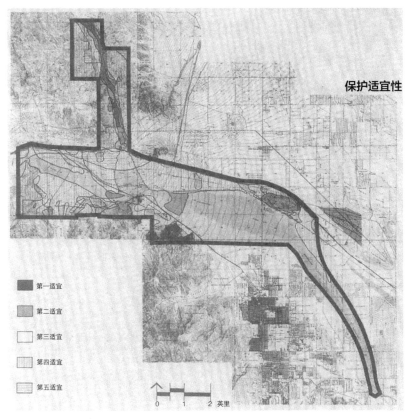

保护适宜性

图例：
- 第一适宜
- 第二适宜
- 第三适宜
- 第四适宜
- 第五适宜

0　1　2 英里

保护判断标准所依据的是两个因素：

第一个因素涉及特殊的、稀有的或濒临灭绝的野生动植物，例如棘趾蜥蜴和扁尾蜥蜴都是物质资源，需要特殊条件才能存活，而另一种引人关注的物质资源是绿洲地区的生态平衡，这种平衡很容易受到人为入侵的干扰。

由于这些地区的野生动植物都需要得到保护才能生存下去，因此应该将其作为特殊保护区。加内特山（Garnet Hill）就是这样的一个地区，因风棱石（经风沙磨蚀形成的岩石）而闻名世界，值得保护。

第二个因素涉及存在严重的诸如洪水之类的环境危害。在百年一遇的洪水发生期间，相比这个地域的其他任何部分，汇流区会遭受更为严重的影响。这一范围内的所有构筑物都将受到严重的危害，抑或彻底被破坏。以下是对每一评级的解释说明：

（1）拥有六种保护组分中的任意四种，以及根据视觉敏感度分析有一个评级为"最敏感"。

（2）拥有六种保护组分中的任意三种，以及根据视觉敏感度分析有一个评级为"最敏感"或"高度敏感"。

（3）拥有六种保护组分中的任意两种，以及根据视觉敏感度分析有一个评级为"最敏感""高度敏感"或"敏感"。

（4）拥有六种保护组分中的任意一种，以及根据视觉敏感度分析有一个评级为"最敏感""高度敏感""敏感"或"较不敏感"。

（5）仅有视觉敏感度分析列出的评级。

130

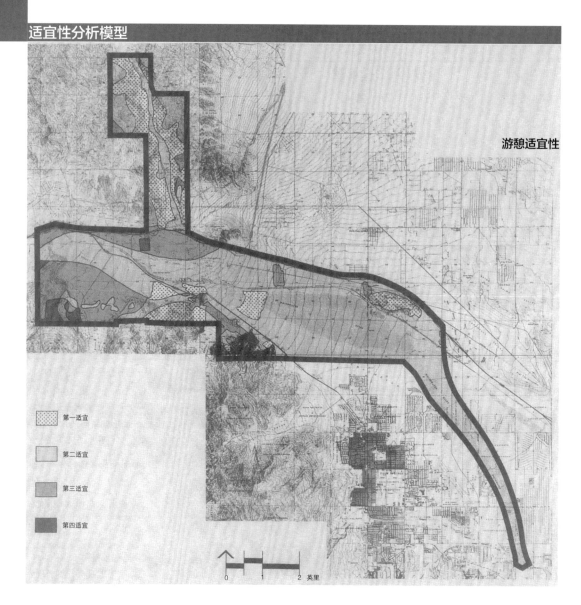

游憩适宜性

第一适宜

第二适宜

第三适宜

第四适宜

0 1 2 英里

以下是六种游憩分类：

（1）分散的活动（所需的用地不会发生改变）

（2）水上活动（需要水域资源）

（3）游路（需要清除植被并对用地进行一定的平整）

（4）接待服务（需要对用地进行平整、产生影响并开展建设）

（5）越野车（ORV，需要

各种山地和各种类型的开放空间）

（6）沙地帆船（需要平坦、风力高的大片地区）

以下是进行了评价的物质资源，以明确其对游憩的潜在促进作用：

▪ 地貌（以标绘出适合攀岩爱好者的山坡）

▪ 野生动物（以建立穿越怀特沃特峡谷的自然游

路系统）

▪ 植物（以建立穿越怀特沃特峡谷的植物学研究路径）

▪ 古迹（以获得可供考察的文物古迹）

▪ 百年一遇的洪泛平原（可标绘出易受洪水影响的汇流区）

▪ 土壤（限制在风口周围建造构筑物）

▪ 岩土工程因素（限制在

活动断层上进行建设）

▪ 现有特征（限制在严重环境隐患的地区进行建设或开展活动）

▪ 土地利用现状（禁止在已经开发的地方建造建筑）

▪ 扬沙区（限制诸如射击之类的活动）

备选方案

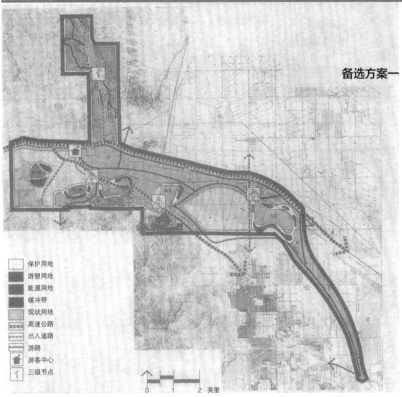

备选方案一

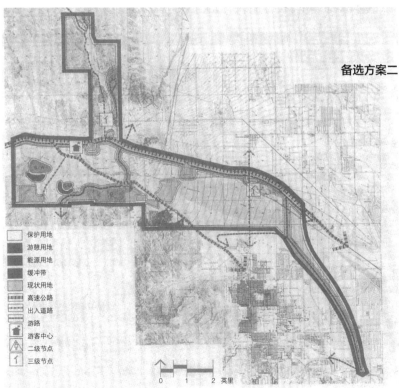

备选方案二

备选方案一：以保护为重

这个以保护为重的备选方案在强调保护议题的同时，也兼顾到对游憩和能源的关注。

无须进行保护的地区可加以开发，开展游憩或能源生产。为了与对保护的强调相一致，研究区域内的所有游憩活动将仅限于被动性质的，如摄影和绘画。

对于可能侵犯敏感区域的能源资源开发，都不允许进行。此外，对于距离高速公路 2/3 英里，或是距离居住社区 2 英里范围内的任何区域，都不允许进行开发（San Gorgonio Wind Resource Study Draft EIR, 1982）。

备选方案二：以游憩为重

在这个以游憩为重的备选方案中，最适合被动式和主动式游憩的场所将得到因地制宜的利用，方案中也会预留出能源生产和保护区域，但仅仅是作为次要的用地。在规划游憩区域时采用了以下评判标准：

- 主动式游憩活动，如行驶越野车和沙地帆船的区域，将由植物和沙丘缓冲区分隔开来。这样的分隔将有助于保护沙漠的其他部分，并防止发生各种事故。

- 摄影、绘画和观鸟等被动式游憩活动的区域，将作为一个过渡区域，介于主动式游憩区域和那些被标示为保护区的区域之间，例如一片被动式区域可以位于那些划定给沙地帆船的区域和保护区之间。

- 游路系统将得到开发，以串连所有的游憩活动。

备选方案

备选方案三：以能源为重

在这个以能源为重的备选方案中，最适宜开发能源的地区被赋予了开发优先级，不过这个地区的其他部分仍被用于游憩和保护。可开发的能源系统包括风能、太阳能以及这二者的组合。以下这些关注点阐释了能源开发的评判标准：

- 整个地区的地形（地势基本平坦的地区是开发风能和太阳能的首选区域）

- 风能和太阳能开发的适宜性（风能和太阳能可以组合开发的区域被赋予更高的优先级，因为这种集中开发的形式在操作和维护方面得以简化）

- 退线规定（景观道路的退线应不少于 1/3 英里，农村社区的退线应不少于 2 英里，这不仅是为了减少视觉和噪声干扰，还出于对安全性的考虑）

由于该地域以两条风景优美的高速公路为界，其狭窄的线性范围严重制约了该地域的开发。这个以能源为重的备选方案考虑了汇流区自身的发展，要做到这一点，就需要借助某种形式的渠道化将汇流区的水流改道。无论是从财政还是从生态方面而言，这样的举措都代价高昂。在谨记这些不利因素的同时，开发能源系统也还是有机会的。风能系统每平方英里可产能 13.78 兆瓦，将为 7000 个家庭供能。太阳能一号（Solar One）装置每平方英里可产能 40 兆瓦，将为 20 000 个家庭供能。由于这两种自然资源储量丰富且易于开采，因此这个以能源为重的备选方案值得密切关注。

备选方案三

保护用地
游憩用地
能源用地
缓冲带
现状用地
高速公路
出入道路
游路
游客中心
二级节点
三级节点

0 1 2 英里

设计导则

- 出入道路周围的区域应构筑护坡并重新绿化，以尽量减少视觉干扰。

- 大多数道路应该采用砾石铺装，因为可供建设的土壤条件较差，而且也需要减少对敏感区域的影响。

- 所有靠近主要出入道路的开发项目都应进行选址，以尽量减少对景观的影响。

- 场地平整应在干旱、风力较小的月份进行。

- 施工结束后，应立即用植被稳定土壤。

- （仅限以能源为重的备选方案）在进行任何一项防洪工程的建设之前，应先解决侵蚀、沉积、

地下水补给和定期维护的问题。

- 引入的景观元素应具有与现有自然特征相协调的形态、线条、色彩和质感。

- 建筑限高应在三层以下，以免破坏该地区引人入胜的景色。

- 所有的游路系统应在略微紧实的土壤上建造，并应重新绿化。

- 沙丘具有缓冲作用，应在冬季降雨之前和风力较小的月份中进行植物喷播。

- 通过植被再生控制侵蚀。

- 应由规划人员和景观设计师组成工作团队来执行所有的设计监管工作。

保护

- 不应大幅改变山脊线、山顶、突出的地形、岩石露头（简称"露头"，露出地表的基岩和岩层。译者注）和陡峭的峡壁等地貌特征。

- 古迹勘探应遵循加州大学河滨分校考古研究组（University of California at Riverside Archaeological Research Unit）的规定。

- 古迹遗址的地表勘测应在开发之前进行。

- 应由当地的各种团体、俱乐部，以及棕榈泉市和河滨公园管理局共同发起一项保护提升计划。

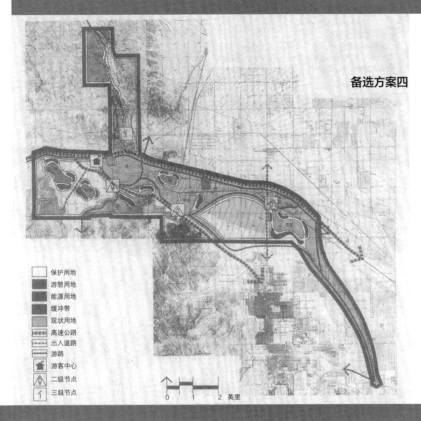

备选方案四

保护用地
游憩用地
能源用地
缓冲带
现状用地
高速公路
出入道路
游路
游客中心
二级节点
三级节点

0　1　2 英里

备选方案四：以多样化为重

　　这个备选方案的目标是在一个完整而又多样化的方案中包含全部三种利用方式——保护、游憩和能源开发，这个方案会为每种利用方式选择最佳的用地位置，因此，对所有利用方式多少会一视同仁。剩余的地域将按照与其相邻用地兼容的方式进行开发。

■ 物质资源和特殊区域应加以控制，限制进入。以下地区只允许开展被动式活动：

　　a. 绿洲区
　　b. 河岸区
　　c. 霍霍巴树林
　　d. 沙丘草群落
　　e. 变叶木和刺莲花群落

　　此外，在美国国务院工程有限公司（原美国工程咨询委员会）的所有地区中，加内特山和怀特沃特峡谷应当留作保护区。

游憩

■ 为了保护沙漠并防止事故发生，所有的主动式游憩活动，如行驶越野车和沙地帆船，都必须加以限制。

■ 所有的主动式游憩活动都将配备二级服务设施，包括洗手间、信息中心、停车场和特许经营商。

■ 所有的游客中心和二级服务设施均为配备服务人员的工作站。

■ 对越野车、沙地帆船、手划船、射击和餐饮要进行特许经营，以帮助区域公园弥补经费的不足。

■ 露营和徒步旅行（仅限于在怀特沃特峡谷中进行）的许可证将在二级服务设施中加以检查，以帮助区域公园弥补经费的不足。

■ 越野车、水上运动和团体活动等活动的收费，将集中起来帮助区域公园弥补经费的不足。

■ 为了帮助支付越野车辆活动场地中二级服务设施的费用，州政府应该予以拨款。

■ 游路系统将串连所有的游憩活动。

能源

■ 游憩活动附近不应设置能源开发。

■ 能源开发应局限在小型的、高度集中的区域。

■ 风能开发必须遵循退线规定：距离道路2/3英里，距离住宅区2英里。

■ 所有的能源开发都应该有植物缓冲区，仅仅出于安全的目的。

■ 棕榈泉市和河滨县应成为能源开发控制的牵头机构。

■ 任何紧邻棕榈泉市的能源开发都必须对视觉方面加以特别考虑。

■ 所有挨着风力开发区域的游路都要遵守2/3英里的退线规定。

规划单元内公有土地上种植的植物名录

重要的植物群丛

变叶木 – 刺莲花（Croton–Sandpaper）

变叶木属变叶木（*Codiaeum spp.* Croton）

豆科（*Dalea californica* Indigo bush）

刺莲花属（*Petalonyx thurberi* Sandpaper）

沙丘草（Dune Grass）

叶子花属沙漠沙地马鞭草（*Abronia villosa* Sand verbena）

月见草属月见草（*Oenothera deltoids* Evening primrose）

黍属长尖黍（*Panicum urvilleanum* Panicum）

霍霍巴树（Jojoba）

麻黄属（*Ephedra spp.* Mormon tea）

西蒙得木科霍霍巴树（*Simmondsia chinensis* Jojoba）

绿洲植物（Oasis）

酒神菊属（*Baccharis glutinosa* Mule fat）

琥头属（*Ferocactus acanthodes* Barrel cactus）

丝葵属华盛顿棕榈（*Washington filifera* Washington fan palm）

岸生植物（Riparian）

桤木属白桤木（*Alnus thombifolia* White alder）

芦竹属芦竹（*Arundo donax* Giant reed）

酒神菊属（*Baccharis glutinosa* Mule fat）

酒神菊属（*Baccharis sergiloides* Squaw waterweed）

沙漠蔽属（*Chilopsis linearis* Desert willow）

菊属银鲛（*Chrysothamnus paniculatus* Rabbit brush）

沟酸浆猴面花（*Mimulus spp.* Monkey flower）

杨属棉白杨（*Populus fremontii* Cottonwood）

柳属杨柳（*Salix spp.* Willow）

香蒲属香蒲（*Typha spp.* Cattails）

常见的植物群落

石炭酸灌木丛（Creosote Scrub）

豚草属白刺果豚草（*Ambrosia dumosa*）

菊科加州蒿（*Artemisia californica* California sage）

沙漠蔽属（*Chilopsis linearis* Desert willow）

金菊属草原金黄翠菊（*Chrysopsis villosus var. fastigiata* Golden aster）

菊属银鲛（*Chrysothamnus paniculatus* Rabbit brush）

豆科（*Dalea californica* Indigo bush）

毒菊属沙漠毒菊（*Encelia farinosa* Brittlebush）

琉璃苣属北美圣草（*Eriodictyon trichocalyx* Hairy yerba santa）

荞麦属金蒿麦（*Erigonum fasciculatum* Buckwheat）

灯芯草属（*Juncus spp.* Wiregrass）

拉雷亚属三齿拉雷亚灌木（*Larrea divaricata* Creosote bush）

菊科（*Lepidospartum squamatum* Scalebroom）

仙人掌属赤乌帽子（*Opuntia basilaris* Beavertail cactus）

仙人掌属（*Opuntia echinocarpa* Golden cholla）

球葵属沙漠球葵（*Sphaeralcea ambigua* Desert mallow）

丝兰属西地格丝兰（*Yucca schidigera* Mojave yacca）

丝兰属惠普尔丝兰（*Yucca whipplei* Our Lord's candle）

沙漠查帕拉尔（Desert Chaparral）

下田菊属小下田菊（*Adenostoma fasciculatum* Chamise）

蔷薇科红胚木（*Adenostoma sparsifolium* Ribbon wood）

熊果属（*Arctostaphylos glauca* Big berry manzanita）

美洲茶属（*Ceanothus greggii* Desert ceanothus）

山红木属（*Cercocarpus betuloides* Mountain mahogany）

铁线莲属（*Clematis pauciflora* Virgin's bower）

荞麦属金蒿麦（*Erigonum fasciculatum* Buckwheat）

刺柏属加州种（*Juniperus californica* California juniper）

李属冬青叶樱树（*Prunus ilicifolia* Holly–leaved cherry）

栎属矮栎（*Quercus turbinella* Scrub oak）

盐肤木属糖槭树（*Rhus ovata* Sugar bush）

区域内的敏感植物（确切位置未知）

黄芪属斑荚黄芪变种（*Astragalus lentiginous var. coachellae* Coachella Valley locoweed）

穗子属（*Crossosoma bigelouii* Crossosoma）

大戟属崖大戟（*Euphorbia misera*）

大戟属（*Euphorbia platysperma* Sandmat）

唇形科（*Monardella robinsonii*）

紫草科穗沙菰（*Pholisma arenarium*）

鼠尾草属（*Salvia greatai*）

但是，我们必须认识到，清晰区分用地区域并不足以确保能够达成这些目标的任何一种最佳组合。从长远看，这只能通过脚踏实地地实操来实现。因此，我们要再次遵循尺度整合的法则，并在更小的尺度上找到实施的方法。通过两套设计导则—— 一套导则涉及对地形和土壤的处理，另一套导则涉及对植物群落结构的调整——我们将接力棒交接给在更小尺度上工作的设计师。第132~134页上对这两套导则作了简要概述。

无论从视觉还是生态方面看，沙漠地貌都特别脆弱，容易受到开发的干扰。视觉质量是一个极其重要的考虑因素，如果能从一开始就坚持关注，那么新的开发在形态上应该会与沙漠景观的自然形态相协调。这是作为一个泛泛的目标交接过来的，当将其交接给项目、场地和施工层级时，这一目标将变得更具针对性。在生态方面，主要的目标是要维系水流和稳定自然地貌，这基本上要通过种植和保持土壤渗透性来实现。

在沙漠中，植物的作用至关重要：保持土壤稳定，为生活在艰难环境中的野生动物提供食物和遮蔽，有时还可提供水分。另外，由于几乎很少有植物会在那里长得繁茂，植物群丛和群落的结构就显得尤为重要了。在这个案例中，规划单元内有五个特殊的植物群丛和两个常见的植物群落。正如植物群落结构导则中所列，每种植物群丛或群落中的优势种都应该是结合新的开发加以种植的品种。我们将在第十一章中讨论物种的重要性，以及它们之间如何相互作用形成群丛或群落的结构。

项目层级

目前，我们将一个项目定义为一项景观开发活动，由单一的实体进行财务控制，从而达成整体性设计，并且能够在有限的时段内——通常2～10年之间——实施设计。尽管城市中的一片再开发地域，或是像滑雪胜地之类的游憩开发区往往被归于这一类别，但最常见的项目操作尺度可能是进行了地块细分的整片土地，其占地大小通常在50～5000英亩范围内，不过，具体的项目可以更小或更大。图纸的比例通常在1英寸：100英尺～1英寸：400英尺之间，这意味着最大的水平误差应该在8～32英尺之间，这个精度足以初步绘制地产的界址线。

由于控规中的用地分类通常会涵盖多种土地利用方式，因此，通常这也是精准确定各种用地的尺度。例如在一片规划单元的开发区中，允许建设各种游憩设施和一些购物店，则这些用地都将在这个项目尺度下被划定位置。

● 高地牧场（High Meadow Ranch）案例研究

就建立景观与人类使用之间的契合度而言，地产界址线是尤为有效的工具。高地牧场研究案例对其部分用途进行了诠释。高地牧场位于圣地亚哥县东部的一处崎岖的山谷中，占地815英亩，花岗岩巨石散布其中。土地利用总体上是在更大的规划尺度下确定的——低密度的居住用地和相关的辅助用地。整片土地产权单一，将在3～8年的期间内完成开发。这片土地会被细分为一大块一大块带有高水准设施的居住地块，公用的游憩设施也会包含在其中。因此，高地牧场或多或少是项目尺度上一个典型规划案例的代表。

除了低密度的居住性利用之外，由更大尺度的关注交接而来的主要目标是保护这片景观的主要自然特征，而其他目标还包括最低程度地利用水资源和保护野生动植物种群。

确定目标之后，在这片崎岖的景观中，契合变得极其重要，而恰到好处的契合则需要对这片景观进行细致的分析。如第 137～141 页所示，这里使用了适宜性分析建模过程，是基于土地自身的生态敏感度和影响预测进行的适宜性分析，与怀特沃特汇流区案例中所描述的方法完全不同。通过对地形、土壤、植物群落以及水体之间相互作用的考察，针对各种关系明确提出了一个排布格局，而这一格局成为设计的指导思想。

高处的坡地和山脊很难修路到达，难以进行建设，并且还分布着大量重要的野生动物栖息地。受这些条件限制的地域有 324 英亩，超过了这个项目占地面积的 1/3。谷底占地约 44 英亩——大部分是狭窄的牧草地，滨河湿地贯穿其中——对于排水体系格局和地下水补给而言，非常重要。两种地形——高地区（包括山脊、山峰和高处的坡地）和谷底共同构成了这片景观的视觉和生态特征。显而易见的是，这些地形应该保持开放，高地应处于自然的状态，而谷底则用于游憩和公共牧场。剩下的土地，大约有 450 英亩，主要是在山麓的坡地上，被细分成 1 英亩～5 英亩大小不等的居住地块。设定这一地块尺寸是为了可以提供一片相对平坦且具可达性的建设区域，每个区域都具有向北或向南的朝向。土地权属边界尽可能与自然特征线相重合。例如设计将山脊线和径流河道作为或贴近地块边线，提出了退线建设的要求，并规定在某些情况下对地役权（指穿越或使用其他权属土地的权利。译者注）进行保护。

这些地产的权属界址线非常重要，因为它们在很大程度上会形成最终的特定形态，并由此对这片景观产生极大的影响。这些界限长期有效，一旦边界确定之后，各种法律约束会使之难以变更。历史表明，地产权属界址线往往会比一座建筑乃至在其原址上反复更新重建的一连串建筑更长久存续。不仅如此，随着时间的推移，形形色色的种植以及不同的土地管理实践会在外观样式上改变这些界限，往往使之成为比自然特征线更强有力的式样。任何一名旅行者都可以从空中检视这些界址线在景观中的重要性。欧洲北部和英格兰的灌木篱和以棋盘格形式遍布美国景观的勘测网格，可能是非常极端的例子。在欧洲的部分地区，甚至从空中仍然可以辨识出具有 2000 年历史的罗马百户区（centuriatio，按照古罗马城市规划，罗马人测量土地，将土地分为网格状，然后以这种形式划分给其他殖民者。译者注）的划分，而在一些城市的中心区域，古罗马兵营的网格也同样清晰可辨。这些突出的、统领一切的格局与自然的地形地貌形成了强烈的对比，甚至与其后城市发展所形成的更具组织性的形态也形成了强烈的对比。在景观中，地产界址线与人脸上因年龄老去而显现的各种线条一样富有表现力。

在高地牧场，我们寻求的是一种无论在功能上还是视觉上都与自然景观更为和谐的关系。特别是在如此崎岖、陡峭的坡地景观中，精心绘制的地产界址线可以保全自然的汇流格局，可以最大限度地减少对地形的平整，并且可以将人工格局与自然格局融为一体。

案例研究Ⅷ
高地牧场住区开发

在高地牧场的狭窄谷地和岩石散布的山麓，其场地自然特征尚未受到干扰的815英亩用地上，可以容纳大约250栋独户住宅，连带一个公共游憩区，只要通过仔细找寻最佳的建设选址，就能实现这种平衡。生态敏感度模型被用来界定适宜开发的区域，对地质、汇水格局、坡地、土壤和植物群落进行分析，可以将这些区域按照其敏感程度（高或低）和减少干扰的可行性进行分类。该模型表明，较敏感的区域都集中在高处的坡地上（这是由于其坡度陡峭、土壤瘠薄、野生动物栖息地众多造成的）和谷地中（这是由于其潜在的洪涝灾害和密集的古橡树群决定的）。这个发现提示，应对土地利用格局进行规定，低处坡地可进行建设开发，高处的坡地和山峰要保持其自然状态，而谷地则用于游憩。

由约翰·莱尔编制，景观分析由环境分析系统公司（Environmental Analysis Systems, Inc.）完成，人员有：肯尼思·克努斯特（Kenneth Knust）、迈克尔·斯坦丁（Michael Steiding）和罗伯特·斯莫尔（Robert Small）。为新环境研究公司（New Environment Research Corporation）而编制；总裁罗利·柯肯德尔（Raleigh Kirkendall）。

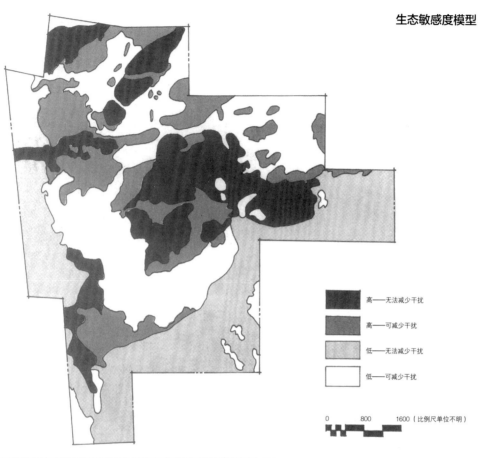

生态敏感度模型

高——无法减少干扰

高——可减少干扰

低——无法减少干扰

低——可减少干扰

0   800   1600（比例尺单位不明）

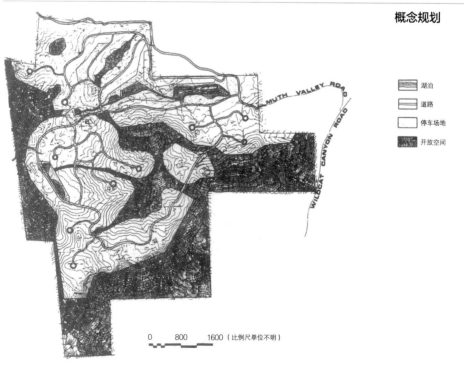

概念规划

湖泊

道路

停车场地

开放空间

0   800   1600（比例尺单位不明）

概念规划评价

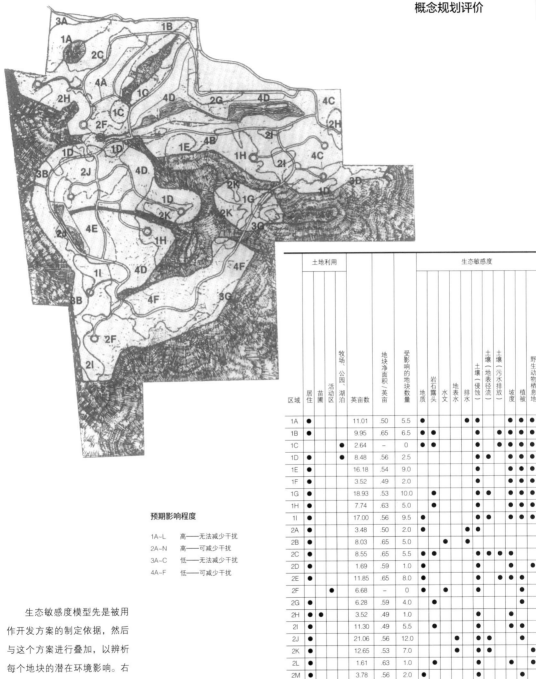

预期影响程度

1A~L 高——无法减少干扰
2A~N 高——可减少干扰
3A~C 低——无法减少干扰
4A~F 低——可减少干扰

生态敏感度模型先是被用作开发方案的制定依据，然后与这个方案进行叠加，以辨析每个地块的潜在环境影响。右边的概要表展示了各个地域的生态敏感度特征。该表有助于提示每个建筑商应当遵守的减少干扰的要求，并作为环境影响报告的一个依据。通过这种方式，设计和影响预测的过程得以结合。

| 区域 | 土地利用 | | | | 英亩数 | 地块净面积/英亩 | 受影响的地块数量 | 生态敏感度 | | | | | | | | | | |
	居住	苗圃	牧场、公园、湖泊	活动区				地质	岩石露头	水文	地表水	排水	土壤（侵蚀）	土壤（地表径流）	土壤（污水排放）	坡度	植被	野生动物栖息地
1A	●				11.01	.50	5.5						●	●			●	●
1B	●				9.95	.65	6.5	●	●				●				●	●
1C				●	2.64	–	0						●				●	●
1D	●			●	8.48	.56	2.5						●	●			●	●
1E	●				16.18	.54	9.0						●				●	●
1F	●				3.52	.49	2.0						●				●	●
1G	●				18.93	.53	10.0	●					●				●	●
1H	●				7.74	.63	5.0						●				●	●
1I					17.00	.56	9.5	●					●			●	●	●
2A					3.48	.50	2.0				●	●						●
2B					8.03	.65	5.0			●				●				●
2C					8.55	.65	5.5	●	●				●		●	●		
2D					1.69	.59	1.0						●					●
2E					11.85	.65	8.0						●				●	●
2F			●		6.68	–	0						●				●	
2G					6.28	.59	4.0						●				●	
2H		●			3.52	.49	2.0						●				●	
2I					11.30	.49	5.5	●					●				●	
2J					21.06	.56	12.0				●	●		●			●	●
2K					12.65	.53	7.0			●		●						●
2L					1.61	.63	1.0	●									●	
2M					3.78	.56	2.0	●					●					
2N					23.04	.63	14.5				●		●					●
3A					4.62	.50	2.0						●				●	●
3B					16.25	.56	9.0						●	●			●	●
3C					10.04	.63	6.0						●				●	●
4A			●	●	25.76	.65	13.0			地表水	●	●						●
4B	●			●	43.67	.59	15.5				●	●						●
4C				●	53.07	.49	23.0				●	●						●
4D					39.23	.56	22.0						●	●				●
4E	●				23.60	.56	13.0					●	●					●
4F	●				44.37	.63	28.0						●				●	

开发规划

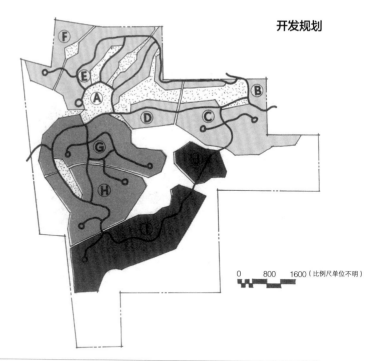

阶段	区域用地		英亩数	地块
	A	活动中心	10	1
1	B	苗圃	7	1
	C	居住	60	38
	D	居住	35	36
	E	居住	44	32
	F	居住	24	12
2	G	居住	74	42
	H	居住	60	35
	I	居住	75	45
	J	居住	18	19
	居住总数		390	250
	自然保护		320	
	游憩		44	

0 800 1600（比例尺单位不明）

地块划分方案

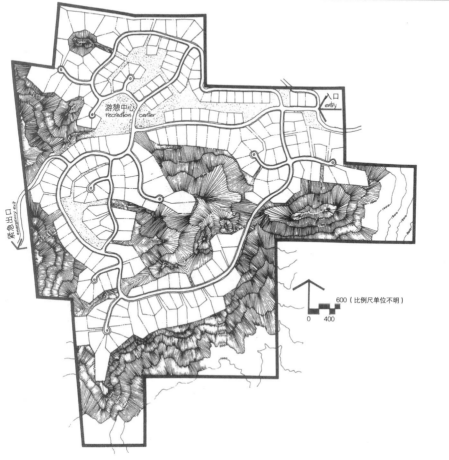

0 400 600（比例尺单位不明）

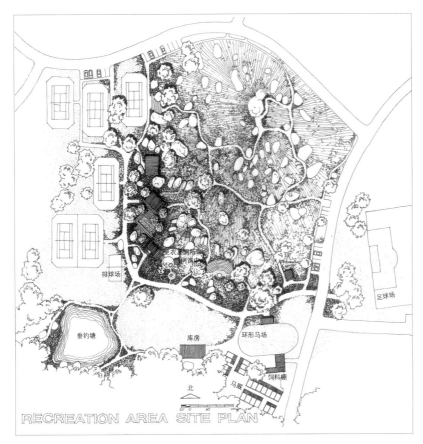

游憩区场地设计方案

  在游憩区的场地设计中遵循了开发与地形地貌之间的基本的概念性关系。谷底保持开放，流水潺潺，作为公共游憩空间；各座山峰保持其自然状态；建设施工主要限于山坡上。

选址原则

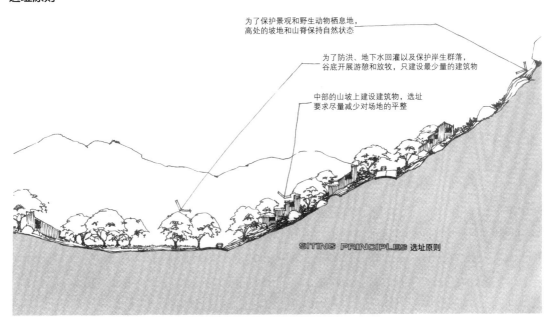

要靠场地规划尺度来更细致地推进这一格局的实现，有几个办法经证明对此很有帮助。为每个地块指定建筑区域和种植区域。建筑区域是基于可建性和可达性、视觉上不引人注目、不具有自然特征，以及与相邻建筑区域的距离等因素选定的，施工只能在建筑区域内进行。在这个地形多变的地带中，各个地块的条件迥异，需要有极大的灵活性，而在典型的地块划分实践中所运用的退线标准将无法应对这种需要。

每一名房主将根据其住宅的选址来确定种植区域的位置。种植区域会占据每个地块不到一半的面积，地块的剩余部分会被保留下来、构成整个自然景观基质的一部分。

为了保持自然的汇水格局，在理想状态下，每个地块的地表径流会以自然状态下的径流总量为限。要做到这一点，需要仔细设计一系列渗井、下凹式绿地和其他设施。

诸如此类的种种约定性要求可以达成从项目尺度到场地设计尺度的衔接过渡，这对于确保一个开发项目的完整性来说，至关重要。如果没有这些约定性要求，在项目尺度上所建立的更为开阔的格局很可能会被体现不同思路的场地设计所抹杀。与此同时，对于每一个地块，场地设计师都会获得尽可能多的施展余地，以便结合产权人的种种需求，针对该地块的确切条件来进行设计，而最终，他会比其他任何人都更了解地块的具体条件。规划控制的目的在于确保整体的完整性，并确立更大的目标，而不是对个别部分进行设计。理想的状况是在一个整体性的更大的框架内进行选址和设计，从而获得丰富多样的形态，这样可以确保生态功能的完整性和视觉上的连续性。显然，这是一种微妙的平衡。

通常情况下，这些控制性规定是通过各种条约、契约和法规，从项目层级下达到场地设

计师的。当一个地块售让之时，这些控制性规定就成为契约文书中的法定部分，而进行法律捆绑之后，就成了一个相当严格的措施，需要有精确的描述语句，并且不再具有未来调整的空间。一些附加说明通常会有帮助，尤其对于具有多种地形和用地的大型项目而言。导则是一种较为宽松的措施，用于将信息传达至更小的尺度。

●导则：伍德兰兹新社区案例

由华莱士、麦克哈格、罗伯茨（Roberts）和托德（Todd，1973）为得克萨斯州的伍德兰兹新社区（Woodlands New Community）编制的场地规划导则，成功地对相当多的细部进行了控制性规定，而又未加过度限制。作为这类导则的范例，值得予以关注。导则中先是给出了有关生态条件的大量数据，然后根据土壤和植被类型，进一步明确规定了清除植被的范围和地点。

伍德兰兹社区中有关土壤的主要关注点是地下水的补给。根据渗透率，所有土壤类型分为A、B、C或D类：A类土壤是渗透性最高的，可以清除多达90%的植被而仍然能够就地渗吸1英寸的降雨；B类土壤可以清除多达75%的植被；C类土壤最多可清除50%的植被。对以上每一类型的土壤而言，这些数字相当于植被可被清除的最大面积。由于D类土壤是不透水的（主要是黏土），其上的植被清除与否不会带来什么差别，因此并未加以限制，建议可进行高密度开发。

在考虑植被时，除了要维系自然水体，还有一个主要的关注点是要延续这片景观以及其中野生动物栖息地的森林特征。对各种植物群落耐受开发活动和由此造成的土壤压实而仍然得以存活的能力、它们的视觉重要性，以及为野生动物提供食物的能力进行评估后，为每个群落都规定了植被清除的最大百分比，单个群落内这一数值的变化范围，在疏林区增加5%~大片林木区域减

少5%的区间内。植被清除率的最大值——95%被赋予了松林林分，而另一极值只有10%，则被赋予了纯硬木林分和岸生群落。

其他的导则就场地平整、道路通行权、林分大小和其他因素确立了一些控制性措施，由于提供的信息足够充分，这些措施既具有一定的灵活性，而又能确保生态的完整性。

场地层级

场地设计是"于细枝末节处布置一处户外物理环境的艺术"（Lynch, 1971: 3），它需要确定景观中的各种建筑物、流通路线和活动的准确位置。场地具有各种明确的边界，通常会很小，小到足以从一个视点就能窥知其全貌。有时候，如同高地牧场或伍德兰兹社区的情况，场地是一个更大项目的组成部分，其由设计需要关注的问题而产生的明确的目标和完整的架构都已经确立。更为常见的情况是，场地会受到各种唯标准是瞻的、看似随意的规划限制，如后退红线距离和限高规定等。对于这样的场地，我们只能在并不清楚它们与更大的背景环境之间

有哪些关联的情况下先行处置。

在应对更大的背景环境，以及包括视觉形态、通行和停车、朝向、便捷性、经济、基础设施和其他许多事项在内的多种内部关注事项时，场地设计会变成一个复杂而又微妙的过程。在这里，我不会试图以一种面面俱到的方式来阐释它，主要因为有几本很好的书已经专门探讨了这个问题（Lynch, 1971: 3）。相反，我会讨论三种相当常见的情形，在这些情形中，场地的自然资源以三种重要的但又截然不同的方式面对、融合人类的开发。我们可以称之为以"融合""利用"和"保护"为目标的方式。

●场地的"融合"：高地牧场案例

在"融合"的情形下，各种建筑物和活动在视觉上被"融合"到景观中，尽可能不干扰景观，保持景观的基本形态和地被都处于自然的状态。各种构筑物或埋入地下，或掩蔽于树丛，在几何形态上每每做出退让，避免直接的冲突。是活动去寻找合宜的地点，而不是重塑场地来开展活动。

以"融合"为目标的一个例子是高地牧场的游憩中心。这里要重温一下在项目尺度上设定的架构。自然的山顶形成了起伏的天际线，谷底则用于游憩和放牧，呈现为一片绿色的基底。在基底和天际线之间，建筑物排布在山坡上，尽可能地融入树木和山石之间。游憩区的选址包含了一处低矮的山丘，点缀着露出地面的花岗岩，部分区域被覆着高大舒展的橡树。在这片景观的下面，山坡延展到一处窄窄的、相对平坦的谷地，有一条小小的间歇性溪流穿越其中。

这个场地设计，作为第141页所示高地牧场案例研究的一部分，遵循着更大尺度上的格局，在保留山丘原本面貌的前提下，加入了游步道。足球场、骑行环路和网球场均位于谷地之中；

一侧现有的池塘成为一个钓鱼塘；围绕在山脚下的是各种构筑物：游客问询处（在一座既有的建筑中，这里曾经是马车驿站）、游泳池和更衣室、俱乐部会所、手球场，以及露天剧场。这些构筑物坐落于树木和岩石之间，可以看得见但又不致引人注目，刻意这样选址，以尽可能使之不显眼。实现这样的目标需要对建筑进行不规则的排布，建筑物之间的关系相对松散，并以自然的非几何的形式界定空间。所有新种的植物都选用在该地区生长的乡土种。显然，自然环境仍然占据着主导地位。

●场地的"利用"：
大学村案例研究

　　"利用"是一种完全不同的情形，会形成截然不同的形态。每个场地都有类型、品质不同的各种资源，但至少会包括有阳光（或太阳能）、土壤和一些水资源。这些资源以及其他任何可能存在的资源，都可以在某种程度上有助于满足居住在这一场地上的或是其附近区域的人们的基本需求。当然，满足的程度取决于这些资源的自然禀赋和需求的类型。尽管如此，就地、高效利用资源的可能性却往往被忽略。

　　第 145~147 页上的大学村案例研究诠释了将一片场地中的资源集中用来支持其居民的假想情形。这个案例被设计成了一个能够在最大限度上满足一群大学生基本需求的生活和工作环境，并且拥有集约化的混合农业生产、水产养殖、太阳能加热，以及水资源和牲畜粪便的循环利用。要达成这样彻底的就地资源利用需要对场地进行细致的组织：山坡上的建筑物都朝向南面，以利用太阳辐射，并且餐厅和会议室都位于顶楼，以便一览无余地观景；山脚下种植了柑橘，因为这里排水良好，温度适宜；菜园坐落在南向山坡的下面，可以获得地表径流水，而不会

有山坡侵蚀的问题；养鱼塘可用于储存灌溉用水，位于稍高一些的地方，使得其蓄水可以泄入沟渠之中；牧场、猪圈和其他仓房设施都设置在道路的另一侧，生物污水处理池也一样。这样一来，相关的臭味和害虫都会尽可能地远离居住区域。处理后的污水由风车泵送回山上，然后借助重力输送、浇灌果园。按照目前的健康规定，这些水不能用于灌溉蔬菜作物，不过，这种情况将来可能会发生改变。那些流线图说明了这个系统中水资源和能源的利用情况。对资源进行恰当的利用，就要求能够密切配合这些流线进行设计，最大限度地发挥朝向、重力及其他物理特性的潜力。这是一种高度功能化的方法，可以产生一种场地的组织关系，对人工生态系统的内部运作机制进行表达和强化。

　　对资源进行保护同样需要密切关注景观的功能，但关注的方式截然不同。关键资源可能遍布于整片场地，或者仅存在于其中的一小部分，但即使是后一种情况，其影响也可能波及一片非常大的区域，主导着对这片场地所做的大量决策。这种影响常常会引发与其他关注因素的冲突。

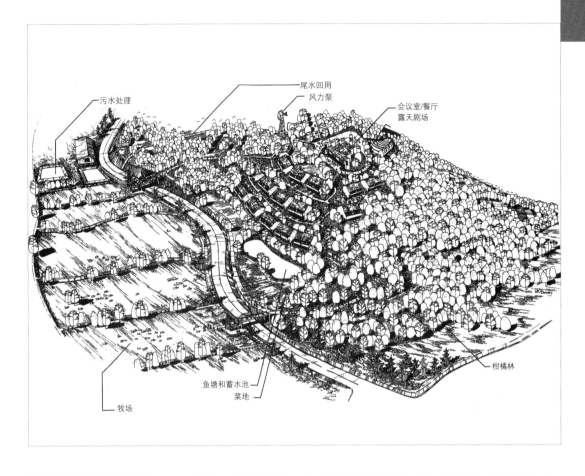

污水处理

尾水回用
风力泵

会议室/餐厅
露天剧场

柑橘林

鱼塘和蓄水池
菜地

牧场

案例研究IX
大学村

一个约150名学生的小型社区坐落在一片不到100英亩的场地上，可以自给自足大部分的食物、水和能源需求。要做到这一点，就需要高效而有保留地就地利用能源、水资源，以及各种适宜的循环技术，包括污水的生物处理和动物粪便的甲烷消化。流程图描绘了物质和能量的基本路径，清晰显示了运行初始以及最终稳定状态下所预期的各种输入、输出和回馈。

如此高效地就地利用资源，需要顺应地形仔细地利用土地：建筑物坐落在南坡上，是为了能获得最多的光照；柑橘林也最好坐落在阳光充足的山坡上，而菜园和鱼塘则需要平坦的土地；污水靠重力输送到温室和水池进行生物处理；处理过的污水借风力泵回到上坡方向，用于冲厕和灌溉。

分析表明，尽管在这种设计出的生命支持生态系统中生产力可能非常高，彻底自给自足也许并不是一个具有经济高效性的目标，因为这样会抑制对景观资源的最佳利用。这片土地不太适宜产出某些基本需求，如谷物，但非常适宜更大量地产出某些食物，如柑橘，甚至超出社区所能合理消费的量。因此，达成自给自足和外销之间的某种平衡可能才是最为经济高效的目标。

由加州州立理工大学风景园林系606设计工作室编

制。萨宾·巴斯蒂尔（Sabine Bestier）和坎塔里德·维罗希里（Xantharid Virochsiri），顾问约翰·莱尔和杰弗里·奥尔森。

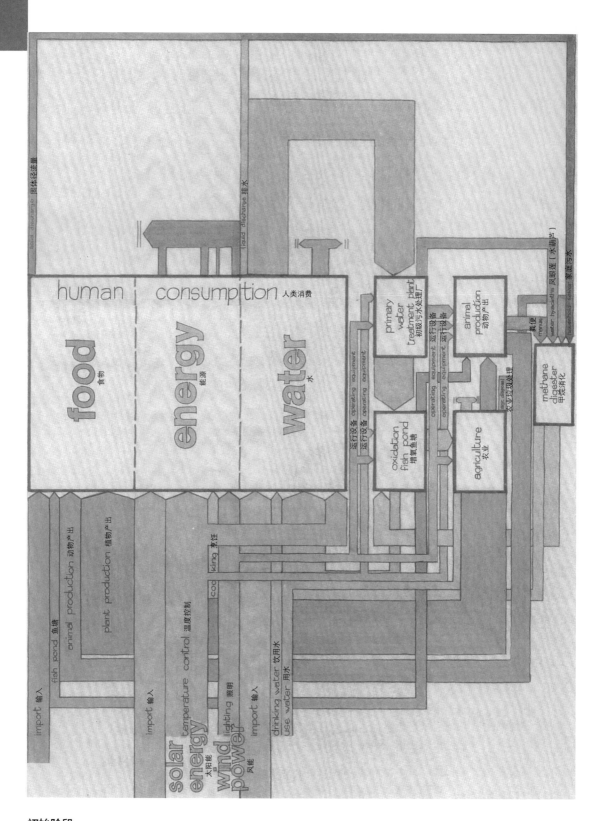

初始阶段

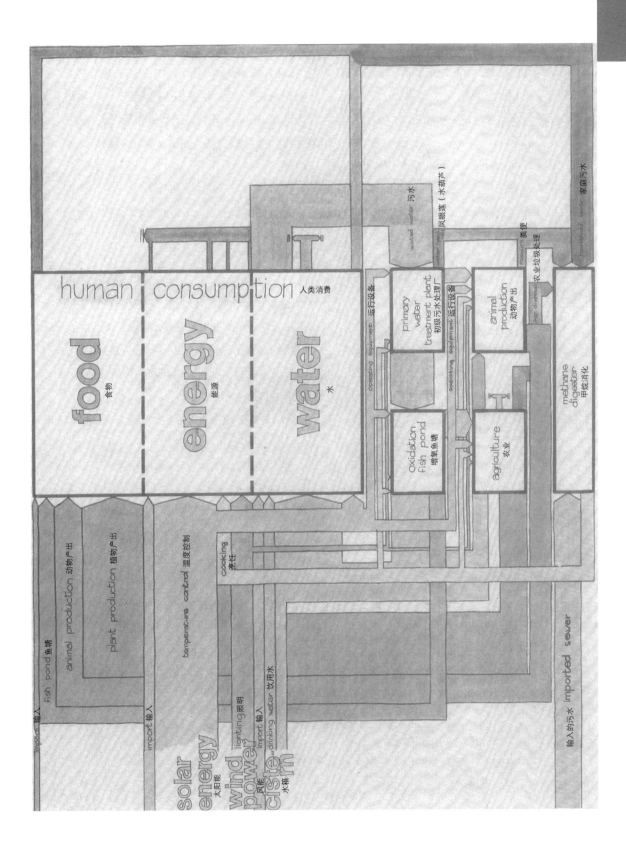

●资源保护：马德罗纳沼泽（Madrona Marsh）案例研究

马德罗纳沼泽案例研究（第 149~152 页）就说明了这一点。马德罗纳沼泽是一片 11 英亩残留的春季沼泽地，空气清新，坐落在一块 160 英亩的土地上，由于其中有油井，至今尚未开发。它位于南加州市区中城市化程度很高的托兰斯市，为丰富的野生动物种群——从微观的池塘物种到稀有的白尾鸢等主要捕食者——提供了栖息地。和圣埃利霍潟湖一样，马德罗纳沼泽也是太平洋候鸟迁徙路线上重要的中途停留地。

随着越来越多的油井被废弃不再进行生产，对这一地区的开发日渐迫近，因此，各个环保组织为了拯救这片沼泽进行着长期而艰难的抗争。然而，即使是最激进的保护主义者也普遍做出了让步，这片 160 英亩的土地至少有一部分可能会被开发为城市用地，而准许对其进行开发则引出了一个值得关注的重要的场地设计问题。随着城市化的逼近，这片沼泽是否还可能是一处可以独立存续下去的野生动物栖息地？需要保留多少土地才能保持其完整性？应该如何组织和管理这片土地，才能实现栖息地价值与经济性利用的最佳结合？

这里所展示的场地设计方案对这些问题做出了一些解答。这一设计的指导方针在野生动物栖息地和城市化区域紧挨在一起且互不侵犯的其他一些地方也能加以广泛的应用。

在仔细研究这一场地设计方案之前，有必要更好地了解一下马德罗纳沼泽所牵涉的价值冲突。出于经济的考虑，要求进行开发是很强势的价值取向。这片 160 英亩的开阔地被分成了两个地块，沼泽位于其中较小的那个地块，占地 54 英亩。道路的西侧是非常成功的德尔阿莫购物和商务中心（Del Amo shopping and business center）。工业区和居住区位于道路的另一侧。一条主要的交通干道——塞普尔维达大道（Sepulveda Boulevard）沿着南部的边界延伸，一条铁路支线也从那一边进来。整个地块被规划为工业用地。土地价值的估值在最低大约 500 万美元（可能相当低）到这一数值的数倍之间变动。

在天平的另一边，是对于视觉、游憩和野生动植物的价值取向。虽然这里是附近唯一的一片开阔地，但它在视觉上并不吸引人，只是一片平坦的、杂草丛生的平地，穿插着泥泞的道路，点缀着一片片水洼。桉树、石油钻井平台和电力线路零零落落地杵在那里，在周围灰蒙蒙的商业和居住建筑背景中显得很突兀。

尽管这片沼泽地现在还没有进行游憩利用，但未来很可能会加以利用，而这种可能性很大。相较普遍认可的每千人 10 英亩的标准，这里周边地区的公共游憩空间的人均比例是每千人 2.47 英亩（Earle, 1975）。

至于这片沼泽地的野生动植物价值，尽管受到周围城市化的影响，马德罗纳沼泽之于春季沼泽栖息地而言，仍然是一个有着惊人的丰富物种的个案。"马德罗纳沼泽之友"（the Friends of Madrona Marsh）指出，它是加州南部仅存的一种沼泽类型，而在一片干旱的景观中，淡水栖息地永远是至关重要的。这片沼泽地的物种数量众多且多样化，尤其是在微观和宏观的层级上，并且似乎营养结构健全，完整无缺，而植物性物质的快速分解体现着高效的养分循环过程（Earle, 1975）。

场地分析

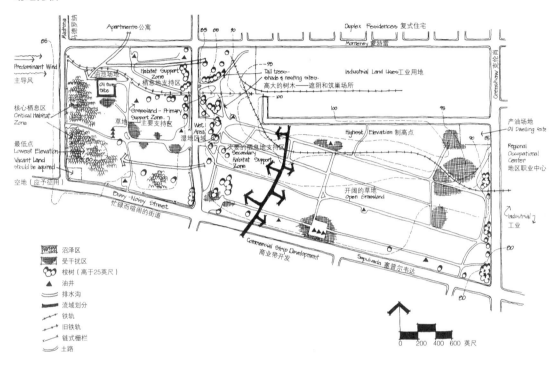

- 沼泽区
- 受干扰区
- 桉树（高于25英尺）
- ▲ 油井
- 排水沟
- 流域划分
- 铁轨
- 旧铁轨
- 链式栅栏
- 土路

占地 11 英亩的马德罗纳沼泽是 160 英亩未开发土地的一部分，它支持着数量众多的鸟类和小型哺乳动物。由于占据着剩余的未开发土地的油井即将停产，针对这片场地的商业和工业开发方案已经提出。

环保主义者，特别是"马德罗纳沼泽之友"，一直在努力将整个 160 英亩的地区保留为开放空间，因为所有这些地区都与这一沼泽生态系统密切相关，并且周边区域非常需要游憩和绿地空间。然而，一方面，由于土地价格高昂，这种方式的保留不可能做到。另一方面，如果允许开发拓展到沼泽边缘地带，那么，这片沼泽可能不再具备作为一处有效的栖息地的功能。因此，为了维持其功能，最少需要保留多少土地面积才可能是合理的问题，非常有必要进行探讨。

由伊丽莎·厄尔（Eliza Earle）编写，是其硕士学位论文的一部分。顾问：马克·冯·沃特克、约翰·莱尔和罗纳德·奎因（Ronald Quinn）。

管理分区

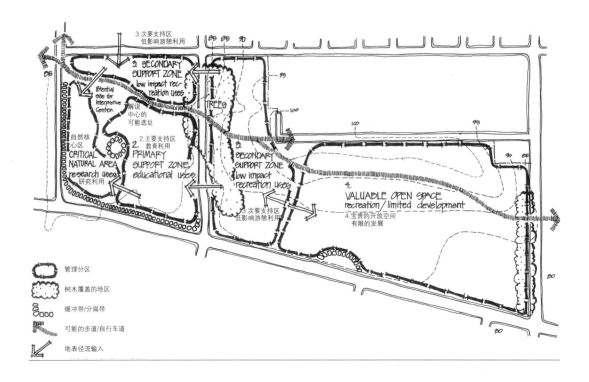

厄尔首先确定了未开发土地上所有地区与这片沼泽相关的生态作用,明确指出了3个重要性不同的支持区。然后,她提出了3个备选案:一个方案允许最大程度的开发,另一个方案不允许开发,而第三个方案则确定了最小的土地保留面积以确保对这片沼泽的最优化支持,将其余的土地用于开发。这一研究为政府收购土地提供了切实的目标,并为未来的管理提供了一个基本方案。

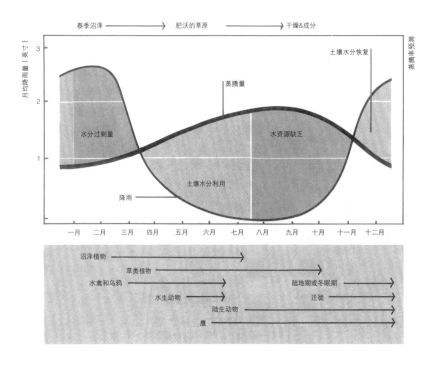

备选方案 I　保护 / 游憩与开发

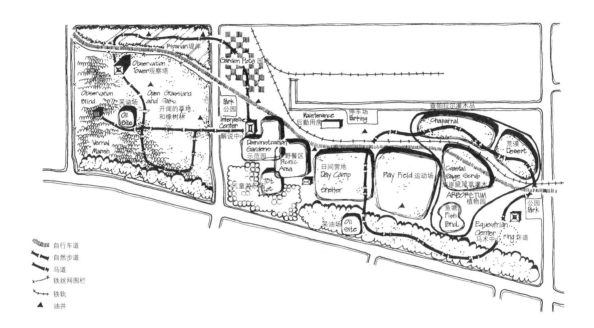

自行车道
自然步道
马道
铁丝网围栏
铁轨
▲ 油井

备选方案 II　最大程度的开发

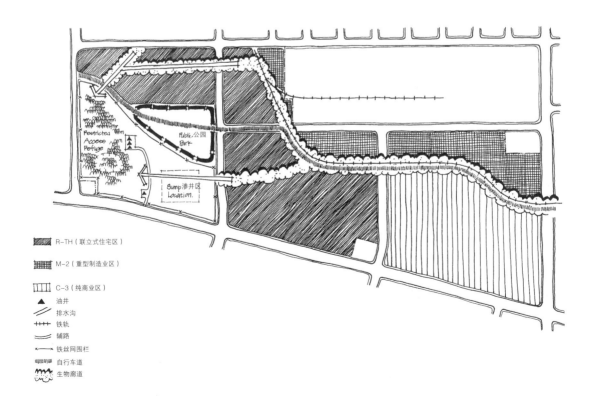

R-TH（联立式住宅区）
M-2（重型制造业区）
C-3（纯商业区）
▲ 油井
排水沟
铁轨
辅路
铁丝网围栏
自行车道
生物廊道

备选方案Ⅲ　沼泽改良、游憩及开发

停车场

岸生植被

解说中心

查帕拉尔灌木丛

免费的游戏休闲区

山丘

野生动物观察
掩蔽所

水体
沼泽植被及改良区
自然沼泽植被
种植树木
种植灌木丛
沟渠
步道
辅路/自行车道
现有等高线
规划等高线

0　　100　　200　　300　英尺

如此冲突的价值取向，必然会引发争议，而事实上，针对马德罗纳沼泽的争议已经持续了 10 多年，经历了许多的波折和转机，并且达成了种种合法的结果。然而，我们在这里所关注的是场地设计问题。如果马德罗纳沼泽最终能得以保留，那么，这片土地应该进行集中而高效的利用，从而最大限度地满足尽可能多的需求，这似乎是毋庸置疑的。

根据分析，这片 160 英亩的土地可以细分为 4 个影响区。按生态重要性的降序排列，这些分区如下所示：

(1) 自然核心区，包括所有的湿地。
(2) 主要支持区，包括各种物种的栖息地，是沼泽生态系统中的重要部分。
(3) 次要支持区，包括时不时会使用沼泽的各种物种的栖息地。
(4) 宝贵的开放空间，包括一些与栖息地关系不大的地域以及其他向这片沼泽汇水的开阔地。

这些分区为场地设计提供了框架。在 3 个备选的场地规划方案中，第一个方案将所有这些分区用于游憩、保护和保存。当然，这于生态而言是理想的，因为这样可以完全控制所有 4 个分区，对这片沼泽进行最佳的管理。这一方案还妥善安排了该地区亟需的一系列游憩活动。不过，出于经济性原因，方案显然不太可能实现。

第二个备选方案与之完全相反。只有第一个分区——自然核心区的 11 英亩保持未开发，场地的其余部分被被配给为工业用途。作为对丧失支持分区的部分补偿，方案提供了下凹式绿地排水；对地表径流进行水质控制，将其引入沼泽；沿着这些下凹式绿地的边缘，以岸生植物群落取代了支持分区中失去的一些栖息地。

该方案保留了这片沼泽的基本功能和主要的栖息地价值，但其种群数量和物种多样性有所减少。因此，马德罗纳沼泽将会是一处物种远没有那么丰富的环境，并且事实上也难以满足当地的游憩需求。然而，就算其余的一切都失去了，也聊胜于无——有半个面包总比没有要好得多。

第三个备选方案——三个方案中最有可能被接受的一个——展现的是，将 54 英亩的地块留作保护、保存和小规模的游憩利用，另一个地块被配给为工业用途。这样一来，整个主要支持区与次要支持区中相当大的一部分一起，会保持完整。通过一些场地平整和植物补种处理，这些区域能够适于支持比以前更大规模的野生动物种群，并可为人类的参与腾出空间。为了保护这片沼泽不受人类入侵，同时为观察野生动物提供掩蔽所，还设计了缓冲带。这一全新的马德罗纳沼泽将成为前所未有的处所，一个不同寻常的、赏心悦目的自然之岛，其边缘与城市相接。假若能够找到获得土地的方法，那么，这片沼泽未来能够保持活力的关键就在于场地设计和后续的管理。

建筑施工层级

与场地设计一样，建筑施工层级的设计是一个已在其他地方被广泛报道的复杂议题，通常是从美学、人的舒适性和便利性等角度展开讨论。即便是那些关注景观生态特征和要完整保全自然作用的专业人士，通常也会把注意力集中在更大的尺度上，即区域的或规划单元的层级上。在更大的尺度上，自然的大范围格局更加清晰，但在分析过程中，很容易会让人忘记所有的方案在切实付诸实施之前都只是纸上谈兵。通过物理性重塑景观本身，从而弥合设想和行动之间的鸿沟，这就是建筑施工设计的任务。因此，所有的整合层级最终都会归结到建筑施工设计，交给那个拿着铁铲的工人。

出于现时的情形，我们可以将建筑施工定义为景观的物理性重塑，然后将建筑施工设计视为预期的建造过程，即为特定的形态和布局赋形，并给出实现这些形态和布局的技术或方法。无论我们关注的是一处公园、一个花园、一座公寓综合楼，还是农田，都是如此。有些时候，对形态、布局和技术都必须要做出决断，而决断的过程就被认为是建筑施工设计，无论其是否有意识地经过深谋远虑。在这里，我们要考虑的是一些影响自然系统的建设形态、布局和技术的作用。

通常，我们认为形态关注的是视觉问题。景观的种种形态具有象征意义，是我们文化的一部分，居于我们与自然关系的核心位置。景观的视觉品质是极其重要的，这是大多数关于景观设计的著述所主要关注的。我们会很快回到这个问题上来，但首先，我们要思考的是形态与自然资源的对应关系。

景观的具体形态对生态系统的运行会产生很大的影响。事实显然是这样，我们发现形态是由自然作用塑造的，反之，自然作用也是由形态形成的，直至二者经由连续的回馈紧密联结到一起，几乎无法区分。然而，在设计人类生态系统时，我们倾向将形态和自然作用分开，以多少有些不同的方式加以考虑。这时重要的是，在人类生态系统中，形态具有同等的生态重要性这一事实，而不同之处则在于，形态并非随着时间的推移由自然作用塑造，而是通过人为控制形成的，至少在短期内是这样。通过塑造景观，人类决定了生态系统的功能、结构和区位关系。

功能主义建筑辨别了建筑与功能之间的关系，并以"形态遵循功能"的座右铭试图扭转二者的关系（有了功能，人的活动和建造技术的结合就变得理所应当了，而从根本上讲，这个原则同样是人的活动和建造技术的结合）。如果在自然界中，由于持续不断的反馈，形态和功能不可分割，从而并无因果关联。如果对历史建筑而言，功能无从选择，只能遵循视觉衍生的形态，那么，为了开发出更合用的建筑，为什么不能对功能进行预设，然后设计出形态来响应功能呢？这是一个很重要的设想，并且具有巨大的影响力；但是，会有太多的因素影响到形态，使之无法独自遵循功能，而这时，这种设想就会最终破灭。事实上，这种设想是如此有影响力，以至于它的破灭在建筑理论中留下了一片已被证明是最难以填补的真空带。

在进行景观设计时，为了避免成为简单的口号，我们可以说，由于形态影响着生态系统的功能、结构和区位格局，以及人的活动和象征意义，它应该得到与此相应的塑造，这些因素中的每一个所具有的相对重要性随着即将到来的情势会发生变化。然而，重要的一点是，我们需要对全部这些因素加以考虑，将它们融入形态中去，使形态具有象征意义，具备人类利用的功效，并具有生态的完整性。对场地和建筑施工的层级来说，尤为如此——所有的因素都加入进来，形成和谐的整体。只为自然作用而设计的景观常常会缺少意义，或是对人类没有利用功效，因此，不能成为人类生态系统。

●案例研究：漫流盆地中的野生动植物

洛杉矶防洪案例研究展示了一个特定形态的影响案例。各个漫流盆地中，沿着防洪渠线性排布着一簇簇的洼地，其主要目的是存蓄地表水，直到这些水能够渗入地下水体，并储存起来。如同这片干旱区域的所有永久性水体一样，这些盆地已经成为重要的野生动物栖息地，特别是对于水禽而言，无论是留鸟还是候鸟。随着形态的改变，这些盆地可以支持更多的种群。有3项简单的措施可能达成这一目标：

(1) 提供蜿蜒的水岸以减缓水流，并增加边缘地带的多样性，这里是物种最为丰富的栖息地（我们将在第十二章展开讨论边缘带的重要性）。

(2) 增加单个盆地的面积，同时保持漫流区域的总面积不变，以增加野生动植物的整体密度。

(3) 提供远离水岸的岛屿。

在这里，重新设计的漫流地将比现有的盆地支持丰富得多的野生动物群落，这完全是因为形态不同。

第四项提议是沿水岸种植岸生植被，这将进一步提升栖息地的价值，并大大扩充物种的数量，但也会引发蒸腾作用而导致水分流失，而这就是目前这片土地上没有植物的原因。即使采用蒸腾速率低的植物，水分的流失仍然会相当可观。因此，通常情况下要加以权衡，为了一个物种更为丰富的野生动植物群落，值得损失一定量的水吗？需要进行计算以确定收支两边的金额，从而为决策提供充分的依据。就目前的情形而言，无论数字是怎样的，决策都可能不利于野生动植物一方，而野生动植物的重要性仍未得到广泛的理解，特别是对城市而言。

● **案例研究：**
一处住宅景观中的能量流和水流

对于控制水流和能量流而言，特定的形态具有特别重要的作用，随着这些资源日益短缺，这一事实变得越来越显而易见。有很多策略可以实现这种控制，其中的一些来自当前的研究，其余的则可追溯到很古老的时代。经过精心的塑造，景观本身将完成能源密集型环境控制系统的大部分工作。

第157页的剖面图展示了对这样一些策略的相对简单的一种应用：在住宅南面有一座相当陡峭的小山，为了减缓顺坡而下的水流，山坡上有一系列窄窄的梯田逐级向下，这样，水流在渗入地下水之前可以灌溉那些植物。除非在极端暴雨的天气，否则不会有水流下山坡。因此，不仅住宅得到了保护，而且雨水排放系统也不会有负担。这种梯田是一个古老的策略，在遥远的中国、秘鲁和德国等地都可以看到。从诸如此类的事物中，我们可以汲取丰富的经验。

落叶树常常被用于控制房屋南墙上的太阳辐射，这在极为炎热的气候带是一个相当常见的策略。在冬季较为凉爽的地区，落叶树甚至可以靠投下的阴影来防止太阳的辐射热。阴影会在接近地面的地方制造一层阴凉的空气，这些凉空气通过低处的通风口进入房屋，被加热之后，再通过天花板上方的高侧窗排放出去。诸如此类的策略要求建筑和景观的紧密结合，但对于细分的设计专业而言，这种结合少得令人沮丧。

在第一个案例中，那些漫流盆地，形态被加以塑造以影响生态系统的结构，而在第二个案例中，形态被加以塑造以控制水流和能量流。在这两个案例中，形态都服务于在更大尺度下确立的目标，借用费布里曼的一句话，"形态提供了实现更大目标的组织机制"。

案例研究 XI
西蒙住宅

在西蒙住宅这一案例中，一英亩的地块被分成了三个区域：保护区、产出区和私密区。保护区种植了乡土植物，坡度较陡的区域种植了保持土壤的地被植物。产出区包括一片鳄梨树丛、柑橘树林、一个小菜园，以及一片草莓地。鳄梨树丛还可将住宅和街道隔开，并保护住宅免受北风的侵袭。私密性景观是为了观赏而设计的。在这里，植物的选择是出于形态、颜色和质地的考虑，而不是它们的产出，因此，相比其可能发挥的生态作用，这些植物会需要更多的养护和资源。

这张植物表总结了每一种优势物种被纳入的原因。作为一个群体，它们涵盖了植物所能发挥作用的各个层面，但显然会给予其中某些作用更多的关注。

住宅和景观设计：约翰·莱尔，业主：西蒙（E. J. Simon）博士和夫人，加利福尼亚州。

场地分析

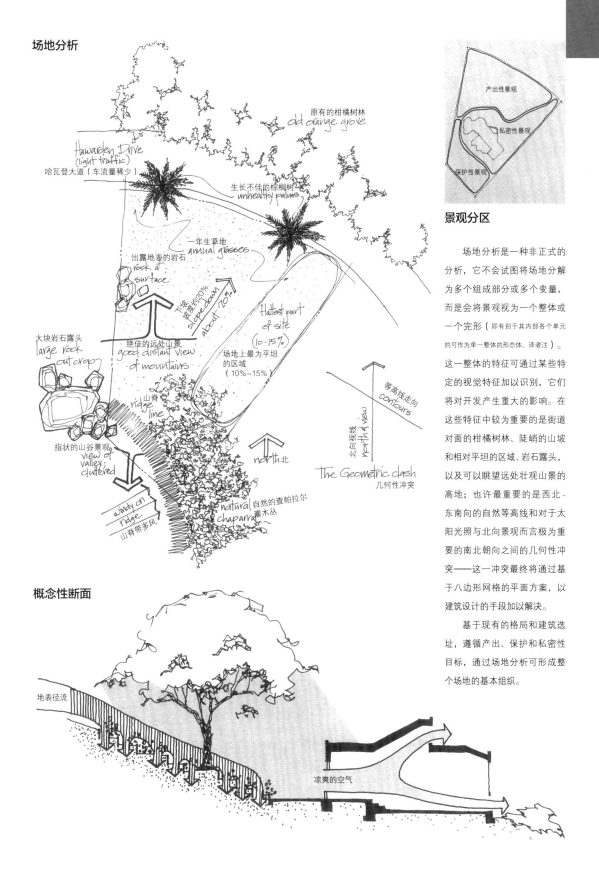

原有的柑橘树林
old orange grove

Hawarden Drive
(light traffic)
哈瓦登大道（车流量稀少）

生长不佳的棕榈树
unhealthy palms

一年生草地
annual grasses

出露地表的岩石
rock at surface

下坡坡度约20%
slope down about 20%

Flattest part of site (10-15%)
场地上最为平坦的区域（10%~15%）

大块岩石露头
large rock outcrop

绝佳的远处山景
good distant view of mountains

山脊线
ridge line

指状的山谷景观
view of valley; fluttered

north 北

windy on ridge
山脊带多风

natural 自然的查帕拉尔
chaparral 灌木丛

等高线走向
contours

北向视线
north view

The Geometric clash
几何性冲突

概念性断面

地表径流

凉爽的空气

景观分区

产出性景观

私密性景观

保护性景观

场地分析是一种非正式的分析，它不会试图将场地分解为多个组成部分或多个变量，而是会将景观视为一个整体或一个完形（即有别于其内部各个单元的可作为单一整体的形态体。译者注）。这一整体的特征可通过某些特定的视觉特征加以识别，它们将对开发产生重大的影响。在这些特征中较为重要的是街道对面的柑橘树林、陡峭的山坡和相对平坦的区域、岩石露头，以及可以眺望远处壮观山景的高地；也许最重要的是西北-东南向的自然等高线和对于太阳光照与北向景观而言极为重要的南北朝向之间的几何性冲突——这一冲突最终将通过基于八边形网格的平面方案，以建筑设计的手段加以解决。

基于现有的格局和建筑选址，遵循产出、保护和私密性目标，通过场地分析可形成整个场地的基本组织。

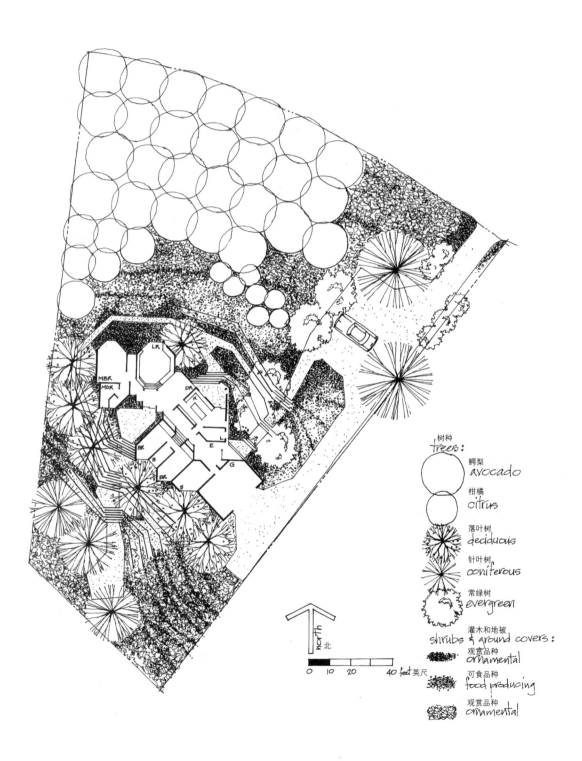

Trees:
树种
鳄梨 avocado
柑橘 citrus
落叶树 deciduous
针叶树 coniferous
常绿树 evergreen

灌木和地被 shrubs & ground covers:
观赏品种 ornamental
可食品种 food producing
观赏品种 ornamental

north 北

0 10 20 40 feet 英尺

植物的作用

图例：
● 主要的
○ 显著的

优势树种、灌木和地被	氧气/二氧化碳	过滤空气	控制水流	过滤水流	冷却空气	形成静态气穴	固土	食物	纤维	能量	结构	风景	场所	象征性表达	食物	掩蔽物	水	营养物质	日常疗愈	定期疗愈
	生态控制							产出			视觉				野生动物		人类的			
石松	●	●	○	○	○		○			○	●	●	○	●	○	○				○
龙爪槐	○	○	○	○	●	○	○				○	○	○	○		○	○	○		○
银杏	●	●	●	○			○				○	○		●		○	●			○
银荆			○								○	●		●		○				○
鳄梨	●	●	●					●			●			●	●		●	●	○	●
柑橘属	○	○	○	○	○		○	●			○	○		●	●		●	●	●	●
洋杨梅	○	○	○	○	○	○	○				○			○	○	○	○			○
银槐							○					○								
岩蔷薇属			○	○			○				○	●		○		○				
大花假虎刺		○	○	○			○	○			○		○		●		○	○		○
杜鹃花属											●	○		●			●	○		○
山茶属											●	●		●			●	○		○
	○			○			○				○	○				●				○
柳叶石楠	○	○	○	○			○				○	●	○							○
全缘叶盐肤木	○	○	○	○			○								○	●				
惠普尔丝兰										○			○	●						
大罂粟			○									●		○						○
小球花酒神菊			○		●						○									○
迷迭香			○				○	●												○
勋章菊属			○				○				○	○				○				
草莓			○				○	●			○	●			●		●	●	□	●
蔬菜								●				○			●		●	●	○	
草药								●				○					●	●	●	

将对目标的理解从较大尺度传递到较小尺度，方式方法多种多样，正如场地尺度下所发生的那样。这些传递方式可以非常笼统，抑或非常明确。在涉及敏感环境或具有潜在的灾害性影响的地方，传递方式通常会更为明确。

●圣埃利霍的设计控制

圣埃利霍案例研究中的设计断面控制是从项目尺度向建筑施工尺度传达精确信息的一个例子。在这个例子中，主题不是形态，而是技术，即达成形态的手段。在向圣埃利霍潟湖汇水的这片土地上进行建设，会对潟湖造成严重影响。在不增加地表径流或侵蚀的情况下加固地形、地貌，对于湿地环境的持续管理尤为重要。然而，必须认识到，这些地区的开发会持续多年。现状条件和具体的利用，以及相应的建设技术，都会发生变化，而各种严格的标准会对未来设计师的可用技术资源形成过度的制约。因此，在此展示的这些图表，是为了阐释每一个主要的开发举措所适用的一系列技术手段以及后续可能造成的影响在类型和程度上的变化。这些图表是进行这些未来开发设计的人员的指导方针，也是规划方案审查和批准的指南。在特定的条件下，每一项技术都可能是适用的，但诸如不透水膜或挡土墙等具有高影响性的技术则必须限于在更具环境友好性的措施不能达成目的的情况下才能采用。这种情况会令未来的设计和管理保有灵活性和自由裁量权，是符合有机发展的政策方针的。由于技术会不断发生变化，而随着时间、地点的变迁，环境条件也会千变万化，特定的形态最好在特定的情境背景下形成。施工设计的操作应尽可能贴近建设施工的时间和地点。理想情况下，在较大尺度下施加的控制并不会超出确保促成更大（尺度）的目标所需的那些控制。

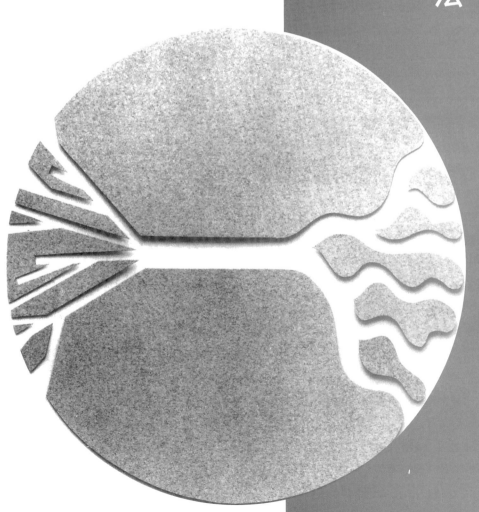

第二篇　设计的过程和方法

第六章
设计的阶段和主题

在景观设计的过程中，智能圈（noosphere，苏联地球化学家 B. A. 维尔纳斯基 1945 年创用的术语，指人类活动使生物圈受到影响，使自然界的面貌发生了深刻的变化。译者注）与生物圈相结合。生态系统的设计并非易事，这在目前看来是显而易见的。尝试从整体上塑造生态系统——将实际的形态赋予各种生态作用，这么做包含着种种复杂的层面，一直以来都超出了景观设计的范畴，直到最近才有可能做到。处理与不同整合尺度相关的各种不同的事物，意味着要运用多种方式、方法，这使得事物会进一步复杂化。

管理如此复杂的事物需要合乎逻辑、条理清晰的工作过程，这迫使我们去进行一系列系统的、一以贯之的、清晰可解的工作步骤。对自然作用进行设计，这一观念本身对于景观设计而言就是相当新颖的。在 20 世纪中叶之前，

没有人会关心设计师是如何构想出一个设计的，设计过程通常被认为是多少有点神奇的直觉的飞跃，无论其结果是否讨喜，都不会有人刨根问底，人们只会简单地接受或者拒绝这些设计。

这并不意味着人们是新近才认识到各种设计提案必须要基于采集的信息。弗雷德里克·劳·奥姆斯特德（Frederick Law Olmstead，美国景观设计学的奠基人。译者注）曾对各种自然作用进行了仔细的分析，尽管在他那个时代，相关的知识非常有限，但我们已经看到了帕特里克·盖迪斯所描述的城市调查的作用，其中包括在 20 世纪初期描绘地形、土壤、地质和气候因素的各种地图，以及当时"城镇及其扩展区域"的人口分布。这一时期就是曾被卡尔·斯坦尼茨称为美国各级土地管理机构进行"数据专业化"的时期（Steinitz, 1979: 15）。约翰·威斯利·鲍威尔也支持奥姆斯特德对于分析

景观的建议，尽管分析还相当粗略。

　　有时候信息库会非常的详尽且设计精巧。斯坦尼茨举了沃伦·曼宁（Warren Manning，美国著名风景园林师，是以资源和社区参与为基础进行规划设计的先驱，也是提倡应用乡土植物的重要代表人物。译者注）的例子，后者从 1912 年开始创建一个由 363 幅地图组成的数据库，这些地图描绘了美国众所周知的各种物理性特征。在数据库构建完成时，他绘制了一个总体规划方案，给出了整个国家的土地利用格局；但是，斯坦尼茨指出：“……在这些数据和这个设计之间，并没有明显的联系。”（Steinitz, 1979: 15）设计过程的核心仍旧是含混的。

　　一些主要的区域设计工作也以这种方式完成。纽约州的区域规划和田纳西河流域管理局的规划就是例子。

对理性设计过程的需求

　　从 20 世纪中叶开始，世界已经发生了变化。自 20 世纪 60 年代以来，在许多因素的影响下，对设计过程的关注度显著提高，而未来这些因素的重要性也有可能愈演愈烈。花一些时间来研究这些因素，会是非常值得的，因为它们可能会告诉我们很多答案，是关于我们通过理性的设计过程所期望达成的结果。

　　浮现在脑海中的第一个因素可能就是“环境保护运动”（environmental movement）。人类对土地的利用导致了各种自然系统的巨大变化，这一运动令我们更清晰地认识这些变化。我们正以惊人的速度耗尽所储存的资源，扰乱各种支持生命的自然作用，彻底改变各种自然种群，并且在很大程度上，我们是因为滥用土地而做了所有这些事情，而正是在环境保护运动时期，这些问题开始变得清晰可见。显然，各种自然系统都是非常复杂的，为了应对这些系统，我们需要有能够处理这种复杂性的设计原则，我们需要有能够应用大量不同信息的设计过程。

　　部分归因于这种新兴的生态意识，普通民众开始对各种土地利用提案提出质疑，而以前他们几乎从不关注此类事项。联邦机构尤其感受到了这种压力——建设水坝和防洪工程、伐木等举动成为公众愤慨的共同目标，针对格伦峡谷大坝（Glen Canyon Dam，又译“葛兰峡谷大坝”，位于亚利桑那州北部佩吉市附近，为美国西南部干旱地区贮存科罗拉多河的水资源，因对当地的动植物群有影响而遭受批评。译者注）的愤怒抗争正是这一时代的象征。私人开发项目同样普遍受到质疑，法庭上的较量变得司空见惯，由于无法明确证明其提案的有效性，项目的倡议方即使设计方案相当完善，也会败诉。法院要求逻辑严密，因而要求设计方案能够经得起质疑，也就变得显而易见了。

　　与这些质疑相应的，是一些市民团体，以及那些拥有决策力的人越来越坚持要参与设计过程之中。他们希望在设计方案形成的过程中就对方案加以审查，并且希望自己的想法被考虑进去。要做到这一点，他们必须了解设计过程，这意味着这个过程及其结果必须是可以传授的。

　　然后，重磅炸弹来了——1969 年，制定了《国家环境政策法》。这一法案要求对环境产生重大影响的项目都要出具环境影响报告，这只是一个微不足道的后知后觉的做法，但不管怎样，这种做法是实实在在的，具有深远的意义。紧随着这个联邦法，各种州法也纳入了关于环境影响的条文，这改变了美国土地利用的固有方式。虽然之前那些根深蒂固的方式肯定包含有一些对土地利用后果的预估，并且负责任的景观设计师也始终会顾及设计对自然系统造成的影响，但现在，预估变成了明确的要求。

　　所有这些新出现的关注点和相关的立法、司法决定都指向了明确界定设计过程，并为之建立有效标准的需求。这些标准包括：

(1) 应对复杂性的能力，或者说是利用来自不同学科中许多不同主题的、有着形形色色来源的、大量信息的能力。

(2) 进行预估的能力，或者说是估计提案对现状环境潜在影响的能力。

(3) 可辩驳性，或者说是为了支持某种主张而形成的一个清晰而又逻辑正确的框架。

(4) 可传授性，或者说是提出公众可理解的方案的能力。

这些标准中的每一个都强调设计的分析方面，而牺牲了长期以来一直占主导地位的直觉方面。由这些新要求促成的针对设计过程的大多数尝试都是跟风之举，这并不奇怪。研究设计过程的一些理论家所设想的各种设计方法，就像科学方法一样，清晰准确，概念简明。

或多或少可作为设计过程标准范式的一系列设计步骤具备了科学方法的简明性，却缺乏精准性。研究—分析—综合—评估，这是一个足够合理的行事序列，但对于设计题材，实际上只是在我们试着重塑形态之前，提供一些需要了解的皮毛。这些术语过于抽象，无法告知实际要做的很多事情。

或许更令人不安的是，这个序列中隐含的那种线性流程——意味着如果遵循了这些步骤，势必会有一个唯一的、最佳的设计。设计过程中的大量探索性工作都认同了这样的结果。事实上，认为会有一种导向最佳设计方案的最优方式的想法，仍然充满在对这个议题的大量思考之中。有时人们会说，大自然会告诉我们该做什么，因而有时候，设计过程的目的似乎只是为了给大自然做翻译。

然而事实上，大自然是沉默、摇摆不定、自相矛盾的。我们现在知道了，它并不会告诉我们该做什么，而在既定的情形下，可能会产生大量不同的设计方案。承认存在多种多样的可能性，正是上述的"四步范式"以及其他许多界定设计过程的尝试所缺少的极其重要的因素。承认存在各种可能性需要创造性的思考，而创造力会被严密的逻辑框架所扼杀。当我们扼杀创造力时，就会摒弃大量的可能性，而在一个迫切需要更好解决方案的世界里，这是我们无法承受的。

我们需要彻底消除这一观念，即设计是一门科学或者可能是一门科学。科学方法的本质是要求将世界分解成更小的部分，以便了解其运行机制；科学寻求的是控制，在一种情形下只保留一个变量而忽略其他所有变量，然后以绝对的把握去了解那一个变量。设计必须要同时处理所有的变量，不仅要了解它们，还要推想出新的形态。此外，科学知识要求科学家与其主观意志相分离，人与自然相分离，而设计师的不同之处在于必须成为他所设计的那片景观的一个组成部分。确保客观性是绝不可能的，主观的影响是不可避免的。虽然利用科学知识，但设计的目的是将事物——通常是非常多样化的事物——放在一起，但不会抱有绝对确定性的奢望。设计最终是一项综合性的活动。引用约翰·福尔斯（John Fowles，英国当代作家。译者注）在《智者》（*The Aristos*）中的话：

科学家若将世界裂解成原子，总得有人再将其整合出来；

科学家若退缩不前，总得有人能抱团前行；

科学家若惯于引经据典，总得有人能说得通俗易懂；

……

科学家若一直背离时代（这么说也许无凭无据），总得有人能直面当下。

我们仍然需要直觉和想象力，不应对其全盘否定；我们真正的挑战是，要将创造性的和分析性的思维方式都运用到设计过程中去。

●思维方式

关于分析和创造性思维相结合的谈论很多，但二者完美结合的具体方法则鲜有讨论。在实践中，很少能把二者成功地结合到一起，因为它们从根本上是截然不同的。对人类大脑工作机制的研究表明了一种可能性，即这两种思维方式是彼此独立的功能，分别发生在大脑的两个半球。因此，它们可能不仅在象征意味上是截然相反的，而且在物理构成上也是截然相反的。每半个大脑分别隐含了思索和感知这两种主要的方式之一（Sperry, 1964）：左半球似乎专门进行分析，开展逻辑性思维，主要按线性顺序思考，而右半球则专攻心理学家罗伯特·奥恩斯坦（Robert Ornstein）所说的"整体性心智活动（holistic mentation）……它的任务是要对即时的大量输入进行完备的整合"（Ornstein, 1972: 52），直觉和创造力似乎都存在于脑海中。

因此，进行分析的这边大脑建立并遵循着一个有序的顺序，组织着复杂的信息，并且描述着那里有什么。它最大的缺陷除了说明那里有什么之外，就没有更多的了。只有创造性的这一边才能凭直觉把握复杂的情形，跳跃到未来及其各种可能性之中，并能想象那时可能会是怎样，提出各种假设、问题、景象和目标，其最大的缺点是这种想象可能是对的，也可能是错的，而想象本身也无从得知它是否正确。

由于每个人的大脑都包含了这样的两边，并且由于设计具有复杂性，显然需要这两种能力，所以，我们需要了解如何才能将奥恩斯坦所说的"感知的根本二元性"（Ornatein, 1972: 58）并入设计过程中去。无论设计是利用两边大脑协调合作的一项单纯的思维任务，还是一项团队努力，虽然其中每个成员主要贡献的是单边的脑力，但更重要的是双边脑力的共同努力。如果对如何实现这种合作没有一些了解的话，一边或另一边大脑可能会主导整个过程，而设计师或整个团队并不会意识到这种情况正在发生；更糟糕的是，两边大脑可能会在一场无声的战争中否定彼此的努力——精神病学家罗伯托·阿萨吉奥利（Roberto Assagioli, 意大利精神病学家。译者注）称之为"……一段充斥着激烈争吵的艰难的婚姻……有时会以离婚告终"（Assagioli, 1971: 217）。

实际上，这两种截然不同的思维能力指出了一种简单的分工策略。创造性的一边可以提出建议，而分析的一边可以进行安排／处理（按照词典上的释义，使用了"安排／处理"(dispose)——按序放置，或应特定的结果或目的进行利用，而不是更常见的"处置"(dispose of)——丢弃、清除，虽然后者也是分析那边的一项日常工作）。提出建议和安排／处理是贯穿于整个设计过程的交替性活动，如同自然进化过程中物种创造和适应的持续相互作用一样，会产生"交流电"——虽然并不规律——为整个过程"充电"。

当右半脑提出形态和解决方案，而左半脑将这些形态和解决方案按顺序排列并进行评估时，它们会在之后的各个设计阶段中发挥巨大的作用。不过，提出建议和安排／处理会一直交

提出建议　　安排／处理　　提出建议　　安排／处理

替进行，即便是在早期的分析阶段也一样。例如直觉的这半边可能会注意到，湖水是浑浊的，因而建议聚焦于水污染，并在制定流域规划时将其作为一个主要的问题。

然后，分析的这半边可以详查实际情况，可能会发现水中存在高浓度的硝酸盐，并且淤积的速率太快。这样一来，水质就成了问题，由此关注的重点会放到地形平整以及恰当使用肥料上来。或许人们起初会认为土壤分布图可能会有所帮助，结果发现整个地区的土壤几乎是均质的，而绘制土壤分布图却需要6天的时间；或许人们隐隐觉察到水流可能会循着既定不变的格局流动，因而收集数据并构建了一个模型，但转而发现它事实上并不是这样流动的。

虽然在设计过程中，这种交替作用的重要性通常会被忽略，但在其他一些领域其重要性会得到广泛认同。精神病学家阿萨吉奥利在其作品中将直觉称为"创造性向现实的迈进"，并赋予逻辑思维三个任务："首先是重要且必需的解释功能，所谓解释，即是对直觉的结果进行翻译，以可接受的心理状态术语加以表达；其次，检查其逻辑性；再次，将其整理、纳入已被接受的知识体系中去。"（Assagioli, 1971: 224）

长期以来，科学方法都在利用这种二元活动，提出假设并通过试验进行处理。尽管流行观念认为科学是一项分析活动，但各种重要的发现总是需要直觉的飞跃，这会产生"可能会是怎样"的想法。詹姆斯·沃森（James Watson, 世界著名分子生物科学家，"DNA之父"。译者注）发现双螺旋（DNA结构。译者注）的故事，就是一个极具戏剧性的例子（Watson, 1968）。接下来是分析性的验证和证明，这通常会花费更多的时间，但肯定不是更为重要的。

这种交替性的循环也许在学习过程中表现得最清楚不过了。设计师经常会注意到，设计

的经历与学习的过程是何其相似。事实上，我们确实可以将设计视为一种学习活动。人们早已认识到，学习普遍以自由探索和科班学习的不断循环为特征。在充分了解两半大脑作用之前的那些年里，阿尔弗雷德·诺思·怀特黑德（Alfred North Whitehead, 英国数学家、哲学，"过程哲学"的创始人。译者注）较为详尽地探讨了这些问题，将其表述为"学科（discipline）应该是自由选择的志愿问题……而自由（freedom）应该能获得更多的可能性，这种补充对科班学习而言是非常重要的"，并且"所有的智力开发都是由这样的循环，以及这些循环的循环组成的"（Whitehead, 1929: 30, 31）。有了自由，我们可以进行探索和思考。在一种新的情形之下，如果有了自由，我们可以从一个想法或一种实践转移到另一个想法或另一种实践，尝试每一个想法或每一种实践，全身心地投入进去。然后，当我们做好了准备，就可以进行科班学习，以满足由这些自由探索所产生的对组织有序的知识的渴求。当我们获得了这一学科的系统知识之后，那些知识就会为我们提供新的探索和产出能力，直接以直觉感知进行发明创造，从而进行新的自由探索。

因此，怀特黑德将学习分为三个阶段，他称之为"浪漫阶段"（the Stage of Romance），"精准阶段"（the Stage of Precision）和"概括阶段"（the Stage of Generalization）。对于那些有过设计经历的人来说，这些词听起来非常熟悉。更确切地说，它们听起来非常像是直觉主张要这么做，但按常规仍然要坚持不停地收集和分析信息的情形。

浪漫阶段是第一个阶段，自由，有疑虑，因探索而兴奋。怀特黑德说："它本身就具有与各种可能性的未经探索的种种关联，这些可能性乍看之下半隐半现，并且被物质财富所掩盖……浪漫的情感本质上是从各种现实转向首次引入未经尝试的关系的那种兴奋。"（Whitehead,

1929: 17, 18）对于我们来说，这种情感是由对景观的感知而引发的，意味着无限的复杂性和一系列不稳定的情况，后者预示着即将发生的变化。各种可能性和与其的种种关联都摆在那里，有待探索和梳理，而其中就包含了对我们最终可能缔造的一种新秩序的各种提示和建议。这一阶段由直觉或右半脑主导，不过，在较大的循环内还包含有循环，所以分析的左半脑也在这里发挥着作用。

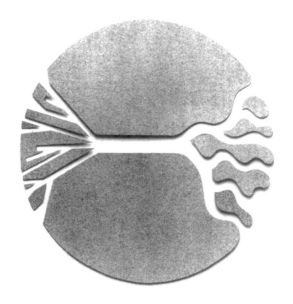

　　在精准阶段，浪漫的素材都被系统地加以排序。左半脑取得控制权，但若没有右半脑的频繁提议，控制也无法达成。在学科知识和逻辑规则的引领下，实事求是的正确性得以保证。在浪漫阶段，对于各种可能性以及与其种种关联的探索反映出我们所关注的事物，并给了我们一个坚定的信念，知道要去哪里以及如何到达那里。现在我们可以收集、整理所需的信息，将整体分解成部分来获取全面的关于这些部分如何运行的知识，并以赋予这种认知以形态的方式将这些部分重新组合到一起。通过这种分析性的认知，我们获得一种新的探索的自由，这一次，为了在现实的种种限制之下，凭借实际的潜力进行探索，我们准备好了必要的信息和技术。这就是概括阶段。在这个阶段，右半脑再次承担发号施令的责任，不过仍然是在左半脑的不断建议之下；期间，我们会想象各种可能性，对其进行评估和比较，并最终生成一个设计方案。

　　我们可以想象学习或者说设计的这三个阶段，就像河流的流动一样。河流始于一系列溪流、池塘和沟渠，沿着各种引人入胜而又奇奇怪怪的路径流动。我们知道这些水流是相互关联的，但大多数关联都隐藏在视域之外。在浪漫阶段，我们循着这个河流网络，一条支流、一条支流地来到那条所有水流都汇入其中的、唯一的、宽阔的河流之所在，即精准阶段的所在。到了这里就别无选择，只能在明确界定的河岸之间顺流而下，一直来到沿海平原，并开始漫流进入一片三角洲的河网之中，即概括阶段。在这里，我们又有了支流和次一级的支流、池塘和湿地——蜿蜒着，弯曲着，回转着，而在这片水域之外，大海在地平线上时隐时现，最终，那里就是融汇一切而成为一体的地方。

系统方法

　　将设计理解为一个学习的过程，有助于我们把握过程所涉及的一系列心态，并能进行必要的操控，也许最重要的是，我们不再局限于"分析就是一切"的观念；但是，这仍然远远没有界定出任何真正的能够满足之前所列四个标准的方法。因此，我们将回到理性的设计过程这一议题上来。为了进行进一步的引导，我们可以转向为了解决各种复杂的问题而始终关注理性设计过程的两个领域——形成于第二次世界大战期间的系统方法和决策理论。

系统方法虽然在规划界颇有影响力，但实际上难以定义。关于这一主题的每一本书都给出了一个不同的定义，越是新近的作品，越倾向给出狭隘的技术性的定义。不过一般而言，系统方法是一种逻辑体系，出于解决问题的目的，强调相互关联性。相互关联的观点就是，如果我们改变了系统的一个部分，就会不可避免地改变其他部分，并且最终会改变整体。除了这个基本概念外，系统方法至少还包含了四个令环境设计师特别感兴趣的特征，即在尽可能最大的背景下考虑问题、利用模型、发挥反馈的作用，以及进行跨学科的组织工作。

● 背景

对于景观设计来说，在更大的背景下考虑问题的想法尤其重要，因为在应对自然作用时，正如我们在考虑尺度时所看到的，万事万物都与其他事物相互关联。按照邱奇曼（C. West Churchman，美国学者，运筹学和临界系统方法的主要创建者。译者注）的说法，系统方法"基于这样一个基本原理：人类世界的所有方面都应该联系在一起，形成一个宏大的理性体系……"（Churchman, 1979: 8）这些关注的尺度至少为我们提供了构建这样一个景观体系的概略性框架。从系统方法的角度上看，我们可以把这些尺度层级视为各个系统和子系统。

● 模型

对于环境设计师来说，利用模型进行实践并非全新的方法，几个世纪以来，他们一直在利用有形的三维模型；但是，系统方法所提出的更为广义的模型概念及其广泛的含义则是完全崭新的。以这一广义的理解，一个模型只是现实世界的一种抽象的表现，其目的通常是将真实现象的无限复杂性降低到可操作的范畴。

在制作模型时，人们试图描绘出真实主体的本质特征，并将其组合在一起，模仿现实中存在的关系。然后，这个模型可有助于更好地达成对真实现象运行机制的理解，或者可以将其作为真实现象的替代品，来重新设计现实世界。

系统分析中所采用的模型往往是数学模型，即替代现实的是字母和数字。对于这一领域的许多人来说，系统方法意味着使用数学模型；但对于其他人，至少是对该领域的创始人之一 C. W. 邱奇曼来说，对这种数学模型已经不再感兴趣了。丘奇曼认为，大量更为重要的社会问题都不具备数学上的精确性，"首先，我们对如何做到精确一知半解，而试图做得更为精确也无助于得到更多"（Churchman, 1979: 20）。当然，可以确定的是，在生态系统的形成过程中确实如此，在应用系统论的其他领域中也同样如此。通常情况下会有太多的变量、太多的未知数、太多的无形因素、太多的诸如视觉特征之类的定性问题。因此，我们发现其他类型的模型常常会更有帮助。

然而，模型，特别是若干种图形模型，无论是否量化，对其加以利用都会为我们应对景观的无限复杂性提供多种手段，尤其是在更大的尺度上。模型既可以表现动态的过程，也可表现静态的形态，它们充分利用了计算机的强大性能。

● 反馈

在理解任何一种作用——自然的或是人类的——是如何运行的时候，反馈是一个关键的概念。反馈有两种类型：积极的和消极的。积极的反馈是有关系统状态的信息有助于增长，或是往特定方向的变化会因之加剧，而消极的反馈则是信息有助于抑制或减缓改变的速度。各种自然系统中增长、变化和稳定的过程大多可以用消极的和积极的反馈来加以诠释，而同样的机制在人类系统中也起着作用，尽管在这些系统中这样的机制通常更难加以理解和描述。无视消极反馈的后果可能会使环境退化或不顾后果地使用资源，这已经屡见不鲜。例如随着庞大的洛杉矶输水系统的增长，每一声抗议和反对（消极反馈）都会被政治或经济势力压制下去，而这个系统一直持续增长到 20 世纪 70 年代，无视各种显而易见的严重问题。

在我们进行设计的过程中，在提出建议和安排／处理时，我们不断地测试和重述信息、模型、想法、质疑和形态的改变。在设计过程中构想出来的形态被付诸实施之后，反馈的回路会通过运行管理继续下去，这时是在现实世界的环境中了。信息、模型和想法都在现实世界中进行测试和重述。因此，反馈就成为弥补、预测缺陷的一条途径，这必然是粗略的，可能永远无法顾及所有的原因、机会等。

● 跨学科

至于跨学科的活动，对于环境设计来说这也不是全新的事物了，即便是最小的景观设计问题——单座住宅或是一个后院——也会涉及从各种学科中汲取到的信息。事实上，对于一个务实的设计师来说，植物培育、土壤品质和结构力学都是需要研习的不同领域，这似乎有点奇怪。设计师的日常工作需要所有这些知识，因此自然而然地会以跨学科的方式开展工作。然而，在更大的尺度上，更多的学科会加入进来，每个学科都会引介更为复杂的信息和技术，而要对这些信息和技术加以吸收并全部整合成一个条理清楚的整体，这项任务肯定会变得非常艰巨。规划单元或项目尺度的设计工作可能通常会包括诸如行为观察、意向调查、经济评估、水文研究和日照范围估计等不同的工作事项。

对于这种项目的设计方法而言，要将这一系列事项纳入一个逻辑自洽、经得起辩驳的工作过程中，工作方法就成了主要的关注点，会涉及对各种矩阵、流程图，以及由系统论的工具箱改进而来的其他方法的使用。通常我们需要咨询其中某些领域的专家，而这些专家往往会加入跨学科团队。因此，对这些跨学科团队的组织和管理是设计过程的重要方面。

在设计中应用系统论

除了长期以来因基本形式而使人耳熟能详，并以其他的名称为人所知，或者根本就没有名称之外，系统的这些概念还有另外一个特点吸引着设计师和规划师。这个特点就是，每个概念都将一种在自然界中可以观察到的运行机制转译成了各种术语，凭借人类的智慧，完全有可能将其付诸实践。因此很明显，设计的过程可以通过与其他自然过程非常相似的方式完成，而这些自然过程就是设计的表现对象，从而心智与事物能够达成令人满意的协调。出于这个原因，系统分析的方法已被普遍认可。对这种方法在环境设计中的潜在应用宣传得最多的作品，可能就是克里斯托弗·亚历山大（Christopher Alexander，当代建筑大师。译者注）的《形式综合论》（*Notes on the Synthesis of Form*），在这本书中，他描述了线性规划逻辑在印度一个村庄设计中的应用，采用了非常明确的相关标准。

伊恩·麦克哈格 1969 年出版的《设计结合自然》一书，描述了应用叠图的方法来界定各种用地的适宜性。叠图本身并不是什么新鲜事，但麦克哈格运用了矩阵来分析土地变量和人类活动之间的相互作用，这就要依赖系统技术进行跨学科分析。他的分析过程就像亚历山大一样，以一系列逻辑步骤为特征，这些步骤似乎无可争辩地导向了最佳的布局安排，而显然无须再探索其他的可能性。从这个意义上说，两种设计过程都是被决策理论家称之为"技术决策过程"的例子。这样的过程通常应用于目标明确，所涉及的每个人都赞同，并且绝无矛盾和对立的情况下，即在所有的目标都能基本实现而无须侵犯他人的情况下。在这个技术性的过程中，每个步骤之所以成立，都是因为它最为有效地推进着这一系列的步骤，奔着既定的终点，或者说是解决方案而去，并不存在要考虑各种备选方案，或是不同可能性的强烈需求。因为根据既定的目标，在这一系列步骤完成之后，最有效的方案很快就会变得清晰可见。

就麦克哈格的方法而言，那些目标在其"对自然的假设"中明确地进行了表述。虽然麦克哈格因未考虑其他因素而受到广泛的批评（Gold, 1974），但他的设计过程因目标的明确性而完全合理，无论人们认为这些目标的局限性如何。对他而言，对各种自然作用的干扰最小化就是指导目标，这使得展开一步步分析，并获得那个最佳的解决方案，成为可能。然而在实践中，尤其是在较大的尺度下应对景观问题时，能求得对目标的一致赞同却实属罕见。事实上，规划工作通常都是由目标上的明显差异而得以发起、推动，并且整个过程从始至终都是由分歧、争论而充满活力。尽管有可能就常规的目标达成一致意见，但不同的人对这些目标进行的排序仍然会大相径庭。开发公司和保护组织可能会赞同提供住房和保护野生动物栖息地都是值得关注的目标，但它们不太可能就其相对重要性达成一致。

在较小的尺度下，技术决策过程通常会非常有效，特别是在建筑施工和场地的层级。在这些尺度下，通常是在项目的层级，相对较少的人会参与决策，并且主要的生态目标已经在更高的层级得以确立（如第二章所述）。西蒙住宅、马德罗纳沼泽和高地牧场这些案例研究都是这种的情况。在高地牧场这一案例中，通过多次评估和重复概念规划，基本技术的排序有所变动，但是目标和方向保持不变。对于任何设计过程，在提出建议和安排/处理的交替顺序中，诸如此类的反复设计方案无论是否得到了正式的展现，几乎始终会是设计过程中至关重要的组成部分。对各种可能性加以考虑，进行再三的考虑，哪怕只是在头脑中加以想象，或是快速绘制草图，都是非常重要的。一旦有了想法和直觉，并且当这些想法和直觉开始起到主导作用时，技术决策过程就会变成一个富有诗意的过程，利用的信息不再那么的明确。在极端的情况下，这一过程似乎可能完全是非线性的，但基本的工作步骤保持不变。即便是一首诗歌也必须始于一个念头、一项观察或是一种感受，这种想法、观察或感受会导向各种语汇，并以一个明确的顺序组织起来。

若将反复设计方案明确作为技术决策过程的步骤，可以对该过程图解说明如下：

问题 ➡ 信息 ➡ 设计方案 ➡ 评价 ➡ 实施

理性设计过程的类型

在更复杂的情况下，当涉及不同的目标或优先需要考虑的事项，或者这些目标或优先事项之间存在争议或彼此相互排斥，或者其达成的方式并不明确，或者这些目标根本说不清道不明时，就会需要更为复杂的设计过程。在这种情况下，缺乏明确的目标引导或约束，在精准阶段和概括阶段之间，这个合乎逻辑的工作顺序会被打乱，而设计过程会因此开放，具有更多不同的可能性。

这就导向了理性解决问题的范式，这一范式应由系统方法改编而来，并在规划设计中可以进行广泛的应用。它在很大程度上靠的是对种种备选方案、评价和反馈的深思熟虑，可以表述为一系列的步骤，大致如下所示：

（1）陈述目标。
（2）分析。
（3）提出备选方案。
（4）通过目标实现度估测，对备选方案进行比较评价。
（5）选择最有效的备选方案，若是所有备选方案都不够有效，则返回步骤（2）。
（6）实施。
（7）监测。

如果我们将实施和监测结合到一起，将之称为"管理"，那么理性的工作顺序就可以图解说明如下：

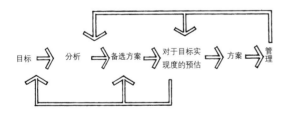

这个设计过程，有时被称为理性范式（rational paradigm），通常被认作是系统方法对环境设计领域的主要贡献。例如约翰·埃伯哈德（John Eberhard）寄希望于它可以解决形形色色的建筑设计问题（Eberhard, 1968），而达尔文·斯图尔特（Darwin Stuart）则将其缩减成在城市规划中应用广泛的三个步骤序列：工作计划确认、实效预测，以及备选方案评价（Stuart, 1970）。

理性范式的基本工作顺序实际上已使用了很长时间，比系统方法要早得多，至少可以追溯到约翰·杜威（John Dewey）的 ABC 三部曲：问题是什么？备选方案有哪些？哪种备选方案最好？当然，这是一个通用的工作顺序；但是，在对其加以应用的时候，我们将面对环境设计领域和应用系统方法已经大获成功的那些领域之间的某些重要的差异。在航天军工相关的行业中，工程师和决策者以严格量化的方式应用这一设计过程。目标的描述是以精确的数量——通常是货币量——来度量达成情况。做出选择的标准通常归结为效率问题。虽然这些问题可能就技术而言具有复杂性，但涉及的数量都是已知的或是可度量的，并且数值明确，具有唯一性。

●**经济理性和生态理性**

在景观设计中很少出现这种情况。首先，生态因素和社会因素是主要的关注范畴和在备选方案之间做出选择的基础，这些因素难以度量，并且从进行数值比较的角度看，几乎不可能加以量化。根据整合法则，较大的目标——往往意味着就是生态目标——是从紧挨着的较大尺度往下传递到每一个尺度的。如果一切都按部就班地运行着，那么就会有一个一致的较大目标的背景存在，不过还会有其他的目标，但往往是本地目标，它们之间或它们与较大的目标之间经常会不一致。

在实践中，除了那些在更大尺度下确立的目标之外，有时候根本就难以说清楚目标是什么，直到我们了解到各种可能性会是怎样。由于我们在此所讨论的是固有的政治环境，会涉及不同的利益、目的和观点，这些利益、目的和观点即使不是相互对立的，至少也是不一致的，所以往往说明问题比说明目标要容易得多。因此，我们常常会发现，自己是由一系列问题而不是由一组明确的目标开始了设计的过程。那么，我们必须从所关注的问题着手，继而清楚地说明这些问题，并将此作为进入设计过程的跳板。在这些案例中，只有到整个设计过程差不多结束之时，在我们必须对种种可能性做出选择时，目标才会变得明确，或者也许目标根本就没有被真正表达清楚过。

波沙奇卡湿地（Bolsa Chica）案例研究（参见第225页。译者注）就是以问题为导向的设计过程。波沙奇卡潟湖处于一个政治动荡的城市环境中，各种错综复杂的特定利益集团和市民团体都倡议对其加以不同的利用。由于无法就目标达成一致意见，这些倡议都没有形成设计构想；相反，那些问题却成为生成各种备选方案的基础。备选方案从四个主要的关注领域——湿地（环境）的提升、社区的强化、公众的保护以及社会政治的可接受性——进行了情况比较，但由于缺少对这些影响进行量化的手段，所以不得不以相对值对其进行估算。

理性范式的设计形态完全是由表述明确的目标所驱动，有着准确的定量表达，作为决策选择标准非常有效。以这种纯粹的形态而言，理性范式相当于是决策理论家所谓的"经济理性"，与基于一系列恰当目标的技术理性相比，经济理性同样建立在一系列目标之上。然而，任何一个设计都无法最大限度地实现所有目标，因此需要借各种备选方案来寻求能够最大限度达成那些最令人向往的目标系的设计。用经济学的术语来讲，这就是一种"分配方案"（allocative decision）。

然而，这个定义的适用范围太过有限，而且用来衡量工作绩效的话过于追求量化和效率，并不完全适合于生态系统设计的目的。因此，

我提出一个可以称之为"生态理性"的设计过程，作为第三种理性设计过程的模式，可以应对更大尺度的景观所具有的更为广泛、多变且不那么精准和确定的特征。这种模式实际上是经济理性的一种改变或拓展，但它是由问题驱动的，因而显得截然不同，也就是说，是由并不一致的目标、疑问，而不是由简单一致的目标所驱动。这种设计过程是探索性的，需要考虑广泛的可能性，并且该过程是根据各个备选方案的预期效果对其进行评价，这种评价通常是关于自然、社会和政治环境的定性衡量，并且是从自然、社会和政治环境的角度进行评价的。保罗·迪辛（Paul Diesing）断言，当"特定情形下的各种可能性和局限性都得到了充分考虑，并且重新组织后得以产出、增加或是保护某些好的事物"时，这一决策就是合理的（Diesing, 1962: 3）。这样，一个设计过程并不比经济理性的设计过程缺少理性，它更具有灵活的特征，而这令其更像是一种自然的作用过程。在项目和规划单元的尺度下，这种设计过程是最常用的。我们可以将生态理性的设计过程描绘如下：

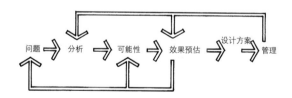

●法律理性

迪辛还提出了与我们在这里讨论的设计过程相关的其他三种理性，即法律理性、社会理性和政治理性。对于特定的不同类型的决策或设计情况，每一种理性都具有适用性。

法律理性依靠的是各种法规，这些法规通常是在较大尺度下确定的，旨在规定在较小的尺

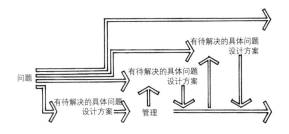

度下可以做什么，不可以做什么。这是一种设计方式，虽然常常是一种过于僵化的方式，但可以将目标从较大的尺度传递至较小尺度，并能确保在较小尺度下开展的工作会成为实现更大目标的手段。控规条例就是法律理性机制的例子，美国国家环境保护局（U.S. Environmental Protection Agency）制定的水质标准也是——标准由区域性的水质管控委员会执行，这些委员会在其管辖范围内对所有与水体相关的项目进行审查。因此，如前所述，这些区域性的委员会从更大的（国家或次大陆）尺度获取目标，并从较小的尺度获取运行机制。

当然，各种法律要求在某种程度上可以介入几乎每一个设计过程中。场地平整的标准、最小路面宽度，以及后退红线的要求，都是常见的例子。在某些领域，例如高速公路和污水处理厂的设计，相关规则已经彻底涵盖了种种设计变量，以致"合法的"（遵循法规的）设计过程普遍被认为是唯一可行的设计过程。这么做，虽然最低标准有了保证，但弊端也很严重。法律理性往往会通过在更高的层级上对运行机制和目标进行规定，从而违背整合的法则，由此造成各种不可避免的困难。

迪辛指出了"法条主义"（legalism，主流的司法决策理论，严格地按照法律法规的相关规定来处理问题。译者注）的四种明显倾向："①倾向界定复杂特征并澄清细节，如采用高度技术性的术语。②倾向明确区分差异等级……③倾向在不涉及差异的情

况下实现统一性、平等性和普遍性。④一般而言，倾向刚性、不可变性，按规则行事。"（Diesing, 1962: 140）显然，所有这些倾向都与寻求创新、承认区域性差异，以及适应当地特定条件的理念相违背，而这些理念非常重要，有助于塑造出有意义的、具有实质性作用的景观。此外，由于法律必须是非常精准的，并且聚焦于单一的议题，因此法律理性主义倾向一题一解，从而会产生多个解决方案，这又会引发其他的问题，例如在水质标准方面已经发生的情况。

那么我们可以对法条主义的泛滥做些什么呢？对这个问题的最好的回答关系到目标与标准之间的区分。这种区分非常重要，因为在每一尺度下，设计师都指望着从下一个更大的尺度来获取他所需要的更大的目标，与此同时，在理想情况下，他又指望着从下一个更小的尺度来获取运行机制，借此实现这些目标。在阿利索溪案例中，虽然通过区域分析提出了节水的目标，并为规划单元制定了水资源预算，但借以实现这一层级水资源利用的各项技术却是在项目和场地设计层级形成的，即利用水资源和实现更大目标的实际方式来自这片景观的特质。如果整个区域的水资源预算和节水技术是由各种法规规定的，那么针对较小尺度的设计过程会变成一种法条主义的设计过程，至少与水流相关的事物会这样，从而会受到严重的、不必要的制约。效能控制可以建立目标，与硬性规定达成控制的种种措施的规范性控制相比，具有一些重要的优势，但若要有效制定出设计方案，则会更加困难。

● **整合理性**

到目前为止所阐述的所有这些理性模式，不仅假设我们有能力以理性的准确性去展望未来，而且理所当然地假设我们拥有一个有凝聚

力的制度结构。这两个假设都令人质疑。在任何一个设计方案的实施路径上，都会潜藏着诸多的未知因素，所以进行种种方向性的改变是不可避免的。更糟糕的是，虽然理性的设计方案会包含各种各样、有条有理的行动，但制度结构通常会是零散的，分成若干个不相关的部分或机构，其中每个部分或机构都只能担负有限的工作。惠顿（Wheaton, 美国城市经济学者。译者注）认为，综合性的总体规划通常都会失败，因为它是"在一个缺乏综合性的政治权力或制度的世界里定义'综合性'（comprehensiveness）这个概念"（Wheaton, 1967: 28）。

为了应对理性规划方法与其非理性背景之间的这种不一致性，一些理论家提出了更加务实的范式，其中最著名的就是奥尔登（Alden）和摩根（Morgan）所谓的"离散渐进理论"（disjointed incrementalism），或者叫"渐进决策"（muddling through）（Alden and Morgan, 1974: 173）。这一范式放弃了远期目标及其相关价值，倾向解决当前的问题。相较于更大的目标及其价值，不同的群体通常更容易就这样的解决方案达成一致，所以其实际结果可能会更加显著。

奥尔登和摩根的方法将我们带入了一种被迪辛称为"整合理性"或"社会理性"的理性模式。这种模式以渐进的方式运行，不设立远期目标。迪辛认为，每次迈进一小步，社会系统就是以这种方式发展起来的，这与从寻求目标出发的技术、经济和法律体系形成了鲜明的对比。社会系统的基本倾向是更具有综合性的，"当每个部分的行动都与其他部分的行动相契合，能够成就其他部分的行动时，当每个部分都还能通过自身的行动支持、认可、强化其他的部分时，整个系统就得到了整合"（Diesing, 1962: 76）。

在这种理性模式中，针对每个当前问题的每一解决方案都有助于社会的整合，并可避免

产生目标分歧。当然，困难在于更大的目标很可能会被放弃，而没有了更大的目标，我们可能会严重破坏未来可能必需的各种资源。对于当前问题的解决方案会阻碍对于未来问题的可能的解决方案，但如果通过更高层级的整合，明确的长期目标得以传递下来，那么至少更大的生态问题可以避免陷入这种困境。

因此，如果渐进决策会造成严重的后果，那么最好还是密切关注一个更大的体系结构，有意识地进行控制，并了解各种可能性，再进行决策。从这点来看，在考虑各种可能性及其后果时，具有社会理性的设计过程就像一系列微型的生态作用一样，只不过每个决策都只考虑当下的问题及其相关信息。无论如何，保持信息库不断增长是至关重要的。利用反馈原理，我们可以不断地研究既往决策的种种后果，从中寻求新的知识。因此，起初得不到的信息借由经验变得唾手可得，并且能够促成越来越有效的解决方案。这个整合过程可以图解表示如下：

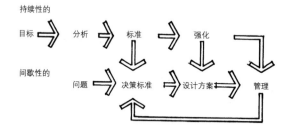

有了精心策划的开端、不断充实的信息，以及随时有意识的控制，这种理性模式远不止是渐进决策。

相反，它将土地利用的种种决策与整个社会的持续整合过程相结合，并避免了在目标和价值观上的分歧。

这种方式显然颇费时间，整合理性式的设计过程会长期反复地进行决策。我们可能都已察

觉到，较大的土地利用问题通常需要数年，甚至数十年的时间来加以解决，就好比每次做出一个决策，照亮那条整合之路。这个过程是如此的漫长而又令人困惑，以至于在最终做出决定时，我们几乎很难关注到整个过程，回想起来，似乎连问题都已经可以忽略不计了。

●政治理性

虽然整合的方式可能是长期的，但与前三种类型一样，这种方式每次也只能应对一个或一组问题。在一个大型而复杂的社会中，随时随地都要处理大量的土地利用问题，除非这些问题能有一个共同的决策体系为指导，否则很可能会产生各种不公平性和不平衡性，而这就是政治理性产生的契机。

政治性决策关注的是策划、保护和改进性的决策体系，而政治理性则是应对"思维本身的组织，要建立起沟通交流的系统，在这个系统中，特定的思维习惯作用于各种信息资料，以形成各种决策"（Diesing, 1962: 170）。

有许多不同的运行体系可用于土地利用的决策。在美国，大多数对于私有土地的规划决策在理论上都是由规划委员会做出的，但实际情况要复杂得多。推进公众参与的运动倾向赋予民众更多的发言权，而涉及环境影响的问题在技术上具有复杂性，会将技术专家推到管理人员的位置上以发挥其决定性的作用，在政府机构中，也一直在发生类似的变化，决策权变得分散。总的来说，土地利用决策从严格的等级体制转向更为灵活的组织机制，根据手头的问题，从单个成员或群体变更到另一个成员或群体进行领导，似乎成了一种长期的动向。其结果是个人的专业知识会得到更好的利用。

政治理性主要适用于区域及更大尺度的景观设计，在这些尺度下设计是一个没有明确的开始或结束时间的持续性过程。景观及其决策体系不断地被设计和被重新设计，当它最终得以呈现时，全球层级的设计可能是实践中政治理性的最终例证。因为在这些较大的层级上，设计过程和决策体系是不可分割的，我们需要对决策体系有所了解。

根据迪辛的说法，决策体系由三个基本要素组成：

(1) 便于决策小组成员之间进行交流的讨论性关系，在这些层级上这样的小组往往成员众多。
(2) 或多或少共同持有的一系列信念和价值观。
(3) 持续不断的推进实施以及普遍接受的行动方案。

除了这三个要素外，针对环境问题的决策体系还有至关重要的第四个要素，那就是信息库。正如我们所看到的，关于土地利用的决定，如果要有意义，就必须要有充分的信息，用以了解所涉及的种种生态作用。并且，获得简单的数据还不够，还需要对信息库进行解释，以便可以对备选方案的各种效应进行可靠的预测。效应预测是设计的核心，特别是在较大的尺度下。决策主要取决于对各种行动的未来结果的评估。

这种需求需要一种能操控信息库的、我们称之为"地理信息系统"的方法来生成预测模型。因此，就我们当前的目标而言，在迪辛决策体系的三个要素之外，我们将再增加一个：4.地理信息系统，用于预测拟议行动的结果。

为了得到每一项决策，决策体系所经历的过程基本上就是设计过程。在怀特黑德的序列——浪漫—精准—概括中，信息系统为精准阶段提供了工具。

基本的主题

现在来回顾一下这些理性设计过程，我们会发现虽然它们都具备了解决这个时代复杂问题所需的逻辑条理性，但都带有一定的假想色彩。任何经历过设计过程的人，即使遵循了最严格的理性范式，都会意识到人类的大脑实际上并不会这样进行思考，而当它试图强迫自己这样做时，结果却是失去了灵感。虽然因为之前所讨论的所有原因，我们需要一个理性的构架，但是这些理性设计过程都不是人类大脑的实际工作方式。所有这些设计过程都提示了左脑活动的线性序列，而实际上如果要产生恰当的、复杂而富有创造性的解决方案，左右两边大脑应该以之前讨论的那种持续的节奏一起开展工作。虽然这种节奏必定会是不规律的、难以预测的，但是它对于设计过程而言是至关重要的，至少对以怀特黑德各个学习阶段为代表的、更大的、由不断切换的思维态度和模式形成的阶段序列来说是这样，而认识到这一点非常重要。

尽管这些理性范式所描述的具体步骤都有

所不同，但它们都隐含了一些特定的主题，或者说是广泛的议题，这些主题放在一起，就给出了设计的方向。就像在一首交响曲中，每个乐章的主题都是在前一乐章主题减弱的和弦中浮现出来的，引领一段时间的演奏，有着各种各样的变奏，试探了种种音域和细节，然后让位于下一个乐章的主题。之后，只要有可能，它会再次出现，也许是一遍又一遍地出现。我们可以将这些基本的主题中的每一个都看作是在怀特黑德的某一个阶段中占据了一个确切的位置，从而得到一个通用架构，我们可以在其上安装几乎任何一种设计过程。

在这些通常认为是由疑问、问题或目标开启的理性范式中，怀特黑德的浪漫阶段找不到真正对应的部分。当然，这些疑问、问题或目标是设计开始阶段的重要部分，但还有很多其他的部分。在这一阶段中，我们要为随后的所有工作奠定基础，要说明方法，确定参与者，了解这片土地以及问题之所在。然后，也许最重要的是，我们要将思维和感知都转向设计工作中去。这个"浪漫"的第一阶段是设计过程的一个重要部分，这一阶段颇费时间，并且呈现不出实实在在的结果，但必须承认其重要性。将所有这些活动组合在一起，我们将这个主题称为"开端"（inception）。

怀特黑德的下一个阶段，即精准阶段，在关于理性过程的大多数描述中很少受到关注，这是一个奇怪的遗漏，当我们进行大尺度的设计工作时，大多会考虑到它。这一阶段更费时间，需要进行大量的研究，甚至超出其他两个的总和。在之前描述的"标准"设计过程中，这一阶段占到了四个设计步骤（研究—分析—综合—评估，参见第 164 页。译者注）中的一半，即研究和分析。这里的"研究"是指收集信息，而"分析"是找出信息对于设计目的的意义所在。由于这多少有点对"研究"一词进行了误导性的使用，我将采用"信息"（information）——获取信息——来取代"研究"，从而令这个主题涵盖对所需事实情况的收集和汇总。并且，我会让下一个主题——"模型"（models），涵盖对这些事实情况的分析，以及将其组织成对现实有用而又抽象的表现，而不是使用"分析"一词。使用之前描述的广义的术语（即模型是现实世界的一种抽象的表现，参见第168页。译者注），模型对设计而言是强大的工具，如果我们将其视为可以进行研究、重塑和测试的概念性建构方式，作为现实世界的替代品，那它们就更会更加强大。

在理性范式中，概括阶段由三个步骤组成：生成各种备选方案，比较评估各种备选方案，选择一个备选方案或由两个或更多备选方案整合而成的方案作为设计方案。我们已经讨论过，寻找出种种可能性是极其重要的。这种寻找是任何设计过程的重要组成部分，而这些可能性可以由多种方式细加琢磨，它们可能会拼凑出正式的备选方案，也可能无法形成备选方案。因此，我们将这个主题称为寻找"各种可能性"（possibilities）。

在概括阶段中，创造和分析的循环清晰显现：一旦我们提出了种种可能性，就必须对其加以分析评估，找出它们之中最好的行动方案。因此，在理性范式中，接下来的一个主题就是比较评估，评估是基于对效能的"预测"（predictions）。如果一切都照常进行，那么从预测结果就可以得到一个方向，我们在制定"设计方案"（plan）时可以循着这个方向，而方案可以具有任何不同的形态和版式。

一旦我们制定了一个设计方案，还要肩负起将其付诸行动的任务，在理性范式中这通常被称为"实施"（implementation）。这时，概括阶段的工作就进入了一种新的行动和反馈循环——提出建议和安排/处理——我们最好将其视作是一种设计的延伸，或者是一个不断重新设计的过程。这个主题应该进行长期的"管理"（management）。

在大多数景观设计工作中，这七个主题的工作都已经或应该被纳入，尽管每个主题都有着不同程度的相对重要性。此时，我们可以用图解的方式将它们与怀特黑德的三个阶段合在一起加以表现，如图所示：

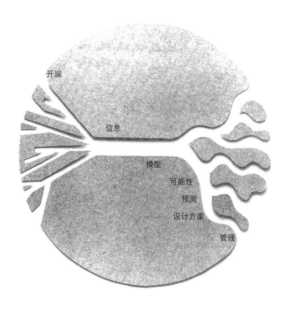

虽然一个理性的设计过程通常需要包含所有这些阶段和主题工作，但它们不一定会按照这个顺序发生，有时候发生的时间会分得很开。例如地理信息系统是精准阶段——获取信息和建模的代表，可以先于其他阶段进行操作，而这些主题的工作时期则相互包含。管理时期通常需要不断地重复整个设计过程。

接下来的三章将会专门探讨这三个设计阶段以及每个阶段的主题工作。

第七章
浪漫阶段·开端

如果一切顺利，设计过程就会在无尽的期待中开始。我们的周围可能随处都会有图形的片段闪现，还会有无数的路径曲曲折折地通往那片迷雾中去，我们的脑海里也会被一连串的质疑所充满。这个设计过程令人困惑，富有挑战性和刺激性，既引人入胜，又令人气馁，但总会让人兴奋不已，它也可能会令人迷惘，甚至望而生畏。有时我们会立时三刻就想要开始尝试去回答其中的一些问题，或者会随意地选择一条路径并开始顺着它前行。这么做，其实犯了一个很大的错误，因为此时此刻应该让所有的印象都沉淀下来，去倾听人们说什么，而不是告诉他们答案，是要去提出问题，而不是做出回答，要逐渐尝试，在若隐若现的种种想法中慢慢理出头绪，形成设计方案。

发生争议的时候，往往也是存在矛盾、有

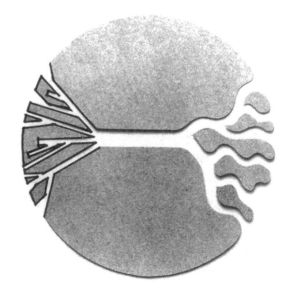

种种需求、各方唇枪舌剑的时候，而有时我们会试着开始做出让步，解决纠纷，平复事态。这同样太早了一点，因为这些矛盾往往积怨已深，

具有深远的影响，其后果难以预料，不会很快得到解决。

以上就是浪漫阶段的乱局，重要的是要顺其自然。等到一切都过去，困惑和期待仍然会存在，而随之而来的则令人兴奋。随着设计过程的推进，我们与那些相关人员交谈——仍然是带着问题去谈，而不是告诉答案——逐渐对这片景观有所了解，并非科学的细节，而是形态和感受；阅读所有的报告、信函，以及其他所有可能相关的资料，并且进行思考、研磨，绘制草图，拍摄照片，开展讨论。

当浪漫阶段结束时，如果仍旧一切顺利，我们就有了一个坚实的基础，可以基于此去完成整个设计过程的其余部分。我们现在已经知道得足够多，可以精准地聚焦到那些必需的分析工作中去。也许更重要的是，我们已经做好了心理准备：那些最基本的问题，诸如做什么，为什么要做，谁去做，以及如何去做，都已经明确，我们确认可以由此继续下去。

对于"做什么"这个问题的回答，给出了设计的主题，告诉我们所要应对的事物；对于"为什么要做"这个问题的回答，确立了道德伦理目标；回答"谁去做"，可以辨识出众多形形色色的参与者；回答"如何去做"，赋予了我们一个特定的工作方法。这些都是令人困惑的问题，需要加以认真的思索，但若要寻求答案，却并没有既定的程式可循。当我们充分研究了现状和形势，开展了足够多的讨论，进行了多方揣摩之后，答案就会显现。

回答这些问题的过程，就是我所说的设计工作的"开端"，这是浪漫阶段的重要任务。本章的其余部分将致力于阐述进行这些构想的方法。

做什么：设计的主题

这些在浪漫阶段伊始就令人扫兴的含含糊糊的问题、关注点和争议，在我们对其了解更多之后，就会使变得清晰起来。某些时候，它们会形成目标，其中的一部分会由更大的尺度传递下来，而另一部分则会在当前的环境中生成；其中有一些总是会相互矛盾，从而成为重要的议题。

我在第一章中描述了圣埃利霍潟湖的设计过程是如何开始的，是因为一群为了住宅开发想要填埋湿地的开发商与一群想要保护野生动植物的保护主义者之间产生了冲突，而这种冲突是一种具有普遍性的开端。马德罗纳沼泽设计方案也是以类似的方式开始的，而在怀特沃特汇流区案例中，棕榈泉市的民众关注的是风能开发可能会对汇流区的外观和生态造成影响。这些案例中的每一个，其最初的关注点就像种子一样，随着时间的推移会迅速生长成由各种问题和议题组成的复杂的分支结构，这些结构中有许多已经在地表以下萌生了很长时间。于生态方面的案例而言，这是普遍的模式。一旦含糊的关注点得以形成，就会成为目标和议题，并由此萌生设计过程。设计流程的每一条支流都是由一个议题开始的，也就是说，由一个既有的、没有明确结论的问题开始。议题（issues）并不同于问题（problems），问题会有答案（solutions），而议题只会有解决方案（resolutions）。有时二者是并存的。

正如我在本书第六章中所提到的，自20世纪50年代以来，土地利用的议题变得比以往任何时候都更具争议性，意识到了极限的存在——我们所在的星球空间尺度有限，资源储量也有限，这使得资源议题成为关注的焦点。各种各样的议题数不胜数，而潜在的冲突主体数量巨大。一般而言，主要的议题通常会涉及下列问题中的一种或多种。人们必然会注意到，几乎毫无疑问地，所有这些问题都是短期利益和长期利益之间，以及少数人和多数人之间的根本冲突。

● 自然保护

在过去半个世纪中，荒野的重要性越来越显而易见，对于自然保护问题的争论也随之越来越多地浮现。我们已经看到，一方面在全球尺度下保护荒野的主张迫在眉睫，并且势在必行；另一方面，我们又无法对每一片土地都进行保护，使之处于自然的状态之下，人类生存和发展也需要利用土地。自然保护的主张和更为积极地加以利用的主张不得不进行权衡，以达成微妙的平衡。

● 资源保护

顾名思义，资源与自然界中的其他事物相比是非常有用的，在未来的某个时间也许仍然会有用，也许会不再有用。大卫·艾伦斐尔德（David Ehrenfeld）提出了令人信服的主张，反对把现有和未来可能会有的资源区别开来考虑，并且为他所谓的"整体保护"（holistic conservation），或者说是"首先要将这个自然的世界看作是一个功能性的整体……"进行了辩护（Ehrenfeld, 1972: 11）。虽然很难对此加以反驳，但是也很难从是资源保护（conservation 一词是基于持续产出而使用的）还是自然保护（preserve 一词是指长期不加以利用）的争论中解脱出来，这一争论在美国已长达百年，在著名的缪尔-平肖之争 [Muir-Pinchot controversy。约翰·缪尔（John Muir, 1838—1914），美国环境组织塞拉俱乐部的创始人，是保护维持论者（preservationist）；吉福德·平肖（Gifford Pinchot, 1865—1946），曾任美国林业局官员并发起保护运动，是保护管理论者（conservationist）；以二人为代表的资源保护和自然保护思想在1901~1913 年间因旧金山市申请在优诗美地国家公园修建赫齐赫齐大坝而首度交锋，在国会听证会和各方媒体上展开激烈争论。——译者注] 以及新近的诸多公开辩论中都有上演。

保护维持论者的立场往往带有理想主义的色彩，而保护管理论者则常常会在某种程度上受到经济因素的驱使。每一片土地都会拥有某种类型的资源，而人类的每一种利用都会在某种程度上改变这些资源。这些资源可能存在于生物群落——植被（木材或其他有用的植物）或野生动物中，或者它们也可能存储在土壤或岩石中，存储在地下矿藏或地下水中，或者它们还可能会存储在各种自然作用中——太阳辐射的捕获、水的流动、空气的过滤、氧气的产生。由于这些资源并不那么显眼，而且由于它们通常在市场上不起什么作用，所以并不具有经济价值，其结果就是，这些资源经常会被忽视。这可能是一种悲剧性的疏忽，因为最终这些都是最根本的资源，并且就某些方面来看，是最脆弱的。

作为一项规则，保护管理，尤其是对具有经济价值的资源进行保护管理，从一开始就成为一个极其感性的议题。首先，这种保护管理毫无意义，因为通常在执行完一次彻底的普查之前，一片土地上有什么资源，在很大程度上仍然是未知的，而这种彻底的普查要到第二阶段，或者叫精准阶段时才会进行。再者，保护管理与人类的利用之间并不存在固有的、不可调和的矛盾。事实上，保护管理本身就是一种人类的利用，是一种往往需要加以管理的利用，并且通常可以与其他各种利用完全兼容。因此，这并非一个保护和利用二选一的问题，而是随着各种资源被逐步认知，并且它们与人类其他需求之间的种种关系被深入了解之后，要一步一步加以解决的问题。

● 灾害防范

大多数自然灾害发端于特定的用地条件，因此在既定的地点，其发生是可以统计、预测的。美国陆军工程兵团根据周期性洪灾发生的概率绘制洪泛平原的做法，就是一个例子。

其他一些主要的灾害包括：火灾、山体滑坡、沉降、飓风、火山喷发和海啸。对于每种灾害，我们都可以识别出最危险的区域，那么，问题就变成了如何最有效地对待这些区域。一般有三种可能性：第一种是简单地接受风险的存在，并将危险的区域开发为其他任何合理的用地。第二种是通过设计减少灾害。例如洪涝风险往往可以通过开挖沟渠或构筑堤坝来削减，而滑坡则有时可以借助特定的基础加固来进行控制。为了改良土地的渗水性能并减少地表径流量，用地格局可以设计改变，或者（第三种可能性。译者注），我们也可以完全避免在危险区域构建建筑物。这些解决方案中哪一种最好，这个问题需要通过各种分析，并对各种备选方案进行比较之后才能给出最佳的答案。

● 冲突性利用

在并不那么久远前就存在的、更为简单的世界中，各种土地的利用是交由市场决策的。在政府机构完全参与土地利用决策之后，就要求确定什么是"最高最佳使用"（highest and best use，这是一条房地产估价原则，指法律上允许、技术上可能、经济上可行、经过充分合理论证，并且能使估价对象产生最高价值的使用。译者注），意思是能带来最多经济回报的那种土地利用方式。现在，虽然我们仍然经常听到"最高最佳使用"这个术语，但很明显，能带来最高回报的使用方式通常并不是最有利于社会的使用方式。事实上，"最高最佳使用"可能恰恰会破坏我们的生活来源。众所周知的减少农业用地以实现郊区的增长发展就是一个例子。正

是出于这个原因，我们转向了理性的设计过程，以提出各种可能的利用方式并预测其影响。我们只需回忆一下怀特沃特汇流区这一研究案例，在一片特定的地域之中，能源产出、自然保护和休闲游憩的目标是彼此冲突的。

● 使用强度

既定的用地面积可以支持多少数量的特定使用？大自然存在着多种机制，可以将使用限制在可接受的数量之下：捕食者能使其猎物保持数量平衡；当一个物种的增长面临食物供应短缺时，个体要么移居他地，要么死亡。曾经有一段时间，人类也遵从着这些规则。当人口数量接近其食物产出的极限时，希腊城邦派出了大量勇于冒险的公民，去寻找、建立新的殖民地，最终这些人在地中海和黑海的大部分滨海区域定居下来。然而，技术改变了这一切。如果现在有能力将各种资源从一个地方转移到另一个地方，人类会设法将自然承载力汇集到一起，几乎不会再对那些既定的阈限多加考虑。事实上我们会发现，要确定多少才足够是很困难的。不过，阿利索溪案例研究呈现了一个使用强度的例子——在这里，水资源预算为确定城市发展的极限提供了一个合理的基础。相反，其他大多数案例研究则都涉及的是竞争性使用的问题。

● 公有与私有

根据美国宪法，通常认为私地所有者有权以自己获利的方式使用其土地。同样，公地被认为是要设法谋求公共利益。这种区别的困难在于，有时候最适合公共使用的土地是在私人手中，而那些可能更适于私人管理的土地有时则在公地范围之内。这种情形引出了变更保有权的问题。政府机构应该获得哪些土地？哪些

土地会更适于让它们租赁或交易？每当我们考虑对一片土地进行游憩、保护管理或保护维持等使用时，获取其公有权的问题就会自动出现。

对于土地所有权的看法也在发生变化，至少在美国是这样。法院似乎越来越希望限制私地的使用，以保护公共利益。当然，私地所有者们很少会赞同这一点，而在所有的土地利用议题中，他们的不同想法会引发一些变数最大的议题。

● 集中或分散

迫于现实可行性，人类的活动之前一直集中在景观中预先确定的某些地方，直到两个世纪前化石燃料储备被首次解封并投入使用为止。一旦廉价的、享有化石燃料补贴的交通运输带来了新的选项，可以将人和各种资源运来运去，人类就开始将活动分散开来，遍布世界各地，并且一直这么做，直到现在。规划师和理论家们都在呼吁要集中式发展，但他们的呼吁几乎没有产生什么影响，直到 20 世纪 70 年代燃料开始短缺。现在只要想要进行开发，集中或分散都是一个切实的问题，需要根据景观特征、资源状况和经济条件来细加考虑。组团式住区是一种开发形式，可以有更多的可能性来更好地利用未经改良的土地，但为了确实有效，这些土地的管理必须进行明确规定。北克莱蒙特案例研究（参见第 235 页。译者注）展示了城市边缘地区集中或分散开发的备选方案，呈现了未来四种不同的发展情景。

其他一些技术提示，未来更为分散的景观格局有其合理性。电子通信技术减少了商务、教育和其他许多活动中必要的面对面的接触，这一创新减少了远距离走动的需要，从而使人们能够更加分散地生活，而不必增加能源成本。

● 视觉变化

大多数人通过他们的眼睛与自然发生关联，因而大量的土地利用议题始于对视觉质量的关注。景观的风景特质常常会被漫不经心的开发糟蹋掉，这是再真切不过的了，但是对于风景的关注并不总是，也不一定必须是建设方面的。人们常常只是想让景观保留下来，看上去和现在一样，即他们现在所看到的就是他们将来希望看到的。我们经常会发现，不管现状有多糟糕，都是对自然状态的说明。在这样的情况下，无论要建造任何东西，或者以任何方式清理或重塑用地，只要有提议都会立即遭到反对。棕榈泉市的民众对于在他们视线范围内建造一组风力发电机的提议所产生的反应丝毫不令人惊讶。那些发电机可能会是非常优美的构筑物，可能会实质性地在一定程度上提升景观的视觉品质，但是民众出于视觉变化还是有诸多的反对。

● 文化保护

经过了人类社会的一系列更迭，这个世界上的大多数土地都已经被使用了，不同时代的用地格局和文化印记则全然不同。在过去，一个时代取代或是演变成另一个，对于所发生的变化毫不惋惜，而今天，当我们怀着更多的敬意或者仅仅以怀旧的心态回顾过去时，我们越来越不愿意为了不确定的未来而抹杀那些历史遗留下来的用地格局。对我们来说，人类社会延续的意义变得越来越重要，因此，保留景观中的文化格局就更成为一个不容忽视的议题。

在美国，文化保护的议题往往聚焦于具有鲜明印第安文化和历史的那些地点，而在世界的其他地方，文化的发展及其体现则往往会回溯到更久远的年代。例如大多数欧洲景观都展现出可追溯数千年前农业格局的残留：对意大利中部翁布里亚（Umbria）地区的一项研究识别出了五种不同的土地利用格局，其中最早出现的一种格局可以追溯到罗马时期，反映了罗马人所采用的直线测量网格，而其他的格局则是美第奇家族（Medicis, 佛罗伦萨 13 世纪至 17 世纪时期在欧洲拥有强大势力的名门望族。译者注）和墨索里尼（Mussolini）时期留存下来的。这些格局共同提供了一份历史变迁的视觉记录，是意大利文化遗产的重要组成部分。规划人员建议对这些格局加以利用，将其作为未来令人信服的一个土地管理框架（Falini, et al, 1980）。

然而，在某些情况下，保护历史景观的建议则并不那么令人信服——保留过去可能会变成对未来的束缚。不幸的是，通常没有什么简单的方法可以明确区分哪些值得保留，哪些不值得保留。

本书中的这些研究案例，若对其规划工作之所以发起的那些议题稍加审视就可以看出，大多数至关重要的土地利用议题都落入了这九个常见领域中的一个或另一个。然而，具体的情况显然差别很大。

我们通常会发现，在这些议题中包含一系列目标，这些目标既有相互冲突的，也有彼此一致的。这样一来，由议题到目标的路径就可能会极为近便了。例如当议题涉及冲突性利用时，显然有一个目标是令这些冲突性利用方式中的每一种都能够最大化的（即最充分的利用。译者注）。由于对所有这些利用方式而言，这种最大化不可能立竿见影地实现，所以我们显然要面对种种相互冲突的目标，这种情况最好能通过经济过程来加以解决。在这个过程中，这些目标最终会为各个备选方案之间的比选和设计方案有效性的监测提供依据。出于这一目的，目标越清晰、越具体，就越有用。

正如第二章中所述，某些普遍性的生态目标是在更大的背景中确定的。只要这些目标能

被慎重地对待，就能确保整体的和谐，如同阿利索溪对于整个区域的水流系统所起的作用，或是马德罗纳沼泽在太平洋候鸟迁徙路线上所具有的地位那样。然而，在人类意图相互冲突的情形下，即使是如此明确的生态目标，也有可能受到质疑，并转而成为议题。

随着我们更深入地了解，显然这些议题都不是孤立存在的。相反，事实证明，关于任何一处景观的各种议题往往都是相互关联的，这些议题的解决方案也是如此。因此，以圣埃利霍潟湖为例，在解决污水处理这一议题时，我们通过供水可以在保持潟湖水位稳定、允许灌溉，从而改善野生动物栖息地并开展水产养殖生产的同时，提供更多的游憩服务，往适宜的区域导入游憩性利用。重要的是，要及早找寻到这样的相互作用关系，而不要强求以单一的方法去解决单一的问题，因为这样很可能会加剧其他的问题。

为什么要做：道德的立场

这可能是最难回答的问题。我们并不是切实地在问"为什么"，开展一项设计工作的原因可以借由议题来解释，正如我们之前所讨论的；但相反，我们是从道义的角度在问"为什么"。我们这些设计师为什么要参与其中？我们的道德立场是什么？如同现今许多人所宣称的，我们是否只是信息和他人价值观的处理者而已？或者在设计方案的形成过程中，我们自己的信念是否发挥了基本的作用？正如最后一章所指出的，很多人以及他们的价值观，都会在更大的尺度下进入设计过程中来，那么，设计师是否仅仅是这些大众中的一员呢？

在已经参与景观设计的人员中，不会有人再坚持这个曾经如此天真奉行的观念——认为

设计可以是一个完全客观的过程，摒弃各种价值观，只是应对各种事实。我们现在意识到，即使选择要应对的那些事实也是受主观价值影响的，而我们所做出的每一个选择也同样如此。不受价值观影响而进行判断几乎是不可能的，就算我们不去主张一个道德立场，它也会由我们所做的设计工作隐晦地界定出来。因此，最好是尽早说明我们的立场，然后基于这个立场采取行动。

在各种设计、规划和决策中，哪怕是在那些通常要运用系统方法的高技术情形下，同样的道德困惑都会出现。韦斯特·丘奇曼（West Churchman，美国学者，将系统研究定义为对人类系统的伦理之研究。译者注）的思想对后一领域（即决策领域。译者注）的影响巨大，对于不同类型的规划师（设计师），他提出了三个可能的立场（Churchman, 1979）：第一个立场是对那些只是按照任何付钱给他的人的旨意行事的"目标型规划师"（goal planner）而言的。目标型规划师的任务是确定此委托人或这个委托团伙的目标，然后推荐能够实现这些目标的最佳行动方案。丘奇曼指出，这只不过是一种就事论事、给出问题答案的态度，因为它缩小了议题，或是对议题过于轻描淡写了。事实上，这近似于那种无价值观的立场。在规划界，丘奇曼所谓的目标型规划师通常也被称为"枪手"。

第二种类型的规划师以类似的方式工作，但是会划定一条他不会越过的底线。例如他可能会决定，不会考虑做任何非法的事，不会做或是破坏濒危物种的栖地、或是降低水质、或是增加能源消耗的事。丘奇曼将此类规划师称为"被动型规划师"（objective planner）。

第三种类型的规划师不仅仅为支付费用的委托团伙或个人服务，他们会质问："应该为谁服务？""应该如何服务？"这就带来了另

外两个问题："谁应该做决策，并且怎么做决策？""谁应该做规划，并且如何做规划？"这些问题将设计工作置于极为广阔的伦理视角，任何可能的手段和所有可能的影响都是可以考虑的。手头的项目被置于更大的背景之中，从更高的整合层级将所关注的目标传达下来。丘奇曼称以这种方式工作的规划师为"理想型规划师"（ideal planner）。当然，这类规划师并不总是能够实现自己的理想，但他们会努力坚守自己的道德立场。

当涉及更为宏观的生态议题时，"应该为谁服务"这一问题会将我们引领到广阔的天地和令人心生敬畏的责任中去。显然，许多非人类的物种之所以得以生存，只是因为人类选择了令它们能够生存下去。当阿尔伯特·施韦策（Albert Schweitzer，1875—1965，著名学者以及人道主义者，提出了"敬畏生命"的伦理学思想，于1952年获得诺贝尔和平奖。译者注）坚持认为，我们只有在对所有生命——包括植物、动物和我们的同类——都心生敬畏时才是有道德的时候，他指明了一条通往全新伦理观的道路（Schweitzer, 1933）。他坚信对于我们所背负的道德义务而言，人与人之间的关系已不再是一个足够宽泛的语境。对于支撑着我们所有人的这个生命网络，一直以来我们所了解的一切确实为他所持的这种道德立场提供了支持。我们的种种设计决策影响了大量的生命，既影响到人类，也影响到非人类，而对于非人类物种的那些影响，往往会经由这个生命网络最终像回旋镖（Boomerang，一种掷出后可以利用空气动力学原理飞回来的打猎用具。译者注）一样回过头报应到我们自己，或是同为人类这个物种的其他人身上。

这并不意味着理想型设计师就总能发布理想的设计方案，抑或是知道理想的设计方案是怎样的；但是，他会尽其所能地探讨所有可能的方案，并且预估这些方案对于其所应服务的那

些数量巨大而又多样化的生命可能产生的影响。本书中的大多数案例研究都属于为达成这种理想化设计而付出的努力。

出于此书的目的去接受丘奇曼的这些规划师类型，我将用"设计师"这个词代替他的规划者，并且我还会添加第四种类型——怀有特定道德目的的设计师，他的一切努力都是奔着实现符合这一目的的各个目标而去的。例如他可能决心要保护荒野，或是减少资源消耗，或是公平地分配土地所有权，或是将这些目标多少结合到一起，然后专注于所有的规划工作，以实现这些目标。这种类型就是众所周知的"倡议型设计师"（advocate designer）。

大多数人都会赞同，理想型设计师的立场是首选立场。从社会公平和生态完整的角度来看，这类设计师的立场最有可能导向真正有意义的设计方案。不过在一个不太理想的世界中，各种环境条件都决定了目标型设计仍然会是一个通行的立场，必须要有人为完成的所有工作付费，并且经常会有人认为，这个付费的人有权获得一定的操控权。当土地所有者付费时尤其如此，而公共机构付费的话也通常如此。只要有目标型设计师在，就必须也要有倡议型设计师在，以代表（委托付费方之外的）另一方。我们在可称之为"对抗性设计"的过程中常常会发现，目标设计师和倡议型设计师会在开发与保护议题上发生争执。

对于那些在更大尺度下确立目标的设计师而言，可能站在理想型设计师的立场是最常见的，在那样的尺度下，各种冲突不会这么直接。例如创建了加州沙漠保护区（California Desert Conservation Area）并规定了其管理办法的联邦法规——1976年颁布的联邦土地政策和管理法（Federal Land Policy and Management Act），实际上是对理想化规划的一种广泛授权，引自该法

案的一些文句颇具指导意义：

加利福尼亚州的沙漠环境是一个非常脆弱、极易受损，并且修复缓慢的完整的生态系统……[第601（a）（2）条]

对加州所有沙漠资源的利用都能够并且应该有一个旨在多重利用（multiple use）和持续产出（sustained yield）的管理方案来进行规定，从而可以为子孙后代保护好这些资源，供现在和将来进行利用和享受……[第601（a）（4）条]

……必须为公众提供更多的机会，使之能够参与此类规划和管理……[第601（a）（6）条]

多重利用和持续产出当然是公地管理的既定原则，也是美国林务局（U.S. Forest Service）传统的座右铭。不过，联邦土地政策和管理法给出了新的定义，值得在此引用一下：

"多重利用"一词是指对各类公地及其多种资源价值进行管理，使之得到组合式利用，能够最大限度地满足当前和未来美国人民的需求……是一种平衡而又多样化的资源利用的组合，顾及子孙后代对于各种可再生和不可再生资源的长期需求……并且是对多种资源的协同管理，对于这些资源的相对价值进行了考虑，不会对土地生产力和环境品质造成永久性损害，并且不一定非要是能够带来最大经济回报或是最大单位产出的利用方式组合。（第103条）

"持续产出"一词是指在进行多重利用的同时，永久性地实现和保持公地上各种可再生资源每年或定期的高产。（第103条）

有些人自然会对这些定义心存疑虑。这些崇高的目标在参议院的会议厅很容易突围而出，却很难实现并落地。不过，它们从根本上传递了所谓理想化设计的含义。这些理想一旦借国会的权威性表述出来，就能够有一个更广泛的根基，得到更好的传播。

然而，重要的是要领悟到，定义一个道德立场并不能破解道德的困局。所有景观设计都充斥着这样的困局。即使是理想型设计师也不得不担心会有这种可能性，即他的各种客户可能会决定要采取某种行动方式，而各种分析则告诉他这种行动方式在生态上是错误的。然后怎么办呢？在这里我们只能说这种困局很少会发生。对各类公众群体进行对景观看法的调查，通常会反映出其对自然系统保护的强烈倾向，与此同时，他们对保留人类的种种利用机会也抱有浓厚的兴趣。然而，各种矛盾仍然会出现，对此并没有一个普遍适用的解决方案。我们每个人都只能尽量了解清楚具体情形下的种种状况，并找到自己的解决方法。事实证明，加利福尼亚沙漠的设计方案最终应国会授权而得以绘制成图，相较于更高层级所表述的那些理想化的设想，这个方案远没有那么理想。

谁去做：参与者们

这里我将往整合层级的那些法则中再添加另一个原则：尺度越大，受设计过程影响的人数越多，并且由此可能参与其中的人数也越多。那么，尺度越大，"谁去做"的问题是不是就会越加复杂？

为了方便起见，我们可以将那些涉及景观议题的人分成三组，即设计组、参与组和客户组。设计组包括执行设计任务以及制定设计方案的人员。参与组包括那些作为顾问、评审专家、特定利益方代表，以及诸如此类直接参与设计组的人员。在那些较小的尺度下，一直到项目层级，这通常会是业主和开发商；在更大的尺度下，通常会是一个更加多样化的群体，自1960年以来其职能已经大大拓展。客户组包括居民、使用者和所有那些受到设计进展中所做决策影响的人，这些人可能会直接参与设计，也可能不会。

● 设计组

在建筑施工或场地设计的尺度下，为了实现明确而又数量有限的目标，设计组可以由一个人组成；在更大的尺度下，设计组可能是一个团队，通常会包括具有不同专业知识的各种专业人士。决定需要哪些专业领域以及如何组织这些专业人士，是制定设计过程时的一项重要工作。

将对整个景观的认知拆分到若干个专业学科，这是学术体系下的一种人为做法，可以有效地获取特定的详细信息，但是在实际处理较大议题时，则效力甚微，其困难之处在于每个专家只会关注整幅图像中的一个局部。应对这种局限性的解答就是要组织一个跨学科的团队，汇集所有的局部以形成整幅图像，这是系统方法的一项早期的信条。然而，实践证明，成功组建跨学科团队是一件相当复杂的事情，因为各个学科之间存在着根本的见解差异。

查尔斯·基尔帕克（Charles Kilpack）认为，在参与绘制地理变量和开发地图模型等分析工作的那些人员中，对于信息及其利用方式所持的态度形成一个连续渐变系 (Kilpack, 1982)。他将那些注重尽可能准确地获得和展现数据的人放在最左边，将那些注重利用信息来表现各种关系的人放在最右边。如果我们不拘泥于设计过程中的分析，或者叫作精准的那个阶段，还可以对基尔帕克的连续渐变系进行拓展，将那些

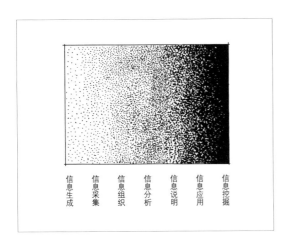

信息生成　信息采集　信息组织　信息分析　信息说明　信息应用　信息挖掘

注重生成和采集数据的人（更加基础的科学家）纳入更左边，而将那些注重发掘各种可能性并形成设计方案的人纳入更右边。那么整个设计组成员的连续渐变系看起来就如上图所示。

● **关于信息的作用**

基尔帕克非常谨慎地令他的连续渐变系能够符合普遍的人设要求，而我对这个连续渐变系的拓展肯定也毫不逊色。无疑会有一些专家超出这些类别，但这个连续渐变系对于一个设计团队的组织构建而言，是一种非常有帮助的方法。左边的那些人员将确保信息的充分性和准确性，而右边的那些人员将确保信息能得到很好的利用。这种差别非常重要，因为那些最为常见的规划工作失误，一方面是信息错误及不充分，另一方面则是对信息的利用缺乏条理性，不够目标明确。跨越整个连续渐变系分布合理的团队成员，可能会降低这种失误发生的可能性。这里所说的人员分布，显然与之前所述（参见第 165 页的"思维方式"部分。译者注）的大脑功能的组成有相似之处。

团队组成与建构中出现的另一个问题涉及各类专家所起的作用。一种常见的团队组织形

式是，团队中有一些专家不仅可以贡献其学科的专业知识，而且在设计工作的每个阶段和活动中都能或多或少地平等分享到其他专家所贡献的知识——这是美国林务局经常用来应对国会委托的跨学科规划任务的团队形式。对于规划单元而言，一个典型的设计团队可能会包括野生动植物学家、林务员、水文学家、游憩专家、景观设计师和工程师，而负责推进这项工作的团队负责人可能就是这些人中的一位。由各种想法的结合和交融会形成一个设计方案，至少从理论上讲，这个方案体现了团队成员所代表的各个学科的整合。

另一种完全不同的团队组织形式，我们可以称之为"核心成员加顾问组织"（core-and-consultants organization）。这种团队会包含一个核心设计小组（在某些情况下，只有一个人），其成员不会被视作是涉及任何学科的专家，但他们确实具有能应对所有这些学科工作的知识，并且他们最重要的专业能力是拥有整合的天赋，即把所有学科知识综合到一起的技能。这些成员往往是景观设计师和规划师，他们的位置是在这个连续渐变谱系中间靠右的部分。团队组织顾问通常发挥着顾问所起的作用，根据需要提供其学科的信息，回答问题，并且会经常审查工作，但不会参与决策，他们的参与度完全是按照项目所需的范围和强度而定。

大多数团队的结构往往是这些基本组织形式中一种或另一种的变体。以上两种组织形式中的每一种都有其优势和难处。学科整合型团队的优势在于允许每个学科充分参与决策中来，但缺点是缺乏核心整合力，这对于在"交流电"式的设计过程（参见第 165 页。译者注）中提出建议这一点来说，尤为重要。整个团队履行这项参与职能，对于那些术业有专攻的和专业界线泾渭分明的人来说，可能会非常困难。我们会发

现这类团队的成员往往主要集中在这个连续渐变信息谱系的左边部分。

另一种——核心成员加顾问的组织形式允许每一名成员以他最了解的方式参与进来，做出贡献，但往往会将专家排除在决策任务之外，这可能也会造成各种困难。这种组织形式倾向谱系右边的人员，因而更富创造力。

无论采用怎样的组织形式，都会存在如何选择需要提供相应信息的专业领域的问题。由于这在很大程度上取决于所涉及的关注点和议题，因此生成一个矩阵表示这些议题与专家之间的关系，会很有帮助。这种矩阵可能看上去会像这样：

	水文学家	地质学家	土壤科学家	经济学家	农学家	野生动植物学家
地下水枯竭	●	●				
农业产量	●		●	●	●	
粮食产品市场				●	●	
野生动植物种群减少						●
土地价格				●		

这种矩阵会给出一个很有用的提示，不仅是针对所需的专业领域，还能说明每个学科工作任务的相对规模大小以及各个学科可能彼此重叠并需要合作的领域有哪些。

各个参与者小组与规划设计团队之间有着形形色色的关联，这些小组借着这些关联得以发挥作用。二者之间始终存在的唯一差别在于，规划设计团队确实是以专业人员的身份开展工作的，而参与者小组则是由志愿者组成的。有时候这二者会紧密合作开展工作，并没有显著差别；而在其他时候，参与者小组除了进行非正式的定期审查之外，就不会再做什么了。

● 公众参与

在涉及土地利用的政府项目中，法律规定所要求的公众参与，通常是通过组建一个公民咨询小组（Citizens Advisory Group）来达成的，小组成员是项目所涉及的所有特殊利益群体的代表。例如加州沙漠保护区规划，是一项占地面积超过 2500 万英亩的次大陆尺度的工作，这个项目的公民咨询小组（即参与者小组）囊括了对能源和公用事业、地球科学、公共事务、社会科学、野生动物资源、采矿业、州政府、户外游憩、美洲原住民（印第安人）、考古学、植物资源，以及环境科学有着特殊兴趣的各种成员。

到了 20 世纪 70 年代后期，优诗美地国家公园规划的设计师们突破了公民咨询小组的概念，试着将所有感兴趣的公众纳入工作中成为参与者，即使得当事人群体成为参与者群体。他们准备了一本工作簿和一个规划工具包，邀请关心这个规划的每个人针对十个规划单元中的每一个单元从一长串可能的行动清单中进行选择，为公园制定自己的规划方案。他们寄出大约 59 000 个包裹，收回超过 20 000 个包裹，这可能是既有的最大规模的公众参与活动了。然而，如此广泛的参与，其实际价值却令人质疑。据统计，回收大约 2000 份随机样本会产生同样的结果，而事实上，美国国家公园管理局（National Park Service）在这项分析中采用了 5000 个样本。

在极具争议的情况下，公众参与往往会更加缺乏组织性，并且会产生更多的争执，各种个人和团体多少有些随意地在现场进进出出，倡导着各自不同的切身利益和观点。这种情况的典型案例就是波沙奇卡潟湖案例的研究工作

（第 225~231 页）。在这个案例中，除了土地所有者之外，还有三个团体和六个公共机构参与进来，所有这些团体和机构都秉持着多少有些相互矛盾的观点。要寻求一个共同的目标系非常困难，并且几乎可以肯定是，规划过程将是漫长而充满争议的。

当事人群体是无组织的，通常也是无形的、最难应对的。首先，谁是当事人，放之四海皆准的回答是：每个会受到规划决策影响的人。作为一项原则，在规划过程中应当要充分考虑受到影响的每一个人的态度和价值观，但是对于较大尺度的规划工作而言，这可能意味着要应对数量庞大的人员。特别是对于政府机构开展的项目来说，近年来对公众看法的衡量已经太过精细化了。

加州沙漠保护区规划的公众参与计划提示出可能会参与这项工作的人员规模。对于那些有根本利益关联的人而言，沙漠会激发他们的强烈情感，甚至在这个计划开始之前，美国土地管理局的规划小组就意识到，他们必定会应对一系列复杂而矛盾的价值观。

由于加利福尼亚州的沙漠对整个国家而言是一种重要的资源——美国国会已经明确了这一点，因此，当事人群体被界定为美国的所有人口，这就意味着要在全国范围内征集意见。很自然，一些群体会比其他群体对此有更大的利害关系。有很多特殊利益群体，主要由那些对沙漠有着强烈依恋的人（如利用沙漠开展游憩活动的摩托车协会）以及各种保护组织组成。关系更密切的是实际的沙漠居民，那些生活在研究区域内的人，会因此受到最直接的影响。略微远一些的，但是仍然存在大量利害关系的，则是那些生活在研究区域四周社区中的人。这些多少有些不同的群体——全国人口、特殊利益群体、本地居民和周边的居民——中的每一个，

都得到了邀请，表达了自己的观点，并且与每一个群体的接洽都采取了一种被认为是与其权益级别和类型相适合的方式。我们将会在下一章论述设计方案的各种表现方式和呈现结果。

最后，辨识当事人群体并与之一起工作，对于每一项规划工作而言，都是必须加以解决的一个问题。通常情况下，有限的参与是务实的想法。时间和金钱总是短缺的。从理论上讲，对于像优诗美地国家公园或加利福尼亚沙漠保护区这样的案例，我们可以说其当事人是全球性的，甚至我们还可以说这些地区的当事人应当包括尚未出生的后代子孙。但显然，要与全球范围的当事人，更不用说一个尚未出生的当事人进行咨询商议，会遇到巨大的——不是说难以克服的——困难。因此，咨询通常只会在时间和金钱允许的范围内展开，并且受这些条件限制而被排除在外的当事人必须同意由这些规划组和参与组代表自己。

如何做：从设计过程到设计方法

至此，我们暂时要回到设计方法这个问题上来，并且从普遍性转向具体的细节。大多数设计工作都适合对应到上一章所述的那种理性设计过程的整体架构中，也就是说，一个设计过程可以归入技术、经济、生态、法律、社会或政治理性的模式中，或者有时候会被归入对这些模式的某种改变或组合的模式中。

由议题特别是由目标的特征可以判断出哪种模式类型是最合适的。如果目标很明确并且一致，可以相互成就，那么，就适合技术理性的设计过程。如果目标极为精准，包含了各种方法和结果，那么，就可能免不了会采用法律理性，或者说是遵从法规的设计过程。如果目标尚明确并且是量化的，但并不能相互成就，那

么经济理性的方法应该占上风。那些具有宏观、普遍性、不尽精准的特征，并且最终难以估量的目标，则往往建议采用生态理性的设计过程。如果目标确实不确定，那么就有必要想出一些特殊的设计过程以适应这种情况，这种情况使得我们在进行设计时会有一定程度的不确定性，希望能从之后的分析中发现更明确的目标。就这个设计过程本身而言，甚至可能仍然会是一种更广泛的探索，通过对议题的探索，而不是通过目标的驱动来指引方向。对于项目和规划单元尺度下的景观设计来说，将经济理性和整合理性设计过程的某些特征相结合也并不罕见。

　　在理性设计过程的通用架构中，我们需要一个项目的计划能有更为具体的指导，能够明确设计任务、工作计划和详细的逻辑结构。通常情况下，这种计划的表现形式是工作流程图。当然，困难在于我们通常对于将要满怀信心去开展的那项规划工作知之甚少。一路走来所发现的可能会对我们必须要做什么产生影响，这就是为什么 PERT（Performance Evaluation and Review Technique，行为评估和检查技术，是由美国海军在 20 世纪 50 年代中期发展出来的一种使用节点和箭头来指示任务和工作流的图表，用来支持极地导弹系统的开发。译者注）和 CPM [Critical Path Method，关键路径法，又称关键线路法，是由雷明顿 - 兰德公司(Remington-Rand) 的詹姆斯·克里 (James Kelly) 和杜邦公司的摩根·沃尔克 (Morgan Walker) 在 1957 年提出的一种计划管理方法，通过分析项目过程中哪个活动序列进度安排的总时差最少来预测项目工期。译者注] 图表通常会用于航空航天项目，但鲜见应用于景观设计，这类图表能进行非常具体的任务说明和精确的计时。工作流程图应项目性质会有很大差异，因而更加灵活。我们最好是将它们视为一组假想的工作，随着工作的推进而发生变化，当然也会有一些例外的情况。例如有一件事永远不会改变，那就是基本的逻辑结构，它能确保整个项目从概念上讲，从一个步骤到

另一个步骤是正确的（有一个合理的逻辑来支持整个设计是至关重要的，特别是在那些较大的尺度下，至于为什么，我们已经有所论述）。

　　在许多案例研究中，项目计划的工作流程图都有示例出现，但我需要加以澄清的是，在每一个案例中，工作流程图都仅仅是针对这个案例研究单独给出了关于设计过程的一些想法。放之四海而皆准的设计过程并不存在，通用的工作流程图也不会有。

第八章
精准阶段·信息与模型

在浪漫阶段那蜿蜒流动的溪流汇入精准阶段那条宽宽的河道之时，先前那种有着无限可能性的兴奋感就让位给了一种直接的目的意识。任何对于未来的理性思考都需要有一个对于过去和现在的条理清晰的认知。

我们已经将精准阶段划分归入了信息主题和建模主题。首先，我们针对各个组成部分对景观进行描述；其次，我们将这些组成部分重新组装，形成模型，以便可以从一个全新的角度来审视这个景观。收集信息之后不一定要立即建模，这两项工作有时候在时间上是完全分离的。这种情况经常会发生，特别是在区域尺度下，在一系列不断的重复过程中，只有在需要的时候，组装起来用于描述景观的信息系统才会被用来生成各种模型。

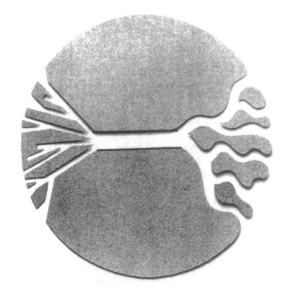

信息

首先，我们要考虑的是对于信息的需求，自从 20 世纪 50 年代控制论被提出以来，信息这个术语已经拥有了越来越多的含义。和在其他的政治领域一样，在环境领域中，特别是在《国家环境政策法》通过以来，信息已经成为权力(Jokela, 1979)。法律要求，各种具有深远影响的决策必须建立在完备而可靠的信息基础之上。斯图尔特·马奎斯（Stewart Marquis）将其置于控制论的背景之下：

信息提供了控制工作行为的能力。显然，一旦将信息纳入工作架构和工作系统中去，就有了直接的限定。关于景观组成部分的结构和运行方式的额外信息则能令人更好地设计这些景观，限制其运行性能，使之与设计人员的期望保持一致。这两种信息都有助于回答那些基本问题：什么是能够进行控制的？我们怎样才能对其加以控制（Marquis, 1974: 34）？

出于眼前的目的，我们可以将有助于回答这些问题的信息分为两大类：描述景观的物质构成的信息以及描述多种非物质形态 [immaterial，取其 "无形体、非物质"（nonphysical）之意，而不是 "无关紧要"（irrelevant）之意] 因素的信息，这些非物质形态因素可影响景观的未来发展。这两种信息类型在本质上截然不同，需要采用完全不同的收集方式。在继续对其进行探讨之前，有必要简单讨论一下信息收集的普遍原则。

首先是经济性原则。在我们这个数据社会中，信息过多是一个常见的问题，这也可能是一个代价高昂的问题。获取信息的成本很高，而景观设计和规划的预算则往往非常有限，因此重要的是，只需收集那些可能会对决策产生影响的信息。此外，一开始收集了过多信息所造成的浪费，通常随后还会成倍地增加。组织和使用信息自然也是非常昂贵的，更准确地讲，也许是因为无关紧要的信息通常会令人困惑，迷失方向。即便是在一系列信息已经组织整理完善之后，也很难厘清哪些是真正与手头的议题相关的，哪些是不相关的。

在这里，我们会再一次发现，设计与自然进化有一种非常有趣的并行关系。对于一个自然生态系统而言，将有用的信息与虚假的或无关紧要的信息（信息论所谓的 "噪声"）分离，对于进化适应性而言至关重要。

在开始时，我们可以审视一下议题，告诉自己需要哪些信息。如果农业生产方面的利用是关键议题之一，那么显然我们需要了解土壤肥力和降雨量；如果供水是一个议题，那么我们会需要有关水资源及其利用方面的信息。

然而，即便仅仅是遵循既定议题的导向，也并不是一件简单的事情。信息常常会揭示出新的议题。当我们详细研究一片景观时会发现，彻底颠覆我们最初设想的种种状况并不罕见。在提议修建泰利库大坝（Tellico Dam，该大坝于 1967 年由美国联邦议会批准田纳西流域管理局在小田纳西河上动工修建，于 1997 年由联邦最高法院终审裁定禁止大坝继续完工以保护濒危物种栖息地。译者注）的基地上发现了蜗牛镖（snail darter，一种濒临灭绝的鲈鱼。译者注）的栖息地，可能就是这样的典型案例。除此之外，还有许多不太引人注目的例子。对高地牧场基地进行详细研究发现了一处古老的印第安人定居点遗迹，而对其进行保护就成为一个议题。

经济性原则既是对于信息的精度而言，也是对于信息的数量而言。为了有助于达成目的，信息必须要足够准确，但要谨记精度也很昂贵，因此必须与实际需要相对应，尤其是要与所关注的尺度相对应。从讲究实效出发，信息的精度应该符合决策过程的特点。我们在由科学调查提取数据时，经常会遇到这方面的问题。对于科学家来说，精度始终是至关重要的，事实上对他们来说，过度精确几乎是闻所未闻的事情。因此，我们经常会发现自己是在试图从极其详细、专业的科学数据中进行归纳和概括。将这样的信息改写成更为宽泛的类型，对于非专业人士来说是一项有风险的工作。

其次，我们应该谨记的另一个原则就是著名的香农定理（Shannon theorem），即信息的价值与其意外性成正比。该定理印证了这样一个事实，即所有信息并不具有同等的价值，并且该定理也表明了，当资金有限，不允许我们收集到可能需要的所有信息时，最有效的就是沿着可能会发生意外情况的方向去追寻。意想不到的事情可以让我们从根本上改变对景观及其各种可能性的先入之见。只要回想起由蜗牛镖引发的那场剧变，就可以深切领会这个原则。

现存的景观及其物质性构成

我们可能会认为，关于物质性景观的一系列信息是对现有生态系统的一种描述，包括第一章中讨论的三种生态秩序模式：结构、功能和区位。

由于生态结构包含了景观中的所有生物和非生物要素及其相互作用，因此有关生态结构的信息或多或少就是这些要素的一份编目：地质和土壤构成、植物和动物群落、微观和宏观气候。然而，正如我们在无数的环境影响报告中所看到的那样，这样一份编目可以长达数卷，重要的资料被埋没其中。因此，根据经济性原则，重要的是要找出主要的要素和那些对我们的目的而言尤为重要的要素。这样做并不一定会减少信息收集所需的工作量，相较于简单罗列出所有的要素信息，这样做通常要进行更多的研究，以便确定那些对设计至关重要的元素及其相互关系。

我们可以认为主要要素就是那些数量最多且与其他要素相互作用最多的要素。在对植物群落进行分类时，主要的物种被称为"优势种"（dominant），而群落通常是以最主要的优势种来命名的，如赤杨木 - 梣木林（alder-ash forest）和北美艾灌丛草原（sagebrush steppe）。动物种群往往与植物种群密切相关，如果我们知道在一片特定的景观中有什么植物，通常就可以想象出那里会有什么动物。

出于设计的目的，各种要素的重要性可能会难以确定：重要的要素及其组合必定是那些能够维系生态系统完整性的，但这样的要素并不一定就是优势种。可以将那些就更大范围而言重要的要素纳入进来，例如稀有的和濒危的物种。

在确定重要性时，通过子结构来考察整个生态结构，常常会很有帮助，这些子结构包括营养组织和垂直分层。营养结构始终是非常重要的，在圣埃利霍潟湖的案例中我们已经见识了其至关重要性。在那个潟湖中，营养结构的重要性可以追溯到各种沼泽草，甚至特定一个品种的关键作用。虽然不可否认潟湖中其他构成部分也很重要，但显然营养结构是设计中必须特别加以注意的一个部分。

相比之下，在雨林中，营养结构鲜为人知，而巨大的多样性则占据了主导地位，我们似乎不太可能区分出具有关键作用的特定的要素组合。在这种情况下，森林的垂直分层就成为一个关键的子结构，是我们需要更好地加以了解的一种子结构。在第十一章我们会回过头来，讨论关于各种子结构及其对于设计重要性的话题。

描述景观的生态功能

如第一章所述，景观的功能性作用主要指能量和物质的流动，是将景观作为一个系统加以驱动和运行的各种自然作用，了解其各种运行方式，对于应对资源消耗和环境退化问题而言，非常重要。

这里会再一次用到经济性原则。在大多数景观中，在系统形成和运行过程中起着重要核心作用的自然作用，其数量往往是有限的。通过仔细分析，这些自然作用是什么就会变得非常清晰。在圣埃利霍潟湖中，关键的自然作用是充满活力的潮汐冲刷作用；在哥斯达黎加的乌塔亚特兰蒂克区域，关键的自然作用是水和土壤之间的相互作用以及土壤和生物质之间的营养交换。一旦更全面了解了后一个案例，我们在处置雨林生态系统时就有了一个良好的开端。

为了确定关键的自然作用，我们往往必须要留意各种能量、水和主要营养物质流。当出于各种功能处理方面的困难而打断了这些流时，往往会造成供应的短缺，或者是物质在无法被无害化吸收的地方富集起来。因此，针对能量、水、营养物质，或是任何可能对所讨论的景观来说特别重要的其他物质，至少对其源和汇——输入和输出——进行描述，是非常重要的。事实上，任何要素都可能成为一个限制性要素，或者可能富集到不健康的或是危险的数量级。

这些流越是关键，往往就越需要加以完整地描述。在第十三章中，我们将对生态系统功能性作用的各种描述方法展开讨论。

区位信息：四种类型的普查

信息库中最受关注的组成部分，往往是描述当前位置分布的那部分信息——通常称之为"土地资源普查"（land resource inventory）。自20世纪初盖迪斯指出需要进行"区域调查"以来，这种普查已经被当做是任意尺度下开展景观规划工作的必要开端。从盖迪斯所在的时代开始，各种复杂的资源普查就得以开展，其中最著名且最完整的也许就是沃伦·曼宁完成的由 363 幅地图构成的全美普查壮举（Steinitz, 198）。

记录、存储土地资源普查信息的技术应手头项目的尺度和目的而异。一般情况下，工作尺度越大，资源普查就越需要完整，其组织也越发正式。从小尺度设计中典型的、相当随意的各种普查，到适合区域和更大尺度工作的由计算机存储的地理信息系统，我们可以区分出四种截然不同的普查类型。

● 格式塔普查

在建筑施工和场地设计的尺度下，我们所处置的景观都是小尺度的，足以进行整体的感知和解读。由于我们可以很容易就看出一个地方与另一个地方在景观特征方面的差异，所以几乎不需要像其他类型的普查所要求的那样，将整个景观分解成不同的层面或组成部分，用

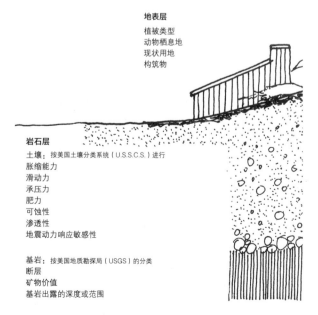

地表层
植被类型
动物栖息地
现状用地
构筑物

岩石层
土壤：按美国土壤分类系统（U.S.S.C.S.）进行
胀缩能力
滑动力
承压力
肥力
可蚀性
渗透性
地震动力响应敏感性

基岩：按美国地质勘探局（USGS）的分类
断层
矿物价值
基岩出露的深度或范围

这些变量来进行之后的重组。我们可以非常方便地运用路易斯·霍普金斯（Lewis Hopkins，美国杰出的规划学者。译者注）所谓的"格式塔方法"来处理整体性问题。格式塔是一个整体，无法以其各个部分组装而成。那么，在进行格式塔资源普查时，我们要仔细查看以辨识出场地承载力的变化情况，从而支持不同的人群使用，并且要基于这些判断，绘制出场地容量多少具有一致性的分区图，我们还要确定会对整个设计产生影响的那些特定的场地特征和品质要求。

马德罗纳沼泽案例研究就是在基于格式塔普查的实地观测中确定了三个不同的分区：核心栖息区、主要支持区和次要支持区。由于这个设计的最终目的是保全野生动物栖息地的完

整性，因此普查工作聚焦于那些与栖息地品质直接相关的特征。此外，西蒙住宅的案例研究也呈现出格式塔普查的工作结果。

格式塔资源普查通常与技术方法密切相关。二者都适用于较小尺度和涉及人员相对较少的情况，并且都严重依赖于设计师的专业知识，因为大量的判断和决策都是由设计师单独做出的。

当我们处置更大尺度的景观时，任何个人，抑或群体都不可能通过一项周密而又完备的格式塔普查来全面认知整个区域。即使这样的认知有可能达成，格式塔方法也很少会被用于更大的尺度，因为这些尺度下迫切需要有看得见、摸得着的方法和确凿无疑的理性。

● **短期普查**

在超出场地设计的尺度下，精准阶段的设计工作往往会将场地分解成各个组成部分，分

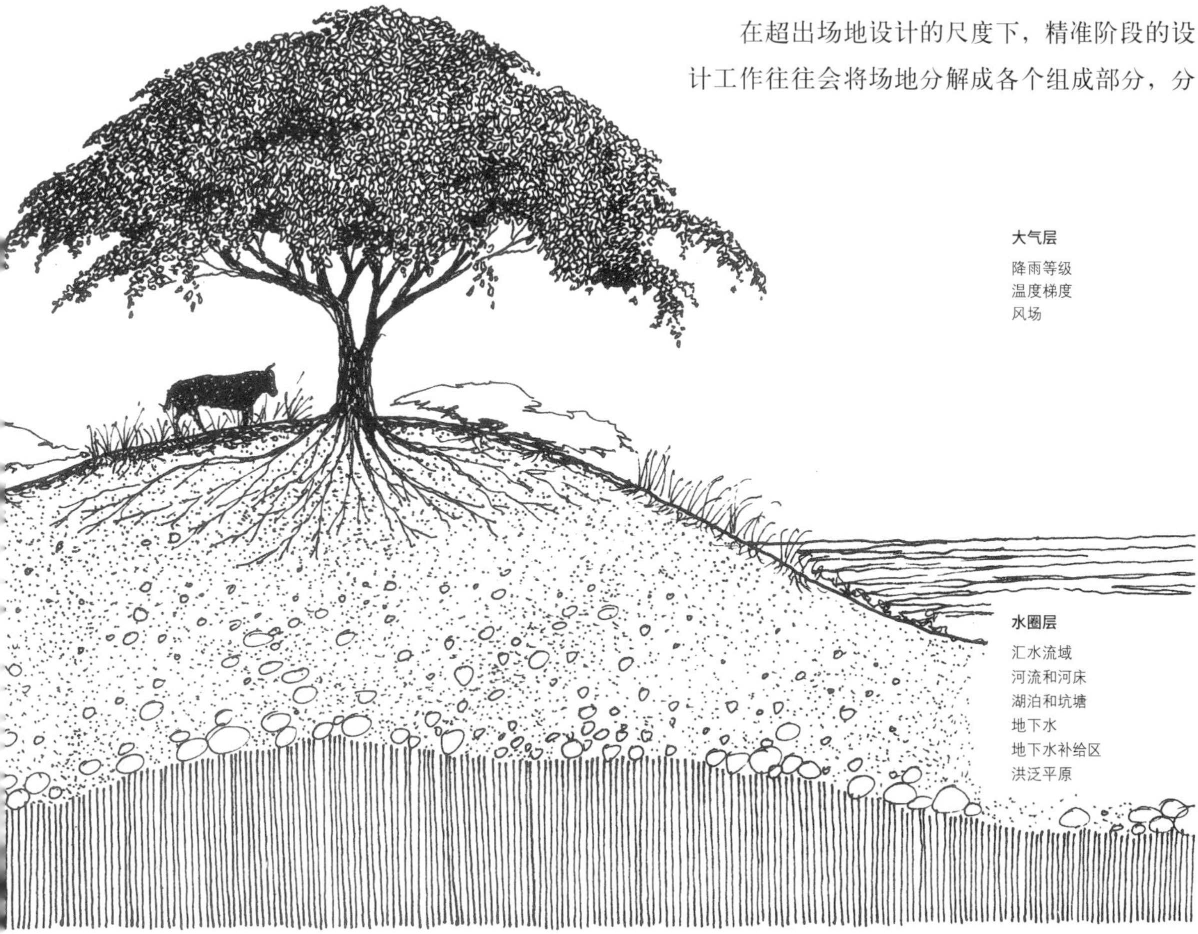

大气层
降雨等级
温度梯度
风场

水圈层
汇水流域
河流和河床
湖泊和坑塘
地下水
地下水补给区
洪泛平原

析每个部分能够支持各种预期使用的承载力，然后以适当的方式重新组装所有的部分，生成用地适宜性分析模型。这样的模型可以反映景观承载力的总体分布情况，通常通过叠加一系列普查地图来生成。为了能适于采用叠图技术，这些地图需要具备某些共同的特征。

这些特征要求中最为基本的就是要有同样的比例和图例标记，从而确保每一幅叠图能得以准确地放置和对位。这些地图的精度应该大致相同，因为叠加过程会引发模型的精度问题，一个模型的精度不会大于创建它时所使用的那幅最小精度的地图的精度。此外，它们都应该使用常规的图形介质绘制，以便于采用叠图技术。

当该类型的普查仅仅用于一个设计项目时，如同在项目和规划单元尺度下常见的那样，普查地图通常会手工绘制在图纸或硫酸纸上。然后，通过"手工"（handicraft）技术生成用地适宜性分析模型。在设计方案制定之后，可能不会再出于设计的目的去查询这些地图，但它们可能仍然会有助于进行管理，这就是我们称之为"短期普查"的原因。正是这个特点使得这类普查得以与特殊资源普查和地理信息系统区别开来，后二者都是为能够长期使用且出于各种目的而制备的。

与短期普查相关联的是用手动叠图生成各种模型，相较于通常用于特殊资源普查和地理信息系统的那些计算机辅助技术，这是相当费力、费时的。然而为了短期的使用，照着能进行计算机辅助使用的测绘图要求进行投资，往往是不合理的。圣地亚哥野生动物园（参见第 289 页。译者注）和怀特沃特汇流区案例研究都是短期普查的例子（分别在项目和规划单元尺度下）。与大多数普查一样，这两个案例都整理形成了地图集，所有地图都有着相同的比例，每一张地图描绘的是某一个特定的景观特征类的区位分布情况，如地形、植被或人类的使用。自计算机得到广泛使用以来，这些特征类（土壤、坡度、植被等）用已然相当标准的术语来说就是"变量"（variable），而每个变量中各种特定的类级（沙壤土、20%~30%、橡树 - 山核桃林等）被称为"属性"（attribute）。例如，植被类型变量可能包括三种植物群落，即北方洪泛平原森林、针叶树沼泽、橡树 - 山核桃林。在植被图上，这些植被类型中的任何一个所覆盖的区域都会呈现为其具有的特定属性，而其他植被特征则可能被绘制成单独的变量。例如在对森林茂密的景观进行普查时，通常会包含林木密度这个变量。

土地资源普查描绘的是地面之上和地面之下都有些什么，而可能会对人类使用产生某些影响的或是受人类使用影响的每一个变量都会被包括进来。我们可以将这类普查想象成是一系列的断面图——以第 194/195 页图的方式将整个景观横切开来。

近年来，遥感技术的迅速发展和影像判读的相应改进，使资源普查质量得以显著提升。各级政府机构日常都会收集地理信息，但可惜的是它们之间并无有效的协作，我们经常会发现格式不一致的、彼此矛盾的，或是以不同比例绘制的信息。因此，进行一项资源普查往往变成收集现有数据、进行检查、将其协调成一致的比例和格式，并且最终对其进行组织的工作，而不是开展一项原创性的研究工作。通常包含在资源普查中的变量展现在第 194/195 页草图中。这些变量中的每一个通常都非常重要，即便其中有一些可能不会对结果产生重大的影响。罗迪克（Rodiek）和威伦（Wilen）从土地资源普查的多样性和整合潜力中察觉出其超越纯粹功利主义的意义。他们对于很多人认为普查"只不过是一项详尽的科学活动"表示出担忧，并断言，事实上"普查和分类活动是所有概念性构想的前提条件"（Rodiek and Wilen, 1979-80: 13）。

我们可能确实是将这种普查看作是将现实解译为概念性术语的一项转换工作，在这种情况下，重要的是要认识到，为了确保清晰度和可用性，解译过程会丢失很多信息。没有哪一项普查是可以完美复制大自然的。

首先，我们可以想一想各种实际边界的假定问题。为了使地图有用，我们必须在地理区域周围绘制边线，哪怕我们非常清楚这些边线在景观中并不是实际存在的。大自然不会画出实在的线条。例如我们围绕一个区域绘制一条边线，并将其标记为覆盖某种土壤类型，而实际上土壤是一种跨越整个地球表面、连续变化的物质。在各种土壤类型之间的边界与地表特征（如山脊或坡脚）相重合时，过渡带通常会很窄，绘制一条边界就可以与实际的那条边界非常近似了。然而在其他情况下，各种过渡往往是逐渐地完成，而边线在很大程度上就是随意绘制的。

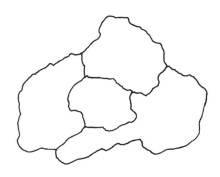

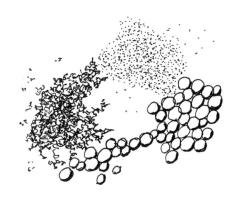

坡度图的边界更不准确。回过头去看的话，这是一种对现实世界的不可避免的歪曲，由于理性思维需要有种种明确的区分，这么做是必需的，但是这确实是一种扭曲，是一种我们仍然应该清晰认识到的扭曲。在设计过程结束之后，种种决策都会在景观中付诸实践，而这个景观会执拗地保持一种连续渐变性。

其次，我们要讨论的第二个假定问题是关于同质性的，即假设在我们所给边界内的整个区域中，同一个属性都是基本一致的，而在现实世界里，则往往会有许许多多的变化。例如在任意一处特定位置都可以发现，土壤的成分有着各式各样的细微差异，因此在任意一个有着边界界定的区域内，土壤成分都会发生变化。同样，理性要求清晰、明确，但我们要知道，这里面会有歪曲存在。对于普查会带有的不准确性而言，这些假定问题并不是单独存在的。经由地图绘制、重新绘制，以及由小尺度下解译所产生的各种误差放大而来的较大的误差，都会引发进一步的不准确性。地图的准确性通常是以针对各条边界的水平方向上的允许误差以及针对同质性的百分误差来衡量的。理论上，在一项普查中，每一幅地图都应该列出这些数字，作为其可靠性的一个说明，但在实践中，很难获取这些数字，源地图都不太会包含它们。按照布鲁斯·麦克道尔（Bruce MacDougall）的说法（MacDougall, 1977），一名优秀的地图绘制员可以将水平精度保持在 1 毫米以内，而一幅优质土壤类型图的纯度因子约为 0.80%。实际上，代表有宽度的过渡带的各条边线都应该在地图上加以标明，以反映其相应的不准确性；但在实践中，我们很少知道一个过渡带实际上有多宽。

● **特殊资源普查**

特殊资源普查通常是在区域以及更大的

尺度下开展的。一个非常重要的例子就是美国鱼类及野生动物管理局（U.S. Fish and Wildlife Service）进行的全国湿地普查，该普查整理出美国现有湿地的清单，绘制了每一片湿地的地图，并评估其状况。按照第一章所讨论的所有理由，湿地不仅是更大生态系统的关键要素，也是常常会遭到当地决策者忽视和滥用的资源。该普查反映出将湿地置于其重要性得以体现的更宏大的景观中的可能性，从而显露出对更强有力的管理加以鼓励的迹象。联合国环境规划署的普查也有着类似的迹象，甚至具有进行更为广泛管理的可能性，对荒漠化进行普查就是一个例子。正如我们所观察到的，全球性的普查正在变得越来越有必要，并且越来越普遍。

在次大陆尺度下有一个详尽而复杂的普查案例就是伊利诺伊州河流信息系统（Illinois Streams Information System），这是一个计算机数据存储和检索系统，可以展现伊利诺伊州大约2000条流域面积达到10平方英里甚至更大的河流中的每一条。这个系统中的信息可以通过三种方式加以使用，就此类普查信息的实际应用而言，是相当典型的。该州的保护部门会利用这个系统来审查各种许可证申请（这个部门每年会收到2000多份申请），并制定河流管理的各种政策，而伊利诺伊州环境保护局（Illinois Environmental Protection Agency）则将这个系统用作为制定每条河流特定的水质标准的基础。

这些河流可以分成分支、溪流、排水沟、叉流、沼泽、河、沟渠或支流等类型。对于这些分类中的每一个，在系统中都记录了大量数据，包括各种位置代码、物理特征、生物特征、文化特征、公共性使用情况等数据，以及现有的生物入侵情况。对于特定站点，录入的数据包括站点的位置、物理特征、生物数据、水质和水量，以及大量其他的描述性数据。

该系统的一个重要特征是它可以快速有效地检索各种各样的数据，这可以通过使用数据库管理软件来实现。这个软件采用了层级结构，是开放式的，以达到这些标准（Hopkins, et al., 1980）。例如如果一个开发商想要申请一个许可证，在某条河流的特定位置建造一座造纸厂或是一个游艇码头，那么确定那一段河流的现状水质和流速就成了一件非常简单的事情。又或者，如果州政府想要为一座新的区域公园选址，这个系统就可以迅速列出所有河边的所有公有土地，包括高速公路的入口、森林覆盖区域，以及特定的鱼类种群。

● 地理信息系统

聚焦于单一类型的资源，就是特殊资源普查有别于第四类普查——地理信息系统的特别之处。地理信息系统通常会包含两个单独的数据文件：其中之一是一系列变量，与手工普查一样以同样的比例尺和同样的格式绘制成地图。这个文件，我们可以称之为"定位文件"（locational file），描述的是特定特征的地理位置分布。第二个数据文件，我们可以称之为"属性文件"（attribute file），存储了描述每个定位的各种属性的数据。例如定位文件可以告诉我们某种特定的植物群落存在于某个地方，而属性文件则可以列出该群落中的植物和动物物种，并给出其产出率、敏感特征，以及其他定量和定性的数据。因此，一个地理信息系统可以包括结构、功能、位置的描述。这两个文件经过设计，可以实现交互使用，也就是说，它们彼此可以相互参照。因此，通过分析每一个属性对于各种土地利用变化的反应，然后以从概念上非常类似于叠图技术，但从技术上讲要复杂得多的方法将这些反应合在一起，就可以建立起各种用地适宜性分析模型。

利用计算机有几个重要的优势，优于手工的方法。计算机以易于检索和使用的形式存储海量信息，在涉及复杂交互和大面积用地区域的情况下，计算机的效率更高，并且能够更快地产生结果。无论是对于单独的一项规划工作，还是对于会耗费一段时间的形形色色的工作，在利用同一个信息库生成许多不同的模型时，计算机都非常有帮助。

一方面，一旦数据进行了编码，并且建模程序可以运行，就能非常快速地生成模型。另一方面，由于数据编码和程序开发都非常耗时，并因此代价高昂，所以计算机系统通常并不会只用一次。

速度也使得计算机的资源信息系统能够执行比手工方式更为复杂的各种操作。手动叠图技术只是在对每一个变量都赋予相同权重或重要性层级的情况下是有效的，而计算机则可以对不同的变量进行不同的加权。例如对于为了确定农业用地适宜性的模型而言，关键的变量可能是土壤肥力、降雨量和地面坡度。我们是否应该认为土壤肥力会比降雨量重要 50%，同时判断降雨量水平小于每年 25 英寸或是坡度超过 30%的地方，都是完全不适合作为农业用地的呢？计算机处理这些复杂的事物会非常容易，而手动处理就太过复杂。计算机信息系统还可以关联各种模拟模型，处理诸如地表径流、洪水水位或水质等各种量化的变量，以生成定量的预测模型。

各种信息系统主要是那些关注土地利用的公共机构以及持有大量土地的私营公司在使用，也就是说，是在政治理性作为主导模式的情况下进行使用的。为了能够有效，这样的系统必须与其用户组紧密结合，并且由于这些用户往往规模较大，带有机构性质，机制多少不那么灵活，因此经常会出现严重的问题。在 20 世纪70 年代开发了许多系统，但因为这些系统所产生的信息并不符合既有实践的形式或精度要求，因此没有什么用处。双方都需要做出改变以彼此适应。计算机化信息系统的巨大潜力表明，规划机构应该自我调整以更好地利用所能获得的信息。在已广泛使用信息系统的领域，这些系统对于各种组织和决策过程都已经产生了深远的影响。

与此同时，为了能够提供更为广泛、更有帮助的信息，技术方也在完善技术手段。查尔斯·基尔帕克对真正的地理信息系统和计算机图形编程系统进行了区分，前者"对关于这些点、线和面域的数据进行操作，专门为了查询和分析而进行数据检索……"，而计算机图形编程系统则基本上允许对一个又一个的项目进行各种分析和建模。前者的操作方式包括了大量的记录和边界检索，以及诸如此类的操作，并与特殊资源普查具有相同的基本功能，他称之为"例行"（routine）操作，后一种类型则包括了土地利用分析和建模，他称之为"非例行"（nonroutine）操作。一个系统若要具备真正地理信息系统的功能，需要两种类型的操作都能够进行。

虽然这种理想的情形很难完全实现，但是现在有很多大型的地理信息系统在各种机构中得以使用。加拿大地理信息系统（Canadian Geographic Information System）、明尼苏达州土地管理信息系统（Minnesota Land Management Information System），以及马里兰州和肯塔基州所使用的系统都是值得我们关注的例子。为阿拉斯加州开发的系统中的一些部分及其应用案例，则在第 201~207 页作为案例研究进行了展示。

虽然一个信息系统可以开发到极为复杂的程度，但其根本理念实际上是非常简单的。计算机绘制地图基本上采用两种不同的形式：多边形和栅格。每一种形式都有一定的优点和缺点。

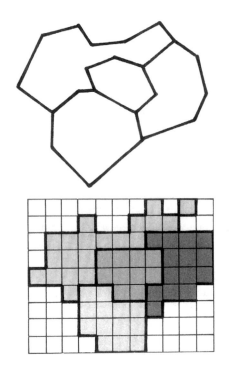

多边形地图表现的是各个区域的边界和用绘图仪绘制的线性元素，在第 203～204 页阿拉斯加案例研究中就有这种地图使用的例子。这类地图是通过数字化仪追踪源地图上的线条进行编码，即如果我们要对一幅土壤类型图进行编码，我们首先要设定一个参照点（它可能会是地图的一个角点），然后开始追踪每种土壤类型的边界。数字化仪将边界线存储到磁带上，形成一系列 X-Y 坐标，也就是说，如果我们从追踪有汉福德系列砂壤土的区域开始，那么所有这些区域的边界就形成了一条数据记录。然后，我们继续追踪其他土壤类型的边界，每一种土壤类型的边界都会形成一条新的记录。在所有的边界都已进行编码之后，这些记录就一起形成了一个数据文件，可以用行式打印机打印成一幅地图。由于地图上的坐标点非常接近，因此这幅地图得以重现这些数据编码所依据的源地图。阿拉斯加案例研究就是以多边形的形式表现了土壤和植被类型图。

当我们试着对多边形地图进行组合或叠合，以获得不同变量的合成结果时，会有很大困难。每张地图上的各种边界都不相同，将其叠到一起并对每一处边界不能叠合的小块空间进行解释说明，所需的数学运算会变得极其复杂，但是能够实现这种运算的程序还是有的（Dangermond, 1982）。

栅格技术通过标准化的栅格边缘线避免了上述问题。栅格网是叠在源地图上的，每个栅格都有相应的数据编码。可惜的是，这样就带来了精度问题。

如果我们遵循主导的做法，即以占到一个栅格一半以上的属性特征对其进行编码，那么我们会将源地图的定位误差增加到栅格的一半宽度。栅格的大小显然就反映了编码数据的精度，栅格越小，数据越准确，但同时编码所需的时间也越长，计算机所需的存储量就越大，并且建模计算和打印输出所需的计算时间也越久。在此，我们可以再次回想一下精度的实用性原则。为了准确起见，设置一个非常小的栅格单元尺寸是很诱人的，但是要做到比实际有用的更加精确则是浪费。请记住，信息系统的主要用途是为了建立各种用地适宜性分析模型，而这些模型通常是整体格局的大致指征，而不是精确的体现。实际上，在通常会使用这些系统的较大的尺度下，即便是非常大的栅格单元也可以生成有意义的格局，事实上 1 平方公里大小的栅格并不少见。

案例研究XII
阿拉斯加地理信息系统

阿拉斯加资源测绘和评估计划是由该州的自然资源部发起的。该计划最终将会创建一个格式统一的全州数据库，对各种自然资源和文化数据进行自动管控，用于系统性的资源管理和土地利用规划。

该资源测绘和评估计划的系统方法是在美国地质勘探局1：250 000地形方格网所界定的测绘增量或模块基础上建立的，测绘的第一个方格包括安克雷奇（Anchorage）、塔尔基特纳（Talkeetna）、塔尔基特纳山脉（Talkeetna Mountains）和泰恩克（Tyonek）。完成这些测绘可以明确在接下来的测绘中需要采取的工作步骤、规范和格式，并加以记录。

数据进行了纠偏，并以美国地质勘探局的方格网记录其中所包含的基本地形、水文和说明性信息，补充参照了1：250 000比例的LANDSAT卫星影像。

既有的测绘数据最初呈现出各式各样的格式和比例，并且由许多不同类型的文件支持。为了能够实现高效的自动管控和后续应用，作为数据库设计的一部分，地图和支持文件都要经过系统性的重新审核、分类和组织，而无法现成获得但又必需的数据则从航空摄影和LANDSAT卫星影像中判读得到。

数据被绘制在与美国地质勘探局的方格网相对应的模块中，这样数据库的每一次扩展就是一个模块。这些模块叠加显示在整个州的地图之上，数据被存储为各种线、点和多边形。随后将一张统一为40英亩一格的栅格网叠加在这些多边形坐标文件上，并对每个栅格单元进行命名，使之与栅格中主要的多边形相对应，这样就将这些数据转换成了栅格格式。出于建模的目的，这种格式更加灵活而高效，因此更便宜。

这些阿拉斯加数据文件具有一个不同寻常的特征，就是它们采用了"整合式地形单元"（integrated terrain units）来存储自然资源数据。一个整合式地形单元就是一片区域，而区域内的主要资源变量（地形、坡度、地质构造、土壤和植被类型）都具有同质性。这些资源变量都是在编码之前通过叠图处理定义好了的，由于它们的属性边界往往会重合，所以可以将所有的边界线调整成一条共用的线，从而去除那些从逻辑上假定可以共用边界的区域之间出现的"碎块空间"（sliver）。如图所示，数据就是以这样一种方式进行编码的，在建模过程中每个变量都可以进行单独的检索或使用，或者各个地形单元可以作为整合后的一个个整体进行检索或使用。

由位于加利福尼亚州雷德兰兹（Redlands, CA）的环境系统研究所（Environmental Systems Research Institute，简称ESRI公司，是世界上最大的地理信息系统技术提供商。译者注）为阿拉斯加州编写。

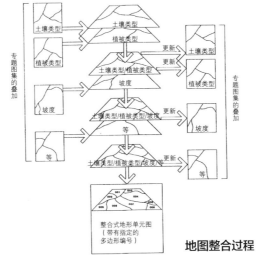

地图整合过程

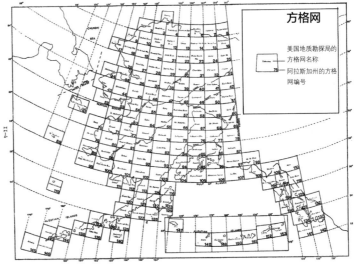

方格网

美国地质勘探局的方格网名称
阿拉斯加州的方格网编号

LANDSAT 卫星影像的运用

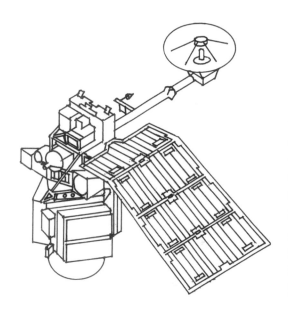

对彩色增强的 LANDSAT 卫星影像进行判读，可以得到地被数据，其他一些来源的信息则用于数据验证、增强及作为参考标准。这里展示的（以黑白的形式）是塔尔基特纳所在方格的 LANDSAT 卫星影像以及部分由其判读而来的植被图。第一幅图是多边形地图，作为初始数字化地图打印了出来。第二幅图是从相同的数据中得到的，但是改成了栅格的格式。接下来的几页是多边形和栅格版的土壤类型图。在这些图之后是一幅反映建造材料分布情况的多边形地图，然后通过将所有这些变量与其他变量相结合，得出了一个模型，用来估测道路建设的适宜性。

主要植被

多边形地图

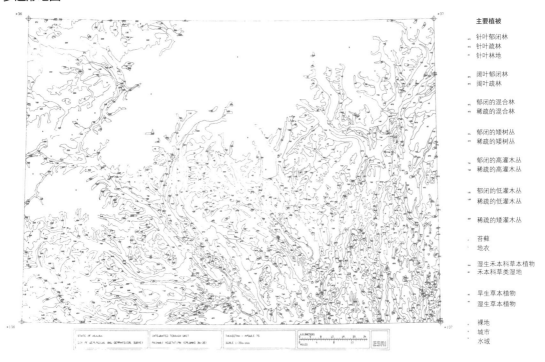

主要植被

针叶郁闭林
针叶疏林
针叶林地

阔叶郁闭林
阔叶疏林

郁闭的混合林
稀疏的混合林

郁闭的矮树丛
稀疏的矮树丛

郁闭的高灌木丛
稀疏的高灌木丛

郁闭的低灌木丛
稀疏的低灌木丛

稀疏的矮灌木丛

苔藓
地衣

湿生禾本科草本植物
禾本科草类湿地

旱生草本植物
湿生草本植物

裸地
城市
水域

栅格地图

针叶林
阔叶林
混合林
矮树丛
高灌丛
低灌丛
矮灌丛
苔藓、草本
禾本科草本
草本植物
裸地、城市
水域

主要土壤类型

多边形地图

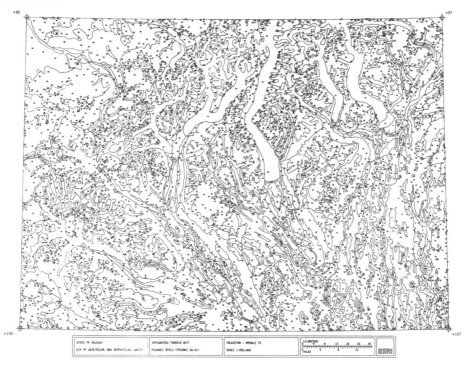

栅格地图

- ■ 新成土、冷冻冲积新成土
- □ 冷冻正常新成土
- ■ 纤维质有机土
- ■ 半分解有机土、高分解有机土
- ■ 冷冻暗色始成土
- □ 冷潮新成土
- □ 冷冻正常灰土
- ■ 潮灰土
- ■ 混合冲积地
- □ 崎岖的山地
- ■ 冰川永久积雪地
- □ 水域

建造材料

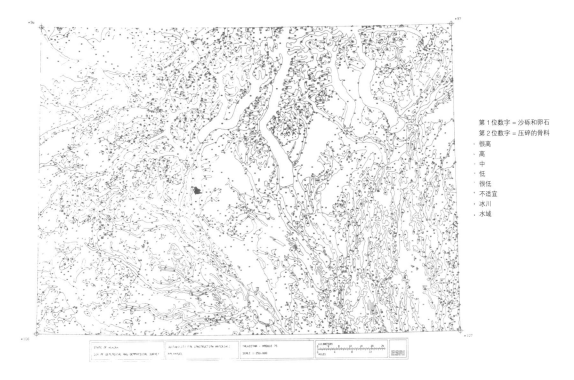

第 1 位数字 = 沙砾和卵石
第 2 位数字 = 压碎的骨料
· 很高
· 高
· 中
· 低
· 很低
· 不适宜
· 冰川
· 水域

土地承载力 / 适宜性：道路

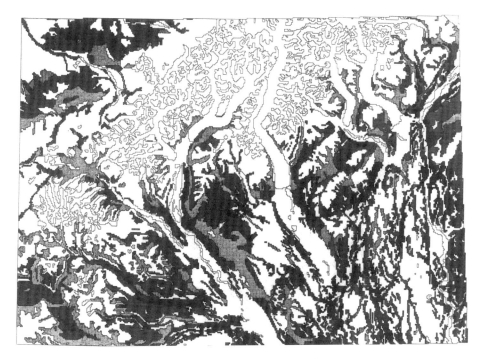

■ 高
■ 中
▦ 低
□ 不适宜

□ 冰川及雪地
□ 水域

植被和河流

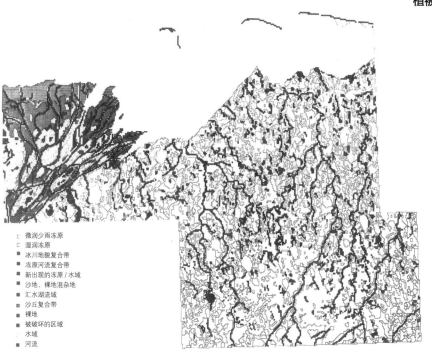

- 微润少雨冻原
- 湿润冻原
- 冰川地貌复合带
- 冻原河流复合带
- 新出现的冻原/水域
- 沙地、裸地混杂地
- 汇水湖流域
- 沙丘复合带
- 裸地
- 被破坏的区域
- 水域
- 河流

北极熊的重要栖息地

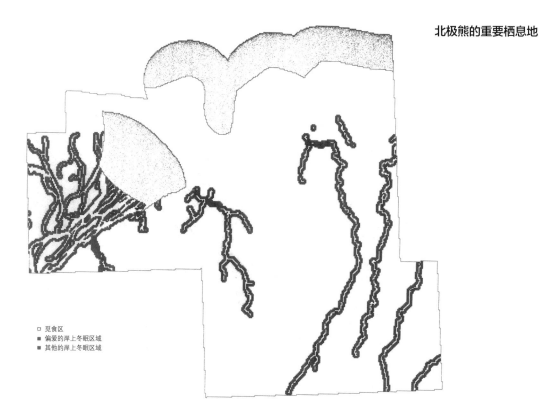

- 觅食区
- 偏爱的岸上冬眠区域
- 其他的岸上冬眠区域

生物重要性

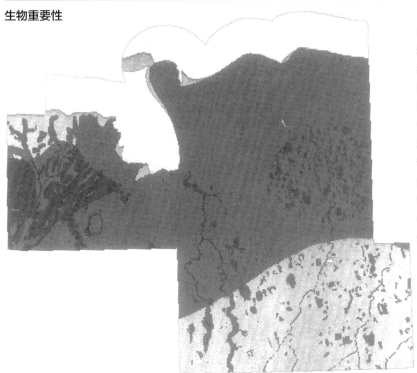

在以美国地质勘探局的
1 ∶ 63 385 小比例测绘的北坡
地图中，生成了更加明确的数
据和模型。这个比例的典型数
据地图是关于植被格局、北极
熊栖息地和具有特定生物重要
性的区域的，就像这里展示的
这些。这些图用来推导管线建
设的适宜性分析模型。按照它
们的标准，很少有土地可以被
认定为适宜建设管线，并且这
些土地根本不是连续、线性的
分布格局。

管线建设适宜性

- 中
- 低
- 很低
- 水域

以栅格技术编码的地图可以使用绘图仪或任何一种打印机来打印。每一个打印出来的符号代表一个栅格单元，可以使用不同的符号来表示不同的属性，并且符号可以重叠打印以创建从浅到深的阴影。圣迭吉托潟湖（San Dieguito Lagoon）案例研究（参见第 241 页。译者注）所展示的地图都是用一台标准的行式打印机打印出来的。这种打印机打印速度快，价格低廉，到处都可以买到，但是它会造成失真。虽然栅格是正方形的，其符号却不是正方形的，高宽比为 5：3。解决这个问题的一个办法是采用矩形网格，其高宽比可以与符号的高宽比相匹配。使用绘图仪打印栅格图像也可以避免失真，就像阿拉斯加和尼日利亚案例研究中的那些图，都是静电绘图仪的产品，但这么做需要有昂贵的设备。应该加以注意的是，在能够打印方格的几种打印机中，点阵打印机在低成本产出高度复杂的地图方面极具潜力，但是质量堪忧。

实际上，由于大多数地理信息系统的数据是由数字化仪编码而来，因此它们通常以多边形的形式存储，这种形式可以自动转换为几乎任何大小的栅格。当以这种方式存储数据时，很容易形成一个栅格单元大小可变的系统。例如阿拉斯加地理信息系统提供了两种尺度的地图，一种用于阿拉斯加全域（1：250 000），一种用于区域和规划单元尺度的分析（1：63 360）。

在这一领域进行快速的技术改进，需要增加对计算机资源信息系统的使用。计算机图形软件的开发使得微型计算机可用于空间分析，这极大地降低了进行这类分析的成本。此外，通过通信线路将广泛分布的微型计算机连接到存储在主机中的大型地理信息系统，能够大大拓展这种系统的应用潜力，例如可以允许设计者在自己的办公室中"下载"可用于规划单元或项目尺度的部分选定数据。因此，开发各种

更大的、更加综合的信息系统，可能最终也会使得更小尺度的层级得益。

●使用 LANDSAT 卫星影像

由于 LANDSAT 计划（美国国家航空航天局的陆地卫星计划。译者注）所提供的影像可能会变得越来越有用，借此也促进了计算机的应用。第一颗地球资源勘测卫星是在 1972 年发射的，此后又发射了三颗。这些卫星每 18 天绕地球运行一周，从大约 570 英里的高度记录除了北极和南极之外整个地球表面的图像。每幅图像覆盖 185 公里或约 115 英里见方的区域。LANDSAT 1、2 和 3 号卫星所使用的多光谱扫描仪是以被称为"像素"（pixel）的正方形单元记录信息的，每个像素为 80 米或约 262 英尺见方。第 4 颗卫星 LANDSAT-D 于 1982 年发射，运行轨道高 483 英里，还装载了新近开发的成像用专题绘图仪。

LANDSAT 的扫描仪通过测量从地球表面的每一个单元（像素）所反射的太阳能来生成影像。反射率是按电磁波谱的四个波段测量的：红色波段、绿色波段，以及两个近红外波段。这些信息以数字形式记录，可以转换成看起来很像航片的图像模式。专题绘图仪的波段较窄、分辨率为 30 米，相比多光谱扫描仪所提供的数据，会更加精细。例如绘图仪在绿色范围内有两个波段，而不是一个波段，这样就可以区分出非常相似的植物群落。

南达科拉州苏瀑市（Sioux Falls, South Dakora）的 EROS 数据中心提供的卫星影像有三种基本形式。首先是数字磁带，采用栅格或多边形绘制地图，可以用计算机进行处理，并且可以与来自其他来源的数据相结合。然而，为了使磁带具有实用性，反射率的测量数据必须转化为诸如植被类型或用地之类有意义的信息，这就必须要采取各种地面样本，以确定哪个级

别的反射率指征针对的是哪一种地被状况。需要由磁带获取的信息越具体，这样的地面调查就必须越广泛，以便建立起各种适当的关联。将具有已知特性的地面区域与相应的像素进行比较，可以建立各种关联。通常情况下，精确的信息可能会非常昂贵；但是，一旦明确了各种关联，图像就可以进行处理，显示任意数量的土地变量，其中包括植被、用地类型和水体格局。80 米的分辨率，或者假如是专题测绘仪的话，就是 30 米的分辨率，对于规划单元及更大尺度下的应用而言，这样的信息足够精确了，并且可以轻松地集成到信息系统中，这是之前提到的明尼苏达州土地管理信息系统已经成功完成的事情。不过，获得足够准确的判读数据以供实际使用，一直是一个需要加以重视的问题。专题测绘仪的数据有着更加精细的分辨率，对于解决这个问题可能会提供更好的帮助。

LANDSAT 卫星影像可提供的第二种形式是黑白照片。这些数据是从数字化的反射率数据中提取的，四个光谱波段的每一个都可提供这种数据。图像判读技术可以生成有关地被状况的大量信息，但由于这些照片的尺寸较小，通常只是对区域和更大尺度下的工作有帮助。

第三种形式是色彩增强图像，这种照片上特定的地区会着色，以便将各个地区区分开来、生成可读性更强的图像。这些图像可以像黑白照片一样使用，但具有更易于判读和更适合进行设计演示的优点。阿拉斯加地理信息系统案例研究（第 201~207 页）就包括了一幅描绘地被状况的典型的色彩增强地图（在书中转成了黑白图）。

一旦 LANDSAT 卫星影像受益于进一步的技术改进，并且各种用户更加深入地了解其功能后，它可能会得到更加广泛的应用。特别是数字磁带，因其适用于个人计算机和大型的地理信息系统，广泛应用会成为现实。

非物质性存在

除了物质性存在之外，一处景观还会陷入一张充满各种看不见的因素——经济的、社会的、政治的、历史的、态度的——的网络，这些因素的相互作用将深刻地影响这处景观的未来。在大多数设计工作中，其中特别重要的作用因素如下：

- 对于特定用地的需求
- 土地的市场价格
- 行政管辖区域
- 影响土地利用的现有法律、法令、区划及其他法规因素
- 历史、文化活动及影响
- 常住人口的社会经济结构
- 公众态度

这些因素中的大多数都是规划需要考虑的标准因素，在其他一些场合也得到了充分的考虑。然而，其中两个因素——历史影响和公众态度——非常重要，但鲜有探讨，在此应该加以更多关注。

以我们对于自然作用的惯性理解，很容易就会忘记掉，这个世界上已经不再有完全自然的景观了，大多数景观都是由人类活动塑造或重新塑造的。在这样的景观中，各种形态大多是人造的，而塑造形态的那些人的情感仍然留存在那里，有时甚至无处不在。为了联结过去和未来，设计时必须要留意这些影响的延续。

人类缔造的格局并不像自然形成的那样，易于进行解读和记录。在景观这个综合体中添加进文化，人们将自身的神秘信仰、社会观念、

技术手段、审美感受和经济意愿强加于本土景观之上，然后通过将这些文化传输到世界各地，使得问题进一步复杂化。这些相同的信仰、态度、观念、技术和意愿所强加的种种景观，与其源起的本土景观已然大不相同。例如北美和非洲的景观都是照着欧洲的样子重新塑造的。在本土文化不断发展的过程中，这种景象已逐渐消失，但它的印记仍然大量留存了下来。

如果我们花点时间来对历史的发展趋势进行梳理，就可以从文化演变的角度来理解这些景观。例如麦克哈格就建议要对民族志史进行研究（McHarg, 1981）。

●形形色色的感知

景观在所有看到它、使用它、了解它，甚至是仅仅知道它的人的脑海中，也就是在那些我们称之为"当事人"的脑海中是以一系列的记忆、图像、概念、态度和价值观存在的，这也许与物质性的现实景观截然不同。所有这些非物质性的存在都对物质性的存在有着可明显察觉的影响，不仅决定着景观会怎样被使用和看待，而且决定着各种决策会如何加诸景观。景观设计过程中的大部分工作就是使得景观的物质性存在和非物质性存在达成切实可行的一致性，也就是要实现当事人脑海中的图像和价值观，使之与物质性的现实景观相融合。迈尼希（D. W. Meinig）指出了人们看待景观的各种方式，其中一些方式与我们刚刚讨论过的物质性景观客观调查中所显现的那些方式相类似，但还有一些则完全不同（Meinig, 1976）。这些方式包括将景观视为：

自然	财富
栖息地	意识形态
系统	历史
手工艺品	场所

问题	审美对象

当然，任何景观对于所有这些都会有所体现，尽管在任何个人的脑海中可能只有其中的一个或几个存在。因此，要使得物质性景观和非物质性景观达成切实可行的一致性，就意味着要处理、应对各式各样的图像、利用方式和价值观。这么做的话，我们就需要或多或少确切地知道这些图像、利用方式和价值观是什么。于是，对于非物质性景观的描述就成为信息库的重要组成部分。

收集有关非物质性景观的信息有多种方式。如果这处景观在一个交通便捷的地方，可能长期以来就已经有了文字和图片的描述。为了描绘优胜美地山谷那最令人称道的景色，弗里塞尔（Frissell）等人汇集了19世纪的绘画、摄影照片和文件（Frissell, et al., 1980）。对于大多数景观而言，当代的图像和价值观更具相关性。社会科学提供了许多技术，用于搜寻各种图像，评判各种态度和价值观。

坚持将民主原则应用于土地利用决策已得到广泛的认同，而这样的态度对联邦立法颇具影响，其结果就是美国政府往往担负起了最为广泛的非物质性景观调查工作。我们已经提到过，加利福尼亚沙漠保护区规划的当事人群体——除了受影响较大的那部分群体，即特殊利益组织、研究区域内的居民以及周边的居民之外，还有美国的所有人口。为了拼凑出加利福尼亚沙漠非物质性景观的构想，美国土地管理局几乎用尽了社会科学家的工具装备中的每一样，以征求这些不同的当事人的看法，其中包括：

- 两年内举办了15次公开会议，讨论各种可能性。
- 在全国的和当地的广播电视节目中插播广

告，描述这个规划方案并征求意见。

- 将信息邮寄给了 8000 多人。
- 规划工作人员会见特殊利益群体，双方都准备了表述各自看法、立场的文件。
- 在当地、州和国家层面进行民意调查。
- 对规划区域内的 600 多名居民和所有相关的市级和国家级官员进行了个人访谈。
- 将备选方案和环境影响报告邮寄给广大民众以征求意见。

如此复杂的工作计划并不常见。对于大多数规划项目而言，要提供充分的价值观评估所需的不过是一种或两种技术。正如这个加州项目的规划者所预料的那样，他们的努力使得对于沙漠环境价值的大量不同的看法得以揭示。以下是他们对这些看法的部分总结（Bureau of Land Management, 1980）：

- 加利福尼亚沙漠是一处自然环境。
- 加利福尼亚沙漠是人类生存的一项纪录。
- 加利福尼亚沙漠是一处家园，是传统的生活方式。
- 加利福尼亚沙漠是食物、能源和物质的提供者。
- 加利福尼亚沙漠是一个开放空间。
- 加利福尼亚沙漠是一个活动场所，是一个逃离文明的避难所。
- 加利福尼亚沙漠是一种公共性资源。

大多数受访者认为加利福尼亚沙漠不只具有这些品质中的一个，有些人认为它具有所有以上品质，由于人们对相对重要的或重点强调的品质的看法非常不一致，使得意见总结和整合的工作变得非常困难。

在前面的章节中，我们讨论了几种获取当事人看法的更具选择性的方法。在圣埃利霍的案例中，采用了调查问卷，而对于波沙奇卡湿地（参见第九章第 225 页。几人。译者注）则是以几个参与群体代表了更多的民众。无论采用何种方式收集信息，都应该与项目的尺度和目的相契合。

模型

在收集信息的过程中无论会遇到多少经济困难和限制，我们终将会得到大量的数据，难以管理且很难真正起到作用。显然我们无法记住所有这些数据，甚至很可能对于主要的部分都会束手无策。因此，我们需要有一种方法，不仅组织这些数据，还要将其以一定的方式汇总到一起，能够直接引导我们形成设计方案——引入模型的契机来了。

我们已经看到，有一些模型可能会显得非常晦涩、复杂难懂，但无论怎样，基本上任何一个模型都是现实世界的一种抽象的表现。其目的是达成了解、预测和控制。一个模型通常会包含一个系统中与当前议题相关的那些特征和关系，而试图排除所有其他的特征和关系。通过将大量的信息削减到可加以管理的量级，就给出了一个可以开展工作的主题。

虽然对于许多人来说，模型一词几乎总是意味着要以数学公式的各种变量和常数描述某个过程才算是一个模型，但就我们的目的而言，这样的模型只是许多有用的类型中的一种。各种草图、示意图、图表、地图也可以描述一处现实景观中的各种重要关系，从而起到相同的作用。

从这个意义上讲，建立模型就成为设计过程中的一个关键步骤。随着模型的形成，看似无关的信息开始整合在一起，一个截然不同的世界开始出现——这是一个有着形态显现和自然作用的世界，这就是通向设计的跳板。

艾拉·洛瑞（Ira Lowry）以"难度递增顺序"方便地将模型分为了三类：描述型模型（descriptive model）、预测型模型（predictive model）和规划型模型（planning model）（Lowry, 1965）。尽管洛瑞提及数学模型是为了进行计算机处理，但是这些术语同样适用于其他种类的模型。描述型模型只是借助信息库来再现现状环境或作用过程的既有特征。第218页的两个流程图就是一个示例，展现了水流进出艾尔辛诺湖的相关特征（在一个湿润的年份和一个干旱的年份这两个极端的条件之下），包括各个重要站点所涉及的水量，而更为重要的是，这两个图为我们提供了整个系统如何运作的整体概念。在流速和流量已知的情况下，制定一系列能够定量描述水流情况的数学模型就会变得非常简单了。最终，随着设计的推进，这些模型会得到查询，必须要确定具体的规模。然而在这一早期阶段，流程图模型会更有帮助，因为它将整个系统与景观关联了起来。

第220页草图表现的勉强算是第二种模型类型——预测型模型——的一个版本。这些图告诉我们，按照分析人员的最佳判断，如果以某种方式重新设计溢流回水沟，水流系统可能会有怎样的反应。这些水流再次针对干旱年份和湿润年份分别进行了图解绘制。对于预测模型而言，正如洛瑞所指出的那样，"理解形态和作用过程之间的关系变得至关重要"（Lowry, 1965: 159）。设计师感兴趣的是要了解如果环境发生了一些特定的改变，将会发生一系列怎样的状况，并对此加以表现。为此，他必须利用可能受到影响的环境的相关具体信息，并且借助科学文献中更为笼统的信息，假设出一个因果序列。这通常是一项跨学科的工作，需要多位专家的知识和技能。

另一种预测模型对景观设计，特别是较大尺度的景观设计特别有用，就是我们以通用术语一直称之为"适宜性分析模型"的那种模型。适宜性分析模型处理的是区位格局，往往是从常规的角度，但有时也会从非常特殊的角度试着估测景观对人类利用的支持力。大多数研究案例都有这类模型的例子（这类模型的种类和推导将在第十四章和第十五章详细探讨）。

洛瑞的第三种模型——规划型模型——相当于我们称之为"理性规划过程"的一种技术。在线性编程技术得以建立，并对各种备选方案进行评估之后，得分最高的备选方案会被选中。尽管这样的技术在实践中很少得到应用，但对规划而言这至少在理论上是可行的，但是它无法处置所有在景观中发挥作用的无形因素。建模技术远远达不到准确预测的水准，甚至无法以精确分析的方式应对景观所固有的许多有形的方面。因此，在将设计过程的精准阶段带到最高峰的各种分析推导模型和标志着概括阶段得以成功的对各种可能性所进行的探索之间，我们必须划出一条明确的分界线。

213

第九章
概括阶段·可能性 预测 设计方案

设计这条"河流"那界定明确的河岸到了泥泞的三角洲就开始蔓延开来，形成无数的沟渠。在这里，随着各种备选方案的出现，设计过程进入一片沃土，可以提供各种洞见、设想甚至想象。用怀特黑德的话说，到了这里，"回归浪漫主义"又成为可能，不过，这时有了大量确凿的信息和可靠的工作模型，因而条件更加有利。

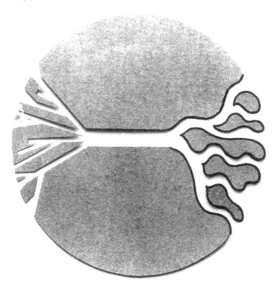

可能性

整个设计过程充满着各种可能性。其中一些是在早期阶段作为设计方案的碎片，甚至是整体方案出现的，都是由各个议题、这个或那个信息，或者尤其是各种适宜性分析模型的提示而建议得出的。随着设计的推进，我们必须牢记每一种可能性，不要忽视任何可能会有助于形成最终解决方案的想法。然而，一直到概括阶段之前，我们都还没有到要认真考虑所有可能性的时候，而到了概括阶段，尤其是模型的建立，已经提供了一种崭新易懂的、多维度审视景观的视角。杰罗姆·布鲁纳(Jerome Bruner)说："……凭直觉思考问题，靠的是对相关知识领域及其结构极为熟悉，这使得思考者可以具有跳跃性思维，跳过一些步骤并利用一些捷径……"(Bruner, 1965)以直觉开展工作，远远不是一种可以规避获取知识要求的方法，如果这么做有价值的话，必须要有一个特别坚实的知识基础。

尽管如此，仍不应排除非理性的做法。是时候来一场头脑风暴，将种种假设放在一边，再次在场地上漫步，仔细翻看照片，考虑各种变化和组合方式，反向并转换角度思考每一个设想，从而以新的视角看待它，开展长时间的讨论，或盯着墙壁发呆……直觉有其按部就班的工作方式，只有等到水到渠成时，洞见才会出现，各种关联才会落到实处。

设计和重新设计各种自然作用，遵循的是一种不断试错的策略，无数的可能性似乎都是随机提出的，正如数以百万计的种子要尝试成千上万的环境，才会有一些找到合适自己的环境条件，发芽成长。然而，设计师通过以各种想象的可能性替代真实的事件，以重要的评价替代真实的试验，可以（以更低的成本）更有效地工作。

如果直觉是作为与部分而不是与整体相关的概念出现的话，我们就要面对整合的工作。应对这种情况的一个办法就是形成与每个部分都密切相关的一系列设想。

●案例研究：艾尔辛诺湖的泄洪道

在设计艾尔辛诺湖泄洪道的方案时，景观被分解为特定方面的问题，其中一个主要的问题是渠道设计方面的。在这一问题中，有三个特定的、密切相关的子问题：水流格局、渠道断面、相邻土地的利用。图示对这些子问题中的每一个都给出了几种可能的形态。

例如我们可以用三种不同的方式来应对溢流。第一种方式很简单，就是建一个渠道，当湖水上涨超过某一特定的水位时，它可以按照要求每秒流走 2000 立方英尺的水。这种解决方案除了城市防洪之外几乎没有什么其他作用。第二种方式，我们可以挖掘一个前池，形成渠道的一个入流口，从而将部分湖水引到城市的边上，并可作为一个滨水景观带。第三种可能性是沿着泄洪道建一系列水塘，借此在城市和湖泊之间形成一种更深的交融关系：一旦湖泊的水位变低，这些水塘可以从上游（如图所示）接纳经过处理的废水或是地下水来保持充盈，塘中的水会逐渐往下流入湖中；当湖泊的水位上升时，湖水会反向流入水塘，而当湖水上涨至洪水位时，这些水塘会按照要求的速率让洪水流走。

渠道断面图展示了八种截然不同的设计可能性，每种设计都是一种对于防洪、景观性和游憩空间的独特组合。土地利用的断面图提供了许多的方式，以进行与渠道有关的游憩和商

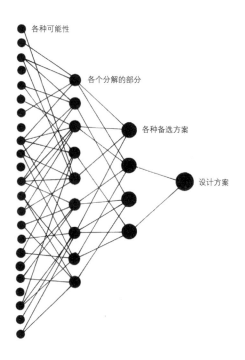

业活动开发，并形成野生动植物的栖息地。

　　从不同的角度看待每一方面的问题及其子问题，设计师提出了一系列备选方案，可以进行各种组合，以形成最终的设计方案。由这一设计过程产生的方案见第 222 页。

●备选方案

　　要多少个备选方案呢？既要足以涵盖所有看似正确的可能性，但又不会太多，以致无法管理。在建筑施工和场地尺度下，我们可能根本就不必去正式考虑各种备选方案。在较大的尺度下，每个项目似乎都会有一个合理的备选方案数量，通常是在 3~10 之间。有时候，对于非常复杂的项目，这个数量可能会相当多，甚至达到 30 或 40。在这种情况下，往往会分阶段做出选择。例如 30 个备选方案可能会被缩减到 10 个，然后缩减到 3 个，最后缩减成 1 个，每个阶段都会进行大量修改。

　　不仅是数量，在备选方案的形成过程中还有很多的理论问题。这些问题很重要，因为错误的选择会使整个设计过程失效。每当一个设计方案引发争议时，我们经常听到这样的指控，即所有的可能性都未能加以适当的考虑，或是倾向、不倾向某些备选方案完全是决策受到了操控……而通常这样的指控都是符合事实的。

　　一个重要的问题是，哪些因素可以将各个备选方案彼此区分开来。也许最常见的是那些包含了差异程度的方案，例如联邦项目通常会提出 3 个或 4 个备选方案：一个方案会是极少量的开发，或者根本不开发，一个方案会是最大限度地利用或开发资源，还有 1 或 2 个方案会介于二者之间。在保护还是发展成为主要议题的情况下，这种做法往往会是构建备选方案的一个可行的方式，但这么做也有很大的困难，因为对于折中的或平衡性的备选方案，往往会产生一定的倾向性。事实上我们会发现，任何以这种方式设置选项的设计过程几乎都会自动排除掉极端的选项，特别是当选择是由设计小组或委员会做出的时候。"中庸"和"平衡"几乎总是被认为是极为可取的，或者至少是安全的，并且这种看法会压倒相比之下更具合理性的观点。

加利福尼亚沙漠的规划方案

　　加州沙漠保护区的备选方案就是一个很好的例子。备选方案有 4 个，描述如下（Bureau of Land Management, 1980）：

(1) 不采取任何行动，或 "基本上按照现状继续管理这些公共性的沙漠土地"（这个不采取任何行动的备选方案是联邦法律所要求的）。

(2) 保护性的备选方案，"倾向保护土地和各种资源，通过指定荒野和各种名称相关的保护区来保护沙漠的各种植物、野生动物、文化和历史资源"。

(3) 平衡性的备选方案，"考虑人们所希望的各种需求和用途，并且以多重利用、持续产出和保持环境质量的原则来管理沙漠资源"。

(4) 利用性的备选方案，"倾向利用、生产和开发，包括提供游憩机会并进行矿产开发"。

　　当然，显而易见的选项就是平衡性的备选方案，但这样又会出现其他一些困难，就是如何将一片面积巨大的、有着无数种可能利用方式的土地削减到只剩下 4 个备选方案，这就会涉及对各种利用方式进行分

案例研究 XIII

艾尔辛诺湖的泄洪道

艾尔辛诺湖城位于南加州，四周环绕着一个大型的游憩型湖泊，市中心紧邻一条老旧未开发的泄洪道，经济停滞。由于近期洪涝严重，美国陆军工程兵团致力于重建泄洪道以使其发挥应有的作用。该项目的提案同时展示了如何才能使这条泄洪道成为一处重要的视觉景观和游憩场所，从而打造出一个独特的城市环境，即这条泄洪道怎样才能成为一个振兴城市中心区的催化剂。

区域水流系统分别对干旱和湿润年份进行了描述，并根据泄洪道在这个较大系统中的作用给出了泄洪道的可能形态。选中的设计方案展示出如何才能将泄洪道作为一系列游憩用水塘加以维护，通过从地下抽水并让塘水溢流入湖的方式，来保持枯水期水塘的满水状态，帮助稳定湖水位。在暴雨期间，当湖水满溢时，水流会反向流动，带走洪水。如同各个断面图所示，通过对水底进行仔细的设计，可以做到这一点。

由加州州立理工大学波莫纳分校风景园林系 606 设计工作室为艾尔辛诺湖市编制。佐野育夫（Ikuo Sano），顾问：约翰·莱尔、弗朗西斯·迪恩、杰弗里·奥尔森和亚瑟·约凯拉。

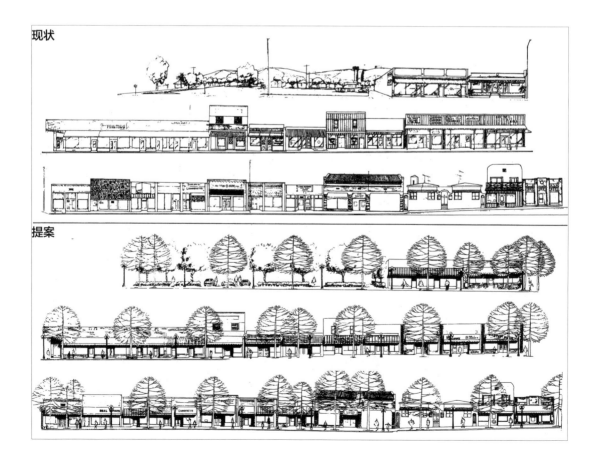

现状

提案

自然及环境因素   水文

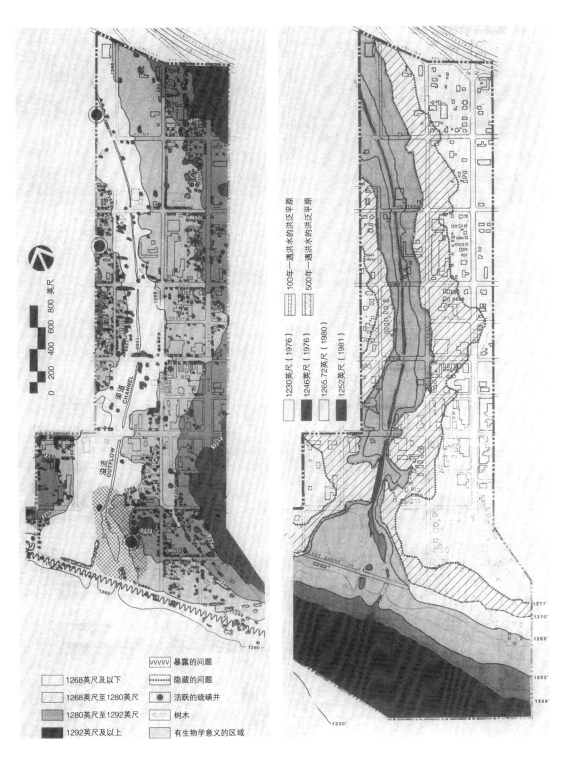

渠道
CHANNEL

溢流
OUTFLOW

比例尺（英尺）
0 200 400 600 800 英尺

图例（左图）

1268英尺及以下	vvvvv 暴露的问题
1268英尺至1280英尺	...... 隐藏的问题
1280英尺至1292英尺	● 活跃的硫磺井
1292英尺及以上	树木
	有生物学意义的区域

图例（右图）

100年一遇洪水的洪泛平原
500年一遇洪水的洪泛平原

1230英尺（1976）
1246英尺（1976）
1265.72英尺（1980）
1252英尺（1981）

1277'
1270'
1265'
1252'
1248'
1230'

干旱年份

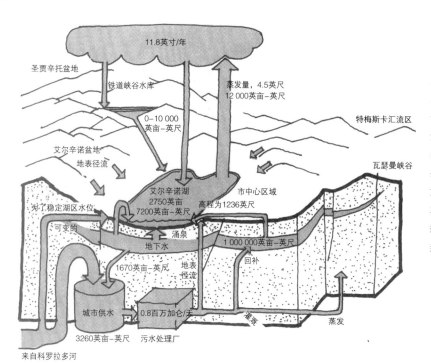

如同水文图中所示，在干旱和湿润的年份之间，艾尔辛诺湖的水位差别很大。1980 年洪水泛滥，当时在暴雨期间该湖的水位上升到了 1265.72 英尺。这两张水流图反映的是典型的干湿年份中的水量情况。通过溢流和控制地下水的流入量，泄洪道有助于令这些极端的变化趋于稳定，其间会有一些蒸发损失，但是微不足道。重要的是，这条泄洪道是按着其在区域水流系统中的作用重新设计的，正如这两个水流模型所示的那样。

湿润年份

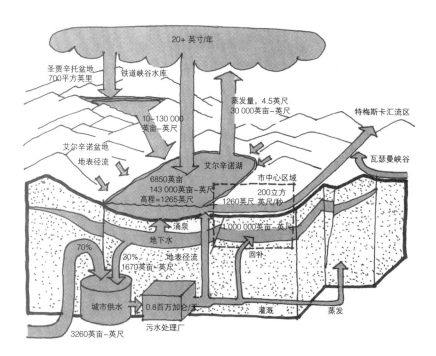

泄洪道设计的各种可能性

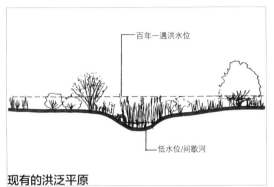

现有的洪泛平原

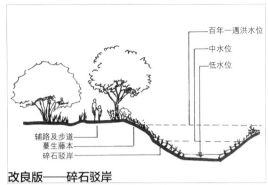

改良版——碎石驳岸

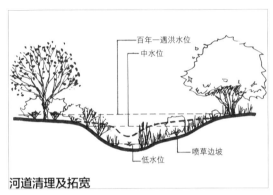

河道清理及拓宽

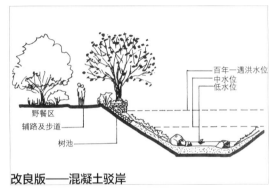

改良版——混凝土驳岸

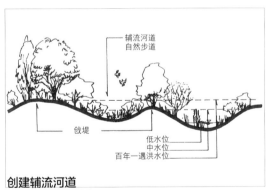

创建辅流河道

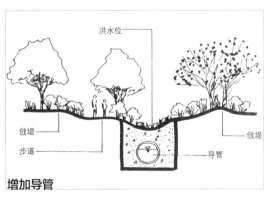

增加导管

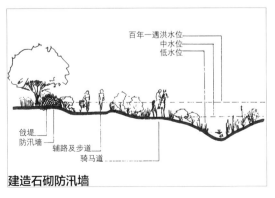

建造石砌防汛墙

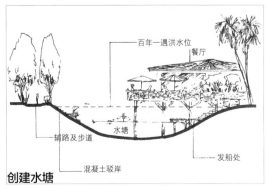

创建水塘

220

水流管理

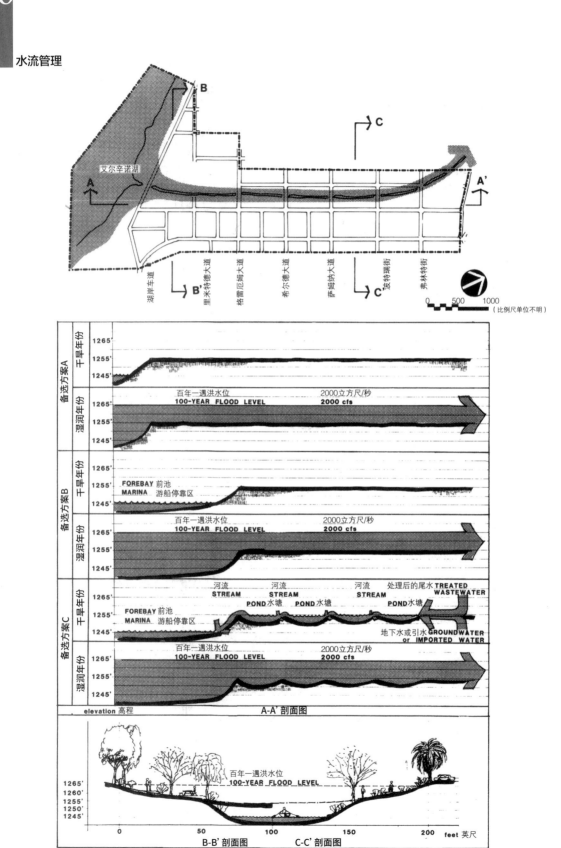

泄洪道及相邻的用地　(1) 100 英尺混凝土水渠　(2) 200 英尺土渠　(3) 水渠与公园　(4) 泄洪道带状公园

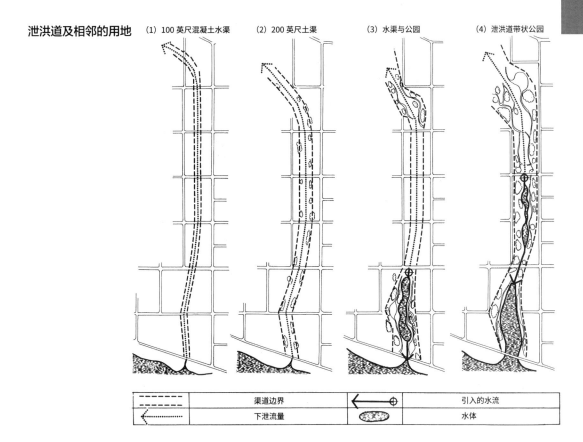

	渠道边界		引入的水流
	下泄流量		水体

(5) 水渠与商业性公园　(6) 商业性游憩廊道　(7) 度假居住区　(8) 野生动物保护

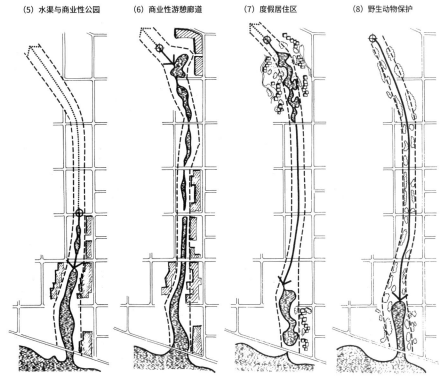

泄洪道设计平面图

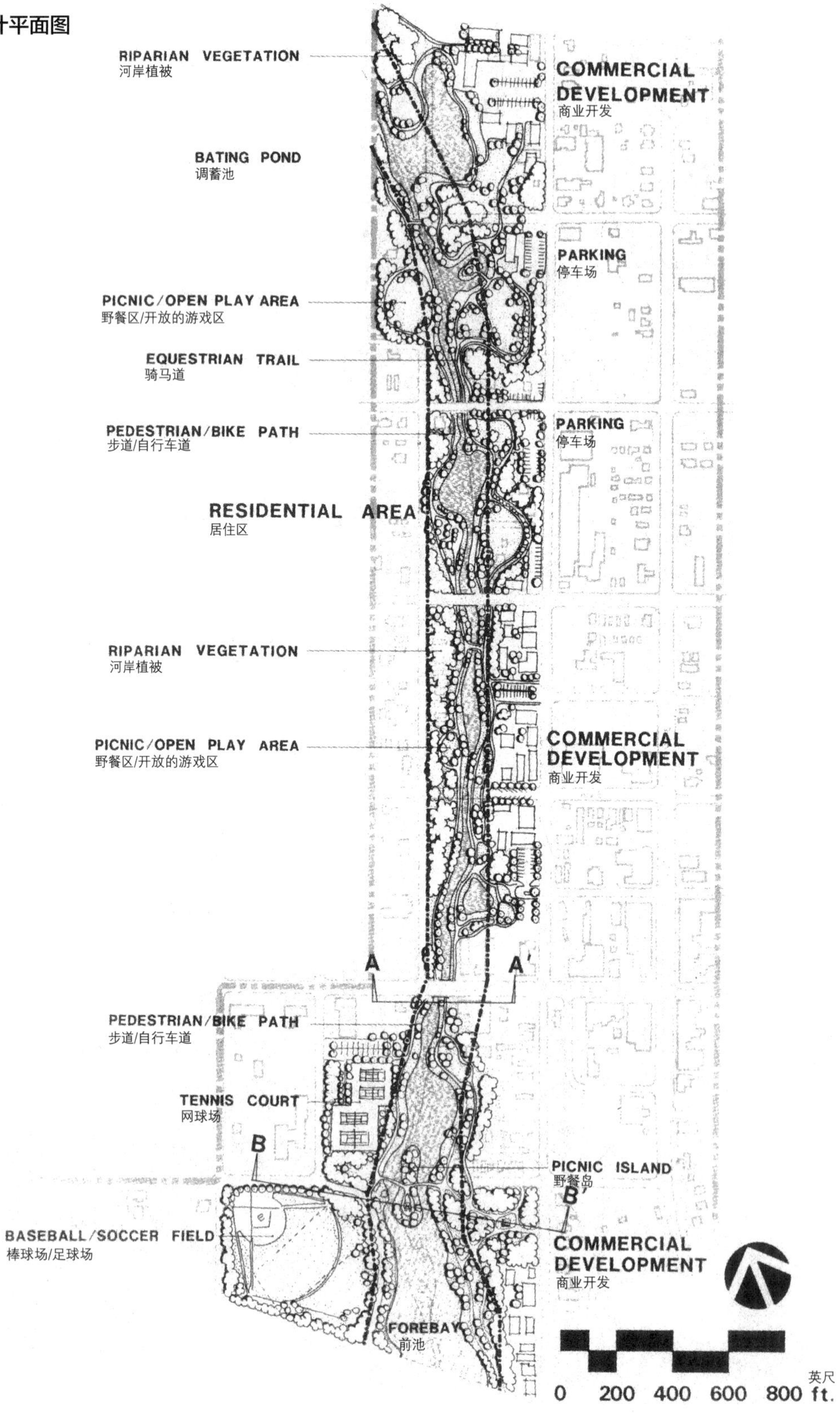

RIPARIAN VEGETATION
河岸植被

COMMERCIAL
DEVELOPMENT
商业开发

BATING POND
调蓄池

PARKING
停车场

PICNIC/OPEN PLAY AREA
野餐区/开放的游戏区

EQUESTRIAN TRAIL
骑马道

PEDESTRIAN/BIKE PATH
步道/自行车道

PARKING
停车场

RESIDENTIAL AREA
居住区

RIPARIAN VEGETATION
河岸植被

PICNIC/OPEN PLAY AREA
野餐区/开放的游戏区

COMMERCIAL
DEVELOPMENT
商业开发

A   A'

PEDESTRIAN/BIKE PATH
步道/自行车道

TENNIS COURT
网球场

B

PICNIC ISLAND
野餐岛

B'

BASEBALL/SOCCER FIELD
棒球场/足球场

COMMERCIAL
DEVELOPMENT
商业开发

FOREBAY
前池

英尺
0   200 400 600 800 ft.

泄洪道设计剖面图

A-A' 剖面图

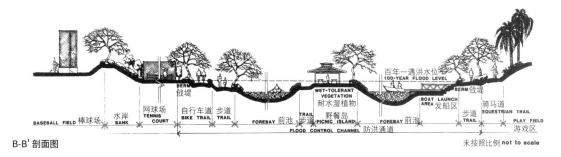

B-B' 剖面图

现状

提案

组。例如能量生产设施是一个主要的议题，所有这些设施，包括风能、太阳能、燃煤和燃气发电厂，都被列入了"利用性的备选方案"，因为显然所有这些设施都意味着高度利用；但是，它们的选址要求及其对环境的影响却大不相同。例如在沙漠中进行风力和太阳能发电设施的选址可能会是非常有说服力的提议，但对于燃煤或燃气发电厂则不是这样。将所有这些设施分成一组是一个武断的决定，所基于的种种假设并未经过仔细的考虑。此外，因为不符合先入之见，任何看似正确的可能性都会被拒之门外。例如沙漠中的定居点并没有得到正视，而在一片乏人关注的景观中，哪怕只是少数人的永久存在，也肯定会阻止发生许多难以防范的破坏。定居点，哪怕是非常小的定居点，都被贴上了高度利用的标签进行分组。大量的案例表明，对所有的备选方案进行武断的分组可能是无法避免的，这样就产生了之前提到的那个假设，即设计方案的数量应该是有限的，以便从中加以选择。

这个例子告诉我们的是，五花八门的议题和广袤的景观都过于复杂，而对于构建备选方案所采用的方法而言，各种可能性又太多，如果没有这样一个假设，即认为所有的议题都可以归入从最多的利用到最少的利用这一范畴内，那么，对于种种特定的兼容性和适宜性所做的分析就可能会得出完全不同的格局。将一些高度利用与一些充分保护相结合的做法可能已经出现了，带有更多可能性结合的更多的备选方案也可能已经出现，并且这些方案可以逐渐缩减，直到形成一个解决方案。这里非常重要的一点是，各个备选方案的形成不应过分简单化，并且不应过于依赖种种毋庸置疑的假设。换句话说，在提出各种可能性和形成各个备选方案之间，需要有更多的步骤。

优诗美地国家公园的设计过程更彻底地将公众纳入其中，从而可以更广泛地对各种各样的可能性进行考虑。邮寄了 59 000 人，有 20 000 人填写完成的优胜美地的工作册，不仅包括 4 个大致的备选方案，还列出了每个方案可能包含的具体实施办法，并要求参与者表明他们是否赞同这些实施办法。在工作册中，还为参与者留出了空白的地方，可以让他们提出其他的可能性。这样一来，就外部限制而言，设计的广泛性参与和对各种可能性的开放式考虑都可能达到极限。

此外，区分备选方案的另一个因素是不同利用方式的优化，这是一个与利用强度相关的因素。每当各种利用方式之间的竞争成为主要议题时，这个办法是最有帮助的。例如在怀特沃特汇流区这个案例研究中，关键议题是三种利用方式——游憩、太阳能和风能发电、野生动物保护——之间的空间竞争。每一个备选方案都在可接受的环境变化限度内优化了这三种利用方式中的一种，而这三种极端情况则为探索这一汇流区的出路提供了基础。可以对这些利用进行任意的组合，并且此时可以将任何有关需求的因素纳入决策过程中来。第 133 页上的方案是最终的建议方案。

备选方案也可以是主题性的，也就是说，这些方案的基本种类或性质可能会有不同。这种做法往往会产生一些在土地利用、视觉形态、土地所有权模式，或是在所有这三个方面都有着根本性差别的备选方案。

● **波沙奇卡湿地案例研究**

例如波沙奇卡湿地的备选方案从类型上讲就极其与众不同。这是一片滨海湿地，位于加利福尼亚州奥兰治县（Orange County, California）沿海密集开发区的中间。现在看着最显眼的是杂乱无章

案例研究 XIV
波沙奇卡湿地

波沙奇卡是南加州奥兰治县和洛杉矶县境内少数几个尚未开发的沿海湿地之一。自20世纪20年代以来，这里的湿地及其周边都进行了石油钻探，但应该会在几年之内逐步废止，而此后该地区的用途就成了一个争执不下的议题，牵涉到这片土地的所有者（信号石油公司，Signal Oil Company）、加州海岸委员会（State Coastal Commission）、加州鱼类和野生动物管理局，以及潟湖所在地奥兰治县、正在考虑吞并这一潟湖的亨廷顿海滩市、美国鱼类和野生动物管理局、美国陆军部队工程兵团和几个活跃的公民团体。

鉴于争执的激烈程度和复杂性，这些争议难以很快得到解决。要达成对未来用途的共识将需要数年时间。这项设计工作的目的不是为了制定出一个可被采纳的方案，而仅仅是为了通过各个备选方案及其可能的后果来界定和澄清问题。五个备选方案包含了除土地所有者之外所有各方提出的引发争议的种种意愿，信号石油公司不愿参与其中。这些备选方案展示了每一群体所倾向的用途。评估矩阵以定性的方式列出了各个备选方案中提出的每一项开发举措可能造成的后果。这些方案显然并未达成一致，但尽管如此，种种问题都已简明扼要地阐述清楚，并且为下一步设计做好了准备。

由加州州立理工大学波莫纳分校风景园林系606设计工作室为亨廷顿海滩市编制。詹姆斯·西奥多·本奇（James Theodore Bench）、杰弗里·布瑞克斯通（Jeffrey Breakstone），以及顾问约翰·莱尔、杰弗里·奥尔森和亚瑟·约凯拉。

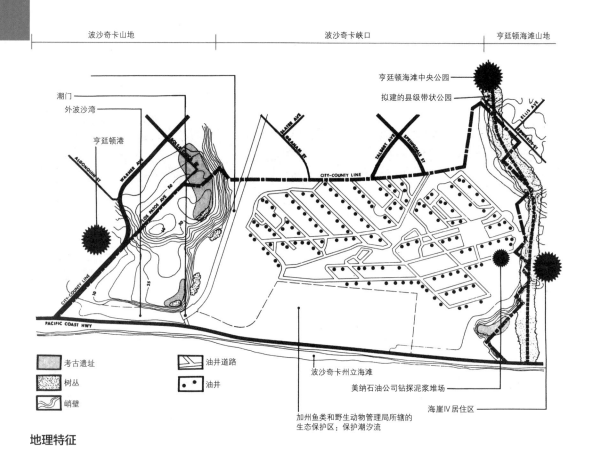

地理特征

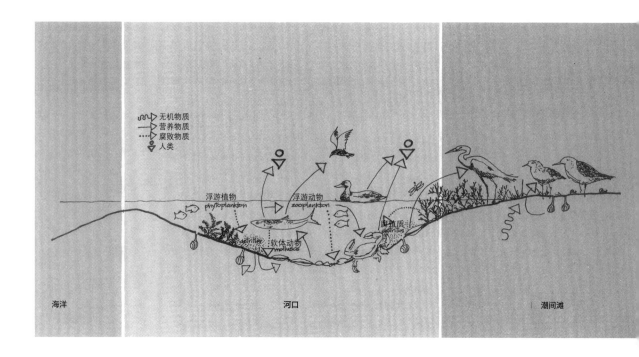

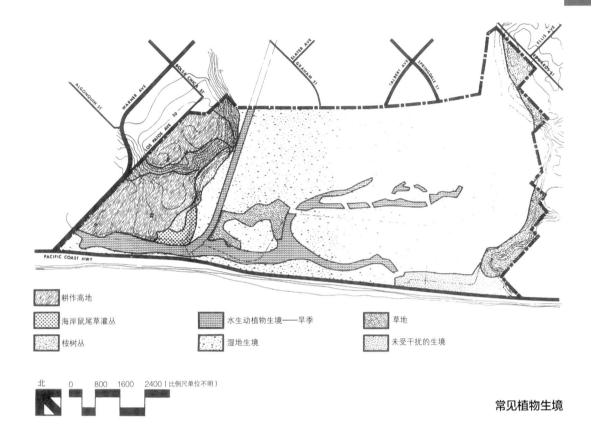

耕作高地	
海岸鼠尾草灌丛	水生动植物生境——旱季
桉树丛	湿地生境

草地

未受干扰的生境

北　0　800　1600　2400（比例尺单位不明）

常见植物生境

河口海岸带

昆虫

盐沼

	潮汐湿地修复	生态保育	教育展示	无铺装的步道	保护性的自然景观	景点	水产养殖	三级污水处理	石油钻探泥浆堆场	游憩中心	野餐场地	开放的游戏场地	野营地	铺装自行车道	铺装停车场	骑马设施	宁静的水边沙滩	游泳及涉水	钓鱼	划船及皮划艇	滑水	不通航的入海口	涵洞	通航的入海口	游艇码头	居住用地	商业用地	太平洋海岸公路（加州一号公路）改线用地	公用设施拓展用地	道路建设用地
信号石油公司 无反馈																														
游艇俱乐部	B/M	B/M	B/M	B/M	A/H	B/H	B/L	C/L	A/H	A/H	O/L	O/L	C/L	A/M	D/M	C/L	C/M	B/H	B/H	O/L	O/L	O/L	O/L	C/M	A/L	A/L	A/H	A/—	A/M	A/M
波沙奇卡之友	BC/H	BC/H	D/H	D/H	A/H	C/L	O/L	O/L	O/L	A/H	O/L	O/L	2*	O/L	D/M	O/L	O/H	D/L	O/L	O/L	O/L	A/L	BC/H	BC/H	O/L	C/M	A/H	A/—	A/L	O/L
登山俱乐部	BC/H	BC/H	D/H	D/H	A/H	C/L	O/L	O/L	O/L	D/H	O/L	O/L	O/L	D/M	O/L	O/L	D/H	O/L	O/L	O/L	A/L	A/H	BC/KL	BC/—	O/L	C/M	A/H	A/—	A/L	O/L
海岸委员会	B/H	A/H	A/H	A/H	D/M	D/L	B/L	O/H	D/L	D/L	D/L	D/L	D/L	D/L	D/M	D/L	A/H	A/L	A/H	D/L	D/L	A/L	A/H	A/—	D/L	D/L	D/L	D/L	D/—	D/L
加州鱼类和野生动物管理局的工作人员	A/H	A/H	A/H	E/M	D/M	O/L	O/L	O/H	D/L	D/L	D/L	D/L	E/M	O/L	D/L	E/M	O/L	3*	O/L	O/L	O/L	BC/H		4*	D/L	D/L	D/L	D/L	D/—	D/L
奥兰治县	C/H	B/H	A/H	A/H	D/M	D/MH	O/L	CD/L	CD/L	D/H	C/L	CD/L	CD/L	D/M	C/M	C/L	A/—	C/L	C/H	A/L	A/L	C/M	C/—	C/L	C/M	C/L	C/H	C/M	C/—	C/L
亨廷顿海滩市	BC/—	AB/H	A/H	A/H	ABC/LM	BC/LM	OBC/ML	O/—	CD/—	ACD/ML	D/H	ACD/H	ACD/LM	—	AD/LM	BC/H	O/—	OC/MH	BC/—	—	—	AD/—	BC/MH	MH/—	B/LM	B/LM	B/H	AD/LM	DE/—	AD/LM
美国鱼类和野生动物管理局	B/H	AB/H	DE/M	DE/M	—	DE/L	D/L	B/L	D/L	DE/H	D/L	DE/L	D/L	DE/L	D/L	—	BE/L	O/L	—	B/L	O/L	B/L	B/L	DO/L	DE/L	D/L	DO/—	DE/—	DE/L	D/L
美国陆军部队工程兵团	C/H	BC/L	BC/L	C/L	B/M	A/L	O/L	O/L	O/L	D/M	D/L	O/—	D/L	D/M	D/L	—	D/M	—	B/L	O/L	O/L	O/L	A/L	—	B/L	O/L	O/L	D/A	A/L	A/L

可接受的土地利用方式

A 这种土地利用方式在波沙奇卡全域可接受
B 这种土地利用方式仅在湿地区域可接受
C 这种土地利用方式在退化的湿地区域可接受 *
D 这种土地利用方式仅在山地可接受
E 这种土地利用方式在现有设施区（油井道路、泥浆堆场）可接受
O 不可接受的土地利用方式
H 这种土地利用方式极可取
M 这种土地利用方式较可取
L 这种土地利用方式不太可取

* 无论是美国鱼类和野生动物管理局还是美国陆军部队工程兵团都不认同"退化的"湿地这一说法。波沙奇卡之友更倾向于采用"可恢复的"一词，而不是"退化的"。
2* 波沙奇卡之友建议，所有的野营地选址都要落在靠近太平洋海岸公路的现有钻井平台上。
3* 加州鱼类和野生动物管理局的工作人员赞同对涉水进行限制且仅允许采挖蛤蜊者涉水的主意。
4* 加州鱼类和野生动物管理局的工作人员表示同意，要看选址及采用的理由。

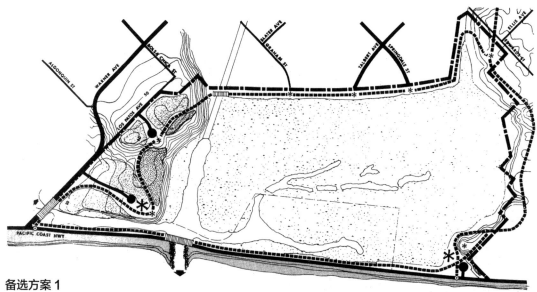

备选方案 1
区域公园及野生动物保护区

备选方案 2

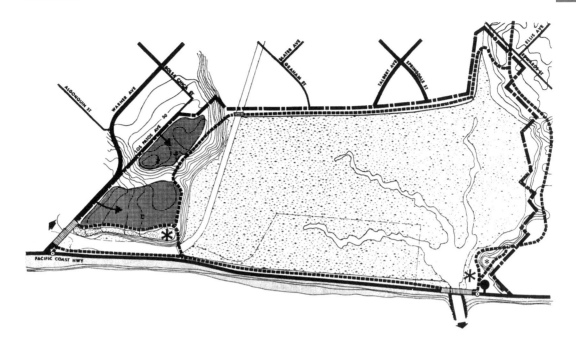

备选方案 3A
小型游艇码头 / 湿地保护区

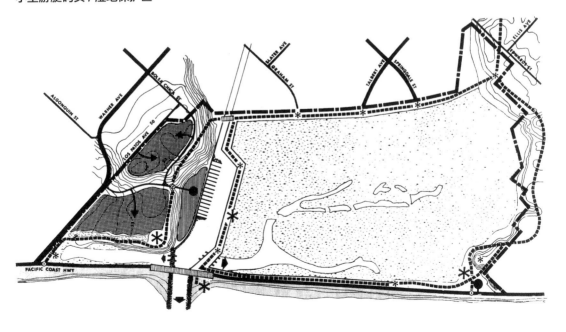

峭壁　　　　居住用地　　　　潮汐通道　　　　主路　　　　　步道交汇点　　　野营地
潮间湿地　　　商业用地　　　　栈桥　　　　　　地面道路　　　景观节点　　　　游客信息中心
公共沙滩　　　　　　　　　　　涵洞　　　　　　缓冲带　　　　游艇码头
区域公园　　　　　　　　　　　桥　　　　　　　铺装步道

备选方案 3B
公路改线 / 港口航道

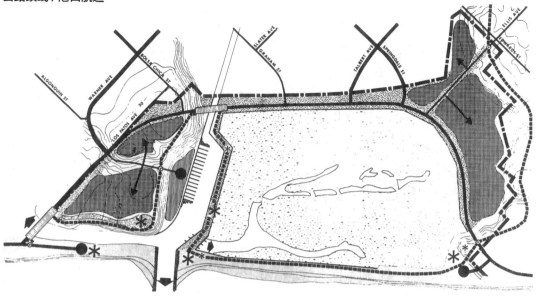

备选方案 4
多用途开发

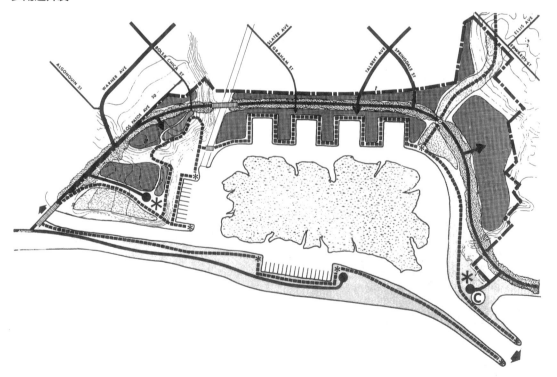

峭壁	居住用地	潮汐通道	主路	步道交汇点	野营地
潮间湿地	商业用地	栈桥	地面道路	景观节点	游客信息中心
公共沙滩		涵洞	缓冲带	游艇码头	
区域公园		桥	铺装步道		

备选方案1、2、3A、3B、4的评估矩阵

评价标准（各分组通用）：2 极有利 / 1 较有利 / 0 无影响 / −1 较冲突 / −2 极冲突

分组：湿地增加 / 社区提升 / 社会政治的可接受性 / 公共防护

湿地增加列：生境特质、生境大小及多样性、潮汐通道、潮汐涨落情况、水质、淡咸水混合情况、营养物质循环、最少的物理空间入侵、最少的噪声及视觉影响、地表径流水质控制、沉积物控制

社区提升列：低/中收入人群使用、住宅开发、日/夜商业性使用、游憩设施、教育设施、游客接待、沙滩设施、交通安全—便利设施、骑行安全—便利设施、步行安全—便利设施、视觉及噪声控制、空气质量、个人收益、税收

社会政治的可接受性列：波沙奇卡之友、登山俱乐部、美国鱼类和野生动物管理局、加州鱼类和野生动物管理局的工作人员、加州海岸委员会、奥兰治县（EMA）、亨廷顿海滩市、美国陆军部队工程兵团、信号石油公司、划船业余爱好者

公共防护列：洪涝、坡地侵蚀、咸水入侵、地震干扰

方案	组成部分	生境特质	生境大小及多样性	潮汐通道	潮汐涨落情况	水质	淡咸水混合情况	营养物质循环	最少的物理空间入侵	最少的噪声及视觉影响	地表径流水质控制	沉积物控制	低/中收入人群使用	住宅开发	日/夜商业性使用	游憩设施	教育设施	游客接待	沙滩设施	交通安全—便利设施	骑行安全—便利设施	步行安全—便利设施	视觉及噪声控制	空气质量	个人收益	税收	波沙奇卡之友	登山俱乐部	美国鱼类和野生动物管理局	加州鱼类和野生动物管理局的工作人员	加州海岸委员会	奥兰治县（EMA）	亨廷顿海滩市	美国陆军部队工程兵团	信号石油公司	划船业余爱好者	洪涝	坡地侵蚀	咸水入侵	地震干扰
	不采取任何行动的备选方案（保持现状）	−1	−1	0	0	0	−1	0	−1	0	0	−1	2	0	0	0	0	−1	0	0	0	1	0	0	0	−1	−1	0	−1	0	−1	0	0	−2	0	−1	−2	0	0	0
1	1000英亩野生动物保护区	2	2	0	0	2	0	2	1	0	1	1	1	0	1	0	1	2	0	2	2	2	2	−2	−2	2	2	−1	0	0	−1	0	1	1	0	0	0
	120英亩区域公园	0	0	0	0	0	0	1	1	1	1	1	2	0	1	2	1	1	1	2	1	1	−1	0	0	0	0	0	0	−1	0	0	1	−1	0	0	0
	不通航的通海渠道	2	0	2	2	1	1	1	1	1	1	1	2	0	0	1	0	1	1	1	1	1	−1	0	0	0	0	0	0	−1	0	0	1	2	0	−1	0
	防洪堤顶的自行车道/步道	0	0	0	0	0	0	0	−1	−1	0	0	2	0	0	1	1	1	1	2	1	1	−1	0	0	0	0	0	0	−1	0	0	1	0	0	0	0
	环游步道系统	0	0	0	0	0	0	0	−1	−1	1	2	1	0	0	1	1	1	1	2	1	1	−1	0	0	0	0	0	0	−1	0	0	1	0	0	0	0
	2个游客中心（停车场等）	0	0	0	0	−1	0	0	−1	−1	0	−1	2	0	0	1	1	1	1	2	1	1	−1	0	0	0	0	0	0	−1	0	0	1	0	0	0	−1
2	180英亩居住开发	−1	0	0	0	0	−1	0	−1	0	0	1	1	2	0	0	0	0	0	0	−1	0	−2	0	2	2	−2	−2	−1	−2	0	0	1	0	1	1	0	0	0	1
	不通航的入海口	2	0	2	2	2	1	1	1	1	1	1	1	0	0	1	0	1	1	1	1	1	0	0	0	0	0	0	0	−1	0	0	1	2	0	−1	0
	1000英亩野生动物保护区	2	2	0	0	2	0	2	1	0	1	1	1	0	0	1	1	1	0	2	2	2	−2	−2	2	2	−1	0	0	−1	0	0	−1	0	1	1	0	0	0
	开挖形成指状的地表水系	2	2	2	2	2	1	2	0	−1	1	−1	1	0	0	1	1	1	1	1	1	1	−1	0	0	0	0	0	0	−1	0	0	1	1	0	0	0
	环游步道系统/景观节点	0	0	0	0	0	0	0	−1	−1	1	2	1	0	0	1	1	1	1	2	1	1	−1	0	0	0	0	0	0	−1	0	0	1	0	0	0	0
	游客信息中心	0	0	0	0	−1	0	0	−1	−1	0	−1	2	0	0	1	1	1	1	2	1	1	−1	0	0	0	0	0	0	−1	0	0	1	0	0	0	−1
	加高的防洪堤	−1	0	0	0	0	0	0	0	0	0	0	0	0	0	0	0	0	0	0	0	0	0	0	0	0	0	0	0	0	0	0	1	2	0	0	0
3A	50英亩游艇码头	−2	−2	0	0	0	−1	0	−1	−2	−2	0	1	0	2	1	0	1	0	2	−1	−1	−2	−2	2	2	−2	−2	−1	−2	−1	0	2	2	2	2	1	0	0	0
	30英亩商业中心	−1	−1	0	0	−1	0	−1	−1	−1	0	0	1	0	2	0	0	1	0	1	−1	−1	−2	−2	2	2	−2	−2	−1	−2	−1	0	2	2	2	2	0	0	0	−2
	25英亩土质戗堤	1	0	0	0	0	0	0	0	0	2	2	1	0	0	1	0	0	0	1	1	1	2	0	0	0	−2	−1	0	−1	0	0	1	2	1	1	2	0	0	0
	高架桥	−1	−1	0	0	0	0	0	0	−1	0	0	1	0	0	0	0	0	0	1	1	1	−1	0	0	0	−1	−1	0	−1	−1	0	1	1	1	1	0	0	0	−2
	180英亩居住开发	−1	0	0	0	0	−1	0	−1	0	0	1	1	2	0	0	0	0	0	0	−1	0	−2	0	2	2	−2	−2	−1	−2	0	0	1	0	1	1	0	0	0	1
	阻隔开的外波沙湾	−1	−2	−2	−2	−1	−1	−1	−1	0	0	0	1	0	0	1	1	1	1	1	1	1	0	0	0	0	−2	−2	−2	−2	−1	0	0	0	1	−2	0	0	0
	880英亩野生动物保护区	2	2	0	0	2	0	2	0	−1	−1	−1	1	0	0	1	1	1	0	2	2	2	−2	−2	2	2	−1	0	0	−1	0	0	−1	0	1	1	0	0	0
	游客信息中心	0	0	0	0	−1	0	0	−1	−1	0	−1	2	0	0	1	1	1	1	2	1	1	−1	0	0	0	0	0	0	−1	0	0	1	0	0	0	−1
	环游步道系统/景观节点	0	0	0	0	0	0	0	−1	−1	1	2	1	0	0	1	1	1	1	2	1	1	−1	0	0	0	0	0	0	−1	0	0	1	0	0	0	0
3B	50英亩游艇码头	−2	−2	0	0	−1	0	−1	−2	−2	0	0	1	0	2	1	0	1	0	2	−1	−1	−2	−2	2	2	−2	−2	−1	−2	−1	0	2	2	2	2	1	0	0	−2
	30英亩商业中心	−1	−1	0	0	−1	0	−1	−1	−1	0	0	1	0	2	0	0	1	0	1	−1	−1	−2	−2	2	2	−2	−2	−1	−2	−1	0	2	2	2	2	0	0	0	−2
	25英亩土质戗堤	1	0	0	0	0	0	0	0	0	2	2	1	0	0	1	0	0	0	1	1	1	2	0	0	0	−2	−1	0	−1	0	0	1	2	1	1	2	0	0	0
	通往外波沙湾的航道	−1	−2	1	1	1	1	1	1	−1	0	0	1	0	0	1	1	1	1	1	1	1	0	0	0	0	−1	−2	−2	−2	−1	0	0	0	1	2	1	0	0	0
	太平洋海岸公路（加州一号公路）改线/缓冲用地	−1	−2	0	0	0	0	0	0	−1	0	0	1	0	0	0	0	0	0	1	1	1	−1	0	0	0	−1	−1	0	−1	−1	0	1	−1	1	0	1	0
	140英亩额外的住宅开发	−1	0	0	0	0	−1	0	−1	0	0	1	1	2	0	0	0	0	0	0	−1	0	−2	0	2	2	−2	−2	−1	−2	0	0	1	0	1	1	0	0	0	1
	615英亩野生动物保护区	2	2	0	0	2	0	2	0	−1	−1	−1	1	0	0	1	1	1	0	2	2	2	−2	−2	2	2	−1	0	0	−1	0	0	−1	0	1	1	0	0	0
	公共沙滩及原有的太平洋海岸公路（加州一号公路）沿线停车	0	0	0	0	0	0	0	0	−1	0	0	2	0	0	1	1	1	2	0	0	0	−1	0	0	0	0	0	0	−1	0	0	1	0	0	0	0
	环游步道系统/景观节点	0	0	0	0	0	0	0	−1	−1	1	2	1	0	0	1	1	1	1	2	1	1	−1	0	0	0	0	0	0	−1	0	0	1	0	0	0	0
	游客信息中心	0	0	0	0	−1	0	0	−1	−1	0	−1	2	0	0	1	1	1	1	2	1	1	−1	0	0	0	0	0	0	−1	0	0	1	0	0	0	−1
4	250英亩沙滩半岛	0	0	0	0	−1	0	0	0	1	1	1	2	0	1	2	1	2	2	2	1	1	−2	−2	2	2	−2	−2	−1	−2	−1	0	−1	−2	1	2	0	0	0	0
	80英亩陆向沙滩	0	0	0	0	0	0	0	−1	0	1	1	2	0	0	2	1	2	2	2	1	1	−1	0	0	0	−2	−2	−1	−2	−1	0	−1	−2	1	2	0	0	0	0
	320英亩隔离的湿地	2	2	0	0	0	0	1	0	0	1	1	1	0	0	1	1	1	0	2	2	2	−1	−2	2	2	−1	0	0	−1	0	0	−1	0	1	1	0	0	0
	400英亩滨水及山地住宅	−1	−2	0	0	0	−1	0	−1	0	0	0	1	2	0	0	0	0	0	0	−1	0	−2	0	2	2	−2	−2	−1	−2	0	0	1	0	1	1	−1	0	0	0
	小型私人游艇码头	−1	−1	−2	0	−1	0	0	0	0	0	0	1	0	1	0	0	1	0	1	−1	−1	−1	−1	2	2	−2	−1	0	−1	−1	0	1	1	1	2	0	0	0	0
	通往亨廷顿港的航道	−1	−2	2	2	1	1	1	1	−1	0	0	1	0	0	1	1	1	1	1	1	1	0	0	0	0	−1	−2	−2	−2	−1	0	0	0	1	2	1	0	0	0
	15英亩山地商业中心	−1	0	0	0	0	0	0	0	0	0	−1	1	0	2	0	0	1	0	1	−1	−1	−1	0	0	0	−1	−1	0	−1	−1	0	1	0	1	1	0	0	0	0
	40英亩山地公园	0	0	0	0	0	0	0	0	1	1	1	2	0	0	2	1	1	1	2	1	1	−1	0	0	0	0	0	0	−1	0	0	1	0	0	0	0
	线性的公园步道/景观节点	0	0	0	0	0	0	0	−1	−1	1	1	1	0	0	1	1	1	1	2	1	1	−1	0	0	0	0	0	0	−1	0	0	1	0	0	0	0
	游客信息中心	0	0	0	0	−1	0	0	−1	−1	0	−1	2	0	0	1	1	1	1	2	1	1	−1	0	0	0	0	0	0	−1	0	0	1	0	0	0	−1
	太平洋海岸公路（加州一号公路）改线/缓冲用地	−1	−2	0	0	0	0	0	0	−1	0	0	1	0	0	0	0	0	0	1	1	1	−1	0	0	0	−2	−2	−1	−2	−1	0	1	−1	1	0	1	0
	野营地	0	0	0	0	0	0	0	0	0	0	0	1	0	1	2	1	2	1	2	1	1	−1	0	0	0	−2	−1	0	−1	0	0	1	0	0	0	0

的一个个油井，但在几年之内这些钻井将会停歇下来，代之以一种全新的利用格局。这些湿地与先前详加讨论的圣埃利霍潟湖非常相似，哺育着包括五个濒危种在内的大量鸟类种群。各种环保组织以及加州的鱼类和野生动物保护局（Department of Fish and Game）都迫切地想要保护这些种群，而这片土地的所有者，一家石油公司，对开发其土地进行获利更感兴趣，这并不难理解。第三方利益集团，该地区的划船爱好者，则希望在这里建一个码头。

这些议题和政见都极其复杂。易道（EDAW Inc）景观设计公司对若干个市民团体就这一局面进行了研究，并设计了一套共计 30 多个备选方案。随后，加州州立理工大学波莫纳分校的606 设计工作室接受毗邻这片沼泽地的亨廷顿海滩市（City of Huntington Beach）的委托，进一步分析这一局面，并且将备选方案减至能够令所有不同的利益集团都得到公平对待的最少数量，其目的并不是制定一个设计方案，而是总结、澄清这个极为复杂的局面，并为这些乱糟糟的争议方案赋予形态。在这个案例中，决策过程并非经济性的，而是一种综合的方法，每次前进一小步。各种备选方案通过这一过程得以聚焦。

第一个备选方案设想了一个区域性公园，包括一片湿地保护区在内。第二个备选方案在潟湖的边上留出了住宅开发空间，再次与一片湿地保护区相结合。第三个备选方案在这片住宅区和湿地之间增加了一个小码头。第四个备选方案（在此称之为"3B"，因为它实际上是基于第三个备选方案的一个变型）往内陆方向重新规划了沿海公路的线路，使得更大的船只可以使用这个码头。最后一个备选方案将湿地缩减至最小，并且围绕着它进行了住宅开发，将多种开发利用（包括一个码头）集中到这一区域。从这些备选方案中，会衍生出一些排列组合或

各种排列组合相结合的设计，但是要说最终的利用格局会是怎样的，还为时尚早。

采用同样的情景方法（scenario approach）可基于不同的观点，根据不同的假设形成不同的备选方案。各种情景是建立在对未来所作的种种可能的假设基础之上，即设想一下未来可能会发生的一系列状况，然后拟定一个开发格局来应对。与其说这些情景是用来制定设计方案的，还不如说是用来琢磨未来的各种可选择的发展方向的。

● 北克莱蒙特案例研究

运用情景方法的一个例子是北克莱蒙特案例研究，如第 235~237 页所示。克莱蒙特是一座小城市，位于南加州都市区的边缘，在圣加布里埃尔山脉（San Gabriel Mountains）的山脚下。如历史发展地图所示，它在 20 世纪 50 年代之前是一个被柑橘林包围的小镇，这里的土壤和气候非常适合生长柑橘。从那以后，郊区的增长取代了大部分的树林。在关注此事的克莱蒙特市民中，有一些人为了尽力保护残存的乡村氛围，成功地将城市北部的大部分地区重新规划，划分成一块块一英亩大小的住宅用地，而其他人则并不确定这是否是一个很好的解决方案。这种一英亩的区划会产生什么样的格局？有没有其他的选择？未来的结果会怎样？

进行这项研究的安妮·内尔松（Anne Nelson）首先考虑的是保留柑橘林的情景。从经济上讲，这并不可行，因为这些柑橘林无法保证足够的产出使得它们在这片宝贵土地上的存在名正言顺。于是，她考虑目前这种一英亩的区划在正常情况下可能会发生什么，这个情景就是第 237 页上展示的方案 A。对于那些身处乡间，或多或少从柔缓起伏的田园诗般的绿色幻景中获得安宁的当地居民来说，不啻为一种震惊。

之后，内尔松考虑了另一种极端情况，即由各种突发事件导致的转变，这就要求对这片土地的资源潜力加以最优化利用。方案 B 是基于一种广泛的粮食短缺的情景制定的。在这种情况下，发展与粮食短缺同等重要，可用的生产性土地被转变为粮食生产之用，使得产量最大化。集约化的小规模农业生产可以给养周边的郊区，成为主要的土地利用方式，只有少数、小片的区域被留作住宅开发之用，这样农民可以居住在他们的田地边上。

方案 C 和 D 以多少有些不同的方式将居住和农业性的利用进行了结合。方案 C 是基于粮食充足、能源价格适度上涨、视觉上对开放空间有着首要需求的假设而制定的。在可见的区域内，农业用地之所以得以保留，主要是因为其美学、历史和教育方面的价值。大多数农业生产活动都在由柑橘树和"休闲农场"（hobby farms）构成的风景廊道中开展；大多数住宅建在独户住宅的地块上，共享分布在中央的、分割成小块花园的带状景观绿地。

方案 D 应对的是粮食和能源价格上涨——虽然并没有大幅上涨——而土地价格保持稳定的一种情景。由这一假设形成了居住与都市农业相结合的一种高产而又互补的利用组合：大多数住宅要么是紧密的组团，周围都是高产的果树林和农场，要么是单独的地块，用作混合栽培。这些用地的面积从 5 英亩到 50 英亩不等，并会由人数不等的群体耕种。方案 C 和 D 的总体密度与方案 A 大致相当。

在所有 4 个方案中，开放区域都在开发部分以东，是一片为补给地下水而预留的洪泛平原。在方案 A 中，这里会保持现状，加以围隔不让人进入。方案 C 和 D 会准许开展一些游憩利用，布置游步道和骑马道，避免对地下水补给功能产生干扰，而方案 B 则会将其作为集约

化农业用地。

当然除了方案 A，其余这些情景中的任何一种都不太可能被采用。这里只是为了审视过去，以便对未来有所认识。与未来主义的任何一种操练一样，情景方法同样靠的是对于过去的认知。

● 一些基本规则

显然，备选方案的形成涉及几乎无限的选择可能。如果没有一些通用的原则来加以合理的控制，那么这些选择很容易会变得武断，并且会令整个设计过程的合理性大打折扣。主要的原则涉及兼容性和可行性问题。

每一种合理而又可行的可能性都应该在某些备选方案中占有一席之地，这似乎是显而易见的，但是怎样才能确定哪些可能性是合理可行的呢？例如我们是否纳入了可能具有经济可行性却会有生态破坏性的可能性？在这种情况下，就需要用到设计师的道德立场了。目标型设计师会将符合那些付钱给他的人的目标的所有可能性都包纳进来，但不会纳入任何一个不合乎那些目标的可能性。被动型设计师只会纳入那些不违背他已确立的特定底线的可能性，例如他可能会决意不考虑任何会破坏某一濒危物种栖息地、降低水质，或是减少就业岗位的可能性。理想型设计师则会考虑可能符合其大部分客户——每一个可能会受到任何影响的人——利益的所有可能性。

如果我们赞成将所有合理而又可行的可能性都纳入进来，那么显然任何被排除在外的可能性都是被认作不合理或不可行的。如果有一种可能性被纳入以上的一个备选方案中，那么这个可能性的被采用度可能将成倍增加，而被纳入所有备选方案的那个可能性将被认为是不可或缺的。

可行性问题值得进一步加以讨论。特别是在需要编制环境影响报告的项目（根据《国家环境政策法》或各种州级法案的规定）中，各种站不住脚的备选方案屡见不鲜，这些方案存在的目的显然是为了有助于确定一个能获得支持的备选方案。我记得有一个居住地块的设计方案，提出以区域性公园——对县里来说，这可能会带来巨额的征地费用——及摩托车赛道作为备选方案。诸如此类的备选方案明显降低了设计过程的合理性，甚至是严肃性。

种种预测

此时，各种可能性开始缩减至一个设计方案，而该方案所采用的形式取决于其客观环境、设计过程的类型，以及所关注的尺度。在建筑施工的尺度下，设计方案可以是一套设计图纸；在规划单元尺度下，设计方案可能是一个土地利用平面图；在区域或更大尺度下，遵循政治理性的设计过程，设计方案可能采用一种政策声明的形式。遵循整合理性的设计过程，设计方案则可能只是其所涉及的每个人都会赞同的一小步。

实际上在各个备选方案之间进行选择，通常采用的是某种专门而直观的方式，但理性则要求决策是基于逻辑性做出的。在提出种种可能性之后，我们会再次回到分析工作中来，以预测每一个备选方案的影响，作为比较的基础。

经济理性的设计过程要求以目标的达成情况来比较各个备选方案，也就是说，对于在设计工作开始之时就已确定的那些目标，每一个备选方案的实现程度如何？从概念上讲，这样就达成了一个很好的闭环，对目标型设计者来说是非常令人满意的，但如果在更大尺度的情境之下又会是怎样的情况呢？如果所有的结果和影响都超出这些目标之外、甚至是项目所界定

的议题之外，又会怎样？对于这些情况，环境影响评价报告是必须要有的，但各种影响会超出此类报告的极限范围，也是屡见不鲜的。除了衡量各种备选方案在达成既定目标或是解决问题方面的效果之外，就其对于公众和更大尺度的环境可预期的影响进行比较，也非常重要。

在这些研究案例中有几个比较分析的例子。第 231 页波沙奇卡潟湖各个备选方案的评估矩阵，采用的是一种尤为面面俱到的理想型规划者的方式。备选方案都是在湿地增加（在这个地方，因为湿地是首要的生态关注对象，湿地的增加实际上意味着各种生态要素的增加）、社区提升、社会政治的可接受性，以及公共防护的基础上进行的比较。这四类因素放在一起，概括出了波沙奇卡潟湖对其环境的影响，而每一类都有若干个特定的因素构成了特别的关注议题。例如湿地增加类因素包括生境特质、生境大小及多样性，以及潮汐通道和涨落情况。对于这些因素中的每一个而言，每一个备选方案的主要用地组成都得到评估，以确定其带来的收益或冲突情况。略加琢磨就可以清楚地发现，尽管备选方案 4 在社区提升和公共性防护方面最为可取，但备选方案 2 对于湿地保护最为有利，并且可能是政治上最可接受的。

第 241～246 页的圣迭吉托研究案例展示了另一种比较评估的过程。这个比较是基于对人类和各种自然作用的影响预测之上的，这些影响既有正面的，也有负面的。

这些例子都有一个重要的特征，就是既考虑了正面的因素也考虑了负面的因素。所有例子都说明，人类的种种行为可以有益于各种自然作用和种群，也可以使得人类自身受益。

案例研究 XV
北克莱蒙特

为了保持一种"乡野的氛围"，这片位于圣加布里埃尔山麓占地 400 英亩的区域被划分成了 1 英亩见方的地块。大多数曾经被覆这片景观的柑橘林已被伐除，剩下的那些也已老朽，不再有经济生产价值。各个市民团体提出了几个疑问：1 英亩的地块划分会形成怎样的景观？可能会有哪些备选方案？农业性土地利用方式有可能被保留下来吗？

该项目以设计情景的形式解答了这些问题。针对四种假设的未来发展状况提出了可能出现的发展格局，从目前趋势的延续到严重的粮食短缺。

由加州州立理工大学波莫纳分校风景园林系 606 设计工作室编写。安妮·内尔松以及顾问约翰·莱尔、杰弗里·奥尔森和亚瑟·约凯拉。

土地利用格局：1974 年　　　　　　**土地利用格局：1977 年**

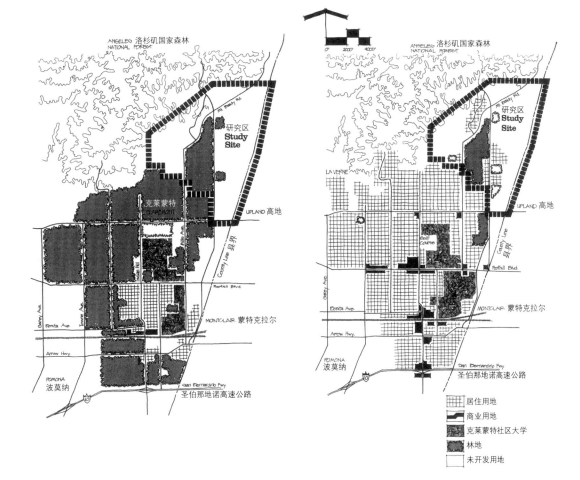

设计情景 B 粮食应急供应

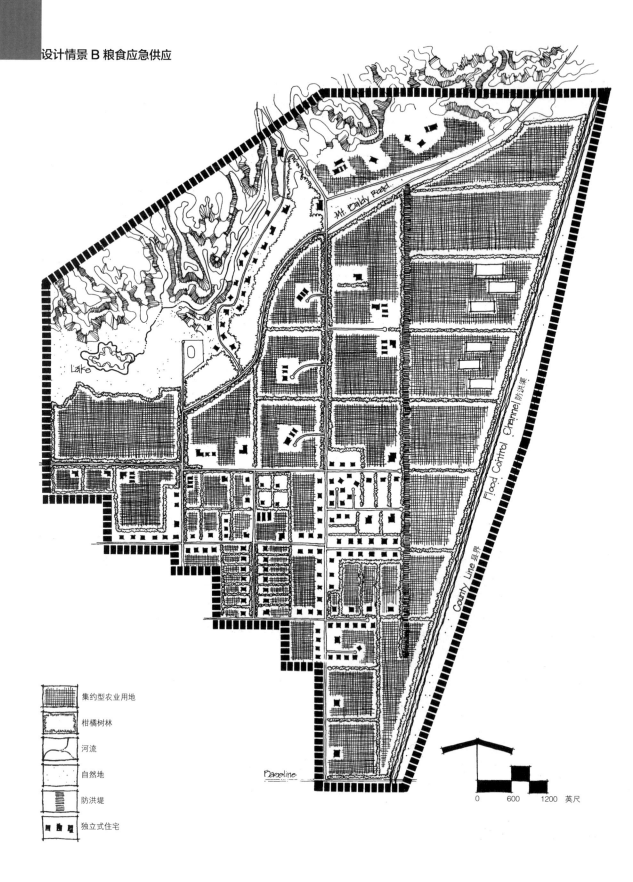

Lake

Mt. Dalby Road

Flood Control Channel/防洪渠

County Line/县界

Baseline

集约型农业用地

柑橘树林

河流

自然地

防洪堤

独立式住宅

0   600   1200   英尺

设计情景 A 无作为

图例:
- 河流
- 公寓式或联立式住宅
- 自然地
- 防洪堤
- 独立式住宅

英尺
0 600 1200

设计情景 C 开放空间

图例:
- 柑橘树林
- 防洪堤
- 步道
- 游憩空间
- 自然地
- 公寓式或联立式住宅
- 独立式住宅

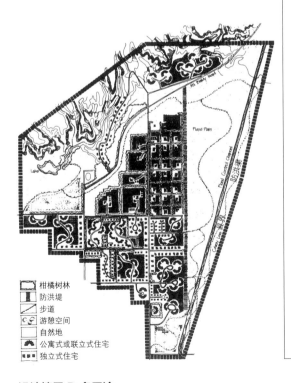

设计情景 D 多用途

图例:
- 柑橘树林
- 防洪堤
- 步道
- 游憩空间
- 自然地
- 公寓式或联立式住宅
- 独立式住宅

另一个重要的特征是这些例子都采用了各种图形符号，而不是数值，以广泛而相对的方式进行比较，加以评判并概括总结出结论。当然，各个项目的影响分析都带有定量的预测，其中有一些是复杂计算的结果，但对于不同的因素，能找到的定量数据会有很大的差异。需要注意的是，在比较分析中，可量化的因素也许会获得更多的权重，这仅仅是因为较多的相对量度会显得含糊不清，因而不那么令人信服。以相对的方式进行所有的比较，则可消除这种偏颇。

当然，哪怕是以这种相对的方式，也可以充分利用数值。可以对各种有益的以及具破坏性的影响赋值，然后将这些数值整合到一起，可以给出一个总体的效能指数。事实上，波沙奇卡潟湖方案的评估矩阵作为一个实践案例，就进行了这样的一种操作。不过，除了对数值有效性的种种质疑之外，这些数值是否管用也并不确定。至少以我的经验看来，要在各个备选方案中做出选择，几乎不会以这样一种机械的方式进行。相反，决策者会利用所有能够获得的信息，做出自己的直观总结和判断。

这并不是说定量评判没有帮助。在相当多的影响预测领域，特别是那些已经确立了法定的决策过程和数值标准的领域，对特定的量值进行计算非常重要。径流量和水质参数也许就是这样的例子。以明确的美元核算的经济成本显然是相当重要的，但也只是应对各种经济性关注的一个方式。

在怀特沃特汇流区这个案例中，如果涉及每项开发行为自身的偿付能力，就要考虑经济性因素了。从拥有这片土地，并且将要对方案加以实施的那些公共机构的角度看来，这是一个基本问题。但凡能够自行偿付的开发行为，可以轻易就得到支持，而那些不能自行偿付的开发行为则需要有充分的理由。

除了诸如此类的简单的比较性评判之外，与土地利用相关的经济成本问题就会变得极其复杂。哪些成本可以用美元来衡量，并且如何衡量？谁来支付这些费用，并且用什么方式进行支付？在 606 设计工作室涉及洛杉矶市山坡地开发的一个项目中，我们发现主要的成本会由拥有那片山坡景观的相关房屋的业主非自愿地在不知情的情况下承担掉。这个开发会显著降低其房产的价值，并且这些损失累积起来将远远超出开发商的利润所得。然而，这一利润如何与产权发生关联？对于无法进行公平计价，更不用说准确计价的资源，如何赋予其价值？甚至是否有必要试着这么去做呢？

在不断增多的关于资源和环境经济学的文献中，这些问题都得到了解答，尽管鲜见有解答是以令人信服的方式给出的。当需要进行详细的成本分析，而不仅是在这里以及一些研究案例中提出常规比较性评判时，我们就步入了一个超出本书范围的领域。这是一个需要大量调查的领域。

对物质和能源进行预算是另一种非常重要的定量评判方式，与这里所谈论的内容关系密切，并且我们已经在某种程度上进行过讨论。借由近年的实践经验，经济成本并不足以应对未来可能的资源短缺问题，这是显而易见的，能源和水资源短缺就是代表性的例子。虽然能源和水的价格不断上涨，可能会涨到更为确切地反映其实际价值的水平，但是这种增长取决于很多因素，包括政府的种种政策。因此，与其比较各种资源的货币化价值，不如比较其消耗量可能更准确，也更有帮助。阿利索溪这个研究案例在预测不同土地利用格局的用水模式时，就采用了这种方法。水是这片特定景观中的关键资源，为了在各个备选方案中做出决策，其预算比较应当可算作是主要的依据。未来随着资源短缺状况变得越来越严峻，诸如此类的预算很可能会成为所有环境影响报告的必要组成部分。对物质和能源进行预算的技术将在下一章中开展讨论。

那么，在这个阶段，对各种可能性——无论是明确制定的备选方案，还是未经分析的可能性——加以比较分析，通常是基于对各种环境影响（自然的和社会的）、经济成本和资源消耗所进行的预测之上的。借由这种分析，借由难免杂乱无序的种种预设、主观判断和政治交换——即便不加以鼓励，也得承认这些都很重要——具有某种形态的设计方案会被选定。当然，明智的做法是尽可能长时间地开放选择的机会，而各种早期决策可以在不淘汰所有备选方案的情况下做出，也是常见做法；但到一定的时候，必须要做出决断。在此之前，设计过程中的每一步都是为了使得设计决策是正确的。尽管如此，除了正确之外，我们还需要考虑的是成效。在一个有效的设计所必须具备的众多特质中，最重要的有以下几个：

变动

意象性

可控性

在这里，"变动"意味着能够向前推进以解决问题，即有一个明确的、值得推动跟进的方向，无论是在很短的时间内（就像大多数建筑施工尺度下的工作所花费的时间）还是在非常长的时期内（就像更大尺度下的工作时期）。在这两种情况下，变动都需要有足够强劲的推动力才能努力实现目的。从根本上讲，变动是坚定的目标、坚实的信息基础和令人信服的想法的产物。

对大多数设计而言，需要很多人的努力才能付诸实施，并且这些人需要清楚地知道，如果他们有成效地工作，将会达成一个怎样的景象，如果这个景象能够触及内心，那就更好了。意象性虽然通常是一种易被忽视的特质，却是最重要的。在场地和建筑施工的尺度下，设计方案简要呈现的是最终的结果，这个景象很容易就能设计呈现出来。要在更大的尺度下构想这种景象会比较困难，但同样重要，而在这些更大的尺度下，景象永远不会是一幅真实的画面，必然是一张概念性草图、一种抽象的格局，或是一系列的设想。当然，景象既可以用图形描绘，也可以用语言描绘，但图形描绘的景象可能会更有效。一份计划列表很少能让人心动。

当丹尼尔·伯纳姆（Daniel Burnham，著名建筑师和规划师，1893 年世界哥伦比亚博览会的设计师之一。译者注）提出他那著名的告诫，"不要做任何微不足道的设计方案，它们无法触动人的内心"时，他可能认为只有大尺度的设计方案才能展现引人注目的景象。如果真是这样，那他就错了。小尺度的设计方案不仅非常重要，而且可以呈现出引人注目的景象。进行愿景设计（plans with visions）——这将是更好的建议，这样的设计方案总是能够触动人心。

最后，也许最重要的是，设计必须是可控的，也就是说，它要为一系列的实施行为提供可行的指导，而这些实施行为不仅会将设计付诸实现，还会在此后保持其成效。这就将我们带入了设计过程的下一个主题。这时，现状开始演变进入未来。

管理

环境管理——通过其他方式继续设计——是对环境变化进行持续而有目的的控制和引导。因此，它是人类生态系统必不可少的组成部分。

在自然系统中，变化是由随时间演变的内部机制加以调控的，这种变化或多或少遵循着演替的法则，每一个动植物群落都在尽力为后续的群落塑造出一个适宜的环境，直至顶峰的状态。此时，群落具备了自维护性，靠诸如捕食关系等固有的方式以及对物质流和能量流的触发和抑制，制约着种种波动。这样一个系统可以有序、自动地运行，直到一些急剧的变化因素出现，例如一场洪水、一次火灾或火山喷发，抑或是人类的开发活动。

当我们设计一个新的环境时，尽可能地利用自然的方式来进行自动的管理，是极其明智的。在圣埃利霍潟湖案例中，一旦潮汐的冲刷作用得以恢复，并且沼泽草得以重新定植，河口群落很快就会重新发挥自身的作用。荷兰人已经学会了如何利用经过各个诱导演替阶段的群落耕种开垦圩田。然而，在绝大部分出于人类的目的而被开发的土地上，自然群落的改变是如此显著，以致各种自然的调控方式都发生了巨大的变化。唯一的选择就是建立一个新的调控系统。如果我们足够聪明，就可以使得这个新系统的某些方面能够自动运行，但总归会需要有一定程度的人力管理。

有时候设计过程的产物就是一个管理程序，就像乌塔亚特兰蒂克管理分区的研究案例那样。在这种情况下，人类生态系统经过设计，可以尽可能地复制到自然生态系统的种种显著特征。无论控制人类活动以免阻碍自然机制这个管理问题有多重要，对自然施加一些控制都在所难免。只要涉及农业生产，自然演替就必然会受到阻碍。以热带雨林为例，若非坚持努力地去遏止农垦行为，只要土壤可以生长植物，一片雨林很快就会退化成农田。与大多数人类景观一样，这里的管理工作也必须在两个方面展开：一方面要控制人类的活动，以避免破坏自然作用，另一方面又要控制自然作用，令其为人类的目的服务。

在其他的情形下，设计过程会产生一幅新的景观图像，包括：由各种活动确定的位置场所，整个景观将怎样运作，景观看上去如何。首要的管理工作就是接管这片景观并将其重塑成那幅景象，这个过程惯常被称为"实施"（implementation），这也意味着设计形成的景象所展现出的顶峰状态，也就是说，它反映了一个处于顶峰的或者说成熟的系统所具备的特征。在接下来的章节中我们将进一步探讨这个问题。

在那些较小的尺度下，这个成熟的状态几乎立即就可以达到，在较大的尺度下，实施则需要一系列的阶段过程，类似于自然的演替进程。这个连续的阶段过程是不断发展和探索的过程，也就是说，它将导向一个目标——所设计的景象，但一路上会以试验的方式前行。任何一片景观在占据整个区域的过程中，各种试验会不断进行，以验证其在功能上是否切实，在经济上是否可行，在环境方面是否相容，而所有那些无法达成这些验证的试验会被取消。一些种子会发芽生长，另一些则不会，而那些发芽生长的都是能够适应当地条件、与其他物种建立互利关系并最终成为群落成员的。

● 圣迭吉托潟湖案例研究

实现这个目标的步骤也可以称之为"设计的一部分"。因此理想状况下，实现目标的一个策略应该就是对设计组成部分的一种整合。第241~246页所示的圣迭吉托潟湖设计案例就是这种情况。圣迭吉托潟湖是一个在圣埃利霍潟湖以南仅几英里的小型沿海潟湖，与圣埃利霍潟湖一样退化严重。这两个案例面临的问题都非常相似，解决问题的提案也同样相似，而政治、经济环境与

案例研究 XVI
圣迭吉托潟湖

水质检测结果表明，圣迭吉托潟湖的生态状况略差于几英里之外的圣埃利霍潟湖。城市发展已经越来越靠近湖岸，著名的德尔马赛马场坐落在同一洪泛平原上，仅仅位于几百英尺之外，而圣地亚哥县的一些游乐场也近在咫尺。

我们认真考虑了七个主题完全不同的备选方案，这里展示了其中的三个。每一个备选方案都附了一个图表，以大致定性的形式对所预测的环境影响进行了总结。在公开研讨会上，各个备选方案和影响预测都向该地区的相关居民进行了展示。经过很长一段时间的讨论，每个参加研讨会的人都填写了一份调查问卷，以表述其偏好。这些调查反馈立即被制成了表格，并公布结果以激发进一步的讨论。最后，每个人都填写了第二张表格，再次说明了其偏好。

这些结果明显影响到所倾向的备选方案，并作为方案不断完善的阶段系列，在这里进行了展示。为了得到一个健全而又美丽的潟湖，需要进行大量的投资，投资不可能在一夜之间完成，即便能够这样做，也会需要有一段时间的尝试、试错和反馈。由于我们并不完全了解潟湖的动态机制，因此开发行动可能会产生意想不到的后果。分阶段开发就会有时间来进行试验和纠错。提升（improvement）、修复（restoration）、复元（revitalization）和完善（refinement）——四个阶段给出了明确的管理目标，而不至于一下子要求得太多。

由加州州立理工大学波莫纳分校风景园林系606设计工作室为德尔马市编制。格雷戈里·迈克尔（Gregory Michael）、托马斯·舒尔希（Thomas Schurch）、罗纳德·蒂皮茨（Ronald Tippetts）和格雷戈里·维尔（Gregory Vail），顾问约翰·莱尔、杰弗里·奥尔森和亚瑟·约凯拉。

多样化的保护区

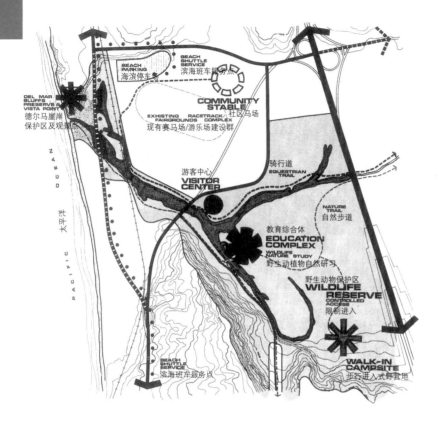

环境影响评估

备选方案	开发行为	受影响的自然事物	影响 增加	影响 减少	受影响的人类事物	影响 增加	影响 减少
多样化的保护区	潟湖开放	野生动物	■		滨海区域可达性		■
		植物	■		维护		■
		潮汐涨落	■				
		淡水补充		■			
		咸水入侵		■			
	野生动物保护	野生动物	■		可达性		■
		植物	■				
	海滨停车场	影响不显著			滨海区域可达性	■	
					交通拥堵	■	
	滨海木栈道	崖壁侵蚀		■	滨海区域可达性	■	
	区内主要道路连通	影响不显著			市中心交通拥堵	■	
	游客中心	影响不显著			教育	■	
					游憩	■	
	教育中心	影响不显著			教育	■	
	滨海班车	能源消耗	■		可达性	■	
		空气污染		■	噪声	■	
	自然步道	影响不显著			教育	■	
					可达性	■	
					游憩	■	
	步行进入式野营地	影响不显著			游憩	■	
					可达性	■	
					维护	■	
	社区马场	地表污染	■		游憩	■	
					财政收入	■	

区域公园

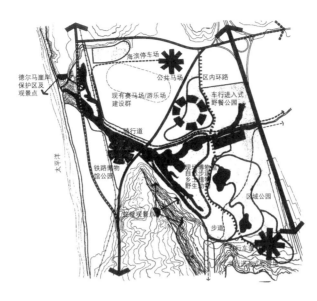

环境影响评估

备选方案	开发行为	受影响的自然事物	影响		受影响的人类事物	影响	
			增加	减少		增加	减少
区域公园	潟湖开放	野生动物	■		滨海区域可达性		■
		植物	■		维护	■	
		潮汐涨落	■				
		沙滩	■				
		淡水补充	■				
	区域公园	用水量	■		维护	■	
		乡土植被	■		游憩	■	
		野生动物	■		可达性	■	
	野生动物保护	野生动物	■		可达性		■
		植物	■				
	污水处理厂	有机物质腐烂	■		水循环	■	
					维护	■	
	步行进入式野营地	影响不显著			游憩	■	
					可达性	■	
					维护	■	
	野餐公园	野生动物		■	游憩	■	
		用水量	■		可达性	■	
					维护	■	
	水塘	野生动物	■		游憩	■	
					维护	■	
	厕所	影响不显著			维护	■	
	滨海木栈道	崖壁侵蚀	■		可达性	■	
		沙丘保护					
	博物馆公园	影响不显著			游憩	■	
					维护	■	
	公共马场	地表污染	■		游憩	■	
					财政收入	■	
	游客中心	影响不显著			教育	■	
					游憩	■	
	区内环路	影响不显著			交通拥堵	■	
					可达性	■	
	骑行道	影响不显著			游憩	■	
	步道	影响不显著			可达性	■	
	自行车道	影响不显著			游憩	■	
	观景点	崖壁侵蚀		■	游憩	■	
	海滨停车场	影响不显著			滨海区域可达性	■	
					交通拥堵	■	
	自然步道	影响不显著			教育	■	
					可达性	■	

居住建设群

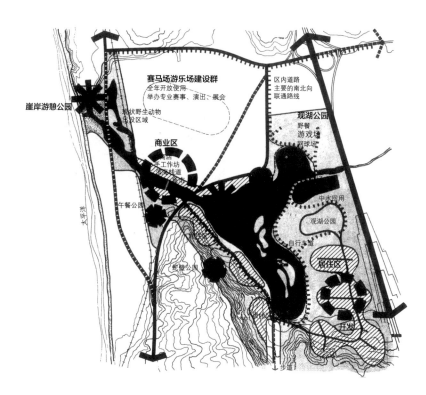

地图标注：
赛马场游乐场建设群 / 全年开放使用 / 举办专业赛事、演出、展会 / 和状野生动物 / 建设区域 · 区内道路 / 主要的南北向 / 联通路线 · 观湖公园 / 野餐 / 游戏场 / 网球场 · 崖岸游憩公园 · 商业区 / 手工作坊 / 步行线道 · 中水回用 · 观湖公园 · 自行车道 · 太平洋 · 午餐公园 · 蛇榉公园 · 居住区 · 老校 / 开发 · 步道

环境影响评估

备选方案	开发行为	受影响的自然事物	影响（增加／减少）	受影响的人类事物	影响（增加／减少）
居住建设群	潟湖开放	野生动物 / 植物 / 潮汐涨落 / 沙滩 / 淡水补充 / 咸水入侵		滨海区域可达性	
	联立式／组团式住宅开发	地表径流 / 能源消耗 / 雨水下渗 / 野生动物 / 乡土植被 / 空气污染 / 沉积物		可达性 / 公共服务 / 噪声 / 交通拥堵	
	潟湖拓宽	咸水入侵 / 水生动物 / 水生植物 / 陆生动物 / 陆生植物		维护	
	污水处理厂	有机物质腐烂 / 空气污染 / 能源消耗		水循环	
	赛马场／游乐场使用			维护 / 噪声 / 游憩 / 维护 / 产值	
	赛马场绿化停车场拓展	洪泛平原危害		可达性 / 就业	
	高速公路绿化	雨水下渗 / 地表径流 / 植被		产值 / 就业	
	商业区	野生动物 / 地表径流 / 沉积物 / 雨水下渗		视觉特征 / 维护	
	湖区野餐	野生动物 / 用水量		视觉特征 / 噪声	
	环路连通	影响不显著		游憩	
	崖岸公园	崖壁侵蚀		可达性	
	口袋公园	影响不显著		市区交通拥堵	
	野生动物岛	影响不显著		可达性 / 游憩	
	划船	野生动物		影响不显著	
	步道	影响不显著		可达性 / 游憩	
	自行车道	影响不显著		游憩	

现状的水流

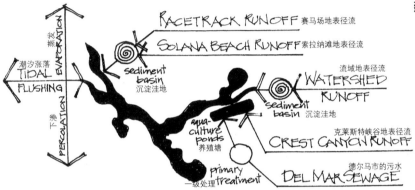

建议的水流系统

水质

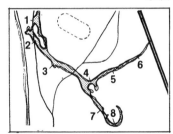

检测站位置

站点编号	*	1	2	3	4	5	6	7	8
日期: 1977 年	无		2/16	2/17	2/18	2/18	2/16	2/18	2/18
时间	无		1500	930	930	100	1530	1030	1100
气温 °C	无		24.5	14.0	13.5		24.5		
水温 °C	不适用			16.5	14.5	16.5		16.0	16.5
透明度 英尺	无			1.5			1.25		
pH 值	7–8.5	8.70	8.75	8.75	8.73	8.77	8.35	9.05	8.98
含盐量 0/00	无	8	5	5	6	8	4	6	6
溶解氧 (PPM)	>5.0	6.60	6.29	7.34	9.38	4.90	6.05	10.55	9.44
硝酸盐含量 MG/L	无	1.76	2.64	3.08		5.72	0.00	2.20	1.76
磷酸盐含量 MG/L	无	.099	.310			.480	.118	.195	1.55
重金属含量（总）MG/L	无	.04		.05					
硫化氢含量 MG/L	.01–1.0	0.07		0.07	0.085	0.040			

* 根据加州水质控制委员会（California State Water Quality Contral Board）标准

检测表明水质很糟糕，特别是在潟湖的死水区。第一张图反映了现状的水流系统，包括各个水源及其带来的污染物。第二张图反映了重新设计的水流系统以及为了增加淡水的流入并减少流入的污染物而建议的策略。

由圣地亚哥大学环境研究实验室（Environmental Studies Laboratory, University of San Diego）检测。

实施阶段

阶段 I：提升

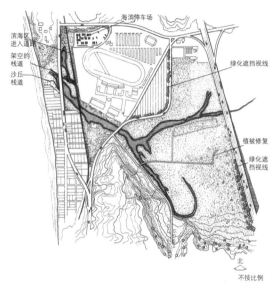

海滨停车场
滨海区进入道路
架空的栈道
沙丘栈道
绿化遮挡视线
植被修复
绿化遮挡视线
北
不按比例

阶段 II：修复

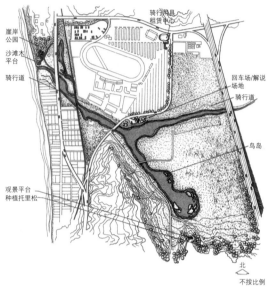

骑行用具租赁中心
崖岸公园
沙滩木平台
骑行道
回车场/解说场地
骑行道
鸟岛
观景平台
种植托里松
北
不按比例

阶段 III：复元

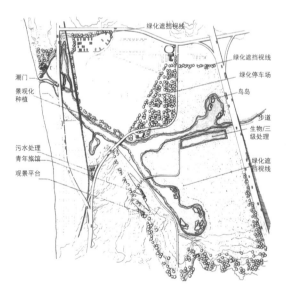

绿化遮挡视线
绿化遮挡视线
绿化停车场
鸟岛
潮门
景观化种植
步道
生物/三级处理
污水处理
青年旅馆
观景平台
绿化遮挡视线

阶段 IV：完善

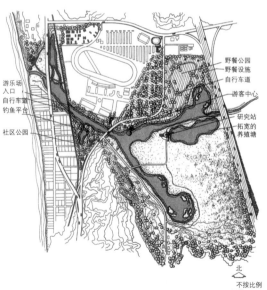

野餐公园
野餐设施
自行车道
游乐场入口
自行车道
钓鱼平台
社区公园
游客中心
研究站
拓宽的养殖塘
北
不按比例

物理空间环境一样具有复杂性。达成理想化的设计理念并非一件快速或简单的事情。这个案例研究通过四个步骤绘制出设计方案，其逻辑相当简单：在做出任何改变之前，必须先获得特定的土地并消除法律上的障碍。一旦完成了这第一步，就可以重新启动潟湖的基本作用过程，最重要的是在一定程度上能够开启潮汐的冲刷作用，这一步被称为"修复"。第三步，野生动物的各种生境以及一些游憩设施得以设立，并且启动了涉及水生动植物养殖的污水回用系统试验。最后一步拓展游憩活动的范围，完成广泛的种植计划，并根据初步的试验结果，增加水生动植物养殖的品种范围。

至此，潟湖达到了顶峰的状态，并且能够借助一定程度的管理控制进行自维护。第245页上的图以非常概括的方式展示出潟湖自身——那些输入流、输出流、内部流——将会怎样运行。管理控制将由德尔马市规划局（City Planning Department）和圣迭吉托潟湖保护委员会（Lagoon Preservation Committee）实施，该委员会是一个特别活跃的市民团体。为了指导决策，会收集三种信息：①向更多感兴趣的公众征集发展目标，②向在圣迭吉托潟湖开展试验的各类科学家搜集研究数据，③对潟湖作用过程的持续监测数据。基于这些信息，这两个管理团体将会做出决策，然后这些决策将会被传递给另外两个机构——德尔马市养护管理局和加州鱼类和野生动物管理局——进行实施。

● 监测的关键作用

在以上三种信息来源中，迄今为止最重要的是监测所提供的信息。事实上，定期有组织的观测是最基本的环境管理活动，相当于为了衡量人体健康而读取温度数据或采集血液样本。如果不了解系统的活力状况，显然就不可能做出

重要的决策，由于我们无法监测到所有的细枝末节，因此能够了解到可提供明确健康指示的那些变量就显得非常重要了。在圣迭吉托潟湖这个案例中，变量就是水量和水质，因为它们有效调控着其余的一切，而最重要的是要知道，从图中所示的各个水源流入的精确水量及其所负荷的沉积物和营养物质。也许仅凭这些信息本身就足以做出基本的管理决策，不过，监测其他的变量无疑也会有帮助。例如定期测量水深、沼泽植被的范围（可以从航空摄影图片中轻易确定）和鸟类的数量等都可能有助于决策。设计初始的信息库所常见的信息浪费和过载的问题，这里也同样会遇到，但重要的是将监测的要素限定在真正意义重大的那些要素范围内。

实际上，我们可以将监测视为初始信息库的一种扩展，特别是因为后者既可理想地充当一个管理工具，又可作为一个设计工具。如前所述，后续设计阶段对早期设计阶段的反馈是每一个设计过程的基本组成部分。由于管理通常涉及定期的重新设计，反馈环可以成为管理和设计之间关键而永久的联结纽带。

这里所指出的设计和管理之间紧密连接、

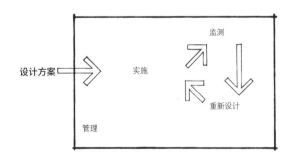

不断反馈、持续存在的关系，与迄今为止对这两种活动的通常看法——设计和管理是完全独立的活动——截然不同。奇怪的是，每一个主题的研究文献都会习惯性地忽略另一个主题。然而，

如果不考虑管理，设计就会脱离现实，而如果没有设计，管理层就无法看到可能的未来。为了长期有效，设计必须为管理做好充分的基础性准备，并且认识到设计所呈现的愿景会发生变化。为了自始至终保持住设计师想象的景象不消失，我们能指望的只有被称为"维护"的举措了。只要反思一下兰特庄园（Villa Lante）杂乱无章的过度增长或凡尔赛宫为保持安德烈·勒·诺特（Andre Le Notre, 法国古典主义园林设计大师。译者注）所设想的景象所需的巨大能源投入，就不难明白这一点。

我认为，这是我们区别于以往设计师的一个主要的概念性分歧，即意识到变化性和不确定性的存在。对于所有错综复杂的分析方法，我们知道它们无一能告诉我们任何确定的信息。建立一个模型，就会意识到它的粗略、它所无法应对的诸多微妙因素。

我们的预测总是以概率的形式来加以表述，我们的设计也是如此。我们很少有充分的了解，从而可以估计出实际发生的预测偏差，我们只能说这些预测"很有可能"。

这种不确定性有部分原因在于认知不足，还有部分原因是人类的智慧所限，但主要是由于自然作用的工作方式。在自然界中，任何事物都充满如此众多的复杂因素，以至于结果总是存在疑问。我们很少能够建立明确的因果联系，确切地说，多种多样的事物似乎导致了许许多多其他的事物。我们可以从一系列事物中找出前后一致的例子（其中包括本书所讨论的这些概念和原理），但这些例子并不会永远绝对一致。因此，在某种程度上我们总是不能确定。

对自然事物而言，偶然性往往也是一个重要的因素。一只野兔存活的可能性在于一头土狼是否会在觅食时与其相逢，而一株巨大红杉的生存则始终受胁迫于被雷击的风险；整个生态系统永远会遭受到火灾、飓风或疫病的危害；进化显然取决于偶然的突变。因此，即使我们能够彻底了解各种自然作用，我们的种种预测仍然会受到偶然因素的制约。

大自然主要借助于各种反馈和重新调整的作用过程来应对这种不断变动的不确定性，这些作用过程从分子层面延伸到全球层面。借由诸如伊利亚·普里果金（Ilya Prigogine, 比利时物理化学家，布鲁塞尔学派的首领，以研究非平衡态的不可逆过程热力学和提出"耗散结构"理论而闻名于世，并因此荣获1977年诺贝尔化学奖。译者注）等人的工作成果（Prigogine, 1976; 1978），我们开始了解到自然系统总是处于自组织和重组织的过程之中：复杂性、清晰度和信息含量不断增加，而机会总是起着主要的作用；通过消极的或积极的反馈来减缓或加速变化；偶然事件的作用会减弱或增强。

我们已经看到，设计过程在某些方面与自然作用过程很相似，甚至更为明显，管理也是如此。景观管理的影响力和成功之处正是在于对自然界各种发展过程的这种复制，以及管理与设计的必然融合。管理不同于维护，因为它并不是一个维持现状的过程，而是一个不断重新设计的过程。因此，景观管理者必须发挥创造性的作用，应对人类和自然作用的所有行为变化，甚至是难以预测的变化——这种变化必然会发生，哪怕是最富想象力、最细致入微的设计师也无从料到。在这个不断重新设计的过程中，管理者将引导景观的改变并且对其进行塑造，而不是一味反对改变。一名人类生态系统设计师在几年后回访他所设计的景观时，如果实际看到的形态和他在绘图板上所描绘的完全一样，他会感到非常失望的。

第十章 生态系统设计的基本原理

塑造一片景观会涉及许多不同类型的信息，操作方法上最大的难题就是要将这些信息以极其符合逻辑的方式组合到一起，以反映现实情况。为此，我们会利用各种模型来进行分析，但在分析之外还需要有一个能够达成一致的愿景——这才是我们所谓的"生态系统设计"的核心所在。对于我们正要试图塑造成一个发展变化的整体的这个统一体，只有当我们能够理解它并且想象出它的全貌时，才可以期望能够创造性地实现它。要做到这一点，需要坚信有一种潜在的秩序存在，可以将不同的部分以及各部分之间所有隐晦的关联整合起来。对建筑学科而言，这种整合作用是由各种物理定律达成的，借助这些定律可以首先大体上了解，然后作图和识别，最后计算出每一部件及其连接处所产生的应力。整个系统被设想成是一个由各个部件组成的网络，这些部件通过各种连接相互作用，而所有这些连接彼此相互依赖。这一整体极具复杂性，但如此简化后倒也不难理解。对一些建筑物而言，人类的创造力已经成功地将纯粹的物理系统转变成了诗歌，诸如沙特尔主教座堂（Chartres Cathedral）、埃菲尔铁塔（Eiffel Tower），或网格球形穹顶之类的建筑。在建沙特尔主教座堂的时候，由于当时人们对物理定律的理解完全是凭直觉的，并且可用的材料也有限，所以结构有一点笨重，不过它仍然很美。到了建埃菲尔铁塔的时候，物理定律已成为社会通识，塔的形态就反映了这种认知和对一种革命性的结构材料——铸铁——的应用。在这里，各个部件和各种连接鲜明地合成了一个相互作用的整体，而由各个部分到整体，若要形成一个全然不同的视图，网格球形穹顶就成为极好的示例。巴克敏斯特·富勒（Buckminster Fuller，美国建筑师、建筑理论家、作家、发明家，是与爱迪生和爱因斯坦齐名的为人类做出重大贡献的杰出人物。译者注）为阐释"协同作用"（synergy）发明了网格球形穹顶——协同作用的整体之力，远远大于各个单独部分的合力，而这个建筑奇迹的奥妙之处正在于其合而为一的形态中。

对生态系统设计而言，虽然其潜在的秩序理念并非来自物理学，而是来自生态学，但是物理学是生态学的基础。不妨回想一下，最底层、最基本的整合层级就是物理的层级，在那些层级上，物质性的砌块被堆叠成建筑；但是，在我们接下来所要关注的这些层级（即涉及生态系统尺度的层级。译者注）上，那些砌块不但被整合成了建筑，而且已经被包含在生态系统之中。如果我们之前提及的整合法则——可预测性随着层级的提升而降低——仍然成立，那么，无论是所利用的信息还是最终结果，生态系统设计都会比建筑设计更难以预测。

在本书的最后部分，我们所要讨论并运用的生态方面的概念，或多或少类似于那些力学定律，因为这些概念为我们营造生态系统提供了组织原则，就像建筑师营造建筑物一样，尽管按照刚刚提及的整合法则，生态系统的可预测性和精准度都更差，而我们对于生态概念的理解也相当欠缺。在通往确凿可信的生态系统设计的路途中，我们可能正处于沙特尔主教座堂和埃菲尔铁塔之间，地平线上只是出现了一个模模糊糊的网格球形穹顶的形状。

尽管这些生态概念可能并未穷尽，但结构和功能无疑是其中最有用的，至少就设计而言是这样。在第一章中，我已经较为详细地对这二者进行了定义，这里仅再做一个简短的提示：生态结构指的是景观中动植物物种以及非生物要素的组成情况，而生态功能指的是景观中能

量和物质的流动。我们可以将这二者看作是理解生态系统秩序的基本途径：一个展现系统的各个部分是如何整合在一起的，另一个则是揭示维系和激发这些系统——形成静态和动态系统——的关键事物的分布格局。生态结构和功能对于设计的重要性在于其有助于我们了解生态系统的内部运行情况，它们可以被看到，可以进行三维演示、分析、测量、控制、赋予形态，并加以改变。

然而，将生态系统的秩序一分为二为结构和功能后，会有一个很大的难处，这是由空间组织的作用造成的。在人类景观中，这种空间分布显然举足轻重。虽然在大多数生态研究中区位因素只起次要作用，一旦将生态学原理应用于设计，区位因素就会变得至关重要了，在那些较大尺度下尤其如此。在某种程度上，这是传统的，即基于经济性的土地利用规划重视区位的结果，但这也是特定区位（重要的地方）和我们强加于这片土地上的大量抽象的线条（对各种政治边界、管辖权、所有权、区划，以及其他控制形式进行界定的线条）具有较多的文化附加值和各种特质的一种反映。这就是为

什么我会选择将区位分布从生态学文献通常赋予其的相对次要的结构性作用中剥离出来，并将其提升到第三种生态秩序模式，即与生态结构和功能多少算是相提并论的地位的缘故。

综上，生态系统基本的秩序模式为：结构、功能和区位，我们可以用之理解并塑造各种生态系统。当然，以上三者之间的区分在某种程度上是人为的，并非是其自然固有的特征所决定，但这仍不失为一种便于我们处置极为复杂、不可言喻的整体的方法。

生态结构

生态结构可能是三种生态秩序模式中最容易理解的一种，其所关注的是各种有形且可见的岩石、土壤、植物和动物。我们可以采用多种方式来解析一个生态系统的结构。从广义上讲，可以认为生态系统是由非生物部分（各种岩石和土壤）和三种基本的生物部分（生产者，主要是绿色植物，通过光合作用储存能量，占地球生物量的99%以上；以植物和其他动物为食的各种动物；进行分解的各种微生物）组成的。我们可以将这些生物部分的每一种再分解为物种，每个物种都有一个种群或者既定数量的个体，并且这些种群可以被看作是在各种群落中进行组织的。"群落"是生态学中最早的概念之一，对于物种之间的种种明确关联所进行的关注，最早在19世纪中叶之前就已经开始了；但是，尽管如此，它仍然是一个存疑的概念。

对于群落的首要疑问在于：将它们视为同质的单元是否正确？或者说它们是否存在渐变，不同的部位永远都不相同？这两个观点都可以令人信服地得到论证。一方面，群落的构成确实在空间上不断发生着变化，特别是在环境梯度突变的地方，也就是在那些相对近的距离内

环境条件变化很大的地方。另一方面，当环境条件在大范围内相当稳定时，群落构成会保持不变，足以认定出几乎算是同质的物种类群。虽然详加分析，可能会发现这样的地域内物种及其数量总是有变化（Curtis, 1959），但是对设计而言，群落的构成往往足够稳定了。变化突然显著，通常是因为环境梯度突变所致，并且由此在被认为是同质的区域边缘处形成边界的过渡地带——被称为"群落交错区"（ecotone）。通过沿着变化梯度进行生境采样，可以识别出群落交错区，这些地带通常是高程发生改变的分界带。

第二个主要的疑问涉及相互作用。起先，我们将生态系统的结构定义成一种包含了各种要素及其相互作用的结构，实际上，这个定义适用于任何类型的结构。要关注的要素在任何一个层级上都会有，但作为生态系统设计的一项规则，将要素限定为物种、土壤和其他环境条件是最有意义的；因此，疑问是：在一个群落中有多少物种进行相互作用，并且这些相互作用对这个群落的影响程度怎样？

更为传统的、为克莱门茨 [Clements，美国植物生态学家，英美动态植物生态学派的奠基人，提出了植物群落演替学说和植物群落分布气候顶极（climatic climax）或单元顶极（mono climax）理论。译者注]、坦斯利（Tansley，英国生态学家，生态系统概念的提出者。译者注）和布劳恩 - 布兰奎特（Braun-Blanquet，法国植物生态学家，法瑞学派的代表人物，该学派的特点是在植物群落分析上强调区系成分，以特征种为群落生态和分类的依据。译者注）等生态学先驱所秉持且至今仍被大多数生态学家所持有的观点，认为群落是最基本的、相互作用的自然单元，和我们对物种进行分类一样，是可以进行分类的。然而，一些研究表明，物种之间的相互作用实际上并不那么密切，而群落则可仅被看作为是具有相同环境要求的物种的类群（Curtis, 1959；Whittaker,

1966）。既有研究表明，如果两两分析的话，一个群落内的大多数物种并无相互作用，并且几乎没有一种相互作用是必须的（对一个物种或另一个物种而言是必不可少的）或独一无二的。例如捕食者通常会捕食许多物种，并且在其中一个或几个物种匮乏时也可以生存下来。尽管如此，捕食者和被捕食者的相互作用从根本上讲是非常重要的；因此，虽然在任一景观中大多数群落的构成主要取决于环境条件，但实际上每个物种至少会与一个或两个其他的物种有着重要的相互作用，而大多数物种则会与更多的物种相互作用。下图说明了在威尔士（Wales）的一处沼泽地中观察到的物种之间相互作用的网络（Krebs, 1978）。其中，每个圆圈代表一个物种，实线表示 1% 概率水平的明显关联，虚线则表示 5% 概率水平的明显关联。

我们可以看到，虽然对任一物种而言相互作用都是有限的，但各种相互作用的整合网络对

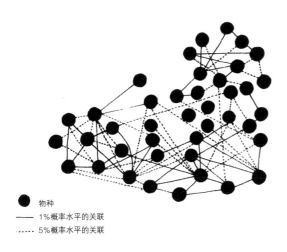

● 物种
—— 1% 概率水平的关联
······ 5% 概率水平的关联

于群落的凝聚性至关重要，而实际上，每个物种都以同样的方式参与其中。那么，出于设计的目的，我们会认为这一相互作用的网络无论多么有限，对于群落的凝聚性而言都至关重要。

群落结构的重要特征有许多，而其分类方式也有若干种。重要特征有多样性（diversity，现存的物种数量）、生长型（growth form，树木、灌木、草本植物、苔藓）、优势度（dominance，借大小、数量或活动成为优势种）、相对丰度（relative abundance，不同物种的相对比例），以及营养结构（trophic structure，谁吃什么）。由于这些特征中的每一个都对生态系统的结构特征界定起着重要的作用，因此，根据这些特征以及其他特征对群落进行分类的方法就有许多种。其中，在欧洲较为常见的一种就是法瑞学派的分类方法，这是基于多盖度（cover abundance）、群聚度（sociability）、繁殖力（fertility）、频度（frequency）和确限度（fidelity，测算所讨论的群落之外的多度）的相对测定进行的分类（Braun-Blanquet and Furrer, 1913；Braun-Blanquet, 1964）。

群落内部是被称为"群丛"（association）的更小的类群，是跨环境梯度连续出现的物种的聚集。在怀特沃特汇流区研究案例中列出了常见的典型沙漠群丛，包括沙丘草群丛（沙漠沙地马鞭草、月见草和长尖黍）、绿洲植物群丛（酒神菊属、琥头属、华盛顿棕榈）和岸生植物群丛（包括白桤木、芦竹、沙生柳、棉白杨），它们对于这个沙漠生态系统的完整性来说至关重要，应该在发展规划中予以保护。

生态结构的概念以及与之相关的群落和群丛的概念都非常重要，因为它们影响着人类生态系统的稳定性以及我们所谓的人类生态系统的"可持续性"，另外，它们提供了一个概念性的基础，以便我们在人类生态系统中设计出动植物物种和人类所需的种种环境条件。

生态功能

为了理解结构性生态秩序是如何得以维系的，我们需要对功能性生态秩序加以斟酌，二者密不可分。结构性生态秩序要靠持续不断的能量流来支持。能量首先通过光合作用存储在绿色植物中，然后由食草动物、食肉动物和顶级食肉动物依次摄取；因此，在自然界中，能量流主要取决于"谁吃了什么"。在人类生态系统中，这个作用过程颇为复杂，要利用能量，特别是储存在化石燃料和其他能源中的能量来完成各种工作，并且要从一个地区到另一个地区进行能源供给的转移。我们的城市已经成为巨大能量转换和控制的集中地，却往往缺少合理的目标来引导这种控制。

当流经一个系统时，无论这个系统是自然的还是人造的，能量遵循的是热力学第一定律，也就是说，能量既不会被创造也不会灭失，尽管它可能从一种类型转换成另一种类型。随着每一次的利用或转换，遵循热力学第二定律，能量会被降级为一种更为分散的形式。这两个定律使得流经生态系统的能量流得以被追踪，从而可以对这个能量体系有一个清晰的认识。

用同样的办法，我们可以设计出人类生态系统的能量流，以提高能效，在可用的能源中做出合理选择，并在有限的能量输入下开展工作。

因为物质既不能被创造也不会灭失，我们可以追踪化学元素的转移。生命所必需的水和众多元素都会循环转移，存储一段时间，然后被某一个生物体利用，再返回到环境中，为另一个生物体所用，如此循环往复，所有一切都几乎是不断重复的模式。人类的利用会以各种方式从根本上改变这些循环；因此，一些最具灾难性的生态影响都是人类造成的。人类的利用往往会加快循环的速度，有时甚至到了循环难以运行的程度。在某些情况下，会发生严重的短缺，但更常见的状况是，物质在某些地域汇集，而自然系统无法以正常方式进行处理。在水体中富集的营养物质就是这样的例子，这会导致藻类生长到具有危害性的水平，导致动物肝脏中的金属集聚，导致高层大气中二氧化碳的浓度增加，后二者已经与经济发展前景密不可分，而加以改善将会是一个旷日弥久的任务。

其他一些问题的改善相对容易些。很多时候就像阿利索溪研究案例所示的那样，关键在于控制水文循环。水对生态系统的功能而言具有至关重要的作用，既从其自身而言，也从其作为营养物质的输送者而言。大多数营养物质都随水流经水循环的主要部分。水可能也是陆地生态系统中最重要的因素。正如我们所看到的那样，特别是在较为干旱的景观中，水通常是限制性因子，在人造景观中更是如此，哪怕是在潮湿的气候下。水资源短缺正变得越来越普遍，大多数专家都认为，全球性的水资源短缺很可能会在 20 世纪末之前发生。

物质流和能源流的错误流向——这些危害性的问题会变得日益严峻——可导致严重的生态功能障碍，鉴于此，学着去控制这些流是我们最迫切的任务之一。"当前，面对人口爆炸和基础资源消减，人类的生存可能取决于对生态系统功能的确切认知，即要保持能量和营养物质的持续流动，这对于生态系统和生命本身的存续至关重要。"（Likens and Bormann, 1972）

生态区位

正如我们所看到的，生态结构和功能都随着区位的变化而变化。在自然界中，这些变化源自地形和气候的相互作用，这种相互作用历经数百万年，生成了种种特定的温湿度和地表形态组合，然后，这些条件又促成了特定的土壤体系和动植物群落的发育。每个物种都受到环境条件的制约，从根本上讲，取决于温度和水分，而退一步看也取决于具有类似环境需求的其他生物的存在。因此，地球上的每一个地方，就其气候、地貌，以及其所支持的生物群落而言，都是独一无二的，而这种独特性是数百万年的发展结果。

无论人类进入这一场景的哪个地方，哪怕是犄角旮旯，人类的土地利用方式也会随之进入，改变这个地方的古老格局和自然作用。人类借助自然演进的方式很快就会创造出新的场所，有时候这种新场所能够契合业已进化形成的格局，在既有的制约条件下得以运行，并创造出独特且全新的生态结构和功能体系。然而，更为常见的情形是，新的场所忽视了既有格局，创造出了与过往的演进全然无关的生态结构和功能体系，最终需要不断进行维护和修复，更别提要永无止境地注入物质和能量了。

关键是：人类生态系统完全可以和谐地融入当地自然演进的格局中去；但是，需要仔细回应场所的特性，并对共同创造出的各种场所特质有清醒的认知。

既有的和未来的生态秩序

在进行景观设计时，我们所要面对的是一个现实的生态系统，只有通过分析其结构、功能和区位格局才能了解其秩序。如果是一个自然生态系统，这些要素可能会很好地发挥作用，有效支撑起其中的生物群落；如果是一个人造景观，这些要素可能会降级到作用的临界点，或根本不起作用，如同圣埃利霍潟湖（第21页）、波沙奇卡湿地（第225页），或艾尔辛诺湖的泄洪渠（第216页）那样。

如果景观是自然的，对既有的生态结构、功能和区位格局进行分析，会得到系统运行的一个参照。如第七章所述，重要的是要识别出生态结构中的关键种和优势种及其作用、制约增长和分配的因素、关键的自然作用，以及资源特别集中的地域，并且要知道从其他事物中识别出这些的原因。如果景观是人造的，那么可能需要动脑筋重新建立起环境的生态秩序，就像环境在被改变之前的那样。在圣埃利霍潟湖的案例中，这种重建成为设计的要诀。

一旦我们了解了既有的生态秩序，对其加以重塑的过程就和设计建筑一样。在此，我们可以回顾一下曾经用来描述关注尺度体系的那座七层建筑的景象。生态结构、功能和区位的格局将各个层级关联成一体，并且将这些层级整合到一起。区位格局极受用地布局的影响，同时也受人类的需求、活动和活动路径的影响，其所对应的是楼层平面；景观结构对应的是就地支撑起所有建筑材料的基本框架结构——一个可能是静态的、比生态系统那种有生命的波动的结构更具可塑性和可预测性，但仍旧相互关联的要素网络。至于生态功能，虽然并不是"功能"这个术语惯常用于建筑学时所具有的含义，但是一座建筑就像一个生态系统一样，有一个由水、污水、电（能量）、热冷气体等各种流组成的系统，可以满足生活所需。

如果说一座建筑看上去更像是一个人工构筑物，难以成为一个生态系统的比照，那么不妨想一想生态一词的词根——oikos——代表"house"（房屋），logos 代表"the study of"（研究）。从某种意义上讲，在设计人类生态系统时，我们就是在塑造一座宏观的房屋，而当我们设计房屋时，我们就是在塑造一个相当小的生态系统。

因此，重要的是要理解这两种系统的秩序：一种是既有的系统秩序，而另一种是在我们重新设计后即将出现的系统秩序。根据设计的定义，这二者必然是不同的。它们可能只是在细微之处有所不同，抑或从根本上完全不同。无论怎样，总有一种生态概念可以用来理解这二者的潜在秩序，特别是它们在随时间而变化的格局之中的状况。"演替"这个概念就将生态系统置入了时间的视角中。

●演替

三种生态秩序模式都随着时间的推移而变化，它们的瞬间状态与当下所处的演替序列进程密切相关。对此，不同的科学家有着不同的解释方式，这取决于他们所持的观点。如同生态学的其他概念一样，演替——生态系统赖以改变的作用过程——相当于是未完成的雕塑，其中的细节之处留待每一位解释者对任何不合意的地方进行雕凿。尤金·奥德姆认为演替是生态系统的发展阶段（Odum, 1969）。马格列夫（Margalef，西班牙著名科学家，20 世纪现代生态学创始人。译者注）在这个方向上走得更远，论及生态系统的成熟："那么，对于任何未受干扰的生态系统而言，成熟度（maturity）都是一种会随着时间的推移而增加的特质。"并且，"我们可以将一个更为复杂的生态系统称为'更成熟'的生态系统"（Margalef, 1963: 216）。该领域的先驱研究者克莱门茨认为，演替是"在某一群系（formation，指为某些生态因素所制约的、由于一定生长型在其中占优势而具有特殊生活要求和典型构造的那些植物群聚。我国将"群系"作为植物群落分类中的主要中级单位，指征凡是建群种或共建群种相同的植物群落的联合。译者注）渐进发展过程中的三个因素——栖息地、生命形式和物种——相互作用的结果"，是"顶级群系的发展阶段或生活历程"（Clements, 1916: 4）。

克莱门茨秉持的是正向演替观。他将群落的发展阶段与生物个体的发育阶段进行比较，认为顶级状态终会出现一次，并且是不可避免的。近年来，更多的研究人员倾向于更为灵活而不确定的观点：物种的消亡和迁徙在很大程度上由时机和条件决定，很难加以预测；因此，通往演替顶级的道路并非笔直的一条。此外，有时候人们认为很少有群落能达到演替顶级状态，因为它们经常会受到干扰，以至于演进受阻。认为只有一次且不可避免的顶级状态的观点受到广泛质疑。在既定区域内达到数次不同的演替顶级更有可能发生，这取决于在局部空间内改变的土壤条件、动物影响，以及其他一些因素（Tansley, 1935; Daubenmire, 1966）。克雷布斯（Krebs，英籍德裔生物化学家，诺贝尔奖获得者。译者注）认为，真正的平衡以及与此相应的真正的演替顶级状态永远无法达到，因为一个主要的控制影响因素——气候——并不是一成不变，而是总在发生改变的（Krebs, 1978）。无论如何，演替顶级这个概念并不适用于人类生态系统，因为对这类系统有着特殊的要求；因此，我们采用"动态管理"（dynamic management）来取代演替顶级。

尽管现在看来，演替似乎并不像曾经以为的那样，是一个普遍的、可加以预测而又不可抗拒的过程，但它似乎仍然有着明确的方向性，至少在早期阶段可以通过日益复杂和平衡的状态来加以发展。尤金·奥德姆提出了一系列非常有趣的法则，用来描述生态结构、功能和区位格局的演进变化，其中大多数对于设计来说很有帮助（Odum, 1969）。虽然这些法则仍然只是理论性的，因而存在争议，但大多数还是得到了大量研究的支持，因此出于实践的目的，可以作为合理的导则。

简而言之，奥德姆通过生态系统的 24 个特征变化来衡量演替的发展阶段。与生态结构相关的特征，他列出了总有机物（total organic matter）、多样性和均匀度兼具的物种多样性（species diversity）、生化多样性（biochemical diversity）、生态位特化（niche specialization），以及生物体的大小。所有这些特征都随着演替的发展而增强。在与能量流相关的特征中，生物质（biomass）的总生产量（gross production）和群落净生产量（net community production）都会降低，而每单位能量流所支持的生物量则会增加。总生产量与群落呼吸作用的消耗量之比（P／R）趋于稳定在 1∶1，而食物链会变得更加网络化，

不再是线性的，更多是由分解者而不是食草动物占主导地位。营养物质循环变得更加封闭——由生态系统外部输入输出营养物质会更少，生物与环境之间的营养物质交换速度会减慢。至于与区位相关的特征，景观格局会变得更加破碎，更具多样性和异质性。总之，生态系统越成熟，就会变得越复杂，而生产力会随之下降。

这样看来，生态系统的秩序在很大程度上取决于其演替状态，如果的确如此，我们可以将生态系统设计看作是对特定演替阶段的模仿。实际上，正是这一看法构成了在第一章中阐述过的由奥德姆所提出的景观类型学的基础。生产性景观是处于演替初始阶段的生态系统——多样性欠缺，故而结构简单；物质和能量流动快，故而功能简单；因此，生物量产出高。保护性景观是之后的演替阶段——结构、功能和区位格局复杂，生产力低下。奥德姆将多样性与稳定性同等看待，认为保护性景观会进行自维护，并通过其生态功能和结构促进整体内环境的稳定。

多样性与稳定性之间的关系存在着争议。尽管二者之间似乎具有普遍相关性，但研究人员发现了很多的例外，且因果关系并不确定。我们将在下一章中详细讨论与稳定性和多样性有关的一些问题，因为它们直指生态法则的一些困惑之处，同样的困惑缠绕着几乎所有关于演替趋向的看法。当我们研究特定的生态环境时，各种复杂的状况似乎总是会出现，引发我们的困惑，或者令我们对一般的法则产生怀疑。

同样重要的是要懂得，演进变化并不是线性或持续的，演替过程中所有的变量改变也都不会是步调一致的。例如我们会发现瞬息而变、开放的矿物质循环，与之相伴的是微不可察、明显不同的区位格局变化。此外，变化的方向经常会因为偶发事件和或轻或重的扰动而被改变。

从数十万年看，似乎是一以贯之的改变，也许更像是一系列为期一二十年的波动性变化。

总之，最好是以不确定的方式看待演替和与之相关的生态系统的秩序变化。不可预料的因素太多，以至于无法确定我们的认知或预言是否正确。正如第九章所述，对于生态系统设计的整个过程最好同样抱着不确定的心态来进行。这样的话，认识到我们可以做到绝对有把握的设计其实很少，我们将不得不放弃与建筑设计进行类比的想法。当我们在某个特定的地方设计一座带窗户的建筑物时，可以非常确定建成后这个窗户会精确地位于那个位置，而对于景观，我们可以指望在建筑施工的尺度下具有这种确定性，但往往做不到。大部分设计都是间接的，也就是说，由于我们的真正目的并不能直接达成，而必须提出另一项举措，希望能够实现它。例如在洛杉矶区域防洪系统研究案例的沉淀池设计中，出于通过提供理想的筑巢场所以实现野鸭种群增长的目的，提议建一些岛屿。如果这个设计得以采纳，我们可以确信这些岛屿会以图上所示的形态进行建造，但无法确定那些野鸭是否会用它们来筑巢。如果会，那么又会有一个不确定的问题——野鸭所生的后代是否会长大？一方面，一个目标距离直接的举措越远，围绕着它的不确定性就越大；另一方面，设计的尺度越大，设计师与直接举措之间的距离就越远，因此结果的不确定性就越大。

生态系统设计具有不确定性的特征使得管理阶段变得非常重要，因为管理阶段可以观察到种种结果，重新评估不确定性，并改变行动方案。在实践中也许会发现，用来控制生态结构和功能的各种技术，在管理应用中会比在设计中所想的更有效。在接下来的几章中，我们将对一些处理生态系统秩序模式的实用方法进行探讨，并就一些与之相关的更为复杂的问题展开讨论。

然而，如果不做一下告诫我就不应该继续往下写，已经写好的上述内容又一次简要介绍了一些有用的生态概念，我也大致提出了一个非常复杂的话题，虽然接下来的章节会做详细阐述，但只要能够对应用这些概念的一些原则和技术加以实证就足够了。那些打算从事这类工作的人有必要了解得更多，要紧跟着那些不断涌现的文献，因为生态学是一门不断发展和变化的科学，而本书所引用的参考文献会提供一个很好的开端。

第十一章
生态结构·植物的作用

植物是景观中生态秩序的缔造者，可以用太阳能合成生物质，利用植物的这种神奇的能力，在某种程度上可以抵消无处不在的熵所不断耗散的那些能量。除了单株植物这个基本层级，生态秩序还取决于彼此协作的生命体，而这种协作会随着一系列演替而开展。随着自然景观的演替进展，生态结构会应时间推移而形成。在受到干扰之后，例如火灾、飓风、场地平整或采矿作业等，大批种子（往往是被风吹过来的）会开始发芽——这些是我们称之为"杂草"的植物——细细小小的，生长迅速，适应性强，通常会很美，但人类往往不屑一顾。其中，常见的有翠菊（Aster）、一枝黄花（Goldenrod）、豚草（Ragweed）、蒲公英（Dandelions）、野胡萝卜花（Queen Anne's lace）等。这些野草往往是独立性极强的"个人主义者"，随意出现，与同类关联不大。从这个意义上讲，它们很难被认为是一个群落，或者说有一个生态结构。虽然它们之间很少相互作用，但每一株杂草都在改变着自身的直接环境：它们会遮挡阳光，并减缓地表风速；它们的根系会固定土壤，并在死亡后腐烂，增加土壤肥力。总之，它们为需要这种环境条件的植物，通常是多年生草本做好了前期准备，使之成为演替的下一阶段。在这种更加良性的环境中，大片生长的杂草会处于竞争劣势，并会及时消亡。随着演替的推进，单位面积的物种数量会增加，将一个物种与其他物种及其环境相关联的关系网络也会增长。灌木和乔木为众多动物物种提供着各种食物和庇护，还为各种蕨类植物遮阴。随着所有这些景观要素以及它们之间相互作用的不断增长，生态结构一定会生成，而与此同时，各种格局，或者说是子结构就会变得越来越合理，其中，对于景观设计而言尤为重要的是垂直分层、水平分区和营养级。

随着演替的推进，两个基本的垂直的分层——土壤和它上方的空气（分别是异养分解和自养代谢的场所）——可以细分为一系列的层次。落叶林中发育充分的土壤有五个不同的层次，而它所支持的植被层次为草本植物、灌木、下层林木和上层林木。植被分层在热带雨林中达到了极致，而相应的动物生境也会高度分层，相对较少的物种会占据不止一个分层。

水平分区格局通常会反映出不同的环境条件，即盛行的微气候、地形、土壤和水系。我们将在第十四和第十五章中详细讨论这些格局问题。

营养模式（nutrition pattern）或者说是"食物链"，是最容易被形象地表现成等级的，至少会有三个层次：作为初级生产者的绿色植物、以植物为食的食草动物，以及以食草动物为食的食肉动物。分解者或者说是碎屑食性动物，以及顶级食肉动物通常也在其中扮演着重要的角色。由于营养模式是能量流的管道，功能和

结构的特性融合在一起，几乎无法区分，即便是完全人为的界限也很难划分清楚。

虽然有许多物种在营养等级中占据了多个层次（也就是说，有许多动物是杂食性动物。译者注），但是食物链及其制约性（指生物之间的相互制约和依存关系。译者注）对种群结构有重大影响。在演替的成熟阶段，营养模式变得极其复杂，包含了许多非常特殊的物种。在尤金·奥德姆指出的 24 个演替趋势中，群落结构的 6 项指标如下所示：

(1) 总有机质（增加）
(2) 无机营养素（从生物体外到生物体内）
(3) 物种多样性：种类方面（变得更多）
(4) 物种多样性：均匀度方面（变得更大）
(5) 生化多样性（变得更大）
(6) 分层和空间异质性，或格局多样性（从无组织到有组织）

随着时间的推移，若能阻止所有主要的微小扰动，自然生态系统的结构会变得更加复杂、更加多样、更有组织、更有效率，并且有更大的生物量。这些特性与功能特性的类似趋势密切相关。

最终，至少在理论上，生态系统会发展到可以包含其环境所能支持的最大生物量的一个水平。这时，生态系统就已经达到了成熟或者说是顶级的状态，而且就我们目前所知道的，这种生态系统不会再经历进一步的重大变化，直到由一次重大的扰动令其退回到演替序列中去。然而，生态系统是否会像个体生物一样变得衰老，这仍然是一个非常有意思的问题。

由于一个顶级群落中所有的生态位都已经被占据了，并且任何有可能的相互作用都已经在起作用了，我们可以认为其结构是完整的，具有高度的稳定性。奥德姆和许多其他人的工

作都已经充分证明与成熟度相关的多样性和稳定性之间有着高度关联，尽管其因果关系仍然不确定。

多样性和稳定性

下面我们继续讨论另一个争执不休的问题——多样性真的能够促进稳定性吗？因为稳定性是我们在人类生态系统中热切寻求的一个特性，所以这个问题对设计而言非常重要，因而值得寻根问底。

一部分困难在于"稳定性"这个术语在实质上极其司空见惯。生态系统的结构有节律地波动着，而稳定性就是波动幅度趋向于保持在一定限度之内。戈登·奥里恩斯（Gordon H. Orians, 华盛顿大学动物学家，在进化学方面建树颇多。译者注）对这个基本含义进行了很大的扩展，将稳定性定义为："系统保持在平衡点附近，或在受到干扰后返回平衡点的趋势。"（Orians, 1975: 141）他继续解释稳定性的 7 个不同的特征，包括：恒定性（Constancy，系统的某些参数不变）、持久性（Persistence，生存时间）、惯性（Inertia，抵抗外部扰动的能力）、恢复性（Elasticity，扰动后返回到之前状态的速度）、变幅（Amplitude，系统保持稳定的范围）、循环稳定性（Cyclical Stability，围绕某个中心点或区域波动）和轨道稳定性（Trajectory Stability，向某个终点移动）。

由于影响稳定性的不同特征因素差异很大，奥里恩斯指出，任何一个生态系统都可能在某一方面或多个方面具有稳定性，而在其他方面则不稳定。因此，生态系统稳定性这个问题很难一概而论。相反，他建议将生态系统稳定性的考察聚焦到稳定性的具体特征以及与之相关的因果作用过程上去。生态学家所采用的、用于分析种群平衡的那种相互影响矩阵（其中每

一个网格要素体现的是一个物种对另一个物种的影响）就可用来做这种考察分析。麻烦的是，我们会再次遇到一个常见的困境——怎样才能将生态信息实际应用到设计中去？这种分析需要经年累月地对自然生态系统进行研究，并且远远超出我们目前对于人类生态系统所具有的了解。当然，这为生态学研究指明了一个发展前景，但与此同时，我们不得不做出种种决策。我们需要更多的普遍原则。

朝着这个方向迈进一步，我们可以将奥里恩斯的七个略有重叠的特征减少到只有两个：抗性（Resistance）和弹性（Resiliency）。我们可以再次考察一下那些结构和稳定性特征已为人熟知的特定的生态系统。在前面的章节中，我们详细讨论了两个这样的生态系统：盐沼和热带雨林。盐沼的特征是具有一个简单的生态结构，在抗性方面只是中度稳定，但是有着高度的弹性。热带雨林是一个极具多样性的生态环境，有着一定程度的抗性，但是几乎不具备弹性（正如我们所指出的那样，一旦雨林被清除，其土壤就会裸露，植被的重建会非常缓慢）。

罗伯特·梅（Robert May）通过假设生态系统环境与其稳定性之间的关系来解释这些情形（May, 1975）。在一个只受轻微扰动的生态环境中，多样化的结构会更稳定，而暴露在一个在重大而随机的扰动之下的生态环境中，简单的结构可能会更持久。由此看，在相对恒定的热带环境条件下，鲜少会有外力进来破坏自然平衡，复杂的雨林实际上很少受到扰动，而一旦人类开始用链锯和推土机开展作业，引入一种全新的巨大力量后，整个生态结构就会迅速坍塌。坍塌主要是由于其土壤结构的致命缺陷，可能有人会说，一个具有大量相互作用的多样化的生态系统会比相对同质的生态系统有着更多产生这些缺陷的机会。结构简单的盐沼在陆地和海

洋之间的巨大变动中一直存续下来，历经风暴、洪水、干旱和潮汐浪涛也未曾消亡。正如我们看到的，人类之手可以毁灭它，但要经过数十年的滥用破坏，而一旦它所需要的环境条件再次确立，它就可以迅速地自行重建。最后，值得注意的是，雨林的生态结构坍塌只是局部的，仅限于土壤裸露的区域，而在潟湖中，一旦发生崩溃，就是整个生态系统。复杂性会保护整个生态系统免于彻底崩溃。

尤金·奥德姆对于盐沼的相对稳定性给出了一个多少有些不一样的解释（Odum, 1975）。他假设多样性与能量流密切相关，并且在拥有大量高品质的能量补充或营养物质输入的生态系统中，稳定性似乎与低多样性相关联，而在依赖于有限的能量输入和营养物质内部循环的生态系统中，稳定性似乎与高多样性相关联。像圣埃利霍潟湖那样的河口盐沼，由潮汐提供能量补充，有着难得的优势。（顺便提一下，对于生态结构与物质流和能量流之间的密切关系而言，这也是一个很好的例子。）

所有这些至少从两个方面来说对于景观设计至关重要。首先，当发现必须要以某种方式改变自然生态系统时，了解稳定性的种种特质可以帮助我们维护系统的完整性；其次，这个认知可以为塑造人类生态系统的稳定结构提供指导。可惜我们无法从现状数据中得出简单的经验法则。泛泛而论，复杂而多样化的生态结构可能比相对简单的生态结构更具抗性，并且可能更具弹性，因此成熟系统比年轻系统更加稳定，这是确凿无疑的（Odum, 1975; Margajef, 1975）。这与我们的常识不约而同：在失去一些成员之后，多样化的生态结构更有可能保有其基本的形态和功能，并且与简单的生态系统相比，它有着更多的相互作用和可供替代的途径生存下去。简而言之，多样化的生态系统具有更强

的粘合力将其结合在一起，但我们并不能就此得出结论，认为更多样化总是意味着更加稳定。

我们也许可以在现有的数据中找到理由，相信无论是极具多样性的生态系统（如热带雨林）还是极其简单的生态系统（如棉田），都不如介于二者之间的生态系统来得稳定。因此，有朝一日我们也许可以定义出最优且适度的多样性水平。再次强调：这需要进行更多的调查研究。

为了在较小的尺度下进行设计，也许最好能尽快地突破共性的制约，根据具体的要素和身边的相互作用来考虑生态结构。无论是自然生态系统还是人类生态系统，虽然要了解其中的每一个要素和每一种相互作用可谓是"希望渺茫"，但我们可以识别并了解那些主要的要素和相互作用，并为其余部分的发展确定整体的环境条件。虽然所有的生态系统都在不断波动，但通过设计将波动幅度保持在可接受的范围内仍然是可期的。

●设计出多样性

在更大的尺度下，共性比比皆是，也许最好能设计出最高水平的多样性，以兼顾到生态环境和人类意愿的需求。这样的生态系统可能会更稳定，除此之外，选择这种做法还有其他一些理由。其中，最主要的是为了对能量和物质进行保护——这是缘于多样化的生态结构需要各种紧凑而闭合的流，对现有的物种进行更好的保护，获得更多的信息内含，并且有可能对更大的环境造成较小的破坏性影响。然而，人类的目的往往是需要简单的生态系统，而这种需求可能会超过多样性的优势。人工建设的环境总会包括一些生态系统，其多样性从极其简单的到非常复杂的都有。如果奥德姆的观点是正确的——似乎看上去的确如此，那么，越

是简单的系统越需要大量的能量输入。从一开始就认识到这个事实，并计划好这些输入是极其关键的。随着能源变得越来越稀缺、昂贵，我们可能要设计更为多样化的生态系统，仅仅是为了减少系统中的能量补充。

如果说以上讨论听上去过于理论化，这并非因为对生态结构的种种看法不切实际或不合应用，而是因为这些看法过去很难被纳入景观设计中去。人类塑造的各种景观，多半是高耸的摩天大楼，全靠内部的钢筋或混凝土骨架支撑着。

特别是农业景观，众所周知具有简单的生态结构，在大多数情况下，采用的是单一栽培，存在的相互作用大多是有害的，涉及各种害虫。与之相应的不稳定性同样众所周知，大多数作物对病虫害几乎不存在抗性。在不到两年的时间里，一种真菌疫病毁了哥斯达黎加的可可豆生产。大规模的喷药避免了美国遭受棉铃象鼻虫、地中海果蝇，以及无数其他害虫造成的类似灾害。至于弹性，只要看看任何一个被废弃的农场就可以确信，无论怎样，常规农业的单一栽培都丝毫不剩。一旦停止耕作、种植、除草和喷灌，大量杂草很快进入，并开始新的一轮演替。

农业景观的这个特征明确支持了奥德姆的观点，即简单、非多样化的生态系统，其稳定性依赖于大量的能量输入。在美国，保持农业生产率所需的能量数额相当可观。种植西蓝花、花椰菜和生菜等作物所消耗的燃料和电力，比最终产品中所包含的能量多了3~5倍。

梅提出了一些不同的说法。他认为，农业生产的单一栽培之所以具有不稳定性，是因为没有和害虫及病原体一起共同进化，也就是说，随着时间的推移，与害虫和病原体形成持续发展的关系（May, 1975）。

●农业景观中的生态结构

关于各种相互关系及其缘由的讨论可能会无限期地进行下去，但无论最终会出现何种新见解，我们都会继续创造出各种农业景观并将其维护下去；因此，我们会继续付出能量和金钱的代价，以保持高产。然而，随着能源价格的上涨，减少能量输入的意愿会日益强烈。如果我们接受奥德姆的观点，那么，减少能量输入的办法就是要使得农业景观的生态结构多样化。历史上已有一些例子，并且当前也有一些研究提出通过设计实现这个目标的种种方法。

沿着英格兰和欧洲大部分地区的田野和道路排列的树篱，形成了从空中看去极为独特的"马赛克景观"，就是其中一种方法的例子。这些树篱都是从中世纪就开始种植的，业已形成了由各种乔木和灌木种、香草、牧草，以及与之相伴而生的从昆虫到各种鸟类再到小动物的所有野生动物组成的具有高度多样性的生态结构。种植这些树篱最初的目的是界定田地的边界，但它们也有助于挡风，从而保护了作物和土壤，并为捕食昆虫——那些昆虫会吃掉农作物——的蜘蛛和其他捕食者提供了栖息地。这些树篱还为大量的物种提供了食物和庇护所，否则，一旦这些物种无法生存，整个生态环境也就荡然无存了。

因此，树篱的这种相对复杂的生态结构对于农田生态系统的稳定有很大帮助，但是很难说这种帮助能达到什么程度。当然，高品质的欧洲冻土、一种已达成动植物间平衡关系的历史悠久的混合农业（mixed farming，指种植业和畜牧业相结合的综合性农业。译者注）传统，以及小规模农场，都对英格兰和北欧农业那令人印象深刻的长期保持着的稳定性和高产出起着重要作用。无论其生态作用怎样，这些树篱都是对整个生物系统和社会系统的显像表现，令人瞩目。

种植树篱创建生态多样性的方法采用的是下述做法：出于特定的原因，在所需的简单生态结构中零散地置入更为复杂的生态结构，并在它们之间形成各种有益的相互作用。

第二种创建生态多样性的方法是使人类生态系统本身变得多样化。高度多样化在小规模集约化农业中相当常见，特别是在一些欠发达国家。例如奥托·苏马尔沃托（Otto Soemarwoto）描述了某个爪哇村落中典型宅园的复杂生态结构：最高的层次为椰子树冠所占据，它们长到了60多英尺的高度；其下面一层是果树，有芒果和红毛丹；玉米和木薯等作物在果树的下部枝丫和地面之间生长；地面那一层是甘薯等地表和根茎类作物，百香果等攀援类植物缠绕着树干而上，直至那些枝丫——由此形成了完整的垂直分层模式。苏马尔沃托注意到，这种村

落生态系统"类似于热带雨林"（Soemarwoto, 1975: 280）。他还指出，这是一个稳定的生态系统——在这个系统中，害虫不成其为问题，而在附近单一栽培的系统中，植物的病虫害确实不少。此外，该系统的生产力也很高。根据苏马尔沃托所引用的一份报告，相较稻田，村民们从他们的宅园获得了更多的收入，当然还获得了满足感。

尽管这种密集而具生态多样性的做法在世界上的某些地区可谓历史悠久，但它们也许并不适用于工业化国家中的那些高度机械化的大规模的农场；不过，它们对于城市及其周围的小块土地可能非常有用，并且可以部分解决欠发达国家严重的粮食问题，就像哥斯达黎加在极其有限的新积土上所做的那样。

至此我们已经多次谈到了热带雨林以及哥斯达黎加乌塔亚特兰蒂克区域的农业发展问题。现在，我想再说一下乌塔亚特兰蒂克区域，这次是关于生态结构的问题。我们已经看到在被清除之后，雨林生态系统会遭受不可逆转的破坏，这是由赤红壤与雨水的相互作用而引发的；因此，关键是要防止这些相互作用的发生，通过设计生态结构可以达成这个目的。根据环境条件，每个管理分区的生态结构要求会有所不同：在崎岖陡峭的高处坡地（V分区）上，分布着赤红壤，降雨量很大，我们不得不认同设计做不了什么，任何对自然生态结构的干扰都可能会导致不可逆转的危害。在山麓地区，降雨量较少，坡度更为平缓，相对不复杂的生态结构就足以保护大部分土壤。所提议的林业和经济林木的生产利用会致使土壤时不时地裸露，但较小的降雨量和较慢的径流速率可能会在严重危害发生之前有时间进行环境再生。在一些更为平坦的地区，如果对食物的需求超出了一切，就可能会为了种植粮食作物而清除雨林；不过，为了使之变得可持续，必须对土壤进行改良，

直到建立起新的土壤体系，以避免砖红壤化（热带地区在炎热而多雨的条件下，由于风化和强度淋失，铁、铝等矿物质变为不可溶的化合物，在二氧化硅和其他矿物质被淋湿以后遗留下来，形成红色或黄色的氧化土。当这个过程进行到极点时，这些化合物就形成了坚硬的红色岩块，即砖红壤。译者注）。这么做代价会很高，因此可能仅限于小范围开展。即便在土壤得以完全重建的地方，在清除雨林时也必须要就地至少保留几株带树冠的树木，以减缓雨势，而这些树木的根系也有助于固定土壤。事实上，现在这种做法在当地已屡见不鲜，如第81页上的照片所示，孤立无援的雨林树木就像瘦高的塔楼，没有同伴聚集在一起加以围护，看上去毫无遮挡、相当脆弱，往往形成一种怪异而引人注目的景观。它们几乎没有树荫，因为粗大的板根树干（板根也称"板状根"，是热带雨林植物支柱根的一种形式，一些巨树较大的板根可高达十多米，延伸十多米宽，形成巨大的侧翼，甚为壮观。译者注）会向空中长到几个人的高度后，才伸展开来，发枝散叶。为了有效进行保护，应该保留更多的树木。

如同那些设计图所示（应该是指第88页上雨林的4幅分层结构图。译者注），我们可以看到四种基本的雨林生态结构的差异，其中最明显的就是垂直分层模式。当然，这只是极为简略地展现了所看到的现实生态结构的一些差异。只有完全不变的生态结构才能保持住动植物生命体的全部多样性，天然雨林的特征就是这种多样性。被改变了的生态结构会逐渐变得不那么多样化，而且就抗变性而言可能不太稳定。从自然的角度看，除天然生态结构以外所有的生态结构都可以看作是对理想自然的一种妥协。考虑到人类的需求，我们若将这些改变简单看作是四个不同的生态系统，具有四种不同的生态结构和功能特征，适合于四组不同的目标系，可能会更加合理。

●城市景观中的生态结构

大多数现有的城市景观在生态结构上都不如农业景观更具内在聚合性。当定居者进到一个新地方时，他们会带着各式各样的景观意象而来，这些景观的出处错综复杂，包括他们的童年、来处、历史描述、杂志上的图片、电视广告等，并且他们往往会试着将记忆中的景象变为现实，而不是寻找、发现这片全新地域的自然特质。因此，19世纪末，当美国中西部移民潮到达南加州时，那些移民在半干旱的土地上营造出了一片片翡翠绿色的草坪，上面点缀了茂密的温带林地，形成了对他们所来自地方的一种理想化的表现，所有这些都被突兀的背景——那些峻峭的、棕色的、光秃秃的山坡——衬托着，而那些天然的植物群落——灌木丛生的查帕拉尔群落和沿海鼠尾草——被认为是不适合生长的。这里阳光明媚而又炎热，在滨河地带以外几乎没有乡土的遮阴树种，这类树种极其罕见。甚至要穿越山坡上荆棘遍布的查帕拉尔群落，从一个地方走到另一个地方都很困难。我们很难怪罪那些定居者要种植一些新东西的想法。

很快，定居者们就发现，在这种温暖的气候条件下没有霜冻的影响，只要有充分的灌溉和施肥，几乎任何一种植物都能够生长；因此，他们从世界各地找来了各种外来植物，尤其是绚丽的观花植物。结果令人叹为观止，直到现在仍然如此，但是在水、肥和能耗方面付出的代价确实巨大。不妨回想一下第二章中所描述的以及在南加州案例研究中所描绘的，支持这片城市区域所需的大量的水资源输入。在这里，几乎一半的城市用水被用来浇灌观赏植物，当然，其中大部分都回灌了地下水，但输水所需要的能耗代价依然高昂。

虽然可能有一点极端，但这并不是一种反常的情形。城市景观的生态结构不像农业景观，很少会因为物种多样性欠缺而遇到麻烦，却会因为物种与其要倚靠的移入环境之间缺乏相互作用而遭遇困境。那里的植物来自世界各地，不分青红皂白地被丢到了一起，并不能构成一个有内在聚合性的群落。每种植物的背后都有着自身的关系网络，有被捕食和要保护的动物，有要遮护或被遮护的其他植物，有要就地锚固并从中汲取养分的土壤。有些重要的要素显然正在消失，特别是中型和大型的哺乳动物。这些动物已经被宠物猫、狗所取代，而后者与景观的相互作用可以忽略不计，确切地说，它们是靠来自其他地方的食物为生的。在大多数理想化的景观意象中，被认为是不健康的各种腐化作用也正在消失，由此，整个地表层面的相互作用体系都丧失了，营养物质的循环也被破坏了。

相互作用：植物 — 动物 — 人

综上，显然在人类生态系统的设计中，有充分的理由要去更多地关注生态结构，尽管我们在这方面的认知还不完善。我们必须接受一个事实，即任何生态系统中存在的物种，只有一部分能够为人所知，而且它们的相互作用也只有一部分能够被人了解。然而，在实践中，如果我们能够确定主要的物种及其关键的相互作用，其余部分大多会随着时间的推移而发展形成，如果管理阶段的工作能够按预期展开，监测、反馈和修正性设计（管理）会修正绝大多数的错误。

正如哥斯达黎加以及其他一些案例所示，任何一个新的生态系统，其创建基准都是之前的自然生态系统。仅就这个源头而言，就可以给出一个明确而特定的环境情况：它所显现的各种局限性，其环境条件在时间和空间上的变化方式，业已适应了这个环境的动植物的特征，其中关键的相互作用。对这个自然生态系统了解得越深入，我们对人造生态系统的设计方案就会越健全。

一旦了解了自然系统的基准结构，我们就可以找到将其加以或拓展或修改甚至重塑的、以便为人类所用的办法。很多时候，特别是在遭受严重干扰的自然环境中，我们会有强烈的意向，希望能够恢复自然生态结构，而不再顾及其为人类所用的种种潜质，更不用说要强化原本的自然生态系统了。在圣埃利霍潟湖这一案例研究中，我们看到设计出来的生态结构可以更加稳定——既更具抗性，也更有弹性，而植物和野生动物也会因此更加丰富，而且比天然的生态结构更适合人类利用。特别是对污水处理后的尾水进行受控回用，可以令潟湖的淡水输入既规律化，又源源不断，从而可以消除那种自然状态下发生的、夏季没有淡水流入而在多雨的冬天偶发大量淡水流入所导致的不稳定波动。有必要再次说明：这种基准状态不一定就是理想的状态。

为了了解某一设计层级上各个种群之间的相互作用，我们可以首先将种群分为尽可能大的三个类别，即人类、植物和动物。这并不是要忽略人类毋庸置疑也是动物这一事实，而是要强调人类所起的作用非常不同：人类不仅仅是生存方式不同，更重要的是，人类占据着操控一切的地位，至少在短期内是这样。

在最关键的、当然也是最受设计控制的那些相互作用中，就有种群之间的相互作用。就设计而言，人类和动物之间的关联在某种程度上不如人类和植物之间的关联那么重要，因为人类对动物种群的影响主要是通过操控植物和水来达成的。

对种群之间的相互作用进行分类所采用的

那些术语也许会令人困惑，所以对它们进行总结性评述会很有帮助。竞争作用（Competitive Interaction）是指对双方都有不利影响的相互作用。偏害共生作用（Amensal Interaction）是指一方受到不利影响，而另一方不受影响的相互作用。寄生（Parasitism）和捕食（Predation）是指一方受益而另一方受到不利影响的相互作用，在后一种情形中，受到的不利影响就是被吃掉。共栖作用（Commensal Interaction）和互生作用（Mutual Interaction）是指对双方都有利的相互作用，后者是专性的（Obligatory，即共生生物需要借助共生关系来维系生命，倘若彼此分开，则双方或其中一方便无法生存。译者注），前者则不是，这两种互利的关系类型都包含在共生（Symbiosis）中。

从这个意义上讲，人与植物之间的大多数相互作用是共生的。面对环境保护、气候调控、生产力和视觉质量提升，以及情感满足的诉求，人类从植物中的获利可以大致概括出来，而植物从人类中的获利则包括进行设计、提供灌溉和施肥，根据自然规律进行养护（如对单株植物和成片的植物进行修剪）、繁殖、培育新品种、传播等。当然，并非每一段关系都能包含所有这些可能的获利。事实上，大多数人造景观的严重问题是，植物群落带给人类的益处远远少于经过深思熟虑后的设计所能带来的，而人类对植物的益处通常是远远多过它们的真实所需。换言之，通过更周全的设计，我们可以用更少的投入取得更多的获利。这非常重要，否则，就会有大量的获利必须以极高的经济成本、借助技术手段才能取得。

由于植物与人类之间主要的相互作用对于塑造景观生态结构而言非常重要，因此在这里进行简要回顾会对大家很有帮助。前两个作用（即环境保护和气候调控两个作用。译者注）是间接的，也就是说，它们涉及植物与其他环境因素之间的种相互作用，这些作用进而会对人类产生深远的影响。

●环境保护

在植物作为生态功能调节器所起的作用中，最显而易见的就是它们实实在在地制造出我们呼吸的大部分空气。植物利用二氧化碳，释放氧气；动物，包括我们自己则正好相反。植物的这种能力可能是其所有能力中最出色且最重要的。不久以前，人们还以为人类所需的大部分氧气都是在海洋中产生的，但现在看来，这些氧气大部分都来自陆生的绿色植物（Woodwell, et al., 1978）。全球大气环流格局将氧气迅速输送到世界各地。对于进行光合作用为每个人提供足够氧气所需的植物数量，人们还没有共识。据贝尔纳茨基（Bernatzky）估计，至少需要 150 平方米的叶面积才能满足一个人的需求（Bernatzky, 1969）；迈克尔·雷利（Michael Reilly）计算出这意味着一株平均大小的树木可以产生足够 14 个人所需的氧气量（Reilly, 1976），而其他研究则呈现出多少有些不同的数据。无论怎样，树木的氧气产量肯定会有效地稀释空气中的污染物质浓度。

在第五章中，我们讨论了高层大气中二氧化碳富集这个全球性的问题。在某种程度上，通过在光合作用中使用二氧化碳，以及通过产出的氧气来稀释二氧化碳，植物可以减少二氧化碳的累积。然而，要做到这一点，需要大量的植物。波尔（Boer）估计，一个普通城市居民以其日常活动而言，需要大约 75 株树木来吸收其所产生的二氧化碳量（Boer, 1972）；库恩（Kuehn）认为，3 英亩的树林可以吸收利用 4 个人或者说是一个普通之家所产生的二氧化碳量（Kuehn, 1959）。以上两个数字都表明：需要大量的树木才能对二氧化碳平衡产生明显作用。

除了确实能制造我们呼吸的空气外，植物也能清洁空气。也许与其应对气体污染的作用相比，植物在处理空气中过量微粒方面会更有效。毫无疑问，更多的植物可以减少城市中的尘罩现象 [Dust Dome，指在城市热岛区域，有时因为被逆温层覆盖而形成的由大气污染微粒（灰尘）蓄积而成的"网罩"。译者注]，尤其是树木，可以从空气中除去大量的微粒物质，主要是通过过滤作用。当空气在树枝间流动时，微粒被捕获并附着在茎叶上。粗糙而又毛茸茸的叶片是特别有效的微小颗粒收集器，其中大部分微粒会一直黏附在叶面上，直到被雨水冲洗，掉落到地面上，被土壤吸收，并通过微生物的吞噬或被植物作为养分吸收而变得无害，甚至有益。

大量研究人员用事实论证了树木去除微粒的能力。德国的一项研究发现，2.5 英亩的山毛榉树每年从空气中去除大约 4 吨的粉尘，这些粉尘最终是在土壤中被发现的（Meldan, 1959）。法兰克福的一些检测显示，市中心空气中的微粒数量是罗斯柴尔德公园（Rothschild Park）附近的 6 ~ 18 倍。贝尔纳茨基发现，在没有树木的路边，颗粒物含量是有树木列植的道路的 3 ~ 4 倍。在一些研究项目中，俄罗斯的调研人员检测了"卫生管控区"（Sanitary Clearance Zone）或称"绿化带"——有时在该国的工业区周围会建设这样的区带——范围之外的空气质量，宣称绿化带的种植使得污染物大幅减少。其中一项研究显示：在 500 米宽的种植区域内，二氧化硫减少了 22%，氮氧化物减少了 27%。

然而，植物本身可能会因叶面上收集到的那些微粒物质而遭受危害。这些微粒会阻塞气孔，令树木窒息，除非它们很快能被冲走。对于叶片敏感的树木以及叶片在树上生长超过两年的针叶树而言，这个问题尤为突出。诸如山毛榉、白蜡树、银杏、悬铃木、榆树等，所有这些每年都会生长出新叶的落叶树都属于叶质坚韧的树种，似乎对空气污染具有抗性。

植物清洁空气的能力表明，在目前缺少植物的地方——密集发展的城市中心以及工业区——恰恰应该有更多的绿色种植区，至少，我们应该沿着每一条公路和主要干道的边缘种植密集的乔、灌木。在这些地方，哪怕进行少量的种植，受益范围也会远远超出局地的环境；但是，我们必须小心谨慎，因为可能会发生意想不到的生态相互作用，而且这些作用并不总是有益的。在加利福尼亚州和内华达州交界处的塔霍湖流域（Lake Tahoe Basin），研究人员发现森林中排放的萜烯（Terpene，是一类广泛存在于植物体内

的天然碳氢化合物，并向大气中散发。译者注）与汽车尾气中的氮氧化物结合，会形成臭氧，而臭氧是该地区夏季主要的空气污染物。在这种情况下，植物似乎会导致空气质量问题，而不是有助于解决这些问题。由于萜烯本身没有污染效应，唯一的解决方案似乎就在于减少汽车尾气的排放量。

对水文循环而言，植物既是水流的载体，又是其调节器。树冠在降雨时会截留雨水，然后慢慢地将其释放到地面。树木在雨后的两或三个小时内通常会一直滴水；因此，雨水会有更多的时间渗透到土壤和地下水中，从而径流量会变少。与此同时，树木和其他植物的根系有助于就地固土，将侵蚀降至最低。

植物可以提供净化水质的生态服务。在自然界中，它们经常这么做。雨水中含有大量的硝酸、硫酸，以及铅、镍、铜等重金属，尤其是在工业区。鲍曼（Bormann）和利肯斯（Likens）基于投入产出的一系列研究得出结论：雨水在流经一个森林生态系统之后，大部分物质都被去除了，剩余的水相对清洁。当然，这片森林也许会遭受那些留下来的物质的危害，就像被酸雨污染的水体那样，这是我们无法忽略的事实。相比之下，如果同样的雨水落在了一片有铺装的城市地域，就会带走更多不同种类的颗粒物，并且当它流出这座城市时，水质会达到与二级处理后的尾水大致相当的水平。

这个净化作用在一定程度上是一个时间问题。砸到树叶或树枝上的雨滴大多会在那里停留一小会儿，在此期间，雨水携带的颗粒物会沉淀下来。一旦落到地面上，雨水会流过草丛、灌木和其他一些地被，这些地被会过滤掉更多的颗粒物。一些水会渗入土壤中，其中一部分被植物的根系吸收，支持植物自身的生命作用。由光合作用释放，并由叶片蒸发返回大气中存储的水分，有助于保持一定程度的大气湿度，同时提供了另一种从空气中去除微粒的方法——叶片上和大气中的水珠会吸附空气中的微粒，并将其带到地面上。

面对所有这些作用，我们应该认识到，植物的贡献并非总是有益的。在干旱的气候条件下，特别是当湿润地区的植物种植到干旱气候区时，植物的蒸发和蒸腾作用会导致严重的水分流失。水分流失的数量可能会非常大。在阳光明媚的夏日，1英亩的草坪可向大气中释放大约2400加仑的水。不用说，在水资源稀缺的情况下，尽可能地避免这种大量的水分流失是极为重要的。在半干旱的南加州为了减少蒸发、蒸腾造成的水分流失，有时候河岸地区的所有植被都被清除掉了。这是一个相当极端的举措，并且当我们考虑到那些植物所能提供的种种益处时，这也许还是一个站不住脚的举措。

●微气候调控

活着的植物主要通过降温来帮助调控微气候，最众所周知的方式就是拦截入射的太阳辐射，并利用其能量进行光合作用，或通过反射将太阳辐射分散开来（更简单地说，就是遮阴）。

由于用于光合作用的能量通常不及1%，因此控制辐射的主要手段是反射。反射掉多少能量取决于树木的形状。根据最可靠的估计，一株长满叶子的茂密的树木可拦截大约75%的入射辐射。对于那些特别茂密的树木，这个数字可能会上升到90%以上，而对于那些叶片稀疏的树木，这个数字可能会降至不到60%。落叶树在落叶期的反射率为30%～65%。

树木降低环境温度的第二种方式是在其树冠下方形成一片静风区。在一群密排的树木，例如一片森林中，热量发生交换并由此形成空气湍流的区域，是在其边缘附近。根据鲁道夫·

盖格（Rudolph Geiger）的实验，这种湍流区只会影响林冠的边缘，后者为林冠下方的静止空气提供了一个围合的边界（Geiger, 1965）。盖格发现，静风区的气温会比树木顶端低4℃。由于静风区所处位置与周边隔离，太阳辐射水平低，全天的气温变化，或者说是日间最高温度和夜

间最低温度之间的差异，林冠下方比其顶端要小5.4℃；因此，这些树木之间不仅气温更恒定，热惰性（Thermal Inertia，是表征围护结构内部周期性温度波衰减快慢程度的一个无量纲指标。热惰性越大，围护结构中周期性温度波的衰减愈快，围护结构的热稳定性愈好。在这里可以将林冠看作是围护结构。译者注）也更大。树木降温的两种方式有着显著的差别，后一种也许尤为重要，因为按照拉尔夫·诺尔斯（Ralph Knowles，美国著名建筑学教授，致力于节能建筑设计。译者注）的假设，环境应力（Environmental Stress，指一切自然或人为施加于植物而对植物造成影响的应力。译者注）可以通过影响力两端之间的环境差异来衡量，在这里就是温度差异（Knowles, 1975）。

　　植物降低环境温度的第三种方式是通过蒸发和蒸腾作用从叶面释放水蒸气。这些蒸汽可以冷却周围的空气，这种温度改变可能相当显著。迈克尔·雷利利用平卡德（Pinkard）生成的数据，估算出单株树木通过自身蒸发所能产生的制冷效果，大致相当于10台家用空调每天运行20小时（Reilly, 1976; Pinkard, 1970）。尽管要充分利用植物的这种制冷能力并非易事，但这显然具有潜在的节能作用。针对各种移动式住房（mobile home，美国一种经济实惠的住宅形式，可在工厂建成后，用大卡车将房屋整体或部分运到专门的配套小区进行安装并接通水电，购房价格一般在2万~5万美元，另需每月支付地租。房屋自带轮子，便于拖运搬家。译者注）进行的研究表明，借助精心设计的植物进行遮阳，可以将空调的能耗降低50%以上（Hurchinson, et al., 1982）；对于隔热性差的传统住房，也可以达到类似的节能效果；隔热良好的建筑物能耗减少会低一些，但通常仍然会超过10%。

　　在较大的尺度下，相较大多数建筑物、铺地形式与材质会加剧极端气候的情况，植物改善气候的作用使得城市中的植被区域往往会比建成区域更凉爽。在这方面最早也最彻底的一项研究是1952—1953年在圣路易斯市进行的。该研究证实了森林公园的冬季气温比大约5英里外的市中心区低13℃；到了6月，公园的气温比市中心区大约低9℃。由此，市中心区的气温似乎是在冬季更为宜人，而不是在夏季；所以，在建成区大量种植落叶树应该可以在保持冬季气温较高的同时，也为夏季降温。许多其他的研究显示了类似的结果（例如 Duckworth and Sandberg, 1954; Duckworth and Sandberg, 1954; Bernatzkv, 1969）。估计令城市热岛效应改观所需要的树荫覆盖率在20%～50%之间。

　　为了估测树木的阴影覆盖率，已经开发出一些计算机模拟程序，另外一些程序则可以估算树木对建筑失热或得热的影响。一旦这些程序的可靠性得以证实，就会非常有用。不过，植物的选择和种植定位要考虑很多因素，高精度地定量评估一个因素很可能会导致对其他一些至少同等重要因素的关注过少。

●生产力

　　大约12 000年前开始的农业发展也许是人类发展史上最具决定性的转折点。从那以后，人类出于自身的目的，以无穷无尽的方式和技术用植物进行生产。这些生产活动中有一些已

经破坏了景观，最终令土壤变得贫瘠。在地中海的周围不乏这样的例子，而其他一些地区，如北欧的大部分地区，已经持续生产了数千年。因此，我们有了一份长长的试错记录，可加以回顾，吸取很有帮助的经验教训。

接下来的那次农业革命——对灌溉用水的控制——始于首次转折之后大约五六千年的时候，并自此产生了最早的城市文明（Wirtfogel, 1956）。第三次变革是在又一个五六千年之后，这一次是将化石燃料中的能量投入生产之中。经过两个世纪的化石燃料时代，农业生产变得越来越专业化、机械化和规模化。就农场工人的人均产出而言，非常可观，但能源成本——按照我们已经讨论过的生态系统多样性与能源投入之间的关系——也是非常可观的。

在加利福尼亚州，农作物生产的平均能效约为0.6，这意味着农作物的卡路里含量约为生产所投入能量的6/10。考虑到运输和加工过程中所需的能量，最终放到餐桌上的食物所消耗的能量会数倍于其卡路里含量。随着化石燃料短缺的日益严重，其成本也相应增加，这个问题可能会变得越来越严重。食品和纺织纤维的价格同样会上涨，城市和郊区的土地可能会更多转向农业生产，这种现象曾经发生过。约翰·斯蒂尔戈（John Stilgoe，哈佛大学的景观发展史教授。译者注）阐述了在19世纪和20世纪初当食品价格上涨时，郊区菜园是如何随之猛增的（Stilgoe, 1982）。到20世纪七八十年代，类似的动向变得越来越明显，我们有充分的理由相信这种状况还会继续下去。理查德·迈耶（Richard Meier，著名的美国现代建筑师。译者注）预测，在日常饮食中热量值大约1/3、经济价值超过2/3的部分，最终将在城市中产出（Meier, 1974）。

以这种方式让人们重新接触到他们的食物来源，不仅丰富了景观，往往也会使城市生活更加丰富多彩。正如奥尔多·利奥波德（Aldo Leopold，美国享有国际声望的科学家和环境保护主义者，被称作美国新保护活动的"先知""美国新环境理论的创始者"。译者注）在半个世纪前所说的那样：

> ……面包和美景同在，才能生出最好的滋味。二者和谐共融使得经营农场不仅是一门生意，也是一种艺术；土地不仅是一个食品工厂，也是一个展现自我的手段——每个人都可以在土地上演奏自己选择的音乐（Leopold, 1933: 642）。

在城市和郊区景观中利用生物生产力的可能性远远不止是后院的菜园。事实上，在农业生产所需的4种基本资源（土地、水、营养物质和能量）中，除了第一种，城市景观都有丰富蕴涵：水和营养物质可以从通常没什么用处的污水尾水中大量获得；能量有多种形式，其中大多存在于通常被视为废弃物的各种物质中——有机垃圾、残渣和修剪下来枝叶，甚至会产生热岛效应的散逸热也会有一些用处。按照兰茨贝格（H. E. Landsberg，美国大气科学家。译者注）的说法，在城市环境中，如果发现植物的生长季节延长了3～4周，并不稀奇（Landsberg, 1956）。

然而，这些资源中最重要的就是高品质的人工能源。在这方面，城市面对的尴尬问题是能量过多，而又一直没有学会如何充分利用过剩的部分。凭借科学知识进行细致的管理，城市中单位土地的产出可以比集约度较低的农村地区高几倍。生物性生产是利用城市中过剩的管理技术和劳动力供给进行有益工作的一种方式。在此过程中，土地短缺的问题也可以在某种程度上加以解决。

生物生产力可以成为城市景观结构不可分割的一部分。北克莱蒙特和大学村的研究案例（分别参见第235～237和145～147页）展示了与之相关的几种做法。如第四章所述，大学村的设计方案来自对在城市中生产粮食以供应小型社区所需的所有技术可能性的一项探索工作，可以持续满足社区的需求，相当具有可操作性。该方案要求有一个可以仔细控制能量流和水流的系统，而这需要有多样化的动植物群落结构。

在北克莱蒙特的案例研究中，一系列的假设情景构成了未来可能在多种场景下开发形成的郊区景观意象。如果能源和水继续以极低的价格大量供应，则可以细分成 1 英亩的地块；如果粮食短缺广泛发生，则可借助集中管理的小型农场型社区。从前者到后者构成了未来场景的可变区间。第一种场景展现了一种与城市发展相关联的松散的生态结构，而第二种场景则是一个具有非常密切相互作用的、为实现高生产力水平而设计的生态结构。与自然生态系统相比，后者具有一种相对简单的生态结构；但与传统农业相比，这个结构则具有相当的多样性。

除了这些颇为专门化的环境，食品生产还可以与植物的其他一些作用相结合。中国需要以贫瘠的资源支撑起众多的人口，这激发了一些做法，对世界上的其他一些地方也可能会非常有用。在中国，生产和消费相结合既是意识形态领域的一个目标，也是公共政策方面的一项事务，尤其是城市公园就遵循了这个思路。盖伦·克兰茨（Galen Cranz，加州大学伯克利分校的建筑和城市设计教授。译者注）给出了这样的描述：公园的山丘上可能是一片茶园，而有一片树丛则可能是香料园或果园；公园里收获的竹子可用于建筑施工；至于在湖水中，中国人种植、养殖了可供食用的白莲、螃蟹、蚌类和鱼类；出于美化而种植的树木紧挨在一起，因而长大后就可以砍掉一些用作木材。在北京颐和园，按照经济计划，工人们在各个节日期间会进行每年五六次捕捞，将捕获的鱼供应市场；每年可以从杭州西湖——只是一个旅游景点——捕获 15 吨的淡水鱼（Cranz, 1979: 4, 5）。

在生态结构上附加一个与人类生活相结合的维度，这是一种与西方城市公园或城市迥然不同的生态结构。事实上，中国城市人口消费的蔬菜，有 85% 以上都是在城市地域内种植的。上海和北京种植了自身所需的所有蔬菜（Hough, 1983. 此说法与实际情况有一定出入。译者注）。

城市中的森林同样呈现了相当多的可能性。芝加哥市已经在尝试将枯死的树木磨成木屑，供应屋顶材料市场。也许，城市中的所有树木都可以遵循持续产出的原则进行管理（Hartman, 1973）。另外一些城市正致力于木柴生产。这些努力最终能否对我们这个时代巨大的能源需求有所帮助，仍然是一个悬而未决的问题，但看起来是很有可能的。

●视觉关系

人眼对波长为 553 微米的光——一种黄绿色光，大致相当于植物叶色的平均波长值——最为敏感，这并非巧合。人眼的生理结构是长期进化发展而来的，在此期间，几乎一直暴露于绿色的景观之中。除了人脸之外，我们最重要的视觉图像可能就是绿色的景观了。

虽然绿色景观对于人们情感健康的重要性早已得到广泛的认可（Lewis, 1979），但纵观历史，人类对于特定类型的景观的看法并不是一成不变的。观念和态度会有很大差异。例如在中世纪，森林被认为是魔鬼的居所，令人恐惧，人们要么避之不及，要么一旦有机会就要彻底清除，将其耕作成农田。直到 17 世纪，欧洲才出现了对于风景的热衷，正如在山水画中所反映那样。当然，那个时候的自然景观已经所剩无几了，都已经为人类所掌控，没有什么可害怕的了。

中国和日本的山水画传统可以追溯到更早时期，尽管有时候有人会说，那些山水画代表的是人与自然在哲学上的而不仅仅是感性上的关系，在那些早期的东方山水画中，微不足道的人影——僧侣，或者也许是诗人——在云雾迷茫的大山中孑然而行，似乎刻画出了一种令人很容易理解的、对天人合一的追求。

毫无疑问，现在我们对于绿色景观的关注有着根深蒂固的哲学意味。正如勒内·杜博斯（Rene Dubos，世界著名微生物学家，环境保护主义者。译者注）指出的那样，在那些最为信誓旦旦地宣称要捍卫大自然的人中，很多人鲜少会感受到它的变幻莫测。的确如此。一些最为激烈的环境保护斗争已经不仅仅是着眼于风景价值的潜在损失了。

虽然通常认为美景的价值是显而易见的，但是也要认识到我们所看到的并不只是美观的因素，还有其他的刺激因素，这非常重要。有时候在保护美景的倡议中，人们会清晰可辨一种逃避现实的意味——"自然之美"颠覆了"丑陋的城市"。在对景观偏好度的研究中，人造的景观要素的得分几乎总是远远低于自然要素。

在大多数诸如此类的研究中，帕提农神庙或位于苏尼恩的波塞冬神庙（Temple of Poseidon at Sounion，希腊最著名的海神庙。译者注）很可能会比北达科他州的荒地更容易被列为"视觉体验不令人满意的景观"。

不仅是美观与否的标准令人质疑，还有一个重要的准则是评价成败的关键。视觉景观的关键作用之一是传递信息。百万年前，人类个体通常要凭借仔细观察景观后得出某些信息，才能存活下来。杰伊·阿普尔顿〔Jay Appleton，著名地理学家，提出的"瞭望-庇护"（Prospect-Refuge）理论被广泛应用于环境心理学领域。译者注〕阐述了"瞭望"和"庇护"场景对于我们进行视觉景观感知的重要性——历久弥新、深深印刻在脑海中的景象，在适当

的时候，一旦有了一个瞭望-庇护的场所，就可以更长久地存在下去（Appleton, 1975）。我们从某一景观中提取的信息仍然有着继续存在的价值，这是完全有可能的。抛开古老的符号、标记不说，景观也可以告诉我们很多关于各种人类支持"源"的信息，在某种程度上，对于整个社会也不失为一种正确的做法。

为了说明这一点，让我们回想一下怀特沃特汇流区研究案例（第123~134页）。还记得棕榈泉市民出于不遮挡山景的意愿而反对建风力发电机的那些意见吧，考虑到那里是一个度假社区，人们由洛杉矶大都市区和其他的城市车行不同的时间而来，这种意愿是完全可以理解的。而且，人们还可以振振有词地争辩说，至少在某种程度上，风力发电机应该是让人可以看见的，我们不仅应该能够看到所用的能量来自哪里，还应该确确实实地有意识地接受它。对我们来说，了解一些关乎自身的生命支持系统的知识非常重要，而且大部分这样的知识都可以通过观察其如何在景观中运行而得到。这并不是说我们应该允许这些事物去压制景观，或令景观变得难看，事实上，风力发电机也可以很漂亮。拜风车所赐，荷兰的风景曾经拥有一种与众不同的、由风车转动带来的美感。那些风车不仅有着优雅的形态，还传递着一些与复杂的水利系统相关的信息，而这种水利系统令这个国家得以保持在水平面之上。

其他一些人造特征物，如电力线，也会遇到同样的争议。人们花费了大量的心思将输电线隐藏起来，这些心思如果花费在对这些输电线路进行设计，将它们作为景观表现的补充要素，可能会更好。关键在于这些人造特征物是各种人类生态系统的基本结构要素，如果在对这些系统进行管理时想要做出正确的决策，这些人造特征物就应该成为我们所关注的一部分。

虽然显然会有一些美景不应该受到侵犯，但是全部隐藏起来是对现实的逃避，审美品位也颇为糟糕。

现在在进行各种用地决策时，人们越来越认识到风景价值的重要性，尽管并非因为上述原因。随着美国林务局和土地管理局的"视觉资源管理系统"（Visual Resource Management Systems，后简称"VRMSs"）得到推行，"视觉质量目标"（Visual quality objectives）已经纳入公共政策事务中。VRMSs试图按照一系列既通用又非常简单的分析标准对各种景观的视觉质量进行分类和评价。尽管给自然定等级以及试着对毕竟是主观的、感性的、不断变化的种种关系进行客观的评判，会事关很多哲学问题，但这些是我们目前仅有的、可用来处理视觉资源的有效技术手段。

然而，VRMSs聚焦于那些传统的视觉构成要素——线条、形态、色彩、肌理等——意味着这些要素本身就是评价的目的，而不是更深层次的景观特质的指示标志。因此，如果去除景观这种传递信息的能力（这是视觉景观的第一个重要特质，译者注），并且对千变万化的环境采用统一的分类和评价标准，就极有可能会失去独特的场所特质。

地球上的每个地方都有着一系列独特的由自然进化和人类开发共同作用而产生的特质，这些特质将此地与其他所有场所区别开来，并且被生活在那里的人们视为"独一无二"。这种人地关系一直为文学和绘画作品所称颂，并且对于我们与这个世界的关联感而言，似乎也是极为重要的，尽管这很难加以证明。"促使一个环境转变为一处场所的因素"，按照勒内·杜博斯的说法，"是对其进行深入体验的过程——不是作为一个物体，而是作为一个活生生的生物体进行体验"（Dubos, 1980）。

视觉景观的另外两个重要的特质是其赋予生态秩序和产生象征意义的能力。也许利用植物将潜在的生态秩序显化的最早例子就是已经提及的树篱格局，在英格兰和北欧这些树篱标示出了道路和庄园的边线。还有很多其他的例子，特别是在我们的城市中，一排排树木标示出了主要的林荫大道，一片片鲜花为重要的十字路口增添了色彩，在入口处还有一簇簇的灌木……所有这些都有助于在环境中创造出一种秩序感和连续性。否则，环境往往是不连续的、随意的，甚至是杂乱无章的。

植物作为象征性符号加以运用可以追溯到更早的时候。在远古文化中，一株特定的树木或一组树木常常具有深刻的精神意义——某个神灵的居所，或者也许其本身就是神。古希腊人有自己的"圣林"（sacred groves，古希腊人认为的神明住所，加以围护，不得擅闯，以免招致神怒，经过的动物会被拿去祭祀。译者注），犹太人有"善恶果"树（Tree of the Fruit of Good and Evil，犹太教《希伯来圣经》中记载的伊甸园中生长禁果的"分别善恶树"。译者注）……园林成为具有复杂象征性的表现形式。古巴比伦的空中花园（Hanging Gardens of Babylon），如果我们能相信这个传说的话，是尼布甲尼撒为他妻子建造的，以平复她对家乡的葱郁山林的极度思念。西方的造园传统始终深深影响着我们的景观，为人与自然之间的复杂关系赋予形态。在凡尔赛宫，安德烈·勒·诺特设法将生态秩序和象征性符号进行融合：由于从数学和科学方法中获得了对自然的清晰认知，他将笛卡尔（Descartes，17世纪法国哲学家、数学家和科学家，被誉为"解析几何之父"。译者注）对几何形态的那份狂热变得有形。从潜在的生态秩序去理解，自然被视为基质。英国的自然风景园呈现的是一种理想化的田园风景，看上去比法国的园林更为自然，但实际上相差无几，至少同样是人工建造的；正因为其各个部分之间缺乏相互作用，就生态结构而言，它也是简化了的。日本园林有大量暗示和细微之处，可能是最完善的象征性景观——寥寥数石即可令人想起一座山脉；一组植物和水景即可引发人的遐想。

从某些方面看，我们对自然的看法与这些看法相一致，但从其他一些根本的方面看，却又截然不同。由于有了科学，我们得以用不同的方式感知自然，但几乎不能很好地表达我们的看法，或说清楚这些看法表面之下所隐含的内容。对我们来说，重要的是要认识到人造景观与自然景观是根本不同的，因为它是出于人类的目的而形成的，而这些目的中包含了以抽象的形式表现文化意义的需求。

因此，在当前的语境下，视觉质量是通过将景观潜在的生态结构变得既可见又富有意义，而不仅仅是达到漂亮就完成任务了。

●情感满足

尽管我们中的大多数人都在人工环境中度过了大部分的时光，但人类这一物种是在自然环境中进化产生的。通常认为，经过百万年的进化，我们的祖先已经对绿色植物产生了特定的情感依恋，与已经讨论过的视觉依恋一起，依然是人类最根本的特性，这也可以解释大多数人对植物的感受。查尔斯·刘易斯（Charles Lewis）写道，"植物向我们展示的是一种长久的生命形式，并由此带走了一些迫在眉睫的焦虑和烦躁。"

（Lewis, 1979: 334）

虽然对这个问题的研究还很有限，但通过园艺劳作与植物进行实实在在的接触会让人产生极大的满足感。若干个由政府资助的、旨在推进在低收入街区开展园艺活动的计划，都收获了更多的社区自豪感和社交互动关系，而破坏公共财物的行为则减少了。尽管种种行为变化业已记录在案，但园丁们往往将从事园艺工作

的最大收益描述为一种安宁感（Lewis, 1979: 335）。即使没有切实地参与园艺活动，只是身处植物之中，似乎也会生出同样的感受。

对各种生态相互作用进行设计

我们可以将植物与人类之间的各种相互作用概括如下：

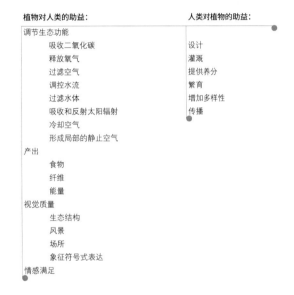

植物对人类的助益：	人类对植物的助益：
调节生态功能	
吸收二氧化碳	设计
释放氧气	灌溉
过滤空气	提供养分
调控水流	繁育
过滤水体	增加多样性
吸收和反射太阳辐射	传播
冷却空气	
形成局部的静止空气	
产出	
食物	
纤维	
能量	
视觉质量	
生态结构	
风景	
场所	
象征符号式表达	
情感满足	

在城市化进程中，由于乡土植物群落不再起到第一栏所列的那些作用，所以要么人为地进行（洪水和微气候调控），要么转嫁给远处的景观进行（食物、纤维、氧气的生产和风景的展现），或者压根不进行（水体的过滤和一小部分二氧化碳的吸收）。在每一种情形下都会耗费能量，并对主体景观和提供资源性输出的景观造成各种的不良影响。

显然，如果人类的活动高度集中，大量的物质流和能源流加速运行的话，植物群落就不会像在自然生态系统中那样在人类的生态系统中顺利发挥作用。然而，正如上述案例所证实的那样，植物群落还是可以做出重大贡献的。

随着能源和水资源供应变得短缺，我们会越来越多地依靠植物来发挥作用，通过拓展、加强和丰富人类生态系统结构的方式。这一切都已经开始了，正如都市农业的增长、世界各地的各种再造林项目、减缓城市径流的种种努力（由大量的，尤其是美国西部的"零外排"法规体现出来）、被动式太阳能技术的研发，以及"视觉资源管理"所表明的那样。然而，不幸的是，人们习惯于一个问题只有一个解决方案的思维方式，由此产生出他们想要规避的状况——缔造出了种种目标单一、物种之间缺少相互作用、因而生态结构也不堪一击的植物群落；因此，在上述这些方向上大多数的努力都成效有限，抑或注定失败。

●树种选择的标准

植物在维护健康的生态环境方面作用显著，以致成为人们种植更多植物的理由；然而，除去上述好处外，种植更多植物还会带来更多的后果。植物也会产生不良影响，例如塔霍湖的萜烯排放，以及在干旱的气候条件下植物所产生的蒸发、蒸腾水量损耗。此外，植物还会产生成本，例如养护、施肥，以及清理城市区域的枯枝落叶所发生的费用等。相比栽培一株树木所花费的成本，种植更多植物所耗费的时间和空间代价更为高昂：大多数树木生长到能够产生预期效果的大小，至少需要数年的时间，并且树木会占据大量的空间，而越是空间紧缺的地方，特别是在城市环境中，越是需要树木。因此，选择能够达到预期效果的树种就成为一件非常重要的事情。

尽管人们早已认识到有必要选择植物以适应特定的土壤条件和宏观、微观气候条件，但是按照植物的环境调控能力进行选择则极为罕见。不同的植物有着不同履行生态服务的能力，取决于其外观尺寸、生长习性，以及叶片的大小和质地等生理特征。

另一个考虑因素是一株植物具有发挥不止一种生态作用的能力。为什么单株树木就不能用于过滤空气和水体、降低环境温度、产出果实，并形成视觉焦点？这毫无理由。将适应当地环境条件并与人类和其他物种有着充分相互作用的多种植物纳入有内在聚合性的群落中去，是令各种人工群落获得更具可持续性的生态结构的最佳方式之一。

然而，更常见的情况是，植物的选择是出于更少或者单一的原因。当伊拉苏火山于1962年在哥斯达黎加的中央高原上喷发时，熔岩在山坡上流淌而下，火山灰在该国大部分地区漂浮，遮天蔽日达数日之久。以平方公里计的雨林和农田被覆盖、吞噬。于是，哥斯达黎加政府决定尝试以生产林取代大部分原始雨林。在对国际林业专家的咨询和帮助下，他们种植了20多种不同种类的林分。这些品种的选择是基于速生性、木材市场销售情况，以及苗木的获取渠道而定的。所有人完全不熟悉这片景观（这些树种大多是松树和桉树类），20种林分中甚至没有一种是这片雨林群落的成员，或与这个自然群落的其他动植物有任何关系。

这是关于树种选择问题的一个小小的例子，但这个问题可能将会成为一个全球性问题。未来几十年，各种重大的再造林项目可能会变得更为寻常。新近的全球森林调查表明，地球的陆地面积只有约29%是有森林覆盖的，这意味着自人类出现以来，地球上的森林减少了一半，而减少的大部分原因——不说是全部原因——在于人类的破坏性活动（Eckholm, 1976）。在许多欠发达国家中，成片的砍伐仍在快速推进，据《2000年全球报告》估算，净毁林率为每年1800万～2000万公顷（约合4500万～5000万英亩），致使全球森林覆盖率到 2000 年将从 20% 下降至 17% 以下。不过，与此同时，在过去几个世纪一直砍伐森林的一些国家，现在则正致力于重新造林，其中有几个国家行动非常迅速。中国自 1945 年开始的再造林计划可能是最雄心勃勃的。1982 年，中国的全国人民代表大会开启了大规模植树运动的序幕，让每一个身体健全的中国公民都加入进来，每年总计要种植 30 亿棵树。如果这些目标都能达到，这项运动将在 3 年内将被森林覆盖的土地面积从 12.7% 增加到 20%。

西欧的大部分地区在 17 世纪之前一直砍伐森林，而重新造林则已经开展了 100 多年。勒内·杜博斯描述了拿破仑时代在朗德省（Les Landes）广阔的沼泽地中种植松树的事情（Dubos, 1980）。法国农业部目前正在阿雷峰（Mont D'Aree）地区启动重新造林的工作，涉及数十万公顷，而出于经济原因，大约 60% 的树种将是北美云杉（Sitka Spruce），其余是其他的针叶树。由于早已被伐除的自然群落是橡树和山毛榉林，这种森林的动植物种类，尤其是鸟类品种比其替代物种要丰富很多，所以当地居民和一些环保团体出于生态和美学的考虑进行了抵制，但似乎收效甚微（Saurin, 1980）。

这种情况并不鲜见。用木材市场上易售的速生树种进行再造林，这种诱惑不难理解，但是重新造林也会形成各种生态相互作用，并能丰富全球的生态系统，这一美好的前景也不容忽视。

●对各种生态相互作用进行预测

为了使得单一效益最大化，常规设计的一种替代性做法就是要允许有更多的生态相互作用。当然每一次都会有某一些相互作用相较其他的作用更加重要，重要性会有所不同。不过，还需要考虑到成本。生态环境类型和所涉植物的适应性不同，成本也会有所不同。

对于更为详细的设计，我们需要考虑群落中所有优势种的作用以及它们的生态相互作用。要了解这些相互作用可能会很困难，因为在许多情况下我们对它们知之甚少；但是，我们可以在这里以一种会对设计有所帮助的方式，再次概括一下这些相互作用的复杂关系。第 159 页上的图表概括了为西蒙住宅而设计的植物群落中的各种相互作用。在这片坡地上，土壤持水量和地表径流控制是重要的考虑因素，而且由于是半干旱的生态环境，微气候调控也是一个值得关注的问题。业主夫妇是经验丰富的园艺师，他们想在这块土地上自己种植大部分的水果和蔬菜，并对其美观特质也非常重视。

该场地位于河滨市（City of Riverside）郊区，整个区域曾经被柑橘树覆盖，街对面还残留了一大片橘树林。沿着场地南部边界的山脊，是一片明显不同的乡土植物群落——查帕拉尔群落。

因此，问题就在于如何形成一个植物群落，并使之具备上述更多的相互作用，除此之外，如何才能很好融入既有的自然历史环境，也是一个问题。第 158 页展现了回应这些要求的设计方案：一大片鳄梨树林占据了场地的北部，体现出一种与街对面的树林相连的感觉；鳄梨树林以南，在通往山脊的坡地上，种植了查帕拉尔群落的乡土种，这与自然景观形成了一种联系；鳄梨树林逐渐过渡到一片生长着各种柑橘树和其他果树的树丛，里面是相当大的一片园地，种植了芦笋、蔬菜和药草，还有一片缓坡长满了草莓；较陡的坡地上由更具抗性的固土地被 [主要是矮狼刷（coyote bush）] 护坡；住宅南面所有墙体外遍植落叶树；茂密的灌木丛掩盖了大部分西墙；在台地的周围，通过玻璃幕墙可以看到的地方集中栽植杜鹃花、蕨类植物和其他一些植物，纯粹出于美观而进行的排布。

这些区域需要持续不断地投入水和能量才能维系下去，不过面积非常有限。除了最后这一组植物和产出食物的植物之外，其他所有植物都是因为需水量小而入选的（在这种极其干旱的气候条件下，水资源是最大的限制性因素）。

　　这个群落的基本生态结构用图表以简洁的形式加以表达。在这1英亩大小的土地上，我们拥有了保护性、生产性，以及"二者相折中"的景观区域，这些景观区域融合在一起，构成了一个生态结构单元。利用图表之类的手段可以帮助我们认识到各种可能具有的生态相互作用，从而有针对性地进行设计，同样的做法也适用于更大尺度的项目。

第十二章 生态结构·为动物而设计

常规情况下，人类与野生动物的关系远比与植物的关系来得疏远。这导致人类生活中一些令人遗憾的缺失，因为野生动物的出现可以带来很多的愉悦——看到它们，哪怕只是靠近它们，抑或只是知道它们在那里，大多数人就会感到与大自然有了关联，这是一种无法替代的、与生俱来而又历久弥新的悸动，就算是植物也不行。在丛林中遇上一头鹿或在城市公园中遇上一头土狼或狐狸，人会莫名地心满意足。"一旦百兽消亡，则人类必因精神寂寥而死"——1855年，杜瓦米什部落的西雅图酋长曾以此话回应皮尔斯总统 [Duwamish tribe，是曾经聚居在美国西雅图附近的印第安部落，1851年，最早的白人移民至此，想要购买这片土地，遭拒后，美国政府也提出收购。当时的部落酋长是 Sealth (Seattle)，他公开回应时任总统（Franklin Pierce），拒绝并宣讲了部落传统的生态智慧，成为最早探讨人与自然、人与记忆关系的著名篇章。后西雅图市以他的名字命名。译者注]。

可悲的是，当人与野生动物之间发生相互作用时，这些作用往往会带来扰动，甚至是破坏性的。某种野生动物也许无法为我们所控，这样的事实令人心生恐惧。各种动物并非故意地造成某些严重的破坏，而且毫无产权或法制道德的观念：熊会闯入露营地，毁坏食物和帐篷；北美浣熊会在城市的边缘区域撬坏屋顶，破坏围栏；土狼会吞食宠物猫。

因此，大多数人对于野生动物的态度是颇为矛盾的。我们重视它们的存在，而且我们知道在较大的尺度下，它们是生物圈必不可少的要素，我们需要它们。从理智上讲，我们知道保护动物很重要；但是，当它们靠得太近时，我们常常会紧张不安，既恐惧又兴奋。

在人类的情感生活中，宠物也许充当的是

野生动物的可控替代品；但是，宠物与生态系统结构的相互作用是微不足道的，除了有可能成为寄生宿主之外，并没有生态学上的重要作用可言。

鉴于野生动物具有情感和生物学方面的作用，并且它们的生活环境在很大程度上可以为人类所掌控已成为客观事实，动物生境的设计就成了一个重要的问题。在较小的尺度下，有一些方法可以形成适当的交界区域，以此来缓解人与动物之间的紧张关系。在更大的尺度下，我们可以重点致力于物种保护，这也意味着对生物圈进行保护。

人类生态环境中的动物

尽管我们通常没有意识到，但野生动物一直与我们同在。许多研究都证实了这个事实。例如芬兰动物学家努尔特瓦（Nuorteva）比较了赫尔辛基市中心区域与乡间农田、无人居住的森林中的鸟类种群后发现，一方面，城市中每平方公里的鸟类数量是乡村地区的3倍，并且差不多是森林覆盖的荒野地区的4倍。更令人惊讶的是，如果以每公里千克计，城市中鸟类的总生物量大致为乡间的7倍，几乎是森林中的10倍。也就是说，城市中的鸟类远远多于乡间或森林，并且这些鸟的平均大小超过其他两个区域的2倍。另一方面，城市中的鸟类品种较少——只有21种，而乡间有80种，森林里有54种。最令人惊讶的是，多样性最突出的是乡村地区，这可能是农业生产活动产出大量各式各样的食物所致。不管怎样，人类对鸟类种群的影响并不完全是破坏性的，至少在这个案例中是这样，而其他一些研究也生成了类似的结果。

然而，这并不意味着处于人类生态环境中的野生动物就安然无恙了。物种多样性的欠缺反映出了很多问题，无论是对于更为庞大的、遍布于城市乃至最偏远荒野的野生动物网络，还是对于人类种群而言，这些问题都极为严重。

人类对土地的开发利用也许改善了某些物种的生境，但也破坏或消除了其他一些物种的生境，而且为许多外来的驯化物种创造出了生境。一般来说，对于顶级食肉动物，特别是那些体型较大的专性（specialized，指一种生物单一地以另一种生物为食。译者注）捕食者，开发会令其生存变得尤为困难，而对于较小的杂食性动物、特别是那些不那么专性并能适应各种食物和地被环境者，开发则会缔造出各种诱人的环境条件。

例如狼和美洲狮需要大片的觅食区域，完全无法容忍人类的出现，结果它们被从自己的大部分自然栖息地逐离；有一些熊类尽管需要大片的林地提供掩蔽，但仍愿意靠近人类生活，它们很少冒险接近城市区域，但会经常聚集在国家森林里的露营地或度假小屋附近，成为以人类垃圾为生的食腐动物。城市地区似乎对于狼、美洲狮或熊等动物不具备吸引力。相比之下，土狼可能是所有食肉动物中最适应城市环境的，它们大量栖息在美国西部城市的边缘地带，有时甚至在洛杉矶市中心繁忙的街道上都能看到（Gill and Bonnett, 1973）。

有一些食肉性鸟类，如鹰类，在城市中极为罕见，而其他一些如红尾鸢和白尾鸢，则想方设法生存了下来，但数量大为减少。有时候，它们会发现城市中的某些环境条件，无论与野外有多么的不同，仍然可以满足它们的需求。在加利福尼亚州，高速公路是白尾鸢理想的猎食地，人们经常可以看到它们在车流中翱翔，时不时地向在草地边上蹦蹦跳跳的小型啮齿动物猛扑过去。猫头鹰总是在夜间活动，经常在城市中较为安静的地方繁衍生息，当周围无人打扰时，它们就在那里觅食。

然而这些都是特别的例子。总体上讲，城市地区的食肉动物要少很多；因此，被捕食动物的种群会迅速增长，常常根本无法进行自然控制。在城市中，体型较小的鸟类和鼠类可以从人类那里获得丰富的食物供给，还有极其多样的由各种构筑物和观赏植物组成的掩蔽体。这些小型动物经常会被人们有意或无意地从一座城市带到另一座城市，以至那些适应性强的物种在世界各地的城市中迅速繁衍。在这些几乎无处不在的物种中，常见的有椋鸟、英国麻雀（即家麻雀。译者注）、黑家鼠、挪威鼠（即沟鼠。译者注）和家鼠。这些物种都居于"最麻烦"的动物之列，这并非巧合，它们往往会以惊人的数量繁衍增长，侵占其他适应性较弱的物种的生存空间，有时甚至令本地种完全灭绝。例如椋鸟常常会被人指责，因为它们会将大量不那么具有侵略性的鸟类（包括蓝鸲、北美山雀、五子雀、燕子、鹪鹩和啄木鸟）驱逐出巢穴（Martin, et al., 1951）

在那些中型的介于顶级食肉动物和最小的啮齿动物之间的哺乳动物中，人工建造的生态环境对于某些物种而言是友好的，而对于其他一些物种而言则是严酷的，这种差异似乎关乎这些物种的行为方式。浣熊有着极强的适应性，学会了如何从人类的领地中最匪夷所思的犄角旮旯搜寻食物，甚至会利用人类的工具和器皿令自己获益。相比之下，看着和它很像，但体型更小的环尾猫（即蓬尾浣熊。译者注）则极易受惊，鲜少能在城市化进程中存活下来。其余一些学会由人类出现而获益的物种还包括负鼠和条纹臭鼬等。

野生动物的需求

保护野生动植物多样性这个全球性的迫切需求，不仅需要有一些保护性的举措，还需要有设计各种生境以及整个生态环境的能力。如果没有那张提供日常所需的相互作用网络，物种就无法生存；如果不认真对待生境设计，人类对土地的开发利用就会经常性导致广生性物种（generalist species，指对光、温湿度、盐分、食物等环境条件适应幅度较大的物种。译者注）取代原生物种。虽然要设计出具有多样性、平衡性，以及具有相互作用的动物种群要比设计植物群落更为复杂，也更具不确定性，但生境设计与植物群落的设计密不可分。

由于缺乏直接的相互作用途径，我们通常只能间接地为野生动物而设计，即通过创造或提升——或者消极地说，是通过消除——动物所需的各种环境条件来进行设计。这些所需的条件包括食物、掩蔽、水源和领地，并且每个物种的需求都与其他物种略有不同。因为对食物和掩蔽的需求主要由植物来满足，所以对野生动物种群的控制主要通过控制植被来达成，即通过以何种形式、种植哪些植物品种来达成。

●食物需求

顺着食物链的每一级往上，都会流失很多能量；因此，在任何一个生态环境中，食草动物（以植物为食的动物）总是多于杂食动物（既吃植物也吃肉的动物），杂食动物总是多于食肉动物（以肉类为食的动物）。例如植食性的骡鹿大致需要 2 平方英里的领地，而体型较小的食肉性的土狼则需要至少 20 平方英里的领地。如果动物所拥有的空间少于其所需，就可能引发各种问题。太多骡鹿会啃光其领地内的所有植被，留下一片光秃秃的景观，如果是在城市或郊区，它们就会一路啃食所有进得去的花园。一旦空间紧缺，种群数量就会减少；因此，求取种群数量和觅食地面积之间的平衡非常重要。在自然区域中，组合多种捕食方式并限制食物的供应，可以令每个物种的种群数量得到控制。在人类生态系统中，人类活动改变了自然的控制方式，往往就有必要施加一些管理性的控制了。

●掩蔽需求

一般而言，掩蔽意味着加以保护，从而免受极端的天气、狩猎的目光，以及其他可能构成危害的任何事物的影响。对于大多数物种来说，植物就是掩蔽物，尽管一些较小的动物也能够在无数的狭小空间中找寻到庇护处。例如椋鸟和鸽子就是出了名的机灵，会在阁楼的通风口、有遮挡的窗台上和建筑物的其他部位找寻掩蔽。在几乎要被 DDT（化学名为双对氯苯基三氯乙烷，是 20 世纪上半叶广泛使用的有机氯类杀虫剂，由于其对环境污染过于严重，目前很多国家和地区已经禁止使用。译者注）赶尽杀绝之前，游隼常常会在纽约那些摩天大楼的狭窄的窗台上找到足够大的掩蔽空间筑巢。

为了筑巢，大多数动物需要极佳的私密性和庇护感以躲避形形色色的捕食者，因而要求有最隐蔽的掩蔽场所。那些希望有一览无余的视野以便觅食的鸟类会避免在有任何人类活动或定居迹象的地方筑巢，保护幼鸟是其首要需求。

大多数物种为了进行各种活动而寻求掩蔽。奥尔多·利奥波德列出的各种掩蔽作用，包括有庇护、逃生、躲避、游荡、巢居、栖息、遮阴和挡太阳（Leopold, 1936）。加州鱼类和野生动物保护局曾列出鹌鹑进行 5 种不同活动——巢居、游荡、逃生、栖息和觅食——所需的不同类型的掩蔽环境，每个类型都有明显不同的要求。这些要求中的大多数都可以通过低矮的灌木植被来满足，其他大多数的野生鸟类和小型哺乳动物的掩蔽要求也可以同样得到满足。如果还有各种各样的落叶、枯木和腐烂木、岩石，这样的环境将会成为各式各样体型甚至更小的生物种群，包括昆虫、两栖动物和爬行动物的藏身之处。

当然，低矮或者稀疏的植丛并不能为诸如梅花鹿、麋鹿，或驼鹿这样的大型动物提供足够的掩蔽。这些动物靠的是自己的灵动加上相当密集的森林植被来得到保护。满足这些不同要求的一个解决方案是在林地中进行砍伐，清理出空地，使得阳光能够到达地面，从而促使低矮的灌木植被生长。接下来，形形色色的小动物群落就会茁壮成长，特别是在林中空地的边缘附近，而体型较大的动物群落则会在更为茂密的树林中栖息。我们可以想见，在任意两种不同的生态环境的交界处，都会有大量不同的野生物种繁衍生息。

猛禽通常喜欢在高处筑巢，例如靠近林中空地的高大树木，在那里它们可以看到地上的猎物。夜鹰已经适应了城市的环境条件，习惯于在多层建筑平坦的砾石屋面上筑巢，并在附近的树木上栖息。在底特律进行的一项研究发现，该市某些地区的平屋顶数量与夜鹰种群之间密切相关（Armstrong, 1965）。

●水资源需求

第三个主要需求——水，其重要性因物种而异。大多数吃嫩叶的动物，如梅花鹿、麋鹿，以及一些像啮齿动物和兔子之类的体型较小的食草动物，可以从植物的叶片中获取所需的水分，而其他动物则需要饮用水源，还有一些动物需要有水域。正如我们所看到的，湿地对于水禽的生存至关重要，而水禽大部分都是候鸟。

在干旱和半干旱城市，野生动物的多样性差不多是和可以获取到的水量成正比的；在其他地区，水资源虽没那么至关紧要，但仍然是很重要的。因此，为野生动物而设计，就与水资源规划密切相关了。让水流在地表漫流开来，减缓其流速，可以确保更长时期的用水，哪怕是在较为湿润的地区也一样。在马里兰州的哥伦比亚市，野鸭最初就是在施工期间为了减少土壤流失而建的沉淀池中繁衍生长起来的。在环境条件相差甚远的西部煤矿区，同样的迹象也已初露端倪，不过是在为了接纳采矿区地表径流而挖掘出来的沉淀池中。然而，混凝土砌筑的水渠、池塘，以及硬质驳岸的湖泊对野生动物没有什么支持价值。

干旱地区的城市与其周围的自然区域相比，景观中往往会有更多不受环境条件限制、常年有水的水体。结果，这些城市中野生动物的数量会比乡村更多，种类也更丰富，毕竟水资源这个限制因素得以消除，或者至少限制性没那么大了。然而，在美国东海岸湿润的都市区，城市化通常意味着景观中的水体数量减少。有专家认为，长岛郊区若干种蝾螈的灭失，就是因为其交配繁殖所需的池塘和溪流都被填平或破坏了（Schlauch, 1976）。

几乎任意大小的水体对野生动物都很有吸引力。野鸭会聚集在不及几英尺宽的水塘里。城市里的地表径流对人类来说不够干净，但对野生动物非常有用。正如洛杉矶区域防洪系统的研究案例（第95~100页）所示，城市区域的排水在渗流区和漫流地暂时留存，直至渗入地下水中，渗流区和漫流地可以将野生动物的栖息地翻倍。只要能够将那些对野生动物特别有吸引力的特色景观包含进来，我们就有理由确信这些景观将会吸引到大量的动物种群。小规模的岛屿是动物栖息的安全场所。人造的巢穴构筑物大大增加了鸟类，尤其是猛禽的繁殖几率。水中的浮筏将被大量用作水禽的栖息和筑巢之所。

边界的环境条件同样重要。边界区越长，生境数量就越多，这些区域对青蛙、蟾蜍、乌龟和蛇类来说特别重要。将边界区，尤其是那些有着茂密植被，包括各种竹丛、沼泽草和岸生灌木丛的区域进行最大化的设计，可能是最有成效的。

●领地需求

在野生动物的主要需求中，它们对于领地空间的需求是人们了解最少的。我们知道许多动物都需要有号称是"自己的"领地，并且这种需要往往和交配和捕食有关。每个物种都有自己标记领地边界的办法，通常是利用气味。领地的大小各异，其边界也似乎可以略加改变。一个种群占据领地的行为结果之一，就是在这片可随意利用空间上，种群的分布会相当均匀；另一结果是那些无法主张并牢牢占据自己空间的相对较弱的个体会遭到驱逐。

占据领地显然是一个刚性要求，而城市中可利用的空间变数很大；因此，在人类主导的环境中，众多需要领地的物种似乎处于明显不利的地位。施劳赫（Schlauch）指出，失去领地的福勒蟾蜍在长岛郊区幸存了下来，而这片领地上的锄足蟾却没有存活（Schlauch, 1976）。

迄今为止，我们对于不同物种的个体所需空间的确切面积大小知之甚少。如果当种群密度增加时，所要求的领地面积也许多少可以缩减一点或被其他的行为调整取代，但我们不知道究竟可以缩减、调整多少，就像是对人类自身，似乎也是这种情况：我们不了解人类的领地与其他物种的领地之间有什么关系。领地观念总是针对单一物种个体之间的关系而言，但有一些动物例外，如地松鼠，在人类进入其领地时会表现出相当大的敌意。

如果对占据领地的行为了解得更多，这个需求可能会成为对城市中的野生动物最大的限制。无论我们怎样千方百计地提供更多的食物、掩蔽环境和水源，空间总是紧缺的。

生境类型

生境是能够满足某一特定物种全部需求的场所。我们可以区分出6种截然不同的生境类型，它们的大小、形态、种群生长潜力，以及管理办法都各不相同。这些生境包括：荒野、自然斑块、自然飞地、廊道、种植外来种的城市绿地，以及野生动物园。虽然第一种生境也许对于全球生态系统结构的保护起到关键性的作用，即在第四章中提及的基因库，但是其他类型的生境作用也十分重要。一般而言，生境的面积越小，越需要进行密集型管理。

●荒野

荒野是成片的土地，根本没有因人类的开发利用而发生改变，并且大到足以成为该地区所有乡土物种的生活环境。在美国，荒野往往是公有土地，包括国家公园、国家森林，以及由土地管理局管辖的各类用地。就其大小和重要性而言，荒野往往是在次大陆或全球尺度下进行的规划设计。

对于自然区域的管理办法主要是对人类的开发利用进行控制，通常是限制使用人数、使用区域和使用类型。对伐木区和采矿区进行管理是为了将这些活动对于野生动物的影响降至最低。美国的荒野区、野生动物保护区，以及其他几类荒野区都是特殊类型的，为了保持其原始特征，人类的开发利用甚至会进一步受到限制。

一片荒野应该多大？如果要作为包括顶级食肉动物在内的所有野生动物的栖息地，相当大面积的土地似乎就很有必要了。对于每一种特定的生境，最小面积值可能会因顶级食肉动物所需的活动范围而异。据沙利文和谢弗估计，通常针对全部种类野生动物的保护区，最小面积应在 600~760 平方公里之间（Sullivan and Shaffer, 1975），其依据是至少要为若干个顶级食肉动物

个体提供足够的空间：估计每只灰熊大约需要 75 平方公里，每匹狼大约需要 60 平方公里，每头美洲狮大约需要 95 平方公里，其他顶级捕食动物的需求有可能在同一地域范围内得到满足。不过，因为 8 个，抑或 12 个个体是一个很小的数目，可能不足以长久地维系一个种群，所以这已经被认为是一个非常危险的最小值了。在实际情形下，荒野很难有这么大的面积，特别是在人口密集的欧洲国家。

鉴于全世界的发展状况，几乎所有的野生动物栖息地，哪怕是这么大面积的荒野，都被人类的活动围困了——它们都成了生态孤岛。不过，荒野更像是大陆，因为它们至少从内部看来似乎是无边无际的，而且它们所能支持的物种数量并不受其大小范围的限制，从这一点上讲，它们确实是没有边际的。其他类型的生境显然是生态孤岛，都颇受制于自身的面积范围。

一旦考虑到景观中野生动物种群的生长潜力，这种生态孤岛的特质就很重要了。麦克阿瑟（MacArthur）和威尔逊（Wilson）的岛屿生物地理学理论（Theory of Island Biogeography）对此提供了一些指导（MacArthur and Wilson, 1967）。他们指出，假以时日，一个生态孤岛会发展形成一个生态群落，包括或多或少、数目不变的物种。有些物种会消亡，另一些物种会迁入，灭绝的数量与迁入的数量相当。物种灭绝率与岛屿大小相关，岛屿越小，单位面积的灭绝数就越大。物种迁入率与迁入物种的源地距离相关，岛屿间的距离越近，新物种就越多。因此，岛屿越大，拥有的物种数目就越多。

然而，总是会有例外。希格斯（Higgs）和亚瑟（Usher）发现，在英格兰的白垩矿开采区中，有两处自然保护区相较于另一处更大的、面积相当于前二者之和的保护区拥有更多的物种（Higgs and Usher, 1980），其原因可能是这两处保

护区与另一保护区差别很大，有着更为多样化的生态环境。吉尔平（Gilpin）和戴蒙德（Diamond）发现了几个与此类似的例子，其中两个生态孤岛的物种比另一个面积是二者之和的岛屿多出5%～10%。他们设想将保护区进一步划分，会有利于需要较小领地面积的物种，而较大的保护区则有利于需要较大领地面积的物种——通常是顶级食肉动物（Gilpin and Diamond, 1980）。

不过总体看来，根据之后的研究，证实麦克阿瑟和威尔逊的岛屿生物地理学理论是正确的。这个理论认为，在其他因素相同的情况下，荒野应该尽可能地大，彼此相连，并且尽可能紧挨在一起。除非是特殊物种的需求或生境品质造成了各种例外情况，否则，一片大面积的自然保护区要比若干个总面积相当但单个面积较小的保护区好得多。然而，以下情况屡见不鲜：生境环境突出的地方被各种开发利用所围困，其所在位置的面积范围严重受限。这时，就需要有自然斑块、飞地和廊道了，这些变得至关重要。

●自然斑块

自然斑块面积较大，足以成为一个自维护生态系统，形成有效的反馈循环来控制其中的种群，与任何没有顶级捕食动物的自然地一样具有生态完整性。它们之所以得以保留，往往是由于其环境特征对于野生动物特别有吸引力。它们的大小通常以平方英里来衡量，并且与荒野相比，它们往往需要更为密集的管理。

美国最著名也是最令人印象深刻的自然斑块，牙买加湾（Jamaica Bay，位于美国纽约州长岛西南部，是大西洋边的一个浅水湾。译者注）算是一个——这是一片30平方英里的沼泽地，如果白鹭从时代广场飞过来，不到10英里地。对自然斑块进行管理通常是奔着高度的物种多样性和可观的种群数量去的。管理强度差别很大，而牙买加湾是管理较为密集的斑块之一。从1953年这里被命名为野生动物保护区到20世纪70年代初，赫尔伯特·约翰逊（Herbert Johnson）一直是这里的负责人，他将这里建设成了一个利用城市资源造福人类以外的种群的典范。

20世纪50年代初，跨越这个海湾的老旧的铁路桥被烧毁，公共交通管理局（Transit Authority）提议就地建造一条新的路堤，将一条地铁延伸过来。公园管理局（Parks Department）同意了，条件是：在疏浚时要建两条环形的堤坝，堤坝之间注满淡水，从而营造出一种新的生态环境，大大增加被吸引到这里的物种数目。等堤坝成型，通过种植沼泽草和其他一些鸟类喜爱的植物品种，可以令其稳固。与此同时，污水和污泥被泵入潟湖，堆积形成了一个名为"卡纳瑟波尔"（Canarsie Pol）的岛屿。沼泽草很快侵入了这片富饶的新土地，为涉禽营造出理想的筑巢环境。

多年来，约翰逊种植了多种深受某些鸟类喜爱的树种，其中包括牛奶子、沙枣、北美沙果、冬青和日本黑松。他无意缔造一片纯粹的乡土景观；相反，这是一片专为容纳尽可能多的鸟类而设计的景观——结果令人叹为观止。典型年份，在这片海湾可以看到超过300种的鸟类，远远多过其在自然状态下出现的数量。

自然斑块离城市区域如此之近，常常会给人们的生活带来不确定性。20世纪60年代末，毗邻的肯尼迪机场提议要扩建跑道，扩建方式会严重减少野生动物种群，经过一轮公众抗议和跨学科团队对环境影响的详尽分析之后，该计划被放弃。1972年，牙买加湾成为新建的盖特韦国家休闲区（Gateway National Recreation Area）的一部分，由此收归国家公园管理局保护管理。从那时起，在国家公园管理局的管控下，城市中的自然斑块数量大幅增加，结果令人期待。

然而，城市化一直在蚕食自然区域。现在看来，这片海湾的边上会在几年内形成一个完整的由保障性住房构成的圈带，而这片自然残留地的活力也许就要取决于这个重要的边界地带怎么设计了。

●自然飞地

自然飞地比斑块小，不足以成为一个自维护生态系统，但是仍然可以支持相当多的野生动物种群，并且因此而具有重要价值。有时候一些富饶的生境能够在周边人类开发利用所造成的一切危害和蚕食过程中幸存下来，并在城市或农场中间成为具有野生动物多样性的小块土地。这些地方几乎总会带有一些独特性，使之对动物独具吸引力，而这种独特性往往来自水——池塘、溪流、沼泽，甚至是排水沟，通常支持着大量的种群。其中，最富饶的是沼泽飞地，总是凭借水禽和其他一些亲水繁衍的物种而生机勃勃；但是，它们也会不断遭受灭顶之灾，这种情况太多了。

第五章中介绍过的南加州占地 11 英亩的马德罗纳沼泽就是这样一个地方。这片淡水沼泽支持着种类繁多、数量庞大的微观、宏观植物以及无脊椎动物、两栖动物、爬行动物，特别是大量的迁徙水禽和留鸟。鉴于其有限的面积以及周边进行各种开发利用的特征，设计过程颇为复杂，而且还需要一个同样复杂的管理过程。

分区系统识别出了核心区域，这为解决各种冲突以及进行未来的控制提供了坚实的基础。考虑到在高昂的土地价格和城市发展的迫切要求之下大多数飞地的存续都岌岌可危，加上严重对立的发展目标以及反复无常的情感因素，这样的设计和管理过程是非常必要的。

大多数飞地是由于历史的偶然性而侥幸留存下来的，我们料想得到早晚有一天它们会面对"要进行更高水平、更恰当的开发利用"的压力。马德罗纳沼泽作为一个因石油开采而在不经意间形成的副产品，会继续存在下去。有一些飞地是人工建成的生态环境的存续地，这些生境已经因自然演替而被改造修复了。

有些地方的天然植被是茂密的森林，在那里，我们有时候会发现城市中残存的小片的原生林地。虽然这些林地都太小了，无法支持完整的动物群落，但那里常常会有高度聚集的小型鸟类和哺乳动物。典型的这种飞地是伦敦近郊的温布尔登公地 [Wimbledon Common，按照景观设计师西尔维亚·克洛（Sylvia Crowe）的说法，温布尔登公地的养护费用不及肯辛顿花园（Kensington Gardens）的 3%。后者是伦敦一个开放度极高的公园]。

●自然廊道

通常区域中，可用于动物迁移的线路越长，野生动物的多样性就越显著。在一大片自然地中，线路的数量几乎可以无限多；但是，在那些离得不太远的较小的自然地之间，当然包括在斑块和飞地之间，自然的景观廊道提供了各种可能性，可以将局限在相对较小的空间中的迁移活动拓展开来。廊道的相互连接，为野生动物的迁移以及选择栖息地提供了更多的可能性，对于拓展那些微不足道的自然地的生态潜力和弱化生态孤岛效应特别有帮助。廊道系统最好在区域层级进行推敲。

典型的城市和乡村景观是由各种网络交织而成的，其中有一些生态网络很适合吸引野生动物。水流网络也许是最好的生态网络，因为它们不仅有水资源，通常还有丰富的植被相伴左右。如果溪流、冲沟、汇流区、洪泛平原，乃至防洪渠的边上都能保持开放、毫无遮挡，就可以形成一张生态廊道网络，将自然生境与人工景观交织在一起。

　　人工建设的廊道包含有各种类型的线路，包括铁路（特别是废弃的铁路）和电力线。如果仔细设计，这些线路可以用来吸引各种动物。大多数情况下，就是要使得有利于野生动物迁移的线路畅通无阻，并且要关闭那些可能将动物引入人类活动区域而导致冲突发生的线路。例如加州鱼类和野生动物保护局建议，利用废弃铁路线的一侧骑自行车和徒步旅行，留出另一侧为野生动物所用。

　　在那些因为人类改变了自然景观而迫切需要为大型捕食者提供栖息环境的地方，自然廊道尤为必要。例如在哥斯达黎加，政府明令要求创建新的农业定居点，向无地家庭提供小块的耕地，通常约 8 公顷。由于没有推敲备选设计方案，这些定居点往往就建在雨林之中，之前已经讨论过的所有问题都会随之而来。因为国家的重点保护，每个定居点的边界范围内往往会有一些未受干扰的雨林留存下来，或多或少地呈现如第 89 页第一幅图所示的那种景观格局。这些残留的雨林中的大多数区域，面积大小相当于从飞地到斑块不等，远远达不到顶级掠食者所需的领地要求，因而体型庞大、神出鬼没的美洲虎深受其害。对于美洲虎的生活习性或活动范围大小，人们知之甚少，只知道它的活动范围很大，可能达数百平方公里。

　　最好的解决办法可能是保护雨林形成一片连续不断的景观基质，其中的定居点就是嵌入的生态岛屿，而不是像第 89 页的第二幅概念性草图所示的那样反其道而行；但是，这个办法的建设成本很高，并且定居点散布，彼此相隔甚远，会造成通信和交通上的困难，这么做还会占用更多的土地，从而令定居点更深入自然区域中。

　　另一种可能性是将自然留存地分成更大的单元，这些单元在空间上间隔更近，就像第三幅图所示的那样。岛屿生物地理学理论告诉我们，这些单元会成为更加富饶的生境，哪怕它们所占用的土地并不比那种自然地散布的方案来得多。

　　最后，如果我们将留存的雨林以生态廊道连接，如第四张图所示的那样，它们也会变得更加富饶。生态廊道可以沿着溪流和河道排布，必须要足够宽，以确保像美洲虎这样的动物远离人类定居点。虽然生态廊道并不能有效地取代大片的自然雨林，但它们至少会在人类活动区域中建立一种最低限度的完整生态结构。

● **种植外来种的城市绿地**

　　种植着各种外来种的绿地是人造景观，通常是在城市中，远离雨林和美洲虎，不再将野生动物作为设计或管理的主要关注对象，但会拥有相当多的野生动物种群。城市景观是为了特定的人类利用而进行塑造和维护的，与自然状态下的景观相差甚远，记住这一点非常重要。城市景观中包括有校园、城市公园、墓地、大学校园和居住区，甚至住宅前后的宅院，它们往往以种植外来植物品种为特色，植物的选择更多出于视觉效果的考虑，而不是出于有利于野生动物或其他的生态原因。大片的草坪四处可见，通常点缀着一些树丛。这些地方常常会有野生动物出没，但就物种多样性而言，一般仅限于若干种体型较小的鸟类和哺乳动物，因为这些地方的生态结构往往非常简单，并且不完整。

　　城市绿地的种植设计旨在满足特定使用功能并符合场地的形象要求，这就必然不同于其他的绿色区域；因此，每一块城市绿地吸引的野生动物种群都是与其独特的植物群落相关的。例如梅尔文·哈撒韦（Melvin Hathaway）发现，他所研究的一处墓地中松鼠种群数量众多，原因就在于其特别多样的植物，这些植物在一年中的不同时间产出食物，确保了接连不断的食料供给。他指出："人们为了维护这片墓地的优美景色所做出的努力，恰恰令生态演替停滞在了这些动物乐见的阶段，以此保持了这个生境的稳定性。"（Hathaway, 1973）墓地的关闭时段——下午 5 点至第二天上午 8 点——似乎对松鼠也很有利，因为在此期间，它们可以将这片景观据为己有。然而，与它们在野外会遇到的危险相比，有两个因素会引发更大的危险：一个是汽车交通，虽然亮着车灯，并且行驶缓慢，但也杀死了大量的松鼠；另一个是疾病，似乎会比在野外传播得更快。由于有几只赤狐也住在这片墓地里，捕食所造成的个体伤亡可能与野外的状况大致相当。总而言之，哈撒韦的结论是：松鼠的生活方式与其在乡间或荒野的生活方式相当接近，种群数量尽管相对较高，但颇为稳定。

在美国东部少数几种能够适应种植外来种的城市绿地环境的捕食者中，赤狐是其中之一。在大多数东部城市的大型城市公园中经常可以看到它们。它们所起的作用非常重要，因为没有了更大的捕食者，松鼠种群可能会繁殖到超出所能支持的环境容量。当这种情况发生时，松鼠往往会对树木造成严重破坏。

种植外来种的城市绿地管理强度是最高的（出于人类的目的，而不是为了野生动物），并被大量用作城市中的生境；因此，它们总会吸引到那些最能容忍人类存在的、较为亲人的动物种类。

野生动物园

这类自然环境相对较少，并且极为特殊。它们的面积大小不一，为了安置各种特定的外来野生动物种群而专门设计和管理。动物园是最极端的例子，尽管往往人工性很强，以至于被单独归为一类。人工性弱一点的是野生动物

园，各种动物被安置到一起，可以在一个给了它们一些活动空间和私密性的环境中自由游荡，尽管这个环境从地貌到植被都可能与它们原生的环境截然不同。几个世纪以来，野生动物园在皇家庄园中相当常见。英格兰的一些庄园，特别是沃本庄园 [Woburn Abbey, 位于伦敦西北贝德福德郡 (Bedfordshire) 的一处有 400 年历史的庄园，其中有一个占地 3000 英亩的鹿园，放养着 9 个品种大约 1200 头鹿，是欧洲最大的保护公园之一。译者注]，还在维持经营着其中的野生动物园。在美国，野生动物园通常以公共性使用为导向，主要作为主题公园，圣地亚哥市附近的野生动物园也许是其中最著名的例子。

●野生动物园案例研究

与这类园子中的其他几个案例一样，圣地亚哥的野生动物园越来越致力于保护濒危物种，这是这个野生动物园的主要目标，另外两个目标则是开展游憩和公共教育。该园已经开展了一项卓有成效的育种计划——一些动物的后代被送回自然环境中去，以助于增加当地的动物种群数量。在 1978 年和 1979 年，园内繁殖的 8 只阿拉伯剑羚被相继投放到约旦的一处荒野中，该物种在那里已然灭绝。在野外不再存在的其他一些物种也在园中被保护了下来，并进行了繁殖。

研究案例 XVII

圣地亚哥野生动物园

圣地亚哥野生动物园占地 1800 英亩, 其中只有约 600 英亩未被利用, 坐落在圣地亚哥市中心以北约 30 英里的连绵起伏的干旱丘陵之中。虽然野生动物园的主要目的在于繁育野生动物, 但这里已成为一个深受欢迎的周末景点——一端建有一片相当规模的带商店和餐馆的村落——产生的收入可以支持该地的各种设施建设和发展计划。要确保公众能够看到

动物, 就需要有相对密集的动物种群, 而这样会导致对景观的严重破坏, 特别是侵蚀破坏。

该项目为园内未来的土地利用和管理制定了 4 个备选方案, 以长久保持这片景观的品质和环境承载力。每个备选方案强调的是不同的当务之急和不同的投资水平, 以不同的方式去实现上述目标。4 个备选方案都需要进行更加密集的管理。为了支持大量的动物而又不致使景观退化, 需要有更加茂密的速生植被——理想的情况是复制异地的植物群落, 而动物可与之共同进化。在这片历来干旱的景观中, 这些外来种构成的群落大多数都需要加以灌溉。适宜性分析可界定不同的生物群落所能创建的地域。

由加州州立理工大学波莫纳分校风景园林系 606 设计工作室为圣地亚哥动物园管理协

会编制。塞西尔·霍洛韦(Cecile Holloway)和詹尼特·亚伯勒(Janet Yarbrough)设计, 由约翰·莱尔、杰弗里·奥尔森、亚瑟·约凯拉和罗伯特·佩里(Robert Perry)担任顾问。

土地资源调查

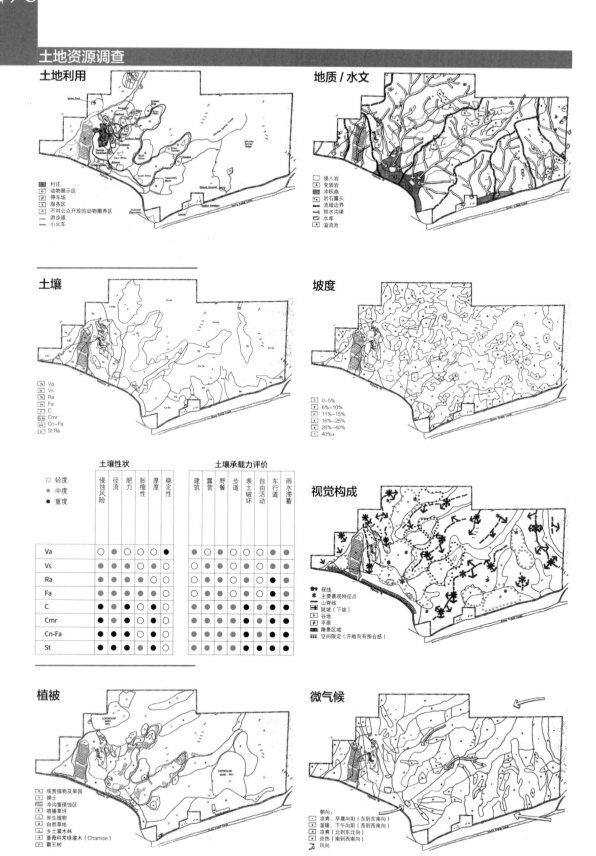

土地利用　　地质/水文　　土壤　　坡度　　视觉构成　　植被　　微气候

适宜性分析模型

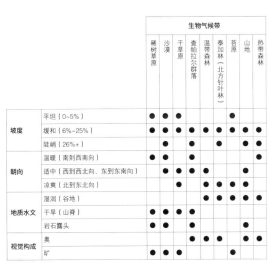

		生物气候带								
		稀树草原	沙漠	干草原	查帕拉尔群落	温带森林	泰加林（北方针叶林）	苔原	山地	热带森林
坡度	平坦（0~5%）	●	●	●				●		
	缓和（6%~25%）	●	●	●	●	●			●	●
	陡峭（26%+）			●	●	●			●	●
朝向	温暖（南到西南向）	●	●							●
	适中（西到西北向、东到东南向）	●	●	●	●	●			●	
	凉爽（北到东北向）				●	●	●	●		
地质水文	湿润（谷地）					●	●	●	●	●
	干旱（山脊）	●	●	●						
	岩石露头	●	●	●					●	
视觉构成	奥					●	●	●		●
	旷	●	●	●				●		

湿润生物气候带的复制

- 温带森林
- 山地森林
- 热带森林
- 温带及山地森林
- 温带及热带森林
- 山地及热带森林
- 以上所有类型

干旱生物气候带的复制

- 干草原
- 沙漠及查帕拉尔群落
- 沙漠及稀树草原
- 沙漠、查帕拉尔群落及稀树草原
- 沙漠、干草原及稀树草原
- 以上所有类型

严格的限制条件
- ■陡坡（坡度大于40%）或
- ■坡度不太陡（25%~40%）且土壤易受侵蚀（Cl、Cn-Fa、Cmr）或
- ■土壤极易受侵蚀（St）或
- ■岸生植被区

一般的限制条件
- ■坡度不太陡（25%~40%）或
- ■土壤易受侵蚀

基本的限制条件
- ■坡度不陡（16%~25%）或
- ■土壤性状适中（Fa、Ra）或
- ■朝向炎热（南向、西南向）

无限制条件
- ■土壤条件理想（Va、Vs）或
- ■坡度缓和（0~16%）或
- ■岩石露头

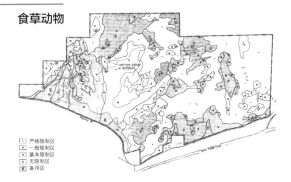

食草动物

- 严格限制区
- 一般限制区
- 基本限制区
- 无限制区
- 备用区

严格的限制条件
- ■陡坡（坡度大于40%）或
- ■坡度不太陡（25%~40%）且土壤不稳定或易受侵蚀（Va、Cn-Fa、Cl、Cmr、St）或
- ■坡度不太陡且土壤不稳定或易受侵蚀且存在主要的排水沟渠或冲积岩或
- ■岸生植被区 或
- ■岩石露头

一般的限制条件
- ■坡度不太陡（25%~40%）或
- ■坡度不陡（16%~25%）且土壤不稳定或易受侵蚀（Va、Cn-Fa、Cl、Cmr、St）或

- ■坡度不陡且土壤不稳定或易受侵蚀且存在主要的排水沟渠或冲积岩

基本的限制条件
- ■土壤不稳定或易受侵蚀（Va、Cn-Fa、Cl、Cmr、St）或
- ■坡度不陡（16%~25%）且土壤性状适中（Fa、Ra）或
- ■存在主要的排水沟渠或冲积岩

无限制条件
- ■土壤条件理想（Vs）且坡度缓和及不太陡（0~25%）或
- ■土壤性状适中（Fa、Ra）且坡度缓和（0~15%）

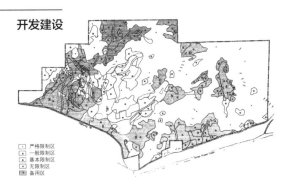

开发建设

- 严格限制区
- 一般限制区
- 基本限制区
- 无限制区
- 备用区

备选方案

备选方案 I

村落
VILLAGE

不对公众开放的
动物圈养区
NON-PUBLIC PENS

增建的村落
EXPANDED
VILLAGE

SERVICE服务中心

Africa非洲区

单轨铁路
MONORAIL

R-V露营地
R-V CAMPGROUND

停车场
PARKING

Australia澳洲区

动物医院
ANIMAL HOSPITAL

近东区
Near East

Asia亚洲区

村落
VILLAGE

VILLAGE村落

入口
ENTRANCE

Africa非洲区

AERIAL TRAM缆车

PARKING停车场

Highway78
78号公路

Asia亚洲区

HOTEL旅馆

展览
EXHIBIT/

ENTRANCE入口

Santa Ysabel Creek
圣伊莎贝尔河

- ■ 现状动物展示区
- ▲ 建议动物展示区
- •••• 游步道
- ━━ 步行桥
- ☞ 观景点
- ✳ 火车下客站点
- ┅┅ 登山道
- ▓▓▓ 有轨电车线路

N北 0 400' 800'

备选方案 II

服务中心
SERVICE

试验圈养区
EXPERIMENTAL PENS

增建的村落
EXPANDED
VILLAGE

单轨铁路
MONORAIL

停车场
PARKING

入口
ENTRANCE

展览
EXHIBIT/

78号公路

不对公众开放的
动物圈养区
NON-PUBLIC PENS

EXHIBIT/
展览

圣伊莎贝尔河
Santa Ysabel Creek

- ■ 现状动物展示区
- ▲ 建议动物展示区
- •••• 游步道
- ━━ 步行桥
- ☞ 观景点
- ✳ 火车下客站点
- ⇄ 越野车行线路
- ⇄ 轮换圈养

N北 0 400' 800'

备选方案 III

服务中心
SERVICE

展览
EXHIBIT/

单轨铁路
MONORAIL

露营地
CAMPGROUND

增建的村落 EXPANDED
VILLAGE

停车场
PARKING

R-V露营地
R-V CAMPGROUND

EXHIBIT/展览

入口
ENTRANCE

78号公路

繁育研究暨
游客中心
BREEDING RESEARCH
AND VISITORS CENTER

PARKING停车场

EXHIBIT/
展览

ANIMAL HOSPITAL
动物医院

Santa Ysabel Creek
圣伊莎贝尔河

- ■ 现状动物展示区
- ▲ 建议动物展示区
- •••• 游步道
- ━━ 步行桥
- ☞ 观景点
- ▸ 大门

备选方案 IV

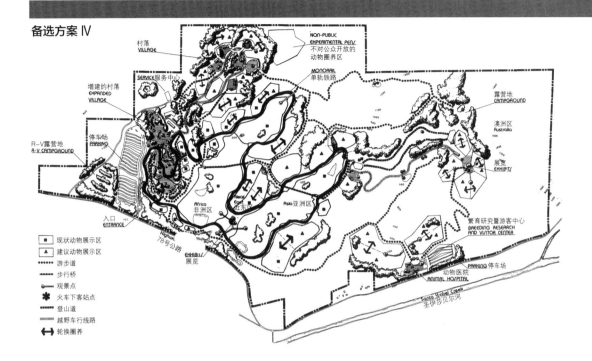

图例
- ■ 现状动物展示区
- ▲ 建议动物展示区
- ••••• 游步道
- 步行桥
- ⌐ 观景点
- ✳ 火车下客站点
- 登山道
- 越野车行线路
- ↔ 轮换圈养

	生态系统			种群密度			管理							交通						野生动物观赏			
	外来的	趋同的	干旱的	高密度	低密度	混合密度	控制种群数量	轮养	结合冲沟圈养	灌溉	坡改梯	利用关键线集水	野生动物放牧	火车下客站点	交互式道路系统	缆车	游步道	登山道	加长列车	二级入口	扩大展示区	面积略有扩张	面积扩大并轮休封闭
游乐区	●			●					●	●	●	●	●	●	●	●			●	●	●		
繁育区		●			●		●		●	●		●					●			●	●		
稳定的景观区			●			●	●					●					●	●					●

	村落			主题									地理分区							生物气候带								
	二级村落	村落增建	露营地	古生物学	考古学	自然史	人类文化	动物行为	植物学	自然保护史	多媒体	野生动物放牧	亚洲	非洲	澳洲	欧洲	南美洲	北美洲	加利福尼亚	沙漠	查帕拉尔群落	稀树草原	草原	热带森林	温带森林	泰加林（北方针叶林）	苔原	山地
游乐区	●			●	●	●				●	●		●	●	●	●	●	●	●	●	●	●	●	●	●	●	●	●
繁育区		●	●			●		●					●	●	●	●	●	●	●	●	●	●	●	●	●	●	●	●
稳定的景观区			●		●	●				●			●	●	●	●	●	●	●									

圣地亚哥野生动物园的历史和发展颇值得关注，因为未来这种动物园可能会对野生动物的保护起到重要的作用。在一片异域的景观中试着创建一个针对全球野生动物的保护区，并且这么做的同时还连带建了一片公共游乐区，这些尝试带来了种种打破常规、观念冲突、自相矛盾的做法，但也不乏成功之举，并且建成了一个独一无二而又生机勃勃的生态环境。

圣地亚哥动物学会（San Diego Zoological Society）的初衷是创建"一个单纯用于繁育动物的保护区，以接纳从圣地亚哥动物园分流过来的动物"（Holloway and Yarbrough, 1978: 9）。公众所持的态度也是如此，这就使得这个保护区很快发展成了一个主题公园，周末会有数千名游客到访。最初在公园的一边是各种商店和小吃店组成的小型建筑群，进而发展成了一个名为"内罗毕村"（Nairobi Village）的喧闹的节庆场所。游客可以在瞭望塔和火车中观赏各种动物，火车蜿蜒穿过开阔的景观区，动物在那里四处游荡，但游人不得进入。

来自东非、北非、南非，以及亚洲的各大平原和沼泽地的各种动物，都拥有自己的大片活动区域，每一种动物都与其他动物用围栏隔开。尽管活动面积很大，但动物的种群数量则更大。为了能够有足够的动物，确保每名游客都有机会看到它们，种群数量大是必要的，配种保障也需要一定规模的种群数量，其结果就是导致种群密度明显大于自然条件下的密度值。此外，这片景观干旱，并且相当脆弱，在自然状态下能支持的大型动物极为有限。由于动物种群超出了景观承载力，由此产生的过度啃食和过度踩踏造成了严重的土壤裸露和侵蚀。当种群数量大于土地所能支持的限度时，这些都是景观（无论是自然的还是人造的）中常见的状况。

1978年，加州州立理工大学波莫纳分校

研究生设计课的一个设计小组承担了这个设计方案的编制工作，想要解决这些问题并对数百英亩尚未开发的土地提出未来的利用建议。第289~293页概括地展现了塞西尔·霍洛韦和詹尼特·亚伯勒提出的设计结果。该设计小组的结论是：要将如此多的外来动物安置到它们无法自然而然适应的一片景观之中，总会带来各种严重的问题；但是，借助密集的管理工作，并且付出一些代价，也许能够创建一个可以支持动物种群的生态系统。

首先，为了获得生长得更快、更为多样化的植物群落，必须要设计一个多样而又复杂的灌溉系统。在当前的环境条件下，稀疏且生长缓慢的原生植被无法保持地面覆盖率，也不能满足各种动物的需要。水是植物生长的制约因素。如果有适量的水，这个地方多样化的地形可以复制出目前园内的大多数动物种群以及其他一些动物种群的原生环境；因此，通过种植所需的植物群落，可以创建出适合的、尽管是人造的异地环境。第291页上的图表列出了可复制的异地环境有哪些，以及复制它们所需的景观特征。针对干旱和湿润地区的适用性分析图表明，如果能提供更多的水资源，这个地方具备复制各种异地环境所需的种种条件。

通过灌溉，植物的生物量可以增加几倍。例如代码为C、Cmr、Cn-Fa的土壤是当地主要的土壤类型，在自然降雨条件下，这些土壤每年可产出50~300磅的植被。有灌溉的话，这个数字可以增加到6000~10 000磅。然而，即使有了灌溉，哪怕为各种动物种群创造出了更适合的环境，如果要彻底防止侵蚀的话，还是必须要降低种群密度。目前，尚未利用的那些土地可以吸纳一部分多出来的动物种群，但对这些区域进行利用也是与环境相对抗的。一个很好的建议是：定期将动物从一个地区转移到另一个地区，就像农业轮作一样，留出时间让土地得以恢复。当植被因啃食和践踏而明显减少时，可以打开栅栏门，将动物转移到相邻的区域。对于迁徙的动物来说，这两块区域可以复制它们在自然状态下来回迁移的那些环境；但是，对于领地意识强烈的动物而言，这样的转移会很困难，也许不可能做到。

野生动物园作为一个生态环境要永久生长发展下去，需要进行种种的景观改变和管理，这些只是其中的一小部分做法。虽然既费钱又费时，但也许可以通过门票收入来支撑这些做法，而要实现这一点，就要大幅增加游乐场所。达成这一目标的方法可以有很多，包括增加新的接待村落、餐馆，甚至是旅馆。第一个备选方案的前提是仅仅以这种方式使经济回报最大化。第二个备选方案只是在略微增加游乐活动的同时，也增加了繁殖工作，由此相应的空间和设施数量都有所增加。第三个备选方案略微增加了游乐活动，与此同时，将各种动物种群严格限制在土地承载力范围内。这就意味着根据景观类型的不同，种群密度的变化范围在每英亩1~2.39只动物个体不等。如果这片景观所种植的植被类型与那些动物的原生环境相类似，那么应该可以以这样的种群密度建立起一种生态平衡。也就是说，这片景观也许能够满足所有动物除食物以外的需求，毕竟这些动物都是外来的。在对这片景观及其利用进行了这些改变之后，为了减少未来的种群数量以避免环境继续恶化，要对改变结果进行监测。这样，在几年内就可以达到一个稳定的环境状态。第四个备选方案要求对公园进行大规模扩建以及大量的投资。这个方案将贯彻实施前三个备选方案中的核心想法。

在以上备选方案中进行选择，显然就是一种决策，而决策将以各种目标为基础，涉及对未来的种种影响和作用，以及轻重缓急的考虑。虽然第四个备选方案在许多方面都是可取的，但这确实是一项显然需要密集管理的重大的规划建设任务，其种种做法和目标极大地偏离了圣地亚哥野生动物园的建设初衷。

这些是任何野生动物园都可能面临的问题。不可否认的是，这样的公园提供了一个生机勃勃、令人兴奋而又有高度教育意义的环境，一个在物种保护方面发挥重要作用的环境。不过，它也是一个极度人工化的景观环境，也许必然会变得更加人工化，因为它如果要继续存在下去，必然要进行更为密集的控制和管理。多样化的设计目标中包含了非常有趣的共生作用，这在未来的景观中可能会越发屡见不鲜；遗憾的是，这些共生作用也会引发各种复杂的矛盾和冲突。怎样的生态环境适合保护野生动物，圣地亚哥野生动物园并不符合大多数人的看法；但对于某些，也可能是许许多多的动物而言，这也许是唯一的方法。

生境设计

圣地亚哥野生动物园这个案例说明了为野生动物进行生境设计要考虑几个重要的方面，包括环境承载力的限制，适宜的植物群落也很重要。虽然这些法则在更自然的环境条件下同样重要，但只要动物是与它们的捕食者和被捕食者共同生活在一起，只要它们是完全以自己的方式谋求生存，尤其是当它们的生存环境与人类的生活环境毗邻之时，就会有许多其他因素进入生境设计的考虑范畴。

在除了那些被保留作为原始荒野的自然环境之外，每一种自然环境都具有一定的优势，有助于形成该环境所能维持的数量和种类最多的生物群落。认为这个目标可以实现并且人类可以系统地设计出各种景观以接纳并哺育野生动物种群的信念，仅仅是在数十年前由于奥尔多·利奥波德的工作才开始形成的（Leopold, 1933）。利奥波德将生态环境设计列为五种野生动物管理手段中的第五种，其他四种则是：限制狩猎、控制捕食者数量、保留野生动物的用地，以及进行人为补充。从他所处的时代开始，生境设计就已经相当重要，需要有充足的知识和智慧。

野生动物管理的两大总体目标，通常可归结为增加物种丰富度和特征种数量（Rodiek, 1982）。前者需要进行常规的管理，后者则需要有特别侧重的管理办法。这两个目标会自相矛盾，意识到这一点非常重要：为了物种多样性进行设计，我们可能会消灭特定的物种，而为了某一物种进行设计，我们又可能会制约物种的多样性。

●为特征种而设计

之前我们提到了鹌鹑惯常的不同活动：巢居、游荡、逃生、栖息和觅食。基于对这些活动的分析研究，加州鱼类和野生动物保护局针对所有小型野生鸟类生境的设计提出了一些具体建议。对于基本的巢居和游荡掩蔽，建议提供丛生的或树篱状排布的灌木或小规格的常绿树木，宽度在 25 英尺左右，最好是沿着冲沟或河床；就近排布彼此间隔 20～30 英尺的灌木丛和灌木堆，会形成必要的逃生路线；在地被茂密，尤其是滨水的区域，清理出宽宽的条带状空间将有助于提供适宜的觅食地。这个清理工作最好在雨季来临之前完成。即使是狭小的空间也可以进行这三种活动（指巢居和游荡、逃生、觅食。译者注），对于大多数山地鸟类，包括山鹑、松鸡、野鸡和火鸡，以及鹌鹑和各种其他的鸟类和小型哺乳动物而言，多种多样的掩蔽环境应该会颇具诱惑力。不过，这个例子主要是为了给最主要的野生鸟类——鹌鹑提供最优的环境条件。这是为特征种而设计的一个例子。

我们可以将这些为数不多的生境要求与一种体形较大的吃嫩叶的动物——麋鹿的生境要求进行对比。罗迪克将麋鹿的掩蔽需求定义为"躲藏掩蔽""保暖掩蔽""行径掩蔽"和"产犊区域掩蔽"（Rodiek, 1982）。食物的需求包括对牧草和嫩叶植物的需求。躲藏掩蔽要有能够在 200 英尺或更近（视距）的视域范围内遮挡一头麋鹿的 90% 的植被，这意味着高大的乔木和低矮的灌木要相结合。保暖掩蔽是指乔木的阴影区要与向阳的斜坡相结合，动物可以从中找到最舒适的环境条件。作为牧草地的林间空地是必须要有的，最佳的牧草覆盖面积比约为 3∶2，而林间牧草地的理想面积为 4～16 公顷。

鹌鹑和麋鹿这两个物种的习性恰好已得到广泛的研究。近年来，虽然研究的步伐有所加快，但大多数物种都还没有这么详尽的信息，未来也许有可能为越来越多的物种设计出有针对性的生境。

●为物种丰富度而设计

对大多数设计而言，物种丰富度也许会更有意义，也更容易做到。在此，我们希望提出的是一系列具有广泛应用性的通用法则。通常情况下，最受关注的区域是介于两种不同类型的生态环境之间的滨水地带、群落交错区或过渡带。

滨水地带通常具有最多样化的、可以在任何景观中都找得到的物种，并且气候越干旱就越是这样，其原因不仅是存在水资源——这是所有动植物都需要的，而且是由水而形成了各种各样的环境条件。滨水地带的湿度变化形成了一系列不同的环境条件，进而为不同的生物群落提供了各种生境，从任何一个关注尺度来看，这都很重要。我们已经在区域尺度下讨论过河流廊道的作用，还讨论过溪流、池塘和排水沟，甚至是沉砂池的作用，在较小的尺度下，这些水体所起的作用可能同样重要。

在群落交错区，物种多样性和种群密度会更大，这种特征被称为"边缘效应"（edge effect）。由于除了具有任何一边群落所具有的大多数物种之外，群落交错区往往还会有一些两边都不存在的物种，因此森林和草地之间，或两种类型的森林之间的区域，物种会异常丰富。

对景观设计来说这是一个具有广泛影响作用的法则。由于人工环境通常会有大量不同的环境集中在相对较小的地域内，因此会包含大量的边缘地带。由于既定面积的地域边缘长度因地域形态而异，并且过渡带的进深和构成也可能变化很大，因此设计存在着无限的可能性。

就人造景观中的所有群落交错区而言，其中最关键也最具挑战性的一类交错区是那些人造景观与自然景观的连接部位，也就是荒野、飞地和廊道兼有的地带。边缘地带的环境条件对于确保两边生境的完善性极为重要。理想状况下，它们可以促进既有利于野生动物的也有利于人类的各种相互作用。这也许就是一个人们可以观察野生动物而又不会被动物发现的地带，像在马德罗纳沼泽和圣埃利霍潟湖那样，或者也许是一个对两边的活动都有所约束的地带。后一类边缘地带会吸引那些最适应人类存在的野生动物以及喜欢野生动物的人，而将两边易受惊吓、彼此不太友善的个体类型排除在外。上述对麋鹿生境的研究发现，麋鹿不会犯险靠近人口稠密的区域，建议利用缓冲区将麋鹿放养区与人行步道间隔800米，与车行道路间隔400米。

然而，必然会有不期而遇的情况发生。野生动物廊道与人类共享长长的边缘地带，这个事实会造成相当多的问题：有些动物，如梅花鹿，会啃食园林植物，还会破坏居住区；浣熊会将垃圾桶翻得乱七八糟，有时还会在试图筑巢的过程中破坏建筑物……公园以及其他一些种植外来种的大型绿地顺着生态廊道排布，可以形成理想的生态缓冲带。一旦生态廊道必须紧挨着人类居住的区域——这种情况不可避免地会发生，就需要有其他类型的生态缓冲带。在关键的地方谨慎地选择植物品种，有时候也可以起到缓冲作用，例如可以行植和丛植梅花鹿不喜欢的植物，用来阻止它们穿越。根据一些研究报告，将屠宰场的罐装袋沿着梅花鹿的活动路径间隔一定距离吊起来，它们也不会靠近；但是，这种解决方案并非人人都会喜欢。大片绵延的草坪对大多数动物而言没有什么吸引力。当其他所有办法都做不到时，作为最后的手段，还有围栏。

最为复杂的生态缓冲带问题通常会发生在自然飞地的边缘。因为飞地很小，又被野生动物大量占用，并且顾名思义，它们与周边环境的生态特征截然不同，所以这些地方特别容易受到城市的蚕食侵害。在这种情况下，生态缓冲带的设计可能会是一个复杂而又微妙的举措。

例如在马德罗纳沼泽的案例研究中，建议：① 在湿地边缘数英尺宽的地域内重新密植沼泽草，令人类几乎无法通过；② 建造一条木栈道穿越生态缓冲区，作为到达一处非常隐蔽的野生动物观察掩蔽所的途径；③ 在土质护坡上种植灌木，从而在街道两侧形成进一步的视觉屏障；④ 在野生动物栖息地和公园一侧更为主动式的各种使用之间，设置一片被动式使用的区域。

为野生动物而种植

由于植被既为大多数动物提供了食物，又为它们提供了掩蔽，因此野生动物的多样性往往与植物的多样性成正比。然而，就对野生动物的吸引力而言，植物品种间的差别很大；因此，选择种植品种不失为促使（或者有时是阻碍）野生动物存续的一个有效手段。在乡土植物必须占据优势的自然地带，种植品种的选项必定非常有限，而在种植外来种的城市绿地中，往往会有更多种类的植物，还会有外来植物，达成野生动物多样性的机会也更多。

虽然几乎每一种植物的每一部分都可以作为这一种或那一种动物的食物，但植物的某些部分会比其他部分更易于食用。由于水果、坚果、浆果和种子尤受众多动物的青睐，因此产出量大的植物就特别具有吸引力了。理想情况下，这些果实应当是全年都能找到的。冬青和柳叶石楠是为数不多在冬季结果的植物，因而具有独特价值。坚果同样很重要，因为在一年中的大部分时间都可以找到，并且可以长时间保存。橡子是野生动物最容易得到的坚果，也是它们最重要的食物之一。

种子是许多鸟类和小型哺乳动物最主要的或唯一的食物来源。遗憾的是，许多结种子的一年生植物都被认为是杂草，因而被经营性景观所摒弃。这些对野生动物来说非常重要的一年生植物中，包括豚草、马唐草、狗尾草、藜和黏草，如果加以清除，会令食籽动物陷入困境。

茂密而低矮的灌木和地被为许多动物提供了食物或掩蔽，抑或二者兼有。由于在城市里这些类型的植物并不普遍，因此需要它们的动物经常会面临生存问题。城市公园通常遵循着英国风景园的景观风格，种植对野生动物没什么用处的广阔的草坪，并且随随便便地种植一片片树木。灌木，特别是低矮茂密的灌木，会诱发各种犯罪，因为和为鸟类及小型哺乳动物提供掩蔽一样，它们也会为强奸犯、抢劫者和其他类型的暴力犯罪分子提供掩护；因此，在警方的坚持下，

一些城市公园的灌木丛经常会被清除，警方希望那些被认为具有危险性的景观可以一览无余。随着城市犯罪率的上升，这个问题变得越发严重，在我们能够找到令城市重返安全的办法之前，也许很难有其他的解决方案。

对野生动物而言，橡树和松树是迄今为止最有价值的木本植物，遍布于美国全域；在重要性上居于其次的是黑莓、野樱桃和楝木；接下来是其他被认为非常重要的 30 种植物。在旱地杂草和草药中，狗尾草、豚草、折耳根和穇稷位居前列。借助这些信息，我们确信能够吸引大量的野生动物，尽管群落的组成方式难以完全预见。

建筑设计也会影响野生动物的习性。在马里兰州哥伦比亚市的一个特定区域，那里的住宅风格形成了各种各样的角落和缝隙，研究表明，相比其他因素，这些角落和缝隙成为椋鸟和麻雀种群数量大增的重要原因（Geis, 1974）。

借由罗伯特·威廉姆森（Robert D. Williamson）对华盛顿特区岩溪公园（Rock Creek Park）边上两个截然不同的住宅区的一项研究，也可以对一些物种的生境偏好有所了解。根据威廉姆森的研究，包括红衣凤头鸟、知更鸟和嘲鸫在内的乡土动物更喜欢树木繁茂的公园区域及其西部的一片富人区——那里有植物丰富的院子。鸽子、椋鸟和家麻雀之类的外来物种，在公园东部的高密度住宅区繁衍生息，这里植被很少，尤其椋鸟种群，随着人口密度的增加而增长。家麻雀种群与可用作筑巢地点的建筑壁龛数量相关，其种群数量随着与公园距离的增加而增加（Williamson, 1973: 55）。

在乡村和更加自然的景观中，接纳更为多样化的种群，而不只是鸟类和小型哺乳动物，可能性要大很多。在进行采矿地的景观修复时，其生态结构特别受关注。现在，美国的大多数矿

产州都已经有了相应的法规，要求将这些土地大致恢复到开采之前的状况，并要求使用乡土种。一些野生动物管理人员认为，为了改善野生动物的栖息生境，使得它们的种群比在自然状态下更为丰富，我们可以做到的远远不仅这些：

……那些为特定区域内受到威胁或濒危的物种，抑或具有很高价值的物种创建的滨水区域、湿地，以及专门的栖息地，可能是采矿活动的结果；因此，有效的规划设计可以为野生动物制造种种机会。没有采矿活动的话，很难会有这样的机会（Streeter, et al., 1979: 61）。

摩尔（Moore）等人建议，为了提升物种多样性，要创建处于多种演替阶段的群落（Moore, et al., 1977）。他们指出，在某些情形下，禾本科和非禾本科的草本以及灌木类的引进种可以进一步实现这个目标，因为它们比乡土种更能适应各种受到干扰的环境。为什么会这样，答案尚不清楚。一些研究人员认为，由于某种原因，美国西部地区一直没有进化形成极具竞争力的一年生杂草物种，与之相反，世界上的其他地区很早以前就通过农业生产活动，对这些物种进行了大批量选择。无论如何，人为干预总会有助于填补诸如此类的空白。

同样，斯特里特（Streeter）等人也提出了一些增加野生动物多样性的方法（Streeter, et al., 1979: 47）。无论从创建新的形态或环境条件来说，还是从保持采矿所产生的那些形态或环境条件来说，大多数做法都明显不拘泥于对自然状态的坚持。他们的建议颇具启发性：

1. 增加混播种子的多样性。
2. 将小块土地留给自然演替去发挥作用。
3. 移植乡土种的草皮。
4. 整出不同的坡度以增加地形的变化。
5. 重建排水体系。
6. 留出没有草被的生态孤岛，以种植灌木和乔木。
7. 在种子成熟之后，割下乡土草被，制成干草，用于护根。
8. 在不同的地点使用不同演替序列的混播种子，而不是同样的混播种子。
9. 留出集水洼地。这些洼地一开始是小片的坑坑洼洼或草地中的积水区域，最终是中生草甸或森林围绕的区域。
10. 在降水充沛的地方，种植绿篱穿过矿坑，并在其周围种植灌木为界。
11. 在大多数植物的种子成熟之后，尽快抢割，并撒上表层土。
12. 移植各种年龄段的乔木和灌木。
13. 将高墙和尖顶留作猛禽的筑巢地点。

这些建议中的某些也可以用于采矿地修复以外的情形，其余的则只能用于采矿地修复。无论如何，它们都有助于抓住至关重要的根本点，即通过有意识地塑造景观，并通过富有想象力地利用各种出于完全不同的目的而建立的环境条件，我们可以创造出各种人类生态系统，这些生态系统能够对极其多样化的野生动物种群形成很好的支持。

第十三章
生态功能·控制物质流和能量流

在人类和自然生态系统中，各种能量流和物质流是驱动其他一切的引擎。这些流通常会被忽视。我们会忘记一个非常基本的事实：人类以及其他生物的生存都有赖于源源不断的、保持生命活力所必需的能量、水，以及各种化学元素的供给，并且所有生态系统，无论是人类生态系统，还是自然生态系统，最重要的功能就是要为其成员提供所需的能量和物质。

人工生态系统在调控这些功能流的方面尤其会遇到巨大的困难。我们总是要面对能量、水或营养物质过多或过少的难题，并且这些问题会造成人类生态环境中许许多多的功能失调：

水体富营养化、地下水位下降、城市热岛、燃料短缺，甚至是酸雨——所有这些都是能量和物质流动不正常的表象。其他一些表象，如能量和水大量地从一个系统流向另一个系统，已经影响到我们的经济核心。这些生态功能失调越来越多地成为我们这个时代的关键议题。

尽管能量流和物质流的维系在很大程度上取决于如何利用土地，但在景观设计中，我们很少认真看待这些流。功能流问题往往被当作孤立的问题，采用针对单一目标的解决方案。前面介绍过的早期洛杉矶防洪渠系的建设发展就是一个很好的例子，其思维逻辑是这样的：如果洪水泛滥是一个大问题，那么，解决办法就是要将雨水尽快导入海中。然而，正如我们看到的，这么做虽然解决了洪水问题，但在某种程度上改变了功能流，导致水文系统的其他部分出现了许多麻烦。我们应该牢记系统方法（systems approach，出现于 20 世纪 50 年代，指采用整体的和分析的方法来解决复杂问题的一种分析研究方法，译者注）的一个重要警示：要知道当前问题所处的环境——整个系统。

那么在这里，我们就来讨论一下作为整个系统功能的物质流、能量流，以及在设计过程中如何处理它们——首先要明确议题（就像在信息阶段所讨论的那样），然后利用模型进行分析，最后重新设计出未来的种种可能性。一开始我们会先简要回顾一下自然状态下各种功能流的基本特征。

水和营养物质是以确定的方式循环通过自然生态系统的，这些方式可以相当准确地进行预测。它们被某些生物吸收和利用，然后返回环境中，在持续不断的循环中供其他生物再次利用。为了形象地说明典型的物质循环工作原理，第 302 页上图解了通过自然环境的氮（三种最重要的营养素之一）的流动。虽然氮循环的机制众所周知，但简要描述一下可能会有助于确定所有这些过程与人类环境的关联性。

氮主要储存在空气中，其在空气中的含量为 80%。大气中的氮通过特定的细菌和藻类固定到土壤中，这些细菌和藻类具有不同寻常的能力，可以做到这一点。一旦进到土壤中，氮就会被植物吸收。通过植物，氮被继续传递给人类和其他动物。

随着沉积物流向海洋深处，有一些氮会流失，而通过火山活动，从火成岩中会得到大致等量的氮。这些氮可以算作是氮循环中的输出和输入部分，但数量非常小。总的来说，每个生物体都能找到它所需要的氮，这些氮在生态系统中已经可以被利用，之后也可以供其他生物体利用。

能量与氮或其他一些重要物质一样，不断地从一种生物转移给另一种生物；但是，能量的流动顺序与物质的流动顺序有着本质的差异，因为它并不循环。热力学第二定律对于自然生态系统和人工生态系统都同样正确。随着每一

次的转移，一些能量耗散了，或者转化成了热量。由于活体生物是特别低效的能量使用者，所涉及的能量损失相当可观，每次转移的损失量通常是 70% ~95%，因此所有生命系统都需要大量而连续不断的能量输入。

将能量降级为更分散的形式，这个连续不断的过程被称为"熵"（entropy）；利用能量来构建更加复杂的物质形式，则被称为"负熵"（syntropy）。在全球生物圈中，对负熵的了解始于复杂的活体细胞光合作用。在构建和降级的双重过程中，降级和储存的能量不断被太阳辐射能所接替。演替和进化，都向着更高的组织层级发展，是长期的负熵过程。相反，燃烧是一个熵过程。人类的设计可以成为，也应该成为，一个负熵过程。

在自然界中，负熵秩序形成得非常缓慢——一步一步地。雅各布·布罗诺夫斯基（Jacob Bronowski）将这个过程称为"分层稳定性"（stratified stability），从原子形成分子开始，再基于分子，继续向着更高的层级，由细胞形成低等动物，以此类推：

> 组成一个层级或层次的稳定单体是原材料，可用来随机组成更高层级的结构，这些结构中有一些可能是稳定的。只要存在稳定的可能性，哪怕尚未实现，也是八九不离十了。进化就是阶梯式的攀登，一步步地从简单到复杂，每个阶梯就其本身而言都是稳定的（Bronowski, 1973: 349）。

我们有理由期待，生态系统设计可能有助于这种阶梯式的攀登，在某种程度上会比单单随机组合的可能性更大。期望每一次设计都能往阶梯上迈进一步也许太过分，但通过深思熟虑地组织各种功能流，我们可以创造出"稳定的单体"，或有秩序的生态孤岛，这会有相当

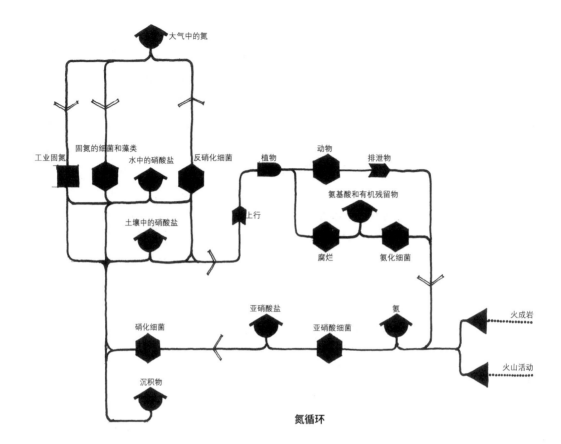

氮循环

的成功率。我们可以将这些设计看作是对生态系统发展的种种帮助，会进一步提升生态秩序和系统的复杂性。至少，我们应该成功地不造成熵增。

生态功能流的若干原理

通常我们认为，物质是以反复循环通过生物圈的方式流动的，而能量流则循着复杂性增加和降级，即熵减和熵增的双重路径。由于一个生态系统的存续取决于其向系统成员提供的能量和各种物质的配给情况，因此在自然界中优选的是那些能最有效维系各种功能流的生态系统。城市在适量分配能量和物质方面存在严重问题，正如我们所看到的那样。所谓"适量"，就是配给的数量能够满足城市人口的需求而又不至于在可能造成麻烦的地方有任何过度的富集，并且配给量也是可持续的。

在所有城市中，调控生态功能流的难度大致相同，无论其经济状况怎样。在自然界中，由于能量和物质流无处不在，地球上任何地方都遵循着同样的基本法则，因此哪怕是在截然不同的环境中，它们也具有共同的特征。在自然条件下，它们会在局地发生。每个生态环境都有自己完善的功能流以及能量和物质循环，当地的生物可加以利用。人类生态系统在全球范围引入了这些循环模式，从而创建了一个全球性的相互依赖的紧密的网络，所有的后果已经在第四章中讨论过了。那一章还指出，我们需要学会更充分地利用局地景观的处理能力，以减轻全球生态系统的压力。

正因为生态系统可以被看作是任意规模的

一个单元，能量和物质流也可以在任意尺度下进行考察。生态系统是通过跨越其边界的各种功能流相互联系的，并且这些联系可以被认为是系统的输入和输出，因为一个系统所接收的任何事物，必定是由另一个系统释放出来的，反之亦然。这种观点使得我们能够从宏观的角度来审视生态系统的功能。例如相比第302页图解展示的是全球尺度下的氮循环，第26页上的图解则展示的是圣埃利霍潟湖中的氮循环。它们的基本过程是相同的，但在圣埃利霍潟湖这种较小的尺度下，每个节点不仅涉及范围更小，而且更具体。

●人类环境中的生态功能流

人类环境中的生态功能流通常比自然环境中的流动得更快、更不完善。圣埃利霍潟湖的图解说明了不同的污水处理技术对于氮循环流的影响作用，在我们周围的景观中也会自然而然地发生类似的变化；但是，人们往往会受不了大自然那慢悠悠的节奏，他们想要快速生效。技术为我们提供了获取速效的手段。城市郊区的住户在搬入新房的那一年，就想要前院的草坪碧绿、茂密，甚至还有一圈花灌木的镶边；因此，他会大量地浇水，并施用含氮量高的化肥，通常是氨水、尿素，或硝酸盐类的化肥。地表径流携带着肥料中的营养物质，通过排水系统流入河流或溪流。这些水不仅会显著增加水体中原本的水量，还可能会加快河床下切，抑或加剧下游的洪水。

这种地表径流中携带的养分所造成的麻烦往往会更加严重。肥料中所含的大量硝酸盐介入之后，自然界中的氮循环会发生显著改变。这些氮肥促进了溪流以及其最终流入的河流、湖泊或河口中的藻类和浮游植物的生长，从而破坏了自然状态。藻类的大量繁殖——城市水体表面常见的大面积的藻类富集——不可避免地会出现。分解细菌会奔赴这场盛宴，而它们的过度活跃会以比平时更快的速度消耗掉水中的溶解氧。如果充足的氧气供应被使用殆尽，那么鱼类就会因缺氧而开始死亡——这个问题更多是由于污水排放引起的，就像圣埃利霍潟湖案例那样。

一旦过量的硝酸盐进入地表水，氮循环就会发生巨大的变化。氮过量会加速一部分生物的生长，而以牺牲其他一些生物为代价，导致严重的生态失衡，而生态失衡会降低自然多样性，破坏水体美观度。这些会极大地影响人类的生活品质。

更具破坏性的是由土壤淋溶进入地下水的含氮化合物的影响。一旦这些物质进到地下供水中，几乎不可能被去除。溶解在饮用水中的硝酸盐是有毒的，在美国的好几个地区都已经成为棘手问题（Johnson and Hester, 1981）。

功能流改变所致的这种令人不快的状况，并非人们有意为之的结果。郊区的户主只是想要一个有吸引力的前院，符合自己和邻居心目中高档住宅区所应具有的院落形象；确定这些地块布局的用地规划师是受到了住宅市场的支配，以为大多数人都希望住在独栋住宅中，并在私人地块上拥有深深的前院，而实际上，哪怕是前院的进深也可能是由当地控规图则所要求的最小的建筑退线所决定的。执行这项法律的官员关注的是社区的外观以及他们是否愿意承认的财产价值。

因此，没有人真的想要改变这片特定景观的氮循环。变化是由一系列单一的目标而产生的，这些目标都与氮循环没有直接的关联，而这种无意间对流域生态系统的重新设计，其结果就是一个退化的生态环境。

在人类环境中，能量流发生了根本性的变

化。在自然界中，能量流遵循着营养结构。能量由每一层级的生物获得——取决于它们吃什么，通过呼吸做功，并在排便时传递给较小的生物，而一旦被捕食又会依次传递给较大的生物。人类通过发明创造，使得如此简单的生态秩序变得复杂。能量（风能、水能和蒸汽能）做功以完成人类所需的各种各样的工作，从而大大地拓展其功用，而一旦储存在化石燃料中的能量加入业已在做功的能量供应中去，能量流就会变得非常复杂，以致我们无法很好地理解它们，难以对其进行控制，或者确信是否能够长远地使用它们。我们的城市已经成为巨大的变压器、集中器和能量的传导设备，通常是完全依赖大量外来能源的输入，这样的输入未来很难持续下去。更糟糕的是，（如第四章所述）化石能源的燃烧排放地——最终耗散的能量及其副产品的停留地——正在出现日益严峻的全球性问题，也许要限制的是高度机械化的人类系统，而不是限制能源供应。

对于所有的能量流和物质循环而言，同样的原理都是适用的。所有生态系统的承载力都是有极限的，这种极限可能是因为源地景观无法提供必需的能量和物质输入，如洛杉矶的供水那样，或者可能是因为能量和物质的汇集地无法以可接受的方式处理其输出部分（我们习惯称之为"废弃物"）。赫尔曼·凯尼格（Herman Koenig）这样描述目前的情况：

>　……随着工业和人口密度的区域性增加，（现在的情况）到达了一个时间节点，此时废弃物的流动速度超出自然环境能够稀释和吸收它们的能力。这个极限意味着一个生态破坏的时间点，从此以后，自然环境将不再提供人类生活所必需的各种自然作用（Koenig et al., 1971: 9）。

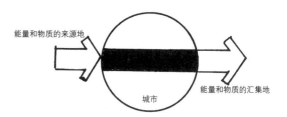

应该注意的是，无论是输入侧的还是输出侧的极限，在某种程度上都取决于生态系统的设计。

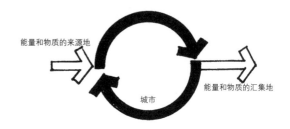

●**需要进行有意识的控制**

人类活动，特别是在技术的支持下，不可避免地会改变各种自然作用。与节奏缓慢的荒野相比，人类环境中的功能流似乎总是显得过度活跃；但是，一旦我们了解了那些行为的后果，就可以在相当程度上对它们进行控制，令其稳定下来。虽然通常情况下我们知道如何采取补救措施，但仅仅能够识别和缓解业已发生的问题是不够的。现在，大多数规划者都很清楚地表径流中的营养物质对水体的影响。《联邦水污染控制法1972修正案》制定了一项全国性的目标，即到1985年要清除所有通航水域中的"污染物"；但是，有时候地方上会对这个目标僵化解读，认为引入水中含有物质即是违法。这些物质也许实际上是非常有益的，即使在技术上被归类为"污染物"，这就产生了其他一些问题。诸如此类的控制几乎与不加以控制一样糟糕，部分原因在于其代价高昂，部分原因则在于没有意识到这些物质可能大有裨益。就像防洪的例子一样，问题的解决办法形成了一种解决方案，但该方案会在其他地方造成其他的问题。

只有当我们将全部的生态功能流作为统一的系统对待，才能明白为了适应城市环境而对其加以改变时，可能会带来好处，也可能会造成弊端。例如为圣埃利霍潟湖设计的水生动植物养殖系统就是有意识地利用了人类住区所产生的大量营养物质来提高潟湖的产出——硝酸盐被有意识地用来促进藻类的生长，而不是在无意之中导致藻类的急剧增长。藻类的急剧增长只会引发水生动植物的相继死亡和其他各种问题，而有意增长的藻类则会被鱼类吃光，鱼类又会成为人类和其他食肉动物的食物。理想情况下，一旦用生物净化法将水处理到二级处理排放标准，就可以排放到潟湖中，这不仅可以丰富整个食物链，还有助于保持稳定的盐度。

毫无疑问，要设计出这样一个生态系统并非易事。对圣埃利霍潟湖需要有试验期的提议并非学术上的精益求精，而是一种必需——在此期间，我们必须通过观察来确切地了解那些建议的安排是如何运行并发挥作用的。一开始我们可能会遇到水质方面的问题，但毋庸置疑都是可以解决的；不过，这些问题只能通过实验来解决。在能够令人类生态系统的功能发挥到最优水平之前，我们需要有相当多的实践经验，而现在我们能做的，就是要制定一些功能流的设计导则，将自然生态系统中那些能够促进系统稳定和存续的特征作为设计的出发点。

●生态稳定性特征

按照尤金·奥德姆的说法，物质流和能量流的稳定性特征——这里，我们将术语"稳定性"理解为抗性和弹性——与成熟的自然生态系统相关（Odum, 1969）。出于设计的目的，这些特征可归纳如下：

1. 内部循环缓慢且相对完善：物质以闭环的方式在生态系统内反复加以利用；从其他生态系统中获取或向其输出相对较少量的物质。这意味着高度的就地自给自足。

2. 流动的路径多种多样：物质和能量以复杂多样的方式流动，如果流动在某些时候因为某些特殊事件而中断，整体的流动还有可能通过平行的（如果不是相同的）路线继续下去。

3. 各种生态位均被占据：食物链中的每个环节都被适合该特定位置的某一物种所占据。在成熟的生态系统中，生态位会很窄，而占据这些生态位的物种则相对固定。

4. 每单位能量流中生命体的体积（或生物量）较高：能量被精打细算地、高效地用于支持生命体。

5. 净生产量较低：生态系统产出的物质大部分在系统内部被利用掉，几乎没有积累和输出。

6. 信息量很高：这与生态系统的复杂性有关。在自然生态系统中，信息主要储存在基因中。

任何人工环境都不可能完全达到这些标准，确实会存在一些根本性的冲突。例如人类本身就不是一种生物学意义上专属的生物，占据了极其广泛的生态位。因此，城市生态系统不可能具有生态位特化（niche specialization，指在食物资源丰富的环境中，消费者选食最习惯摄食的猎物或被食者的现象，译者注）的紧密网络，而最稳定的自然生态系统则以这种生态网络为特征。此外，需要有较高的生产力水平以便有盈余可供输出，从而达成收支平衡，这是城市经济的基本驱动力。长期的生态需求与相对短期的经济驱使之间确实会存在许多的冲突，而城市所担负的发展经济的任务又是如此繁重。在制定物质流导则的过程中，我们似乎总是要在生态的稳定性目标和其他一些人类的需求和意愿之间寻求平衡，既不会有最理想或完美的状态，也不会凭借简单的解决办法就可以实现目标；但是，通过精心的设计，应该可以做到既具有高水平的生态稳定性，又具有合理的生产力，并能造福人类。

预测生态功能流以获得新的发展

通过系统地预测人类生态系统的功能流以及物质和能量的循环情况，并将这些预测整合到设计过程中去，我们可以评估新的系统将在何种程度上具备了必要的稳定性。为了达成对系统的持续支持，我们还可以估算出需要不断输入的能量和关键物质的数量。事实证明，不同物质的重要性应情形而异。通常情况下，能量、水、土壤和主要的营养物质都是重要的考虑因素，尽管它们的重要程度有所不同，这是难以预见的。自然生态系统始终是人工生态系统的构建基准。首要的是对自然状况加以了解，这是绝对不可或缺的。

借鉴 20 世纪 70 年代的经验，能源或任何一种基本物质材料的供应都可能成为未来城市发展的一个制约因素，这种情形已相当明显了，而不太明显的是，对能量和物质的汇集进行控制也许至少与确保能量和物质的来源同等重要。例如全球的氮供应似乎确实非常充足，只有当过量的氮富集并造成大量破坏时，与氮循环相关的麻烦往往才会出现。能量和物质的汇集会对城市环境造成破坏，这样的例子包括由耗散的能量产生的热岛、烟雾弥漫的空气、大气中的碳，以及污水外排，更不用说核废料造成的骇人听闻的棘手问题了。对城市环境中的物质流和能量流进行预测，有 4 个主要目的：

1. 为了确定未来支持系统所需的能源和关键物质的常规数量。
2. 为了确保所建议的景观改变不会严重影响自然的功能流。
3. 为了确定通过系统的流动路径，作为系统潜在的稳定性和韧性的指征。
4. 为了分析这样的情况：如果物质和能量作为谋求可能的再利用并避免有害汇集的一种手段而进行利用时，会怎样。

自 20 世纪中叶以来，研究人员在测量和预测各种功能流方面取得的进展足以重构我们对于生态系统的思考方式。各种追踪器、自动监测设备，以及计算机技术在技术和工艺上的改进，预示着未来会更加先进；但是，研究所提供的信息往往过于细致入微而又零星、不完整。研究人员需要进行精准的控制，并且受制于学科界限，必定很少会将整个系统纳入考虑的范畴；因此，在试着收集生态功能流的相关信息时，我们经常会发现自己面对的是系统中某些部分的大量的精确数据，而其他部分的数据则很少，或者根本就没有。通常情况下，我们需要的数据都隐藏在含含糊糊的图表之中，或掩藏在长篇大论的研究报告之中。

我们不仅要担负起收集信息的工作，使得那些关键的生态功能流可以被理解为一个连续整体的各个部分，而且还要让这些流显现出来，这非常重要——如果在现实世界中做不到，至少在理论上能够做到。物质流和能量流难以捉摸，主要是因为我们无法看到它们。如果能以视觉形式呈现出来，处理它们会更容易，甚至也许沟通交流起来也会变得更加明确。

有许多技术可以做到这一点。氮循环的流程图给出了一个简单的定性表达的示例。像阿利索溪和艾尔辛诺湖研究案例（第54和218页）所附的表现图那样，有助于更清晰易懂地理解功能流和景观之间的关系。这两项研究都涉及水的问题，但处理方式却截然不同。例如在阿利索溪案例中，图片示范的是怎样将开发之后这片景观中的水流系统与自然景观中的水流系统进行比较。

●艾尔辛诺湖案例研究：预测水流

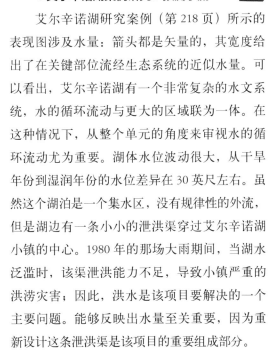

艾尔辛诺湖研究案例（第218页）所示的表现图涉及水量：箭头都是矢量的，其宽度给出了在关键部位流经生态系统的近似水量。可以看出，艾尔辛诺湖有一个非常复杂的水文系统，水的循环流动与更大的区域联为一体。在这种情况下，从整个单元的角度来审视水的循环流动尤为重要。湖体水位波动很大，从干旱年份到湿润年份的水位差异在30英尺左右。虽然这个湖泊是一个集水区，没有规律性的外流，但是湖边有一条小小的泄洪渠穿过艾尔辛诺湖小镇的中心。1980年的那场大雨期间，当湖水泛滥时，该渠泄洪能力不足，导致小镇严重的洪涝灾害；因此，洪水是该项目要解决的一个主要问题。能够反映出水量至关重要，因为重新设计这条泄洪渠是该项目的重要组成部分。

另一个问题是沿着主要街道的市中心购物区日益衰落。该街道与泄洪渠平行，仅仅隔了一个街区，如第217页上的地图所示。这个位置非常靠近湖泊，但在视觉上又是分隔开的，也就是说，从市中心看不到湖泊，实际上也根本感觉不到湖泊的存在。

因此，关键的问题包括：稳定湖泊的水位、防洪和振兴市中心区域，而防洪渠对这三个问题来说都非常关键。对流经防洪渠的水流进行仔细的调节，可以在洪水期间输出溢流的湖水，还可以在干旱时期将水导入湖中。这个流量远远不足以稳定湖泊的水位，但它将确保在小镇中心附近的水塘中有足够的水，以达到游憩和审美的目的。这种逆流设计是通过平整渠道所经过的土地来实现的，第219页上的断面图展示了其工作原理。

渠道的底部由距离湖边数百码的最高点（海拔1255英尺）向着湖泊的方向略微倾斜。过了这个最高点之后，渠道又向远离湖泊的方向略微倾斜。这样一来，大雨期间，当湖水上涨到1255英尺以上时，泄洪渠就会将溢流输送出去。干旱期间，当湖泊水位下降时，这个过程就反过来了。在这个最高点以内的某个地方，地下水被泵入泄洪渠中，通过一系列水塘将水输送到湖中。用这个办法，水塘总是满的，而湖泊水位则更加接近于稳定不变。地下水位虽会略有下降，但取走的水只是储存到了湖中而不再储存在含水层中罢了。虽然水位越高，湖面就越大，蒸发损失会有所增加，但其数量可以忽略不计。此外，水会不断通过湖底渗回到地下，从而完成整个循环。

泄洪渠和水塘都会采用自然的驳岸和底部，沿岸会有植被生长以支持野生动物种群。部分水塘还进行了游憩利用的设计——钓鱼、划船、散步、野餐。滨水廊道将通过一系列绿树成荫的小巷与主街相连，提供一片市中心目前缺乏的舒适环境。由于这个环境的驱动力显然是水流，重新设计水流正是塑造一个更加健康而有益的环境的基本步骤。

在本例和阿利索溪案例中，都采用了描述性模型来表现信息阶段的现状水循环流——这个基准告诉我们水循环流中的重要因素和事件有哪些，以及其基本的作用方式是怎样的。然后，我们继续使用了预测模型来重新设计水循环流，以确定其可能的作用方式。当然，预测模型可以用纯粹的数学语言来表达，但是在环境设计中，我们处理的是物质形态，运用更多的视觉技术开展工作通常会更有帮助。纯粹的数学抽象会使我们彻底脱离物质世界，而这个物质世界却是我们的创作主题，也必然是我们的首要关注对象。

●大学村案例研究

大学村研究案例将我们带到了另一个抽象的层级；但是，其生态系统的功能，包括能量、水和营养流，仍然是以视觉方式表现的。回想一下第五章中的描述，该项目旨在设计一个实验性的学生社区，能够就地利用各种资源最大限度地提供切实可行而又合理的支持，第145页上是其设计表现图。集中坐落在南坡上的公寓利用被动式太阳能设备供暖，并利用光伏电池发电；周围的土地采用集约化农业技术种植粮食；污水在山脚下的生物处理塘中进行处理，并利用风车泵送回去用作灌溉用水；其他一些软技术也得到应用，旨在将消耗降至最低，将产出最大化……以上这些已足以解释基本的设计理念了。那两幅流程图反映了3种基本的资源（食物、能源和水）在系统内部使用中的输入、输出和流动方式。如初始阶段的模型所示，一开始需要从外部输入大量的资源——大约1/5的食物需求、超过1/3的能源需求，以及1/2以上的用水需求。在输出（右边）方面，当然有相当多的能量作为热量耗散掉，而一些水也会渗滤到地下或由蒸发损失掉；但是，其他的一切几乎都会被回收利用。实现这个设计方案的技术手段也列在了流程图中。

之后，如稳定阶段的模型所示，通过系统微调，并使各种回收设备以最高的效率运行，可以大大减少输入量。该模型还追踪了从校园的其他部分输入进来进行处理和回收的生活污水，类似的矢量技术也被用于反映南加州大都市区的水资源流入和流出。

●生态功能流的表述

归根结底，图解技术的发展对于人类生态系统设计可能与正射投影的发展对于建筑设计一样重要，这方面的技术已经取得了相当大的进展。用于表现通常情况下氮循环的示意图是基于生态学家霍华德·奥德姆（Howard Odum）为了表现能量流而提出的一种技术——这是一种特别有趣的技术，因为它提供了一种可视化语言来表达一路发生的各种变化和事件：在能量流经一个系统时，其基本的利用活动类型用14个符号加以表现。然后，将这些符号用线连接起来，以表现"能量流动路径和各种力的作用"（Odum, 1971: 37. 马克·冯·沃特克及其学生完成了这些符号的设计改编）。

奥德姆的技术可以在各种情况下用于描述物质和能量的流动。对于人类生态系统设计而言，它可能是一个非常有效的工具。为了提高可读性，进而提高其针对表现功能流这个目的的实用性，加州州立理工大学波莫纳分校的试验性设计实验室将奥德姆的14个符号简化成了6个基本符号，如第309页所示，这里的6个符号涵盖了人工或自然生态系统中对能量或物质进行利用或转换的大多数活动。

这种技术的理论基础是热力学第一定律——物质和能量可以从一种状态转化为另一种状态，但绝对不会产生或消失；因此，至少从理论上可以对所有的物质和能量进行解释和说明。热力学第二定律也适用于那些能量流示意图，该定律告诉我们每经过一次利用，一些能量会转化为熵或无法加以利用的形式。

第25页的模型示例说明了反映土壤流失的

输入或输出

向既定系统输入物质或能量，或从其输出物质或能量

储存

将物质或能量暂时留存在既定系统的某一层级中，例如在水库中储存水

流动关卡

受到一些外力作用的物质流，如水的蒸发

光合作用

通过光合作用接收、处理物质和能量，就如同在绿色植物中一样

呼吸作用

通过呼吸作用接收、处理物质和能量，就如同捕食食物链中的食草动物和食肉动物一样

人类活动

系统性的或目的性的人类活动，对物质和能量进行转变，如农业生产或制造业

基本示意图是如何用于预测的。预测上游开发对滨海潟湖的影响作用，第一步要评估坡度改变和裸露所带来的变化。该模型是一个简略的预测图，沉积物的增量会为湖水的储存和流动留下更少的空间，从而会减少潮汐的作用力，由此，潟湖中会富集盐分，营养物质往某些湖区的输送会被阻断，并搁浅在其他地方，进而会抑制沼泽草的生长，形成一个不利于鱼类和贝类健康生长的环境，最终导致鱼类和贝类种群数量的减少以及鸟类食物供应的减少。如果听任这一连串事件继续发展下去，潟湖很快就会被沉积物填满，河口生物就会消失。

在这个特定的案例中，人类活动对环境的影响都是有害的，或者至少是不利的；然而，流程图也可用于探讨各种有益影响的可能后果。例如圣埃利霍潟湖的最后一幅氮流图说明了重新设计后的营养物质循环：符号表明了污水是如何回灌到潟湖附近的控制池中，而不是通过入海排放口被泵出系统之外。在那些控制池中，污水被用于喂养藻类，而大量快速生长的藻类成为潟湖中鱼类和贝类的食物来源。然后，中水可以用于灌溉，并最终回灌入潟湖以稳定淡水的注入量（假定为了这个目的可以修改当地的水质管理法规）。这个设计方案可以大大改善潟湖的内循环机制，潟湖的生产力也因此得以提高。这种功能流在丰富自然生态系统的同时又满足了人类的需求，对于人类生态系统设计那令人振奋的可能性而言，是一个典型的例子。

●生态功能流的量化

定性模型不仅使我们能够从整体上看清楚生态系统中的各种功能流，分析人类活动所引发的种种变化，还有助于综合形成改变生态系统所需的种种想法，并对其结果进行预测和后期评估。此外，定性模型还可以在环境管理中帮助确定需要监测的关键部分，并说明这些部分是如何相互关联的。

定性认知会先于定量认知，并且通常只有定性的了解也足够了；不过，有时候若能知道数量是多少会很有帮助。在土壤流失的例子中，流域显然可以接受一些坡地的变动而不至严重改变潟湖生态系统；但是，如果流域内的所有山坡都被平整扰动过了，那么由此产生的侵蚀会覆盖掉整个潟湖。在两个极端之间的某种情形是一定数量的坡地变动，或者更可能是一个数量范围，在这个范围内的扰动可以确保潟湖得以持续运行下去，与此同时，也可以部分满足区域内的住房需求。要确定准确的数量不是没有可能，但难度会很大。这个数量会随着降雨量和降雨强度、坡度和土壤类型，以及场地平整技术和影响消减措施而发生变化。鉴于这种困难性，可能有必要对整个流域实施侵蚀控制措施，如"设计控制"表（参见第30页。译者注）中列出的那些措施，并对其结果进行监测。

第311页的简图展示了用于表述人类生态系统中能量流流动的一种方式。该项目是加州伯克利市的"整合型城市住宅"（Integral Urban House），这是一个非常独特的环境，其中的房屋和景观都进行了设计，可以充分利用每一种

可行的能量转换方式和路径。进入这个系统的太阳能通过 4 种途径加以利用：促进粮食作物、观赏植物和藻类生长，以及加热家庭用水。一定数量的太阳能被留作供暖之用，但并不清楚确切的数量，因为供暖是由一个被动式太阳能系统实现的。其他的输入包括食物和各种燃料。输出包括呼吸作用和燃烧过程中产生的热量和二氧化碳。

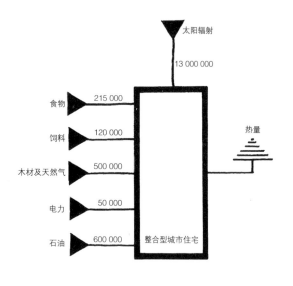

这些输入和输出都显示在了上图中，系统内部的各种能量流被归并到一起，成为一个黑箱。当我们只关注输入和输出时，这是一项有用的技术，此时，我们需要知道的是一侧必须从源地系统获得多少能量和物质，以及另一侧必须由外部排放地吸收多少输出量。在这个案例中，输入和输出的通常由各个家庭吸纳并丢弃，但数量相当小，因为其复杂的内部系统会以各种方式对降级之后的能量进行再利用。整个系统用第 311 页更大的简图加以说明。太阳能既可用于供暖，也可用于种植作物，而作物最终会作为人类、动物和鱼类的食物。废弃物被用来堆肥或被消化吸收，并返回土壤中，这样就用

到了人类生态系统很少会利用的碎屑流动路径。

这个基本的能量流与大学村案例中的能量流非常相似，尽管后者有着更具多样性的物种和能量使用方式，并由于规模更大而具有更多的能量转换机会：许多不同种类的陆地动物、鱼类，以及各种田地和木本作物都各司其位；那里的地形为重力流、风车选址，以及日照范围创造了条件。尽管"整合型城市住宅"是一个令人印象深刻、针对城市中的小型地块进行资源节约型设计的例子，但与大学村的两幅示意图进行比较，也许可以令能量利用的路径更加多样化，从而形成更加有效的设计。毕竟，大学村案例是在场地尺度下，甚至也许是在项目尺度下对能量流进行缜密的深思熟虑后的结果。

●物质和能量的预算

预算会令人想起种种限制，并且脑海中会浮现会计报表的图像；所以，我们总是认为这是一个令人不快的话题。然而，与家庭财务一样，预算对于资源利用来说也是必要的，因为资源确实非常有限。我们已经知道，在每一个尺度下生态功能流都可以用示意图来表现，并且无论是加以利用还是不加以利用，都可以用简单易懂的术语描述其流动模式。我们还知道，沿着流动路径各种作用所涉及的物质或能量的数量通常可加以预测。和资金一样，物质流和能量流也会失控，除非我们明确知道资源的去向。当分析环境中能量或物质的分布时，往往会发现我们利用资源的方式与所想的天差地别。例如当能源短缺前所未有地成为一个问题时，我们发现建筑采暖和制冷占到美国能源消耗的 30% 以上，这让大多数人感到意外。更令人惊讶的是，当干旱的（美国）西南地区对水资源保护的需求前所未有地凸显之时，我们发现南加州 40% ~50% 的生活用水被用于灌溉观赏植物，主要是

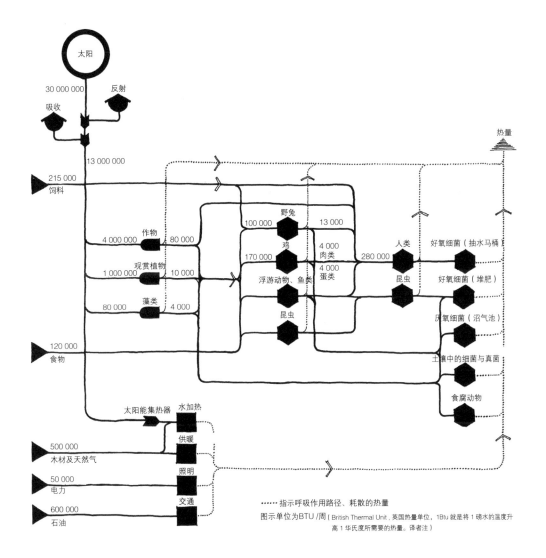

太阳

30 000 000　反射
吸收

13 000 000

215 000
饲料

热量

4 000 000　作物　80 000
1 000 000　观赏植物　10 000
80 000　藻类　4 000

野兔　100 000　13 000
鸡　170 000　4 000 肉类
浮游动物、鱼类　4 000 蛋类
昆虫

人类　280 000　好氧细菌（抽水马桶）
昆虫　好氧细菌（堆肥）
厌氧细菌（沼气池）
土壤中的细菌与真菌
食腐动物

120 000
食物

太阳能集热器　水加热
供暖
照明
交通

500 000
木材及天然气
50 000
电力
600 000
石油

······指示呼吸作用路径、耗散的热量

图示单位为BTU/周（British Thermal Unit，英国热量单位，1Btu 就是将 1 磅水的温度升高 1 华氏度所需要的热量。译者注）

草坪。在这两个例子中，上述发现都指向了相当简捷的解决方法——迅速降低消耗量。

当然，更加简捷的是提前做出预算，并设计出一个能够量力而行存续下去的环境。大学村的例子说明了如何以全方位节约资源的方式做到这一点；阿利索溪的例子说明了对 5 个备选方案的资源预算进行比较是如何为从中做出选择提供重要依据的。

生态功能和形态

在所有用于表现能量流和物质流的示意图和数字中，人类景观，尤其是城市景观的形态影响都根深蒂固。这些影响中的大多数在水流中显现得最为清晰。

中国人似乎已经率先认识到水流与地形以及社会环境和哲学环境的结合关系。根据约瑟夫·李约瑟（Joseph Needham，英国近代生物化学家、科学技术史专家，对中国的文化、科技做了极为重要的研究。译者注）的说法，中国在水文工程领域也和在人类为之努力的、几乎所有的其他领域一样，产生了两种对立的思想流派：儒家和道家（Needham, 1954）。儒家的信徒是规则的奉行者，信奉严格的规则和强有力的控制措施。他们提倡"高大的堤坝紧挨在一起"，要求通过借助窄窄的沟渠对水流进行严密而精准的控制。事实上，这只是压制了水流，其结果形成了一个非常简单的生态系统，几乎没有生态的相互作用。

道家的信徒，或者叫"扩张主义者"，更倾向于尽可能地顺其自然，无为治水，给出足够的空间让水漫流，其结果是形成一个非常复杂的水网。中国古代一位道家流派的工程师贾让在 3000 多年前写道："那些会治水的人，给最好的机会让水流出去；那些会管理人民的人，给充足的机会让人民说话。"（Needham, 1954: 235.｜贾让为距今 2000 多年前中国西汉时期著名的水利学家，据司马光《资治通鉴汉纪》记载，他曾应诏上书，认为治理黄河的上策是：

"善为川者决之使道，善为民者宣之使言。"即是此译句的出处。译者注）"　面对沿岸城镇经常被洪水淹没的情况，贾让建议将居民重新安置到洪泛区之外。

可以想见，这个建议在政治上并不受欢迎。事实上，在政治上难以被接受似乎总是令道家的奉行者饱受煎熬。部分出于这个原因，儒家在大多数争议中都得以胜出。窄窄的水道留出了大量的土地供人类利用，如果人们已经在那里生活，用地最大化正是一个特别理想的目标。

然而在实践中，随着时间的推移，中国似乎发展出了这两种方法的结合体：在溪流变成狭窄沟渠的地方，为了令偶发的特大洪水得以漫流开来，日后常常会在沿线形成大片的渗流塘，而在道家奉行者沿着溪流成功地建了分得很开的堤坝的地方，常常会在更靠近河岸处平行建造低矮的堤坝，以防范小规模的洪水，并在两

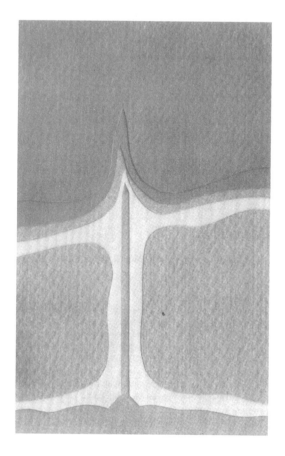
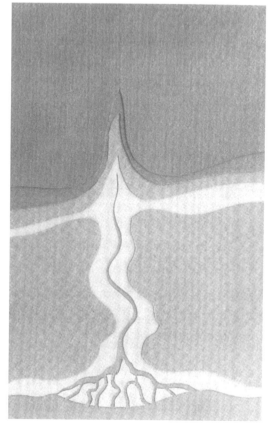

道屏障之间的土地上种植作物。

在美国，水流的控制通常采用的是儒家的方法。20 世纪上半叶形成的大规模的全国河流防洪计划即是见证；陆军工程兵团对密苏里河进行的渠化建设是一个特别突出的例子。在大多数的美国城市，人们可以看到窄窄的、混凝土衬砌的河道网络，其唯一的目的是尽可能快地将地表径流输送到城市以外。这就是一种严格控制的做法，其假设是人类确实可以征服自然。

也许从某种意义上说，人类可以暂时征服自然，但代价高昂。狭窄的河渠，连同像中国古代一样直逼其边缘的密集的城市发展，极大地加速了地表径流和水的输出。时间或空间的匮乏令水难以渗透到地下储存起来。由于从中获取的水量超出了流入的水量，地下水大幅减少。这个问题非常严重，因为地下含水岩层，或称"含水层"，于健全的水资源管理而言至关重要。

含水层也许是最佳的蓄水位置，原因有很多：首先，水在压力作用下通过土壤可以得到净化。其次，含水层可以避免水体遭受大面积污染。第三，那里没有蒸发损失。由于地下水是一种重要的资源，因此城市水流系统的主要目标就是要保持其水位稳定、水质达标。此外，水流经过狭窄的河渠不仅会减少地下水供应，而且还常常会丧失其他功能。在沿海城市中，水往往会迅速流入海洋，因此不仅人类无法加以利用，沿岸的所有动物通常也无法再赖以生存。

与水一起流走的还有淤泥，在自然环境中，这些淤泥会从流域上部冲刷下来，由洪水挟带着沿河岸漫流开来，从而填补谷地的土壤。现在，这些淤泥不仅丧失了生产功能，而且其最终停留之处往往会出现严重的问题。例如淤泥会集中在下游湖泊和河口的底部，以比在自然状态下快得多的速度将其淤塞，就像圣埃利霍潟湖案例中的那样。

因此，说到用简单粗暴的办法去解决复杂而又多方面的问题，儒家的方法多半算是又一个例子，至少以其在近现代的应用来说是这样。儒家的目的是尽可能快地将水从城市生态系统转移到不会造成危害的地方去，从而忽略了还可以获得其他各种益处的诸多机会。道家似乎从来不会用这种说法来坚持他们的主张，可以推测，他们多少已经意识到情况的复杂性。

● **近代治水实践中的道家方法**

近年来，在许多防洪网络的设计中更多地应用了道家的方法。华莱士、麦克哈格、罗伯茨和托德为得克萨斯州南部新城伍德兰兹提出的防洪系统就是一个很好的例子，其经济作用尤其令人关注。

该场地占地 18 000 英亩，是一片平坦的森林地区，大部分地区土壤比重大、透水性差。常规的儒家排水系统将意味着要排布方格状的地下排水系统、雨水管网，或许还有混凝土衬砌的防洪渠，这需要大量砍伐森林，各种野生动物种群的生境会因此消失，而这些系统也会从根本上令地下水变得更糟糕。

鉴于此，规划人员提出了一个道家流派的工程师会喜欢的系统，用他们自己的话来说，目标是："利用现有排水系统的特征形成一种排水方式"（McHarg and Sutton, 1975: 81）——借助人工河和下凹式绿地系统拓展了自然排水方式。这个系统以可控的方式减慢水流，而不是像常规的管道排水那样将水尽快地从陆地输送入海：利用戗堤和拦水坝一路短暂地蓄水；在坐落于透水性较好的土壤上的沉淀池中，水有时间下渗进入地下水。开发主要集中在透水性较差的土壤区域。伊恩·麦克哈格写道："显然，自然平衡的水文管理是环境规划以及开发组织理念得以成功的关键所在。"（McHarg and Sutton, 1975: 78）

毫无疑问，这种方法可以有效地达成地下水位最高、地表径流减少、侵蚀和淤积减缓、河流基本径流（河道中常年存在的那部分径流，主要由地下水补给。译者注）增加、自然植被和野生动物栖息地得到保护等预期目标。然而，无论对于开发商还是工程师，最具说服力的可能就是成本优势了。成本比较分析的研究结果证明，道家系统的价格不到常规管道系统的 1/4，就像麦克哈格所说的那样，"功用和利润相一致就再好不过了"。然而，不可否认的是，道家的方法需要占用更多的土地，就像古代中国人发现的那样。

就水流输出端——污水处理的景象而言，儒家和道家方法之间的差异同样巨大。常规的污水处理系统——包括长距离的管道输送，然后对溶解的有机物质进行一系列高度集中的过滤、沉淀和去除——是快速、直接、能量密集型的，因此本质上属于儒家流派。在想要回收利用污水时，甚至要通过反渗透等先进技术进行更密集的处理，其费用往往令人望而却步。

道家的替代办法是进行生物（或水生动植物养殖）污水处理，本书中的几个相关研究案例已有提及。处理流程是道家观念的很好例证，而对人类生态系统设计而言，道家方法又是可持续设计方法的一个很好实例。

例如为了在污水进入生物处理池之前将其中的大部分固体物质去除掉，阿利索溪研究案例提出要对其进行检测和初步的沉淀处理。在生物处理池中，靠芦苇和凤眼莲之类植物的作用，水质被净化到略好于常规的二级处理所能达到的品质。然后，一部分水会注入社区中一连串的湖泊里，由更多的植物做进一步处理。这些水在湖泊中还有助于淡水鱼的生长，以便开展钓鱼活动，并作为食物来源。流经三个湖泊之后，水质就足以用来游泳和划船了，从而成为一种宝贵的游憩资源。这些水从这一连串湖泊中的最后一个流入阿利索溪，保持溪中水流量的常年稳定。

该系统利用了当地几个就近处理污水的小型污水处理厂。第 59 页的场地平面图展现了湖泊和水塘与住宅环境相融合的景象——住宅围绕着水体和水上游憩区域簇状排布在一起。

这是一个简单、经济而又非常实用的污水处理过程。以常规的处理方法很难去除生活污水中的营养物质，特别是氮和磷，而且费用很高，而凤眼莲、浮萍、香蒲、芦苇和蔺草等水生植物经过设计，可以轻松地通过演进来完成这个任务。它们在此过程中迅速生长，可以定期收获。尽管这些方案似乎从根本上有别于更为常规而熟悉的机械化方案，但其所隐含的原理并不陌生，从根本上讲，它们只不过是对大自然达成同一目的的方式进行了强化。中国农民将这些自然作用借为己用已经至少有 4000 年了。中国的农舍通常会建在小池塘的上方或边上，生活垃圾被丢入池塘，要么被生活在池塘里的鸭子和鱼吃掉，要么被快速生长的藻类吸收利用，而这些藻类又被鲤鱼吃掉，其中一些鲤鱼靠吃这些食物长得极大。然后，鸭子和鲤鱼又成了农民的食物。

美国的几家污水处理厂正在定期利用上述原理。密西西比州的奥兰治格罗夫镇（Town of Orange Grove）利用 3 英亩潟湖加 1 英亩凤眼莲水塘的组合系统为其大约 1500 人的人口处理污水。固体物质在潟湖中沉淀下来，水从那里流入凤眼莲水塘；在凤眼莲水塘中净化两周后，水质足以被准许排放到当地的河流中去，而不会影响河流水质。

凤眼莲具有两个明显的优势适合作为净化植物：它们除了有发达的根系可以快速吸收养分外，还具有快速生长的习性。凤眼莲极高的蛋白质含量（约 20%）使之得以成为优质的牲

315 | 第十三章 生态功能·控制物质流和能量流

畜饲料，并且它们可以在密闭容器中发酵，产生沼气以用作燃料。

　　密歇根州立大学的一个更为庞大、复杂的污水处理系统在进行类似处理的同时，其水塘还可用于游憩目的。该系统由一连串的 4 个人工湖组成，占地约 12 英亩。湖中每天要注入约 200 万加仑经东兰辛污水处理厂（East Lansing Treatment Plant）初级处理后的污水。湖中的生物处理是由另一种速生水生植物水蕴草完成的，它与凤眼莲一样可用作牲畜饲料。水蕴草由一艘小驳船定期收获。船头安装了一把巨大的镰刀。

　　营养丰富的底层湖水被泵入附近的农田进行灌溉，表层湖水则流入第二个湖泊，继续由更多的水生植物进行处理，从那里再流入第三、第四个湖泊。这个系列中的最后一个湖泊中保留了大量鱼类，并有着高强度的游憩利用。之后，已完全达到河流排放标准的湖水会被排入红杉河（Red Cedar River）中。

　　微生物学家艾丽斯·唐·约凯拉（Alice Tang Jokela）在加州索拉纳海滩（Solana Beach）开发了一种生物处理工艺，被称为"受控生态污水处理系统"（Managed Ecological Wastewater Treatment System，简称 MEWTS），已经在一个日处理能力为 1500 加仑的试点污水处理厂中经过了测试。在持续约 30 分钟的初级沉淀之后，污水进入并通过一连串的 3 个水槽。前两个水槽采用曝气池的工艺技术以扩散的空气曝气，凤眼莲在水面生长。这两个水槽中单个水槽的污水停留时间是一天，而第三个非曝气水槽的污水停留时间则为两天。第三个水槽被设计用来养殖鱼类和凤眼莲。

　　该系统产生的尾水一直受到仔细监测，证实水质非常不错。生物需氧量（BOD）和悬浮固体（SS）量低于 10ppm，氮去除率超过 80%（Jokela and Jokela, 1978）。这些数字可与二级尾水的 EPA 标准（即美国环境保护署颁布的国家标准。译者注）相媲美，后者要求 BOD 和 SS 均低于 30ppm，且几乎不对氮去除率作要求。

　　与其他生物处理工艺一样，MEWTS 系统的投资和运营成本都非常低（Robinsone, et al., 1976）。邻近的德尔马市正在考虑用该系统取代常规的二级处理系统，为此进行了费用估算。根据约凯拉的数据，MEWTS 系统第一年的净运营成本共计 244 000 美元，相比之下，常规系统为 260 000 美元；到 1984 年，费用分别为 284 000 美元和 417 000 美元（Jokela and Jokela, 1978: 8）。这些金额中没有考虑产出的凤眼莲和鱼类的价值。此外，对与生物处理工艺经济性方面的其他一些研究也有同样乐观的成本比较结果。

　　在生物处理过程中，陆生植物也可用于吸收养分；但是，乔治·伍德威尔（George Woodwell）所做的比较研究表明，水生和沼泽环境的处理效果最好（Woodwell, 1977）。按照伍德威尔的说法，污水会令所有植物的生长量大幅增加，以至于收获成为生物处理过程的必要辅助手段。由于不进行收获，营养物质就可能会积累到高于环境所能吸收的水平，因此所采用的植物应该具有一些经济用途。

　　可见生物污水处理方式具有很多的优点，也许会成为未来的一种极其重要且应用广泛的技术；尽管如此，它并非灵丹妙药。像道家流派的其他方法一样，它需要大量的用地。生物污水处理的工序往往遵循的是以下几个步骤：

水资源利用→沉淀→生物塘净化→灌溉→下渗到地下水

　　生物塘净化和灌溉是其中最重要的两个步骤，都会占据相当大的用地面积。每 200 人需要 1 英亩的生物净化塘，每 50~100 人需要大约

1英亩喷灌地。这里面存在很大的难题，其难度于我们现在来说甚至超过了贾让的时候。现在地价如此之高，而且在做出土地利用决策时需要权衡如此多的因素；很难找到如此大片的土地，而要负担得起这一大片土地的利用成本则更为困难。这意味着生物净化的经济可行性与附近是否有可供灌溉的游憩和农业用地是密切相关的。因此我们发现，道家流派的各种技术往往包含着多种多样的问题，会涉及不同的用地。

反对道家流派技术的直接原因还来自大多数工业化国家已经为儒家技术进行的大量投资。无论是难以计数的防洪渠，还是已经存在的常规污水处理系统，都不可能弃之不用，而这些设施的高运行效率也不可能会被舍弃。

那么，在接下来的几十年里，我们可能会看到随着道家技术的应用日渐广泛，儒家系统中的功能流会有所改善，并且受到注重效率的儒家技术的启发，道家系统也会有所改进，从而形成各种不同的组合。事实上，这种整体性演进很可能会遵循一种类似于李约瑟所描述的、在中国古代已经出现过的模式。我们在洛杉矶区域防洪系统研究案例中可以看到这种演进过程：在那里，因为对地下水补给、游憩，以及野生动物栖息地的需求，儒家的河渠系统正在逐步被中和——被"道家化"。

● **能量的流动路径**

对于能量流设计，儒家和道家也有相应的方法。儒家方法本质上就是我们所熟知的密集利用能源、以化石燃料为动力的工业文明方式，道家方法则与第五章中提到的软能源的流动路径大致相同，其特征是能源的可再生流动、多样性、灵活性，以及设计尺度和能源品质与最终的利用需求相匹配。和水流一样，道家的软能源流动路径也会占据较多的土地。归根结底，

太阳能、风能和生物质能都更为分散，因此需要更大面积的地域来进行收集。美国能源部在加州进行的一项研究估计，到2025年，该州约86%的能源需求可以通过可再生能源来满足，但需要大面积的城市用地才能实现这个目标。在极端情况下，如果所有太阳能供暖和发电装置都安装在必需的场所，那么，它们将覆盖约25%的城市区域。这些数据表明，软能源的流动路径总体上要求人口密度相当低。

如此一来，我们就遇到了这样一个非常有趣的问题，涉及能量流和人口密度之间的关系——是否存在所谓"最节能"的一个密度值？一些研究人员已经试图以各种方式去回答这个问题。

生态学家霍华德·奥德姆认为开发的密度应该非常低，他相信"当能源的数量和品质下降时，规模效益（economies of scale，指因经济单元增加而致使每一单元的成本下降的情况，译者注）会转向更小而分散的经济单元，并且能源需要进行更低品质的利用"（Odum, 1976: 269）。这个结论的前提是需要利用能够从景观中获取的低品质能源。他的计算结果表明，大于人均1英亩的密度未来也许是不可持续的，因为会需要太多的高品质（主要是化石燃料）能源。

一些建筑理论家倾向于更大的单元和更高的密度。根据薛定谔为生物系统而研究形成的理论，拉尔夫·诺尔斯假定建筑物受环境影响的敏感性特征应其表面积与体积的比率而改变（Knowles, 1975）。由于必须利用能量才能克服环境影响，这种计算方式似乎为建筑形态的节能效果提供了一个衡量办法。外观相对一致而体量较大的建筑会比体量较小者具有更小的表面积-体积比，这说明建筑体量越大，其节能效果越好。诺尔斯进而用一系列有说服力的模型完善了这个理念，这些模型显示了应不同的日照

条件而改变的建筑形态；然而，该理论纯属几何形态的范畴，忽略了建筑物的内部布局、小体量建筑结构所具有的灵活应变性，以及景观的能量供给潜力。尽管奥德姆认为从景观中能获取大量的能量，诺尔斯却没有考虑到这一点。

已有一些研究试着基于某一个或一组关注点来确定一个理想的城市密度值。例如纽约区域规划协会（New York Regional Plan Association）研究了纽约大都市区的密度与能源消耗之间的关系。结果表明，人均能源消耗量可以随密度的增加而下降，密度最高达到平均每平方英里约 25 000 人，差不多是每英亩 39 人或 13 个居住单位（New York Regional Plan Association, et al., 1974）；高于这个密度水平，能源消耗量就会随着密度的增加而增加。这个信息非常有用，因为它给了我们一个大致的提示，即对于某一种城市发展格局和能量流动模式（像纽约那样）似乎会有一个最佳的密度值；不过，这个研究没有提及其他的人居格局和能量流动模式，例如大学村和北克莱尔蒙特研究案例中建议的那些格局和模式。

有许多研究人员得出的结论是，未来的能源短缺可能会导致城市的聚集度高于目前的水平（Van Til, 1979）；然而，这些未来城市的密度可能会比保罗·索莱里 [Paolo Soleri, 反文化意识形态的城市梦想家，所推崇的"生态建筑学"（arcology，即建筑与生态的有机结合）理念集中体现在位于亚利桑那州的试验城镇"阿科桑蒂"。译者注] 等建筑师的巨型构筑物理念所设想的要低得多。那些建筑师提议的密度要大于曼哈顿目前的密度。

总而言之，对于理论上的节能密度，似乎每一个研究个案都是基于有限的变量，而且都存在争议。支持更高密度的理由主要是大体量建筑理论上具有能量效益（按照诺尔斯的说法）以及社交距离需要最小化；但是，鉴于我们的通信方式在不断改变，从一个地方到另一个地方的搬移可能在很大程度上会被借助电子设备的联系所替代。幸运的是，如非纯属偶然，电子通信的爆炸式发展恰逢化石燃料耗竭之时（对此也许会有一些深层次的解释）。除了工业城市，很可能还会有电子城市，这种城市也许会令能源密集型发展有所缓解，但也会带来自身的一些问题，那些问题同样令人困惑。

从好的方面来说，电子通信在很多情况下可以取代面对面的接触，人不需要从一个地方到另一个地方的往返行程，卫星电话已经开始实现这一点，而配备了中央数据库和远程终端设备以及闭路视频系统的计算机网络则更具潜力。近年来，举行的电子会议也就这类可能性给出了一些想法，虽然人们身处若干个不同大陆，但可以通过卫星参会。随着诸如此类的技术变得更为普遍，越来越多的人将能够在自己的家中或分散的地点上班，大量的通勤交通得以显著减少。

所有这些对于未来城市形态的影响作用，至少和一个世纪之前内燃机的发明一样深刻。从老旧过时的对于工作场所的依赖中解脱出来之后，相当多的人将拥有更为广阔的居住地选择空间。这种灵活性将给自然风景优美、气候宜人，或拥有其他便利条件的地方带来新的人口压力，虽然这些地方由于缺少就业机会迄今为止人口稀少。光伏技术、风力发电机、太阳能热水器和生物污水处理技术必将使电子城市成为可能，而且这种城市可能会比工业城市更加分散，甚至可能根本看着就不像一座城市。与现有的城市相比，其土地利用格局可能与游憩和审美价值更为相关，而与工作场所的相关性较弱。

与此同时，相当一部分人口的工作和生活模式无疑还是会需要频繁的往返，由于要减少化石燃料的使用，这些人也许能够更高效而舒适地生活在更高密度的社区中。由此我们可以认为，就密度而言，未来的发展格局与现在的相比，既会更低，也会更高，现有的发展趋势对此已有所反映。

从关于这个主题的所有上述研究和观点中，我们有把握得出的一个结论是：密度本身并不能确保节能效果。人类的各种需求和欲望加之于每一个乡土景观特征，都会有其最适合的能量流动模式；因此，能量流的设计成为环境设计过程不可或缺的组成部分。无论如何，景观的特征是决定聚落的适当位置和密度，以及其能量流动模式的重要因素。我们将在接下来的两章中详细谈一谈区位因素。

第十四章 生态区位·景观格局与景观适宜性

在自然景观中，区位格局是随着各种不断演进的环境条件组合而发展变化的。从岩石由地心推送到地表，从它们之间的相互作用以及靠太阳辐射水平差异驱动的空气和水的运动开始，整个地球表面形成了极其多样化的生态环境。随着时间的推移，岩石和气候的每一种组合都产生了一种植物群落可以适应当地特有的环境条件。例如炎热、干旱的气候会促进叶子细小而粗糙、深根系的植物生长——叶子不会蒸发掉水分，而根系深深扎入地下汲取地下水。落叶硬木林在凉爽、湿润的气候中生长形成，针叶树往往分布在山区。

植物也有助于重塑其所生长的环境：它们可以为地面提供遮阴，为空气增湿，为土壤提供某些养分。然后，动物会在由岩石和气候缔造的、由植被改良并赋予了生命的各种环境条件中找到自己的位置。每一种动物都会适应局限于地球表面某个地域的一组特定的物理环境。

自然景观的变化是通过试错而产生的。种子被风随机吹到新的地方，如果生长起来，就可以加入本土群落中去；如果没有长成，那么这次试验就作为一次失败一笔勾销，但是一有机会，就会重新尝试。动物四处游荡觅食。海明威笔下死于乞力马扎罗山高寒山坡上的那只豹子，在干什么呢？（参见海明威著名短篇小说《乞力马扎罗的雪》及其题记。译者注）

在很长一段时间里，人类以极其相似的方式到处活动。从第一次出现在东非大草原之后的数百万年间，人类一直待在那里，慢慢学会了使用工具，用动物的毛皮保暖，并最终用火来取暖，扩张自己的地盘。他们并不特别适应任何一种环境，但确实能够适应相当多的环境，并渐渐将自身的适应能力发挥到极致。大约 12 000 年前，在学会了如何种植植物之后，人们完全颠覆了适应的逻辑顺序：至少在某种程度上，在某些地方，他们会迫使环境来适应自身的要求。又过了 6000 年，当人类学会控制水流之后，终于可以创造出全新的生态系统了。

从那以后，人类在全球生物和栖息地格局中的地位一直处于一种不确定的境况。我们从来都不清楚，为了适应人类的需要，景观可以被重塑到何种程度，或者从另一方面来看，我们必须令自身活动与演变的景观格局契合到什么程度。

无论智识如何，我们的祖先都利用其前所未有的对自然的征服力在自己选定的地方建造起了各种聚落。这些选择无论是凭直观的正确判断还是试错得出的，似乎都颇为明智。例如回想一下，在乌塔亚特兰蒂克区域中，那些已经建立起长期定居点和农场的地方与分析认为适合进行此类利用的地方非常一致。虽然这样的情况并不罕见，但是之所以会选择这些地方，通常更多是与贸易和原材料的获取有关，而不是因为在农业生产之前就为人类和其他物种确定了当地景观格局的那些自然作用。我们从历史记载中得知，有时候人们也会犯错。许多城镇因为这样那样的原因，不知不觉中就建在了危险的地方。和现在一样，问题常常出在土壤上。例如英格兰最早的城镇温切尔西（Winchelsea）坐落在一片陡峭的、俯瞰美丽而浩瀚海洋的山坡上，不知什么缘故就发展了起来，一度非常繁盛；但不幸的是，当部分房屋下方不稳定的土壤开始坍塌时，那些房屋滑落到了美丽而浩瀚的海洋中。这种情况发生之后，居民们只得搬迁出去，在附近更安全的地方进行重建。距离温切尔西不远的萨鲁姆镇（Sarum）在 13 世纪同样不得不迁址重建——在该镇的最初位置，居民们再也无

法忍受在山坡上毫无遮挡地遭受连续不断的强风侵袭，而最重要的是，该镇的水井已经干涸了。

也许更加烦人但还不能完全算是灾难性的是一些建在港口区域的海港城镇所面临的快速淤积。在恺撒时代，罗马的港口城市奥斯提亚（Ostia）每天都会有数百艘来自帝国各地的船只停靠，现在的它却距离海洋数英里开外；比利时弗拉芒大区（Flemish）精美的城市布鲁日（Bruges），在中世纪一直是欧洲的主要海港之一，现在则与奥斯提亚的情况类似。

然而，以上都是孤例。遭受过严重自然灾害的城镇似乎并不多，并且反过来看，城镇对于自然系统也没有什么直接的影响，它们对环境的主要影响都是间接的。集中的城市人口需要大量的食物和水，这在某些时候和某些地方会严重超出乡村地区的承载力。罗马市为了尽力养活其城市人口，令大片地区的土壤贫瘠不堪，而曾经为罗马帝国的大部分地区供给小麦的那些北非的农田，已经寸草不生了将近 2000 年。总的说来，一直到 19 世纪，人类对于自然景观的巨大改变都是由耕种和放牧等农业活动造成的，这些活动需要砍伐森林。除了偶尔会有一些批评指责，例如柏拉图对于土壤侵蚀危害的著名哀叹，人们似乎基本上还没有意识到他们对土地造成的破坏。

在工业时代开始之后，为了寻找工作和各种消遣，农村人口开始涌入城市。因为有了机械化运输，人们能够在越来越远离他们工作的地方生活，所以城市化侵占了越来越多的景观，并且开始对各种自然生态系统产生越来越深刻而显著的影响。生产力优良的土壤大量裸露。美国东部的硬木林开始消失，随之一起消失的是野生动物种群。河流被城市废弃物污染了。部分城市地区甚至会更频繁地遭受传统灾害，例如在（美国）东海岸，房屋建造在海边不稳定的

沙丘上，间或会被飓风刮得四分五裂；在西海岸，那些建在滑溜溜的黏土上的房屋会像温切尔西旧城发生过的那样——间发性地滑入大海。

格式塔设计

随着时间的推移，我们对事物的因果关系有了一些了解。在人类发展的早期阶段，这种知识是代代相传的，因为进行了更多的尝试，记住了更多的错误教训，每一代的认知都可能会略进一步。我们常常发现，原始人的村落是在河流附近，紧挨在可能会被洪水淹没的区域边上，没有办法知道在找到更为合适的地点之前，到底有多少村落被冲走过——既要离河足够近，能够方便地获取食物和水，又要足够远，以躲避洪水。这种试错的过程也许已经花费了数千年的时间，不过现在业已成为人类文明智识积累的一部分——不妨称之为"公享"信息系统。

迄今为止，我们还没有完全遗失掉所有的智识；有时候，我们还是可以用同样的方式来选择合适的地点，运用前述在关于景观信息的内容中提到的格式塔方法，我们可以这么做（回想一下，格式塔是一个整体的景观单元，并非其各部分之和 | 参见第 104 页。译者注）。运用格式塔方法的设计师并不是从景观构成要素——地质、土壤和植被——的角度来审视景观的；相反，他会细致入微地将景观作为一个整体来加以考察，也许会在一天中的不同时段反复漫步其间，也许会在那里露营一段时间，甚至也许会在其中某个地方坐上几个小时冥想——就像禅宗园林的设计师那么去做。直到所有的景观印象都在脑海中细细筛选过之后，他才会决定应当怎样将人类的活动排布到景观之中。

一般情况下，成功地运用这种方法要满足两个条件：设计师必须具备相当丰富的经验，

最好有相似景观的设计经验，并且场地必须足够小，才能被作为一个整体加以理解。这些条件通常在建筑施工和场地设计的尺度下才能满足。西蒙住宅（第 156 页）和马德罗纳沼泽（第 149 页）研究案例中场地区位分析的图解就是两个例子。然而，在更大的尺度下，情况会非常复杂——会有各种各样的问题以及大量的客户参与进来——我们现在经常会遇到，在这种情况下，格式塔方法往往就不够用了。因此，我们发现有必要利用更多的分析方法来处理用地的选址定位问题。为了了解土地不时发生的变迁情况，我们可以运用土地资源普查的方法；为了了解土地的实际性状，我们可以运用各种分析模型。这样，我们就为自己找寻到了定位选址决策的各种依据，使决策可以建立在对于各种可能后果的一些理解之上。

后果总会发生。当我们将人类的种种利用加于各种生命群落、岩石、气候共同在其中进化了数百万年的景观之上时，必然会发生景观的改变。景观的改变可谓形形色色，是微不足道，还是天翻地覆，是对人类和各种自然种群以及生态系统的完整性极其有害，还是非常有益，取

决于具体的选址定位和利用方式。正如第一章所述，部分权威人士对于人类的利用有可能令各种非人类物种或生态系统的完整性得益提出了质疑；然而到目前为止，相信我已经提供了足够的例子，可以非常有信心地说，要得到令各种非人类物种或生态系统的完整性得益的结果的确是有可能的，虽然不可否认，这很难做到。

选址定位需要关注的要点

一般说来，生态系统设计的关注点可以归为自然灾害、自然资源、自然作用和资源消耗这几个方面。

如前所述，历史给了我们许许多多的自然灾害的个例，如毁掉温切尔西和萨鲁姆旧城那样的不稳定的土壤，还有洪水、飓风、地震、沙尘暴、龙卷风、火山爆发，以及森林和灌草丛的火灾等，都是自然灾害的例子。这些灾害在某些地方比其他地方更容易发生；因此，在这样的地方基于相应的风险考虑将来如何利用，是非常明智的。在某些情况下，可以相当准确地计算出在某片特定的土地上发生特定灾害的可能性。最众所周知的例子也许就是洪泛平原了，美国陆军工程兵团将其划分为 5 年、10 年、50 年或 100 年一遇洪水的区域。一片 5 年一遇洪水的洪泛平原一年中有 20% 的机会被洪水淹没，10 年一遇洪水的洪泛平原的机会是 10%，50 年一遇洪水的洪泛平原的机会是 2%，而 100 年一遇洪水的洪泛平原的机会是 1%。是否要在某片洪泛平原进行建设，是否要采用防洪设施，以及要为可能会被洪水定期冲毁的设施提供多少更换或维修预算，都可作为明确的决策依据。对于其他大多数自然灾害而言，还没有如此细致的风险计算，决策也就无法如此精准。

自然资源包括所有在某些时候可能会有用

的物质或品质。那些通常被认为是可再生或不可再生的资源，它们之间的差别并不总是字面上的意思。想一下热带雨林吧，一旦被清除并转变为其他的利用方式，就几乎不可能再生了，它并不是真正的可再生资源；但是，因为它是森林的一种，所以仍然属于可再生的类型。因此，虽然这种字面上的差别会有帮助，但是这些词语多少会有些误导作用，而出于规划的目的，从生态功能方面考虑其差别则更为重要。

暂时回来讨论一下生态功能以及能量和物质的流动。对于土地利用和自然资源的相容性，我们可以提出这样的问题：所提议的土地利用方式如何才能匹配相关土地上的各种功能流交织而成的生态网络？我们可以将完美的匹配定义为以下这样的相互关系，即人类的利用可以从各种自然资源中获益，但又不会干扰或破坏这些自然资源。从功能方面考虑自然资源时，将它们分为两类会很有帮助：① 储备性资源（有时称之为"资本性资源"），暂时不会在生态系统功能运行中发挥积极作用。就人类的时间跨度而言，这些资源往往是不可再生的，例如沙砾、煤炭、石油和其他各种矿藏。② 流动性资源（有时称之为"收入性资源"），参与能量和物质的流动，并由此生存、变化、被创造和分解。它们往往被认为是可再生的，例如动植物、太阳辐射和风。

当然，上面所说的完美匹配只是一种理想的情况而已。实际上，在同一个地方因为这些资源中的任何一种而发生的、人类的任何一种土地利用方式都会令这些资源至少在某种程度上发生改变，但是以什么方式改变？改变到何种程度？在决定人类利用方式和自然资源之间潜在匹配性的那些问题中，还包括以下这些：

1. 这片土地的各种资源是否会被利用？

2. 这些资源是否在未来无法再获得（如在砾石开采场上建造了停车场之后）？

3. 这些资源是否会遭到危害或破坏？

4. 这些资源会耗竭吗？

自然作用作为选址定位的第三类考虑因素，大而言之当然也属于自然资源；但是，需要对它进行单独讨论，因为自然作用都是随着时间的推移而发生的，并且会远远超出所讨论的那片景观的边界。

储备性资源和流动性资源时刻都是客观存在的，可以定量描述、用图示表达，而所谓的"时刻"，不过是某个自然作用过程中的一个微小的渐进片段。为了从整体上考察自然作用，我们必须从更大的时间跨度和空间范围着手，而在这种大跨度中的不同的节点，自然作用会以不同的方式关联到不同的地方。例如当我们细看第54页上阿利索溪流域水循环的示意图时，会注意到那些高处的山坡都是一片片的流域。如果那里的植被遭到砍伐，雨水就不会再慢慢下渗浸润土地，而是会更快地流失，随之带走更多的土壤。这个作用的影响会远远超出所涉及的那些用地，它会导致沿海潟湖的淤积增加，也许还会导致其他一些地方严重洪涝。在这片土地上能够找到的其他重要资源包括：可以让地表水进入地下储存起来的地下水回灌区，可以大量蓄水的湖泊和沼泽、溪流和河川。正如阿利索溪案例所示，有时候人类的利用可以增加水流，从而加强其功能作用，而在其他情况下，例如在含水层上进行硬质铺装、对沼泽进行填埋，或者在河流上筑坝之时，人类的利用则会干扰水流。第十三章中所讨论的所有的物质流都是与景观中的特定地点相关联的，不过正如之前所述，这些物质流中的大多数都是随着水流而流动的。

环境中的能量水平随气候、地形和纬度而变化。南坡获得的太阳辐射最多，这个实际情况是城市开发需要重点考虑的因素。

怀特沃特汇流区是就能量流而言具有独特地理位置的一片土地。吹过圣戈尔贡尼奥沟谷的劲风进入沙漠谷地，缔造了一处西海岸风力发电的最佳地点。由于这里也是一处太阳辐射极强的区域，因而发电潜力巨大，可以为整个南加州城市地区提供电力。

选址定位的第四类考虑因素是资源消耗。尽管潜在的资源消耗水平与特定地点的关联度并不像前三个关注点那样密切，但是仍然足以引起一定的关注。

在影响资源消耗水平的种种因素中，较为重要的是距离和气候。通常情况下，人类的利用地点越是远离大量人口集聚的地方，交通运输所消耗的能量必然就越多。至于气候则越是极端，就越要消耗更多的能量以保持舒适度。这个原理既可用于宏观气候较大尺度下的建筑和活动选址，也可用于特定场地微气候条件下的选址。

对资源消耗加以考虑，也是遵循了前述这个原则——开发利用最好选在可以从景观中的既有资源获益的那些位置。所需的资源越是能够就地获得，从外部输入的需求就越少，因而能源成本就越低。

适宜性分析模型

对于以上四类基本的选址定位关注点，主要的设计工具是承载力和适宜性分析模型，是各种表现土地对于某一种或某一系列利用方式不同支持程度的简图，利用方式按照土地物理特征的分布情况相应地排布在指定地域上。承载力是土地固有的能力，可以基于某种资源禀赋（往往是土壤）支持特定的利用方式，一般说来，要么可承载，要么不可承载。相较承载力，适宜性更具有相对性，因为它取决于想要的或可接受的改变程度，并且往往是以最大到最小的区间范围来表示的。通常情况下，首先会用承载力分析来排除掉一些不需要进一步考虑的地域。

各种土地资源普查图形成了一个数据库，从中可以生成这些模型。由于适宜性评价根据的是既定地点所具有的自然特征的组合情况，因此必须要结合多张不同的地图来确定这些综合的环境条件。这项工作可以手动通过将全部具有相同比例的地图叠加到一起来完成（如第八章所述），或者也可以用数学方法通过组合数字来完成，这就是计算机的工作方式了。手动叠图通常是在简单情况下采用的常见技术，只涉及少数的变量，或仅仅需要一个或若干个模型，而计算机则是在更加复杂而长期的情况下常见的选项了。手动叠图模型的示例在高地牧场、怀特沃特汇流区和圣地亚哥野生动物园研究案例中进行了展示，而计算机生成的示例则在圣埃利霍潟湖、阿拉斯加（参见第 203 和 204 页。译者注）、尼日利亚和波士顿（大都会区信息系统）案例研究中进行了展示。

对于适宜性分析模型，首先必须要明白的是，这类模型反映的并不是绝对的实际情况，而是相对的判定。这些判定是在这种情况下所能推测做出的最明智、最客观的判断，但也仅只是判断而已。由于模型都是对现实的抽象或简化，因此需要从哪怕只影响一小块土地的无数因素中精挑细选出少数影响因子。适宜性分析模型还需要判断这四类基本的选址定位关注点的相对重要性，虽然很大程度上这是由进行这项工作时最初确定的问题所在而得出的，但仍然需要进行判断。是保护一个地方的野生动物种群重要，还是充分利用其肥沃的土壤更重

要？是保全高品质的砾石采矿场供未来利用重要，还是宁愿在交通便利的地方建设新的购物中心更重要？适宜性分析模型可以以这样一种顺应辩论双方观点的提问方式来加以开发；但是，如果在整个辩论过程中没有形成观点，那么我们最终就无法形成任何模型，只剩下各种问题。

适宜性分析模型的限制程度可能会有很大差异。例如我们可能会认为只有最肥沃的土壤［斯道里指数（Storie Index，在加州应用普遍的一种评估用地适宜性和土壤生产力的土壤分级指数。译者注）中的 I 型］才适合开展农业生产，或者我们还会将所有可以种植作物的土壤尽可能地包括进来。这样的差异常常要看对农业用地的需求是多少，并且有多少种不同类型的土壤可供选择。

适宜性分析模型还需要进行种种假设，其中最困难的是要设定所预期的各种后果的可控性。例如我们普遍认为洪泛平原不适于进行城市开发建设，但这只是一种非常笼统的假设。建造排水渠可以防洪，或者在某些情况下，建筑物可以在高水位线以上架空建设或堆高地形加以建设。虽然这样会产生额外的成本，但是由于城市用地变得越来越稀缺，这些成本会因为土地价格的高涨而显得越来越合理。在实践中，只要有足够的资金，大多数存在灾害风险的环境条件可以具有相当的安全性，而通过设计，大量对于自然资源和自然作用的影响可加以控制或减轻。不妨再留意一下圣埃利霍潟湖研究案例的那些图表，其中说明了不同的建设方法，并对其相对的影响程度进行了预估。

因此，在对自然资源和自然作用的潜在危害深思熟虑时，对于可减轻的和不可减轻的影响进行区分并确定减轻的方式方法会很有帮助。在之后的设计阶段中，这些方式方法经常会被转化为小尺度规划和设计的导则，在下一个较小的整合层级上确定另外一些方式方法。高地

牧场研究案例就是很好的说明。

●适宜性分析模型的类型

我们已经设计出了许多不同类型的适宜性分析模型，未来无疑还会出现更多的类型。这些模型用于界定适宜性的术语以及组合各种变量的方式各不相同。

早期的方法中有一种名为"筛选叠图"（sieve mapping），是在英格兰形成的，第二次世界大战之后，被广泛用于英国新城镇规划。这种方法要用到一系列的"筛子"——各种地图，上面详细描绘出存在特定阻力的各个区域。存在疑虑的土地按照一定的顺序"一一过筛"，而每经过一个"筛子"，凡是显示存在着那个"筛子"所界定的阻力的区域都被排除在考虑之外。一旦这片土地通过了所有的"筛子"，所有的疑虑都被排除，剩下的区域就被认为是适合预期使用的。

筛选叠图是一种简单而可靠的方法，现在偶尔还会被采用。例如德伊霍姆（Deitholm）和布雷斯勒（Bressler）就利用这种方法为俄勒冈州光棍山（Mount Bachelor）滑雪场铺设了新的滑雪道（Deitholm and Bressler, 1982）。他们所采用的"筛子"非常典型，共界定了四类区域：

1. 危险区域，会遭受滚石滑坡、雪崩、沉降、大风、洪涝、火灾和喷涌的区域。
2. 问题区域，难以开发或者需要注意避免环境破坏或经济损失的区域。
3. 资源区域，具有经济、社会或环境价值的区域，应考虑加以保留或保护。
4. 抢占区域，难得的区域。

可见，这些"筛子"都是消极的，也就是说，它们所界定的因子都是反对在特定的地方进行开发利用，没有涉及令某个地方可供利用或具有吸引力的因子。为了界定后一类因子，设计师为各种开发利用的提议开发出"吸引力模型"。这些模型会通过四个"筛子"，然后得出对每一种利用方式而言既具有吸引力又具备适宜物

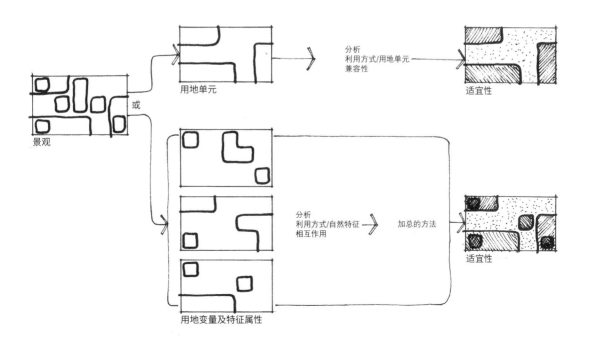

景观　　或　　用地单元　　分析 利用方式/用地单元 兼容性　　适宜性

用地变量及特征属性　　分析 利用方式/自然特征 相互作用　　加总的方法　　适宜性

理特征的区位。

代表着土地固有适宜性的一组特征与反映经济、社会或其他关注点的另一组特征之间的平衡是对立统一的，那些关注点会对特定的开发利用产生一种公共性的"拉动"——在这里称之为"吸引力"，而这种对立统一常常是一种非常有用的策略，已经得到了证实（Marušič, 1979）。其他的一些例子包括卡尔·斯坦尼茨及其在哈佛的团队所完成的蜜山（Honey Hill）研究项目（Steinitz, 1978，该项目包括了一大片防洪水库和一处州立公园，以项目所在地新罕布什尔州的蜜山命名。译者注）以及一系列分析工作。不过，"筛子"的作用并不是非要有这种辩证的平衡才行。总的看来，它们确实可以应用于任何地域。

●**景观单元**

一种完全不同、几乎相反的方法——我们可以称之为"景观单元方法"——是一种起步就根据一系列物理特征对土地进行分类的方法，这种方法不是从剖析问题和可能性，而是从解析土地的自然特征开始的。一旦对各个景观单元进行分类，每一类单元都具有了一组共同的自然特征，那么对每一个自然特征都会进行分析，以确定其局限性和开发潜力，并从这些评估中推导出合适的利用方式。作为景观单元方法的早期拥趸者，安格斯·希尔斯（G. Angus Hills）基于微气候、地质构成和地形建立了自己的景观单元分类方法（Hills, 1966）。

在乌塔亚特兰蒂克区域创建管理分区（第80~90页）时就运用了景观单元方法。在这个案例中，水土作用至关重要，这种相互作用成为土地分类的基础。关键的变量按重要性排列，依次是土壤类型、降雨量和一般的地形坡度。由于这三个变量密切相关，它们的边界相当重合，在分析过程中可以清晰地看到，植被群落和气温的变化范围也与这三个基本变量密切相关。借助这个衡量标准，整个区域最终被分成了五个不同的分区，所有分区都彼此相接。

只要景观的空间变化不大，并且需要考虑的利用方式数量有限，这种景观单元方法就会非常简单、直接而又高效。人们很容易理解这种分类结果，因为它很容易将一种景观类型与另一种景观类型之间的差别可视化。然而，在更加复杂的情况下，如果景观的空间变化错综复杂或需要考虑广泛的利用方式，那么这种方法就变得难以操作，这时就需要有技术能够应对更加细微的差别了。

●**灰度法**

相比"筛子"或者景观单元的方法，灰度技术可以表现出更加细微的空间变化，这种技术往往会与伊恩·麦克哈格相提并论，因为他将其运用在了若干项开创性的区域规划工作中（McHarg, 1969）。灰度技术使用深浅不等的灰色来描绘适宜性的色调，而"筛子"只能表示"是"或"否"（即因为存在或不存在某种条件，某一区域能够或不能够支持某种利用方式）。

常见的灰度处理首先是在每一张变量图中对每个特征属性能够支持预期利用方式的能力进行分类。每张图上的能力水平都以深浅不等的灰色表示，通常最不适宜的属性以最深的灰色表示，而更为适宜的属性以浅的灰色表示。为了便于识别，色度通常限制在三个或四个。

其次，一旦所有的相关变量都有了准备好的图纸，图就会被叠加起来。灰色叠合成最暗的色度就是最不适宜的区域；那些叠合成最淡的色度就是最适宜的区域。例如在麦克哈格合成的里士满林园大道（Richmond Parkway）选线图上，理想的路线会径直穿越那些较淡的色块。

虽然简单、直截了当且容易理解，灰度法

还是存在着几个严重的缺陷，这些缺陷一贯是适宜性分析建模者很容易掉入的技术陷阱。其中，第一个陷阱涉及所选变量的相对重要性。虽然所有变量都同样会影响到结果，但事实上我们知道有些变量比其他的更加重要。对于一个简单分析，所涉及的变量和可能的利用方式非常有限，这个问题似乎并不重要；但在更为复杂的情况下，变量的相对重要性可能会是一个需要认真关注的问题。

从技术上讲，用灰度法重新进行土地资源普查——顾名思义，就是将各种真实情况组合到一起，以灰度代表资源价值，将是一项复杂而又费时的工作。如果要考虑多种利用方式，还需要有多组灰度图。对各种变量进行组合同样非常困难。刘易斯·霍普金斯详尽地解析了灰度处理的数学含义，得出的结论是：其逻辑存在谬误，原因有两个（Hopkins, 1977: 390）。首先，灰度实际上等同于一个数字排序系统，即对特征属性进行 1、2、3 排序，每个数字代表的是序列中的一个位置，而不是一个量值；因此，灰色的叠合就是一个加和过程，加和的总数等于序数相加，这在数学上是一个无效的操作。

其次，即第二个逻辑谬误源于对变量的处理。变量能够叠合或相加，说明它们都是独立的；但是，其中很多变量在某种程度上是相互依赖的。霍普金斯用排水性能良好的土壤在坡度为 25% 的黏土上可能会滑坡作为一个例子。相同坡度下换了不同类型的土壤，也许就绝对安全了。

虽然有办法解决这些难题，但它们往往会使处理过程变得复杂。例如灰色调可以用来明确地表示间隔值而不是序数，也就是说，假设它们是可度量的单元，可以正常地相加，并且所有的间隔都是以相等的增量划分的。然而，这种假设对真实情况来说，过于简化了，即使一个模型的目的就是要将复杂的现实抽象到可处理的水平，这种假设对现实而言也是过于简化了。

为了令适宜性分析模型对变量之间的差异更加敏感，我们需要引入一种无法用灰度表示的复杂度。一种解决方案是玩一下霍普金斯所谓的"权重游戏"。这意味着要估计每个特征属性的相对重要性，并将其表示成一个数值因子或乘数，可称之为"重要性权重"，然后，将每个特征属性的基本区间值乘以其权重，再进行赋值。相对重要性还可以利用诸多数学技巧中的任意一种，通过用一个区间范围，而不是权重对每个变量赋值来进行评定。在所有这些估算办法中，每个特征属性都被赋予了这样或那样的分值，然后相加得到一个代表相对适宜性的量值。尼日利亚联邦首都区（Federal Capital Territory，简称 FCT）研究案例中的那些模型展示了这些赋值方法中的一种。

美国环境系统研究所公司（Environmental Systems Research Institute，即 ESRI 公司。译者注）为尼日利亚联邦首都区创建生态敏感度分析模型所采用的赋分技术（第 330~338 页），将 1~10 之间的正数分值赋予了 5 个变量中的 4 个：植被类型、到河流的距离、生态边缘带和坡度，负数分值则赋给了第五个变量：与人为干扰区域的距离。植被类型是最重要的变量，最高分值是 10；其次是与河流的邻近程度，最高分值是 5。

●组合变量

赋分的办法虽然灵活方便，但确实有相当的难度。除了要进行从基本光栅图像到基本数字图像的处理转换之外，通常还要对那些我们并未掌握足够信息的变量的相对重要性进行估算。

如果我们可以认为专业的判断是一个可靠的分值来源，那么加权确实是一种合乎数学逻辑的技巧，但还是会受到相互作用这个问题的因扰。对所有的特征属性组合必须进行仔细的检查，以识别出可能具有相互作用、会对结果产生影响的任意属性。这些属性必须单独加以处理，会额外增加另一层面的分析工作。

　　一般情况下，最好采用最简单的技巧，概念上合理，就当前的目标而言能够生成足够可靠的模型。对于仅涉及少数变量的简单情形，我们可以运用灰度技术，用色调表示相等的间隔值，并对可能发生相互作用的变量作单独处理。

　　用语言描述变量的组合关系，而不是用色度或数字的方式加以表现，可以完全避开数学处理的种种难点。例如我们可以说，除了坡度超过 25% 的坡地或洪泛平原，所有土壤类型为沙质土的用地都可视为适宜进行住宅开发。在对其他变量都进行了类似的描述之后，可以将地图叠加到一起，以确定每种变量组合的吻合范围。这同样是一个费时费力的处理过程；因此，重要的是，要将分析变量限定在那些确认是真正重要的变量范畴内。

　　在怀特沃特汇流区研究案例（第 123~134 页）中，运用了适宜性矩阵来分析各种土地特征与为该地区建议的三种主要用地类型中的每一种之间的关系：发电、保护和游憩。要在较小的空间范围内对大量信息进行总结概括的话，这种矩阵不失为一种有效的工具。每种用地的适宜性水平由基于矩阵信息的一系列规则集确定。例如保护性用地的适宜性是由矩阵赋予的保护性特征值结合视觉敏感度等级确定的。因此，最适宜保护的是那些具备四个或更多保护性特征，并且视觉评级为"最敏感"的区域。第二适宜的是具备三个保护性特征，并且视觉评级为"最敏感"或"高度敏感"的区域……以此类推，第四适宜的区域仅具备一个保护性特征，并且是较不敏感的视觉评级，而第五适宜的区域不具备保护性特征，并且仅有视觉灵敏度评级。

　　该地区的居民反复表达的对于视觉质量的高度关注，体现在各个适宜性水平都考虑了视觉敏感度这个事实中。虽然所采用的这些规则可能会遭到反对，但它们非常明确，并且是那些直接相关的人员都同意了的。

　　在更复杂的情况下，规则往往会变得多到很难理解每个规则对于模型塑造的重要性。在这种情况下，有一系列明确的处理步骤会很有帮助，这些步骤既可以是线性的，也可以采用层层递进的形式。例如在尼日利亚联邦首都区研究案例中，建模过程的第一步是开发出了 9 个描述性模型，每个描述性模型都和已经说过的敏感度模型一样，仅包含数量有限的变量。然后，这些第一轮的模型以各种方式进行了组合，形成了适宜性分析模型。

　　宜居性分析模型说明了那些描述性模型是如何组合生成适宜性分析模型的。在这个例子中，采用的是一系列整合规则而不是数字评分值。每个描述性模型中的每一类特征都按照其居住适宜性进行了评级，采用的级别是高、中、低和不可（H、M、L 和 I）。之后，这些评级按照已说明的规则进行整合。

　　第一轮的模型揭示了每一件想要加之于这片土地的事物会遭受的限制和拥有的机会。如果跳过这个居中描述的阶段去开发适宜性分析模型，那么这些限制和机会格局都会被涵盖在适宜性整合格局中，其自身的重要性就会丧失。理解不同事物的牵扯非常重要，但无论其有多重要，这种描述性的层级序列都是一种灵活可控的量度办法，而这种灵活性和可控性正是其他一些复杂的建模过程所缺乏的。

● **生态敏感度分析模型**

　　生态敏感度分析模型从理念上讲要稍微简单一些，其前提是将生态敏感度看作是表征景

观某些特征的条件，并且自身具有生态敏感度
的土地可能会因任何形式的人类开发建设而发
生严重的不利的改变。上述尼日利亚联邦首都
区研究案例中的生态敏感度分析模型就是一个
例子。

高地牧场设计中使用的生态敏感度分析模
型是从影响程度（高和低）以及减轻影响的可
能性（是否可以减轻影响）这两个方面来确定
的。生态敏感度是基于五个关键变量得出的：
坡度、土壤类型、地质、水文和植被。该模型
是通过依次组合这些变量得到的。每个特征变
量都被归入四个生态敏感度类别中的一个，然
后，每个区域都按照其最敏感的特征进行录入。
限定变量可以反复对每个区域进行录入。于是，
这个模型就为评估设计方案的潜在影响以及为
寻求小尺度设计中减轻环境影响的策略提供了
一个重要依据。

在区域尺度下，库珀（Cooper）和泽德勒
（Zedler）提议运用自身生态敏感度准则对土地
是否适宜支持某种开发建设进行评估（Cooper and
Zedler, 1980）。他们根据三个特性确定生态敏感度：
生态学意义（significance）、稀有性（rarity）和
可恢复性（resilience）。这些特性仅适用于动植
物群落，因此严重制约了其作用范围。然而，
这些特性值得进一步加以研究，因为在评估生
命群落的品质时，它们是常用的典型准则。

一个生态系统或物种的生态学意义是一种
特别难以衡量的品质。库珀和泽德勒承认，生
态学意义是"对生物学意义的主观价值判断"
（Cooper and Zedler, 1980: 288），但还是列出了在确定
它时应予以考虑的特征：这个生态系统或物种
在区域生态系统功能中所发挥作用的重要性，这
个生态系统或物种的独特性，其现实的和潜在
的美学、科学和经济价值，其相对大小或稀有性，
以及其一直延续的可能性。由于很难逐一测量

上述特征，生态学意义仍然难以确定；但是，
这不失为一个值得记住的有用的评判特征清单，
因为无论我们采用何种建模方法，总是会遇到
生态学意义这个问题。

相比之下，稀有性或多度（abundance）则
相当容易测量。生态学家常会研究它们，它们
易于量化，并可通过航摄像片和其他技术获取。

生态可恢复性与生态学意义一样难以衡量，
但是更容易达成排序上的认同。库珀和泽德勒
列出了在评估生态可恢复性时应加以考虑的6
个响应环境压力的变量：① 死亡率，② 出生率
变化，③ 替代因素，④ 盖度、生长量或生命力
的变化，⑤ 行为变化，⑥ 相互作用中断。

因此我们会发现，生态敏感度水平的确定
虽然乍看非常简单，但很快就会变成一项涉及
大量判断的复杂的工作。这种特殊方法的主要
优势在于，它提供了更加开阔的视角。适宜性
分析模型往往会缺少一个超出其研究地域边界
的更大的参照框架。某一个模型也许能告诉我
们，住宅开发将毁掉数百英亩的特定植物群落；
但是，我们无从知道这会带来多少危害，除非
对其价值和稀有性有所了解。

研究案例 XVIII
尼日利亚联邦
首都区

联邦首都区（简称 FCT）作为尼日利亚新联邦政府的首都所在地，建立于 1976 年。建设新首都源于缓解当时的首都拉各斯所承受的城市发展和行政管理的压力，并为尼日利亚的增长和发展提供一个标志性焦点而做出的部分努力。自建立以来，新首都及其周边地区的总体规划一直在进行着。

FCT 位于尼日利亚中部，占地约 8000 平方公里，坐落在炎热潮湿的尼日尔 - 贝努埃裂谷盆地及其河流系统的那片低地上方一点的位置。首都区由崎岖山丘分隔开的一片片开阔绵延的平原组成，这些平原中有许多是由裸露的花岗岩基岩构成的。几乎整个 FCT 都通过古拉拉河（Gurara River）的各条支流往尼日尔河（Niger River）汇排。虽然在较为陡峭的山坡上可以发现之前的热带雨林和森林植物群落的残存斑块，但是稀树草原型植被占据优势。FCT 内的人类聚居方式仅限于规模较小但数量众多的定居点，其经济活动围绕着自给自足、经济作物种植以及传统的草场放牧方式展开。

这里展示的自动化地理信息系统（简称 GIS）是为首都区及其周边地域而开发的，它可以对该地区生态环境的机遇和制约因素进行系统性评估，并对各种各样的土地利用类型进行土地承载力／适宜性评估。这个数据库的创建比例为 1：100 000。所有数据都是在一套共四张 1：100 000 的底图上绘制并表达出来的，而这些底图则是由该地区 1：50 000 的标准地形图整合而来。在该数据库中包括右侧这些变量。

由加利福尼亚州雷德兰兹市（Redlands）的环境系统研究所公司编制。该公司是为尼日利亚联邦首都区规划单位道萨迪亚斯国际联合有限公司（Doxiades Associates International Ltd.）进行生态环境普查和分析的顾问单位。

图件 1	地表水
	河流
	流域
图件 2	道路／基础设施／定居点
	道路
	步道
	管线、泵站及仓储设施
	通信线路
	机场
	堤坝
	定居点
图件 3	行政边界
	局部开发区
	人口普查单元
	森林保护区
图件 4	气候
	高程
	降雨量
	气温
	蒸发量
	相对湿度
	潜在蒸散量
	温湿度指数
图件 5	综合地形单元
	基岩地质
	地表地质
	地文区
	地形
	坡度
	土地资源单元（优势土壤）
	植被和用地
	地表形态
	红土包裹体
图件 6	强制性土地利用
	现状及建议的定居点
	建议及强制性的土地利用
图件 7	特殊地点
	断层
	剪切带
	矿坑

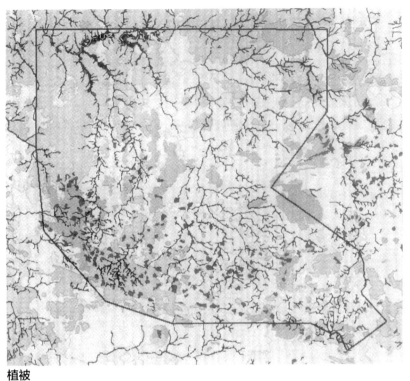

图件上标绘的地图数据是通过 x，y 坐标的数字化处理自动生成的。计算机集成的数据文件——由多边形、线段和点组成——用于生成了该地区用绘图仪绘制的大量地图，并且形成了一套与之对应的栅格格式的数据文件。计算机中的每一个原始数据文件中都设了 4 公顷见方的统一网格，数据值都传输进去并由单个栅格单元记录。该网格 - 栅格数据库最终被格式化为以网格为单元的多变量文件，用于生成该地区的网格地图集，以展现所开展环境分析的图形结果。这里给出了描述植被覆盖和土壤类型的地图作为示例。

植被

草地和林地

- ☐ 水生植物
- ▦ 草地和疏林草地
- ▦ 灌木林地及灌木丛
- ▦ 疏林草地 / 林地过渡带
- ▦ 林地

森林

- ■ 受干扰的成熟林
- ■ 河岸带森林

受干扰的植被

- ☐ 镶嵌的农田和居住地
- ☐ 集中居住地
- ☐ 水体

土壤类型

表层土（小于 50 厘米）

- ⁝ 沙土到砂壤土
- ⁝ 砂壤土到砂质黏壤土

中层土（50~100 厘米）

- ⟩ 沙土到砂壤土
- ⊔ 砂壤土到砂质黏壤土

深层土（大于 100 厘米）

- ▱ 沙土到砂壤土
- ▣ 沙土到砂质黏壤土
- ▢ 沙土到壤土
- ▦ 壤质砂土到砂质黏壤土
- ▦ 壤质砂土到黏壤土
- ■ 砂壤土到砂质黏壤土
- ■ 砂壤土到黏壤土
- ■ 砂壤土到黏土

生态敏感度分析模型

生态敏感度分析模型可以识别出生态价值因动植物的生产力和多样性而不断提升的地域。由于对高生态价值的地域进行改造可能会导致生产力和多样性的严重损失，因此认为这类地域更具有生态敏感度。对所研究区域，用于完善生产力和多样性概念的重要假设包括以下几个：

- 森林覆盖的区域是这个区域最具多样性的顶级生物群落的残存斑块。
- 林地和湿生草地是多样性较低的顶级生物群落的残存斑块。
- 其他自然植物群落在生态学意义上比农业生产或城市环境中单调的植物群落具有更高的生产力和多样性。
- 拥有水资源或靠近水资源，可以提升一个地域的生态生产力。
- 生态边缘带或群落交错区是自然植物群落中生产力最高的部位，因为可以由邻近的其他群落获得多样性的提升。
- 靠近道路和定居点会降低一个地域的生态价值，因为人为干扰的可能性会增加。

主要的考虑因素包括植被类型、现有道路和定居点。植被类型是基本的因素，因为它与生态多样性和生产力最为相关。特定的植被类型被赋予了反映其相对多样性 / 生产力价值的初始权重值。通过加减处理，其他一些因子被用来修正这些初始值。河流代表着水资源；因此，拥有河流以及靠近较大的河流可以加分，大一点的常流河比小一点的季节河加分更多。陡坡被赋予额外的分值，因为会阻碍人类的侵犯。还有一个单独的子模型用来识别生态边缘带的环境条件，并对其进行加分。与整个研究区域的道路和定居点相关的因子随后也加入分析模型，因为增加了人类干扰的可能性而导致减分。

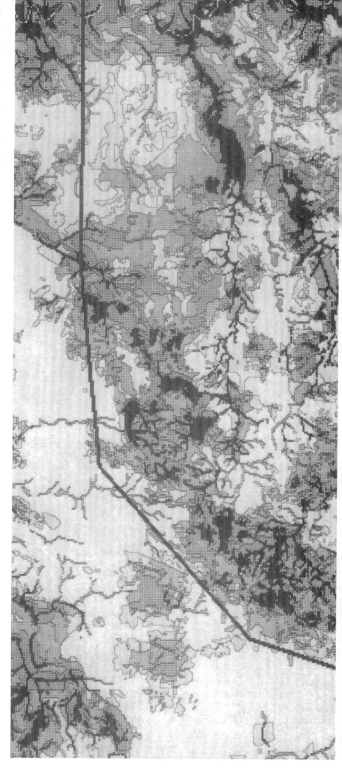

生态敏感度以渐变的色调
表示：色调越深，敏感度越高。

温特斯堡的水系

宜居性分析概念模型概要

模型汇总规则

对包括一个以上因子的单类特征属性逐一进行评级，并以限制性最严格的评价方式进行全类型评级。实际上在开始汇总时，每一类特征属性——地形、土壤、可利用的水资源等——都进行了单独的评级。所采用的汇总步骤如右：

评级	取值
低承载力	（GT 4M 或 EQ1、2、3 或 4L 及非 EQ I）
低舒适性	GE 1L
中舒适性	GE 1M 及非 EQ L
高舒适性	GE 1H 及非 EQ M 或 L
中承载力	（EQ1、2、3 或 4M 及非 EQ L 或 I）
低舒适性	GE 1L
中舒适性	GE 1M 及非 EQ L
高舒适性	GE 1H 及非 EQ M 或 L
高承载力	（GE 1H 及非 EQ M、L 或 I）
低舒适性	GE 1L
中舒适性	GE 1M 及非 EQ L
高舒适性	GE 1H 及非 EQ M 或 L
不可	（GT 4L 或 GE 1I）

考虑因素	具体数据分级	评级（发生率）	评级（邻近性）
■ 自然灾害 / 制约性子模型			
洪涝 / 水文灾害（洪涝 / 水文灾害分析模型）	自然灾害评级		
	洪涝可能性无或低		
	土壤排水性能良好	H	
	土壤排水性能存在缺陷	H	
	土壤排水性能不佳	M	
	洪涝可能性中		
	土壤排水性能良好	M	
	土壤排水性能存在缺陷	M	
	土壤排水性能不佳	L	
	洪涝可能性高		
	土壤排水性能良好	L	
	土壤排水性能存在缺陷	/	
	土壤排水性能不佳	/	
	洪涝可能性极高		
	土壤排水性能良好或存在缺陷	/	
	土壤排水性能不佳	/	
地质 / 地貌灾害（地质 / 地貌灾害分析模型）	自然灾害评级		
	极低	H	
	低	H	
	中	M	
	高	L	
	极高	/	
土壤工程制约（土壤工程制约分析模型）	制约性评级		
	极低	H	
	低	H	
	中	M	
	高	M	
	极高	L	
土壤侵蚀制约（土壤侵蚀制约分析模型）	制约性评级		
	极低	H	
	低	H	
	中	H	
	高	M	
	极高	L	
生态敏感度（生态敏感度分析模型）	敏感性评级		
	极低	H	
	低	H	
	中	M	
	高	L	
	极高	L	
水污染敏感度（水污染敏感度分析模型）	敏感性评级		
	极低	H	
	低	H	
	中	H	
	高	M	
	极高	L	

续表 考虑因素	具体数据分级	评级（发生率）	评级（邻近性）
水资源可利用性	河流等级		
（河流邻近度及地下水利用潜力分析模型）	第七级或更高等级	H	
	距离小于 1/2 公里		H
	距离 1/2～1 公里		H
	距离 1～2 公里		M
	距离 2～5 公里		M
	距离大于 5 公里		L
	第五到六级	H	
	距离小于 1/2 公里		H
	距离 1/2～1 公里		M
	距离 1～2 公里		M
	距离大于 2 公里		L
	第三到四级	M	
	距离小于 1/2 公里		M
	距离 1/2～1 公里		M
	距离大于 1 公里		L
	第二级	M	
	距离小于 1/2 公里		M
	距离大于 1/2 公里		L
	地下水利用机会评级		
	极低	L	
	低	L	
	中	M	
	距离小于 1/2 公里		M
	距离 1/2～1 公里		M
	距离大于 1 公里		L
	高	H	
	距离小于 1/2 公里		H
	距离 1/2～1 公里		M
	距离 1～2 公里		M
	距离大于 2 公里		L
	极高	H	
	距离小于 1/2 公里		H
	距离 1/2～1 公里		H
	距离 1～2 公里		M
	距离 2～5 公里		M
	距离大于 5 公里		L
■ 舒适性子模型			
高视觉质量区邻近度（视觉质量评价模型）	视觉质量评级		
	高及极高	L	
	距离小于 1 公里		H
	距离 1～3 公里		H
	距离大于 3 公里		M
气候舒适度 [温湿度指数（THI）计算]	年均 THI 评级		
	低于 21（0% 不舒适）	H	
	21～21.5（0～7%）	H	
	21.5～22（7%～15%）	H	
	22～22.5（15%～25%）	H	
	22.5～23（25%～35%）	H	
	23～23.5（35%～42%）	M	
	23.5～24（42%～50%）	M	
	24～24.5（50%～60%）	M	
	24.5～25（60%～70%）	L	
	高于 25（高于 70% 不舒适）	L	
不适宜或已选定的用地	森林保护区		
	获批的森林保护区	OFF	
	现状用地		
	采矿区	OFF	
	强制性用地		
	强制性库区	OFF	
定居点及开发区	现有定居点		
	集中式定居地	OFF	
	农村定居点（点状）	OFF	
	强制性开发区		
	规划定居点	OFF	

生态敏感度分析概要

考虑因素	具体数据分级	评级（发生率）	评级（邻近性）
总体环境	水	略	
植物多样性及生产力 *	植被类型		
	受干扰的成熟林	10	
*分析中应用的植被类型是：湿生草地（110）、草地（120），灌丛、乔木灌丛及疏林草地（130~160），灌木林地及灌木丛（210~220），疏林草地／林地过渡带（310~320），林地（410~420），受干扰的成熟林（510~530），成熟林（520）	存在岩石露头的受干扰的成熟林	10	
	河岸带森林	10	
	湿生草地	8	
	林地	7	
	林地及岩石露头	7	
	乔木灌丛草地	6	
	乔木灌丛草地及岩石露头	6	
	疏林草地	4	
	草地	4	
	其他自然植被	2	
	种植园	2	
	镶嵌的农田	1	
	农田	0	
	居住地或采矿区	0	
河流邻近度	河流等级		
	第七级或更高等级	5	
	距离小于 1 公里		5
	距离 1~2 公里		3
	距离 2~5 公里		1
	第五到六级	5	
	距离小于 1 公里		5
	距离 1~2 公里		3
	第三到四级	3	
	距离小于 1 公里		3
	第一到二级	3	
生态边缘带	自然植被类型数		
	距离 1/2 公里内		
	2 类	1	
	3 类	2	
	3 类以上	3	
人类干扰邻近度	现状道路等级		
	主干道或次干道	−3	
	距离小于 1 公里		−3
	距离 1~2 公里		−2
	距离 2~5 公里		−1
	三级道路	−2	
	距离小于 1 公里		−2
	距离 1~2 公里		−1
	乡道及步道	−1	
	距离小于 1 公里		−1
	现状用地		
	定居地		
	距离小于 1 公里		−3
	距离 1~2 公里		−2
	距离 2~5 公里		−1
	农田及农田中的定居点		
	距离小于 1 公里		−2
	距离 1~2 公里		−1
	镶嵌的农田		
	距离小于 1 公里		−1
	种植园		
	距离小于 1 公里		−1
	采矿区		
	距离小于 1 公里		−1
	定居点（仅当无定居地时）		
	定居点	−2	
	距离小于 1 公里		−2
	距离 1~2 公里		−1
总体可达性	平均坡度		
	30% ~ 50%	1	
	大于 50%	3	

模型汇总规则

评级	取值
极低	0 或更低
低	1~3
中	4~6
高	7~9
极高	10 或更高

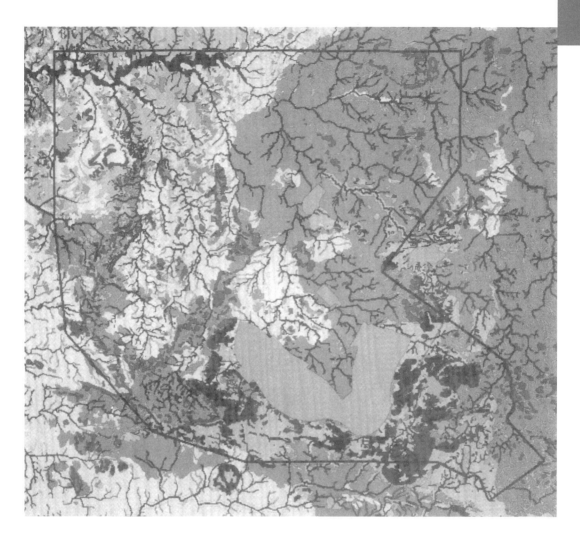

宜居性/适宜性分析模型评估了 FCT 及其周边区域对于集中定居点建设的承载力和适宜性。集中定居点建设的承载力分析依据的是危害或制约城市发展，或为其提供便利的各种环境因素，适宜性则是以城市聚落与现状用地之间的冲突来加以确定。

模型中所考虑的种种制约性、危害性和舒适性因素包括：洪涝/水文灾害、地质/地貌灾害、土壤侵蚀制约、生态敏感度，水资源可利用性、视觉质量，以及气候舒适度。除气候舒适度和地表水资源的可利用性之外，这些考虑因素在此前都用机会/制约分析模型进行了界定和分析。宜居性/适宜性分析模型分析和评估了这些因素对于宜居性的综合影响或相互的关联作用。为进行以上分析所做的各种假设包括：

- 承载力评级主要受场地开发制约度的影响。
- 只有当从工程、规划或设计角度提出的减少各种危害或制约的解决方案都被认为不具有建设实践或财务上的可行性时，才能认定这些地区是无法居住的。
- 地表水和地下水都可用作饮用水源。
- 为避免视觉资源遭到破坏，与视觉质量极高或高的区域相邻近的区域更适于开发。
- 森林保护区、采矿区和水库会长期作为非城市建设用地。
- 现状和规划的定居点是集中定居的区域，不需要评估未来的宜居性。

宜居性/适宜性分析模型由两个子模型构成——一个用于评估制约性和自然灾害，另一个用于评估舒适性。自然灾害和制约性子模型作为评估中最重要的因素，而舒适性子模型则作为次要考虑因素。

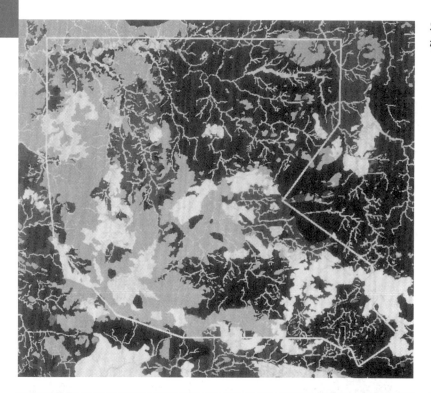

农业生产适宜性分析
模型

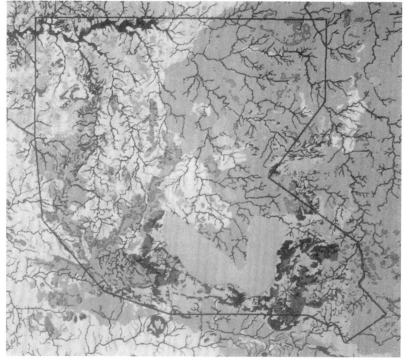

保护适宜性分析模型

注：色调越淡意味着适宜性程度越高

●适宜性分析方法总结

现在我们用概念化的方法对前面所讨论的这些适宜性分析建模技术进行分类，对其做一个整体的考察。所有技术都是基于一个基本的假设，这个假设可谓是所有适宜性分析建模的基础，即不同景观对于各种人类利用方式的支持能力应其地域内分布的物理变量而有所不同。景观单元法一开始就要识别景观单元，无关乎可能的利用方式，而其他那些适宜性分析方法一开始就要分析土地的各种特征属性与潜在的利用方式之间所预期的相互作用，这二者之间的差别是我们首先可以发现的明显差别。景观单元法因为安格斯·希尔斯的工作、乌塔亚特兰蒂克区域的管理分区规划项目，以及景观生态敏感度分析（诸如库珀和泽德勒所倡导的那些）而成为这里所说的一种典型的适宜性分析方法。

一开始就分析各种相互作用的适宜性分析方法可以进一步分为：通过一个筛除过程来开展工作的方法和以相容整合方式开展工作的方法。"筛子"和灰度法是逐步去除不适宜的用地，直到只剩下被认为是适宜的用地为止；相容整合是通过仔细考察土地的每一个特征属性与每一种潜在的利用方式之间的关系来达成的，就像怀特沃特汇流区和圣地亚哥野生动物园研究案例那样。相容性的判断可以依据前面讨论过的任何一个或所有四个基本的选择定位关注点：自然灾害、自然资源、自然作用和资源消耗。兼容性一旦确定之后，就可通过加权和评分，按顺序组合或按其他的一些方式进行汇总，并用于土地资源普查，从而生成一张以图形的形式总结各种相容性情况的地图。

汇总方法

汇总分析各种关联所采用的方式方法对于最终获得的模型是否具有技术有效性而言，至关重要。我们已经讨论了灰度法、加权评分法、显规则表述法和顺序组合法，这些方法具有特定的优点和缺点。可能还会有其他很多方法，其中大多数也许尚未被发掘出来。尽管似乎不太可能找到一种完美的通用汇总方法，但若能发掘出更多不同的方法，将会提供更多的选择，因此也许会有更多切实可行的模型。还有两种不常用的方法值得在此一提：聚类分析和模糊集合。

聚类分析可通过一系列变量对具有类似特征属性组合的地域进行识别，无论这些地域在空间分布上如何分散，都可以认为在类似的利用情况下会有非常相似的影响结果。一旦识别出这些地域［可以称之为"聚类簇"（clusters）］，就可以分析其特征属性支持不同利用方式的能力。然后，适宜性分析图就可以将这些聚类簇表现为同质的区域，并界定每一个聚类簇对于不同利用方式的适宜性。聚类分析的主要优点在于避免了加权或比较方面的判断，这类判断在达成基本的选址布局时总会有问题；这个方法的主要缺点在于其所需的计算非常复杂，似乎尚未有结果能够完全证明这个尝试是站得住脚的。在一个新城和机场的规划工作中，从 1350 个网格的栅格数据中分析得到了 25 个聚类簇，要从这么多类区中得出适宜性分析的大致结果会有点困难（Sharp and Williams, 1972）。

模糊集合评价法是由麦克杜格尔（MacDougall）提出的（MacDougall, 1981）。顾名思义，它可以接受仅凭直觉的、实质上相当不精确的、定性的专业判断，并可以一种理性的、按序排列的方式将其转换为定量的形式。第一步，和其他的评分系统一样，每个地点或特征属性要按其符合每一个评判准则的程度进行评级。第二步，这些准则两两进行比较，以确定每两个准则中哪个更重要，重要多少。这两个最初的步骤都可以由个人或团体来操作。然后，借助被称为"特征分析法"（eigen-analysis）的技术，将这些判断组合起来，对评判准则赋以相对重要性的权重。这些权重的平均值为1，其中较为重要的因子被评定为高于1，而不太重要的因子则低于1。这些权重取幂后用于第一步中得到的评级，结果是更高的、较高的级别被降低，而较低的级别被提高。最终，某个地点的适宜性并不是取决于平均分值或总分值，而是取决于其最低分值。也就是说，被评为最不适宜的那个因子决定了此地对于所讨论的利用方式的适宜程度，无论其他因子的得分有多高。那个评判准则实际上就是其制约因素。

以上说明有两种根本不同的方法可以摆脱适宜性分析建模的困境。由于考虑问题非常全面，适宜性分析建模是以定性的方式处理各种不确信的因素。第一种聚类分析法是要找到通过分析进行进一步分类的办法，将所有计算结果分为离散的几部分，并在之后的分析阶段中对有限的类群分别进行定性的判断；第二种方法是从一开始就接受了模糊性的判断，并将其按序进行排列。大多数汇总技术都会采用这两种方法中的一种。

●计算机辅助和手动的叠图技术

这里介绍的所有适宜性分析建模方法都可以利用计算机辅助或手动的叠图技术。二者的逻辑原理相同，但计算机在某些情况下具有很强的优势。在第八章中，我对比了一次性或短期的土地资源普查以及长期的普查或地理信息系统，后者要经过很长一段时间才能整合起来进行各种使用。对于信息系统而言，使用计算机实际上很有必要。一旦普查结果被编码并储存在磁带或磁盘上，就可以很快生成模型，只要建模逻辑已经确立并进行了编程，就更是如此了。每建一个新模型所需的所有工作无非是确定一组新的数值并将其赋予相关的变量。

计算机快速执行复杂数学运算的能力是又一个优势，对于越是复杂的汇总方法，这个优势就显得越重要。如果涉及包含了许多变量的大片复杂的地域，评分和顺序的组合会变得非常耗时，不使用计算机，用诸如聚类和模糊集合分析之类的技术进行计算往往是不可行的，哪怕很多时候只需要算一遍。

在需要用相对简单的汇总方法只算一遍的情况下，手动叠图技术是最有效的。手动的资源普查可以用色彩、灰度、或字母、数字之类的符号来标识土地的特征属性。在聚酯薄膜、透明塑胶片、或其他类型的透明、半透明塑料制品上绘制的地图是最好用的。通常是一次叠置两张地图来确定各个地域是否都具有适宜或不适宜的特征属性。然后，一个接着一个地添加变量，直到完成最后一张图片。在开始叠图之前，制定好指导逻辑并列出各级评分或评判规则非常重要。如果随后一步步地执行这个叠图过程，就可以一直将困惑减至最低限度。每一步都应当遵循明确的既定规则。当遇到一个步骤没有相应的规则时，必须设计出一个与指导逻辑保持一致的规则，并记录下来。如果涉及大量变量的话，引入解释性地图的中间步骤可能是最有帮助的。手动技术的一个主要优点在于，一路走来，可以有做出种种判断、改变方向、开展讨论和重新调整的机会。

困扰计算机辅助和手动叠图技术的一个难题是精度不可靠。当地图被叠到一起时，在第八章中讨论过的不准确的程度会有所增加。在一定数量的地图叠加所生成的模型中，可能具有

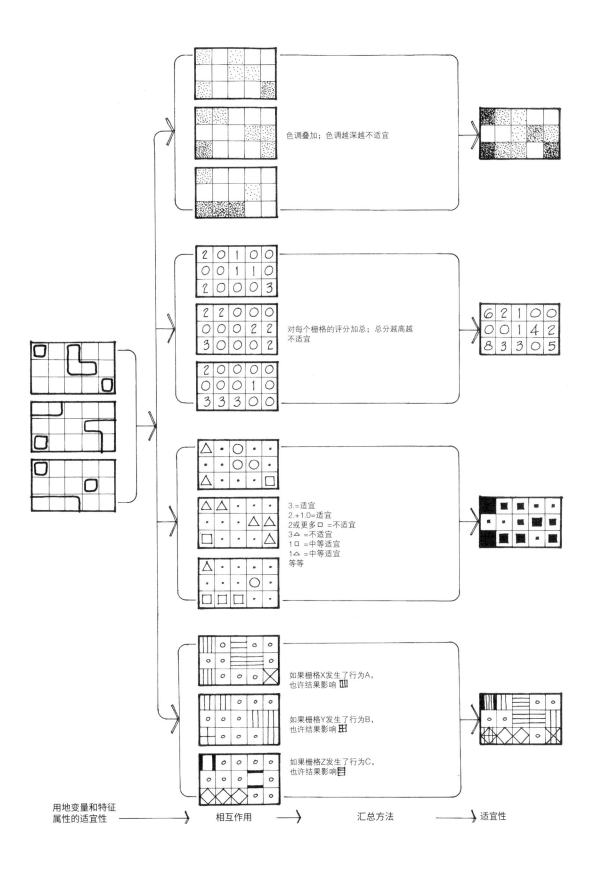

色调叠加；色调越深越不适宜

对每个栅格的评分加总；总分越高越不适宜

3.=适宜
2.+1.0=适宜
2或更多□=不适宜
3△=不适宜
1□=中等适宜
1△=中等适宜
等等

如果栅格X发生了行为A，也许结果影响▥

如果栅格Y发生了行为B，也许结果影响▦

如果栅格Z发生了行为C，也许结果影响▤

用地变量和特征属性的适宜性 ⟶ 相互作用 ⟶ 汇总方法 ⟶ 适宜性

的水平误差会是所有这些地图的允许误差之和。麦克杜格尔指出，6 张地图都符合美国的国家地图精度标准，允许水平误差为 0.5 毫米、纯度为 0.80（对于一张高质量的土壤图来说，这是典型的精度水平）[纯度（purity）是在土壤分布情况较为复杂时，对土壤制图单元（soil mapping unit，简称 SMU）中所包含的优势土壤类型占比的要求，0.80 纯度意味着一个 SMU 多边形面域中优势类型的土壤分布占比应不低于 80%。译者注]，但当它们叠到一起后，边界位置的水平误差可能会是 3 毫米，纯度可能会是 0.80^6 或 0.21。如此一张图的可利用性极其有限，这是显而易见的。如果不知道一幅图是不准确的，甚至可能会发生严重的误导。

在实际情况中，上述的误差水平是不太可能的，部分是因为单张地图的误差往往远远小于这个水平，部分则是因为在叠图过程中可以在一定程度上纠正这些误差。考虑到总有难以避免的不同程度的误差，而且误差被成倍放大的可能性很大，在整合这些叠图时需要非常仔细，这显然很重要。地图所显示的种种特征属性是由生态过渡带而不是实际的线性边界分隔开来的，例如植被图和坡度图，特别容易出错。考虑到叠合而成的地图的精度不可能比生成它的那些变量图中的最低精度来得更高，这些变量图的绘制表现尤为困难。

在对叠图进行整合时，经常会碰到某些地形特征——山脊线、山谷甚至栅栏——可以解释为若干个变量的边界条件，并非是每张地图上都会有的情况。叠图整合完成之后，那些缺失的边界可以与这些既定的线条相关联，从而保持甚至提高图纸精度。在叠加两个变量时，常常会将二者都叠加在一张精确确定了所有地形特征的参照底图上，这是一个很好的想法。

奇怪的是，计算机虽然计算精度很高，在处理地图精度问题时却特别困难。它完全不能进

行这样细微的修正和调整。在叠加多边形面域时，很可能会得到无数细小的、毫无意义的碎片；在使用网格栅格系统时，误差很容易会成倍增加。半个栅格的错误定位，可能会使得线条偏移到相邻的栅格，从而导致一整个栅格宽度的误差。因此，为了确保自动化生成的数据库具有精确性，往往需要在进行编码或数字化之前，用同样的比例尺重新绘制所有的数据图，将它们叠加起来并对不一致的地方进行调整。在阿拉斯加研究案例中介绍的整合式地形单元方法就是为了达成这种修正处理。

上述困难说明用计算机进行适宜性分析建模面临很大的问题。这个分析过程严重依赖人为判断，与计算机盲目追求精确性不太一样。人为判断最明显地表现在确定评分和调整参数方面，而通过利用计算机中存储的信息进行计算，这些评分和参数很容易被整合到分析模型之中。和设计过程的情况一样，一路分析得出的判断也会显得不太重要，有时候是没有意识到，通常是看不出来，就像刚刚所说的对地图上那些线条的调整一样；但加到一起，这些次要的判断对结果可能就非常重要了，而至少在目前的发展状况下，计算机还无法对此进行判断。即便它可以判断，我们也不会想到要让它去做。至少在某些情况下，丢失大量微不足道的判断会带来截然不同的境况。

无论如何，手动和计算机生成的模型在某种程度上都是不准确的，迄今为止，我们的能力还很有限，无法测量这种不准确的程度，但记住这件事很重要。由于准确性与比例密切相关，因此应该始终使用与所关注层级相应的适当的比例绘制的地图。在使用适宜性分析模型时，还应该通过参照已知精度的地图或通过现场查证来反复核查关键的点和线。

第十五章 生态区位·环境影响预测

虽然所有的适宜性分析模型都会进行预测，但是其中一种模型是专门对环境影响进行预测的，它不仅将适宜性分析建模与环境影响分析合并到一个分析过程中，而且将设计过程与环境影响报告结合到一起。

1970 年，美国《国家环境政策法》（简称 NEPA）生效，要求所有的联邦项目都要出具环境影响报告，可谓影响深远。有一些州随后进行了立法，如加利福尼亚州和马萨诸塞州的环境质量法案，其覆盖范围甚至更为广泛。某些州现在要求，所有规模重大的私人开发项目都要出具环境影响报告。

我们还可以将 NEPA 视作是开启人类环境营造新纪元的象征。只有考虑到行动后果时，我们才能负责任地行事。现在似乎还很难令人相信，对重新塑造的景观进行环境影响预测已

经算是普遍的做法了，毕竟最近才开始这么做。正如我们所看到的，对于现在所说的环境影响，一些设计师、规划师和相关的居民已经关注了一个多世纪。人类造成了景观的广泛改变，对于这种改变的科学理解我们可以追溯至 1864 年出版的乔治·帕金斯·马什（George Perkins Marsh，美国地理学家、外交家、自然资源保护论者。译者注）的《人与自然》（Man and Nature）。仅仅一个世纪之后，这种关注终于由 NEPA 变得制度化了。

NEPA 并没有充分阐明的是，仅仅做一些设计，然后预测其环境影响是不够的。每次采用这种方法，环境影响报告都会变成长篇大论，充斥着流于表面的种种分析和判断，对环境质量助益甚微。为了确保有效，必须从一开始就将环境影响预测纳入设计过程中去。"环境影响"一词会使得这种方法令人灰心丧气，因为它听

上去是如此的消极，令人想到的是一个不断击打着环境的铁拳，没有带来任何可能有益的结果；但是，既然这个词如此普遍地被采用了，无论如何都要使用它，如果我们能将各种有益的环境影响也纳入其中，就会对设计产生非常有益的导向。本书的大部分内容都在讨论预测性设计的过程和方法，到此为止我们可以看到，这些过程和方法包括各种方法、技巧，甚至是直到最近才在设计实践中发挥作用的思维方式。虽然所做的种种预测也许并不确定，但对于负责任的行动而言，仍然是重要的先决条件。

适宜性分析模型是可以用来预测特定环境影响的预测手段。例如通过将最终的方案平面图叠置于生态敏感度模型之上，并且为每一片均质的地域绘制出各种环境影响的归纳性图表，为高地牧场项目开发的生态敏感度模型就转化成了环境影响分析模型。添加了一些细节之后，这个模型就成了环境影响报告的核心内容。

预测环境影响的适宜性分析模型

将特定的环境影响最大或最小用作建模标准，也可以生成适宜性分析模型。为了理解这种方法，我们一开始可以先设想有一片土地，当它转向人类的某些利用方式时，就要遭受各种开发行为，这片土地所改变的特征属性、人类的开发行为，以及由此导致的环境变化就是三个相互作用的因子集。

如果建议的开发行为和地点既定，我们就可以预测环境影响了。如果在一系列开发行为下，要对一系列潜在的环境影响进行控制，使之最小化或最大化，我们可以选择最适宜的开发地域。按照这种思路，可以将景观规划设计与环境影响预测过程相结合，使得我们能够直接根据预期的后果进行规划设计。

当然，这种预测既不会非常精确，也不是完全可靠，我们仍然只能大致、粗略地预测环境影响；不过，未来也许会有所改进，但进展可能会非常缓慢。由于自然界中总会有风险存在，预测永远不会是准确无误的，总会有不期而至的飓风、虫害，或陨石；因此，环境影响预测的是概率，而不是确定会发生的事物。随着对各种开发行为及其环境影响后果之间的关系了解得更多，我们很可能就会开始有把握地预测各种环境影响，类似于赌博者在赛马中采用的赔率押注。然而，即使生态学发展到了如此高的水平，要这么精确地进行概率表述仍然超出了我们的能力范围（当然，应对种种可能性的组合情况远比对付赛道上遭遇的情形更加复杂）。

另一个困难之处在于因果关系晦涩不明。我们会发现自然界中有很多事件是明显相关的，会同时或依次发生，但我们无法明确说出它们之间的因果关联，一个例子是第十一章中详细讨论过的多样性和稳定性之间的关系。事实上，对于因果关系的看法整体上越来越受到质疑，更加显而易见的是，事件的成因都不是单一的，自然界中风险所发挥的作用远比人们过去认为的要大得多，并且反馈是十分重要的。

这并不意味着环境影响预测是不可能或不可行的，但也确实意味着以一个行动会带来一种影响的方式对其进行思考是非常天真的。相反，我们要考虑的是以某种方式去改变环境，以增加某些事件组合的可能性。当然，这肯定会造成一些环境影响。如果我们在基本农田的土壤上进行铺装，这部分土壤将丧失农业生产的利用价值；但如果我们在某种野生动物的栖息地进行铺装，这种动物可能只是迁移到其他地方，或者也可能彻底灭绝。如果这是一种罕见、濒危的或特别重要的物种，那么，冒这样的风险也许并不明智。

然而，更大的风险在于各种事件会以我们没有或无法预测到的方式组合起来——该组合会产生严重的破坏性影响。由于这是完全可能的，抑或在某些情况下是可能的，所以一些环保主义者习惯性地反对一切土地开发。他们认为，我们的预测能力根本不足以确保防止灾难（Ehrenfeld, 1972）。正如我们在第九章中所论述的那样，这正是管理阶段显得如此重要的原因。特别是在具有生态价值和生态敏感度的环境中，我们预测的不确定性使得反馈回路和反馈机制对于纠正错误来说是绝对必要的。

因此，我们应该将环境影响预测理解为是要研究环境的改变，而不是简单的因果关系，要研究我们认为最可能发生的事件，而不是确定会发生的事件。借助以上的理解，下面我们来讨论几种基于环境影响预测的适宜性分析模型。

其中第一种是本书的第一个案例研究——圣埃利霍潟湖——所采用的。第 22 页上展示的那些由计算机生成的适宜性分析模型，其评判规则是对生态系统的某些影响最小，并且所考虑的利用方式具有可行性。也就是说，最适宜于某种活动的场所被认为是那些可以为其提供所需的特征属性且主要的环境影响为最低水平的场所。这项规划工作中的两个最重要的议题是：填埋湿地用于住宅开发，以及保护野生动物栖息地，这也成为该模型最重要的评判规则。湿地填埋对于野生动物种群的影响尤其需要进行预测。第 24 页的环境影响矩阵表明，这些影响可能在一长串的事件中发生。这种矩阵格式的一个优点是它可以说明事件是如何组合到一起的，从而可在一个环境影响网络中引入其他各种事件。所有因果加总到一起，就导致了潟湖作为一个功能性生态系统的破坏和其所有野生动物栖息地的破坏。避免破坏的唯一办法是不要扰乱潮汐沼泽地，而需要避免的另一个主

要影响是潟湖的淤塞。避免淤塞意味着要最大限度地减少坡地的侵蚀，这意味着要控制沉积物由流域流入（涉及模型边界之外的区域）。

于是，我们已经讨论过的对河口生态系统功能和结构的大部分理解就这样在这个适宜性分析模型中得到了体现。然而，重要的是要认识到，如此确定适宜人类利用的地域并不能保证生态系统就是健康的。与其他大多数情况一样，适宜的用地排布仅仅提供了一个架构，一个必须通过对生态结构和功能进行设计和管理控制来予以强化的架构。

●定量模型

对这样的设计过程而言，更准确的影响后果预测通常会有帮助。如果存在灾害性风险的用地被开发了，可能会造成多大的破坏？代价有多高？减少危害的措施需要多少费用？有时候我们可以用数学模拟模型和土地资源普查相结合，来回答这些问题。一个相对简单的例子是下面这个估算雨水径流的公式：

$$Q = CIA$$

式中：
Q = 峰值径流率
C = 径流系数
I = 以每小时水深计量的极端暴雨强度
A = 流域面积

径流系数是从地上流走的降雨量的占比，随土壤入渗率、植被覆盖和铺地范围而变化。这个系数通常是针对大片区域估计或猜测出来的；但是，如果有计算机化的土地资源普查信息，就可以基于每个栅格中实际体现的环境条件进行相当精确的 C 值计算。对于具有相似环境条件的区域，这些计算可以合并，从而使得公式中的每个变量都能获得更加精确的值。同样的计算过程也可用于预测土地利用变化所导致的

径流率变化。然后，可以将一种用地格局下产生的径流率与其他用地格局下产生的径流率进行比较，并与自然格局下的情形进行比较。

当然，这种方法可以运用到更为复杂的情形。例如霍普金斯等人开发的洪泛平原管理模型，对各种用地格局备选方案下预期的洪水位和洪涝灾害影响范围进行了预测，然后比较了各种防洪措施的净成本（Hopkins, et al.,1980）。使用这种模型主要是为了比较防洪的成本，防洪成本往往涉及滞蓄设施的建设和洪泛平原的治理，进而涉及禁止在洪泛平原上建造建筑物。

为了大致说明这类模型的工作方式，我将简要总结一下这个模型的构建过程。第一步是将整个流域划分为各个子流域，每个子流域都汇入整个河网中的某一河段中。第二步是根据水文特征（影响径流的那些环境特征，如不透水地面的数量）和经济价值来确定可能的土地利用方式。第三步是使用流量过程曲线对每一个子流域的每一种土地利用方式计算特定暴雨级别下的径流量。然后，通过将河流各个河段的径流量与来自上游河段的流量相结合，计算每个河段的洪水位。如果这些洪水位确定了，就可以利用损害函数来预测每一种土地利用方式可能造成的洪涝灾害影响范围，损害函数将受灾范围与洪水深度相关联。之后就可以计算出特定土地利用方式的经济价格，即为该类用地租金总和减去所预测的年度损害成本。

从根本上讲，这类数学模型与之前讨论的各类适宜性分析模型有两方面的不同。首先，这类模型分析的是单一的因子——径流水平、土壤流失、洪泛平原的管理，而不是各种因子的全面组合。既定一个有限的研究范畴，这类模型就可以更细致地研究各个专题，而有限的研究范畴又使得第二个根本性差别成为可能：定量。数学模型分析的是可度量的数量（立方英尺/秒、美元），而不是相对量（高、中、低），也就是说，分析用的是等比量表而不是等距量表（量表是一种确定主观的、有时是抽象的概念的定量化测量工具。按照我们对客观事物、现象测度的程度或精确水平来看，由低级到高级、由粗略到精确可分为类别量表、顺序量表、等距量表和等比量表四个层次。等距量表除了可以将数据分类、排序，还可反映数据的等距特征，因而可进行加减运算；等比量表综合了前三种量表的功能，并增加了绝对零点或原点，从而可进行加减乘除运算。译者注）。

一方面，数学模型可进行详细、定量的分析，这明显具有许多优势：它们可用于确定强制执行的安全限值，如水质或排放标准。它们可以进行实证检验——至少在理论上是可以的，因此，它们所生成的数据通常可以转化为经济性的表达方式。也许最重要的是，它们令人感觉非常客观可靠，可作为一种实事求是的依据，而相关的评判通常缺少的正是这样的依据。

另一方面，数学模型存在一些严重的缺点。即便是最简单的数学模型，如已经讨论过的径流和土壤流失模型，也需要很难得到的数据，而更为复杂的模型则需要非常专业的编程技巧和海量的数据，因此会非常烧钱。此外，分析结果往往会难以解释；模型所提供的信息可能因过于复杂而不易被决策机构所接受。哪怕是最复杂、精巧的模型也需要对现实进行彻底的简化，对于更为复杂的生态问题尤其需要进行简化；但是，简化可能会歪曲事实，使结果变得毫无意义，或令人误解。罗马俱乐部著名的增长极限模型（Limits to Growth models）一直受到言辞凿凿的指责（Meadows, et al., 1972）。当然，更加包罗万象的适宜性分析模型同样饱受诟病；但是，这类模型所采用的相对分值以及色调或色彩等级体系并不要求有很高的精度水平。

此外，这类整合模型通过组合各种变量将生态系统作为整体来进行分析处理，无论这种分析处理是多么的相对而粗略，都还是具有强大的优势。由于这类模型反映的是自然界的相互关联和统一，因此迫使那些运用它们的人必须牢记模型所分析的各个专题是不可分割的。当我们将某些部分从整体中分离出来进行分析时，可能会丧失与更大的背景环境的关联，从而可能会重蹈工业时代在工程方面的覆辙。不仅如此，我们有可能会专注这些部分而忽略了整体，尤其专注于可量化的部分，而无视那些不可言喻的部分。

尽管存在这些困难，而且也深知这类模型存在局限性，数学模型仍然是相当有用的，并且有望在土地适宜性预测方面取得巨大的成功。

●波士顿大都会区研究案例

波士顿大都会区信息系统的尝试既是定量的，又具有整体性。它采用了 28 种不同的数学模拟对郊区增长的各种备选格局进行后果预测，从而将城市规划中使用的标准的经济建模方法与分析区域尺度生态问题的类似技术结合在一起。波士顿大都会区信息系统是卡尔·斯坦尼茨和哈佛大学的一个跨学科团队在美国国家科学基金会（National Science Foundation）的国家需求研究计划（Research Applied to National Needs (RANN) Program）资助下开发的（Steinitz, et al., 1976, 1981）。项目的研究区域是波士顿大都市区处于快速郊区化发展中的东南部区域，包括 8 个城镇。

这些模型有 2 种基本类型：① 分配模型，根据某些规则将特定的土地利用方式分配给特定的位置地点；② 评估模型，预测这些用地分配对于环境、财政和人口的影响。

分配模型包括了 6 类用地：居住、工业、商业、公共设施（学校）、保护和游憩。该类模型中还包括了一个预测每个城镇的预算规模和投资优先级的公共支出模型以及一个对各个备选方案的人口和用地格局所产生的固体废弃物数量进行预测的固体废弃物模型。它们都不属于土地利用方式。

分配所依据的规则主要是经济规则。例如居住模型将居住区开发分配给了最有利可图的区位，这是由可用场地的成本和售价估算来确定的。商业模型将商业利用分配给了潜在销售量高且现有设施缺乏的区域。保护模型考虑的是现有立法中已经确定为需要重点关注环境的地域，包括沿海和内陆的湿地、海滩、沙丘、河口、洪泛平原、不稳定的土壤、被认定为稀有或珍贵的生态系统、流域保护区，以及划定的风景名胜区。对这些地域进行排序并进行用地分配，就可以根据成本和使用者的偏好尽可能地保护好绝大多数的资源。

评估模型用于对土壤、水质、水量、植被、野生动物栖息地、重要的资源（保护模型中所包括的那些）、视觉质量、交通、空气质量、声环境质量、历史资源、土地价值、公众财政账目，以及人口结构和分布的种种影响进行预测。法定实施模型包含了一系列现有的土地利用法规，用于规范模型的运行，并对违法行为进行警告。

土地资源普查资料，或者说是数据库，利用的是一个栅格存储制图系统，栅格占地 1 公顷（2.47 英亩）。这个系统包括了 4 种类型的数据：地形和自然生态系统、人造的用地和地表覆盖物、政治管辖范围，以及功能分区和通过组合前三类数据或从第一种类型衍生而得到的数据。

分配模型、评估模型与地理数据库相结合，再加上链接这三者的例行程序，为各种操作提供了极大的灵活性。开发人员列出了 9 种不同的操作模式，很好地反映了此类信息系统的性能：

1. 预分析模式从数据库中获得研究区域现状环境条件及其组合状况的信息。

2. 单模型分析使用的是分配模型，可根据每个模型中内置的规则对特定的活动进行选址定位。

3. 项目评估模式使用的是评估模型，在模型的性能范围内对特定用地分配的影响进行预测。

4. 方案评估模式使用评估模型来预测所建议的用地方案的影响。

5. 生态敏感度分析通过改变单一的假设、评分或参数来改变既有的评价结果，确定研究区域对评价结果变化的敏感性，并对每个方案的评价结果都进行重复操作。

6. 博弈模式预测的是假定的规划策略及其作用结果。

7. 优化模式首先确定一个关注区域内最大或最小的环境影响水平，然后运行其他模型，以便令该影响水平保持不变。

8. 规范性测试模式预测的是现有法规或新法规的执行结果。

9. 备选方案的规划策略模拟，可以根据某一规划策略分配用地，并利用所有评估模型评价所形成的用地格局。

波士顿大都会区研究案例包括了由这个信息系统生成的若干张用地分配图以及对若干个预测性评估的概括总结。

●模拟与适宜性：几个问题

通过数学模拟模型与用地普查的联动，可以达成相当的灵活性和精密性，波士顿大都会区信息系统就展现了这种灵活性和精密性。虽然这是一个功能强大且用途广泛的工具，但其潜在的应用范围有多大，仍然存疑。事实上，

关于地理信息系统使用性的问题有很多，经过长期反复使用之后，这些问题也许会找到答案，其中较为重要的问题有：

数学模拟所提供的预测是否足够准确，可以成为决策的可靠依据吗？如前所述，数学模拟表现的是极大简化了的现实世界，也许会简化到不够准确、难以利用的程度。

是否有足够确切的数据可用来得到有意义的结果？对于地理变量，很快就能得到非常完整的数据；但是，其他信息仍然难以获得。例如土壤流失公式要用到的农作物管理因子和保护性实践因素，就很难以足够的精度进行测量。在测试洪泛平原管理模型时，由于难以获得真实的数据，因此有必要使用非常粗略的投标价格来估算数据（Hopkins, et al., 1978）。

地理信息系统回答的是正确的问题吗？波士顿大都会区信息系统在回答一系列问题时极具灵活性；但是，只有当答案付诸实践之后才能知道这些问题是否需要回答以及这些答案是否真的有帮助。重要的是，要记住规划决策从根本上讲具有政治性，而此时这些答案可能毫无用武之地。

规划机构的员工是否能够学会使用高度复杂的信息系统？到目前为止，答案常常是否定的。接纳这些系统需要进行重大的定位调整，这相当于要重新缔造一整个规划基础。如果这么做看起来确实有利可图，不妨接受。

所有这些问题可能会面临并已经经历了仔仔细细的讨论，而此时此地，并无意加入这些讨论，时间会给出重要的答案。信息系统很可能会被某些机构广泛用于某些类型的规划，而其他的机构则几乎或根本不予理睬。无论多么的简单或者复杂，形形色色的适宜性分析建模技术还是非常有用的。越复杂并不一定就越好。事实上，正如我们一再重申的那样，在任何既定

的情形下，只要能够达成所需的结果，最佳的选择往往是最简单的技术和最少的信息。别忘了，沟通也是一个问题，复杂的模型很难让人理解，因此可能会限制人们参与设计过程中去。

说到底，模型类型及其复杂性应该要视实际的情况而定。虽然这里讨论的模型类型已经相当多了，但鉴于规划情形多种多样，也许还会不断出现其他的方法。重要的是，景观设计师不要局限于各种公式或模型类型；相反，他们应该随时随地探索各种能够更好地解决当前问题的方法。不说绝对能做到，也要始终铭记方案要有理有据，不再是含混不清、令人费解或困惑不堪的。

第十六章
一个全新的设计时代

本书中的这些素材反映了迄今为止我们在学习如何设计可持续的人类生态系统方面所取得的进展。这些概念或技术都不是完美的，都有待改善之处；尽管如此，我还是确信，一个富有成效的发展方向已经确立了——我们开始学着以一种负责任的方式进行景观设计。要采取负责任的行动，就需要对我们行为的后果有所了解，即做出预测。生态系统设计就是依据对生态结构和功能的种种形态性预测来进行的，随着我们的行动，这些形态会在景观中实现。

从历史的角度来看，我们甚至可以将这种预测方法看作是一个新的物理环境形成阶段。回顾过去，可以看到之前至少有三个阶段形成了我们现在所处的世界。

首先是本能的阶段，所有非人类的物种仍然处于这一阶段。建设行为的达成并没有规划或预先的构想，遵循的是不知不觉就植入在基因之中的各种指令。这种方式催生了一些极其复杂、技术精湛的作品。看看蜘蛛网、白蚁穴，以及蜂巢就知道了。

就算人类也曾有过这样的本能，相比蜘蛛、白蚁或蜜蜂，现在看来其实效也是远远不如的。人类最早创建的那些生活环境，以及今天那些原始部落的居民仍然在创建的生活环境，都反映了下一个阶段，即以传统技术或运用积累的知识进行环境塑造的阶段。每一代人都将其对技能、智慧的记忆传递给下一代，然后下一代就以基本相同的方式进行建造，往往只是稍作改进；因此，传统的形态既具有保守性又不断被改良。随着时间的推移，这些形态达成了与环境的契合，很好地实现了它们的目的。

接下来是创造形态的阶段。这个阶段所完

成的形态在建造之前就在纸上进行了构想和描绘，人类的推理和洞察能力因而得到充分的发挥，高水平的创造发明成为可能。从文艺复兴初期到现在，这个阶段达到了发展的顶峰。最出色的成果就像兰特庄园或凡尔赛宫一样，形态上具有逻辑性和象征意义，但很难达成与环境的契合。

终于，预测适应时代到来了——为了进行知识储备和技术操控，为了推理、洞察和发明，为了预测一个想象出来的形态在其相关环境中的表现，并在此基础上塑造这个形态，它运用了先前各个阶段发展起来的种种技能，并加入人类的各种能力。和对变幻无穷的现实世界进行预测具有不确定性一样，对设计进行的预测也永远不会是完全确定的。我们有许许多多的工具、技术、大量的信息、多种多样的数据——所有这些都很有用，甚至是必不可少的——可以帮助我们进行预测，但是并不存在必胜的方法和公式。难以捉摸、不可言喻的事物总是会掺和进来。即便有无限的可能性，我们也要乐意去探索它们，而这种探索会用到大脑的两个半球——想象未来的景观并分析其表现。我相信，这种探索是我们这个时代最有希望的成就之一，毕竟这么多的人都参与了想象和预测。真正的参与正在开始，不是在管理过程中发生，就是在设计过程中发生；但是，这并不会令设计过程更加简化或清晰，而会层层添加不同的评价和感观。

重要的是，要认识到无论我们运用的工具和技术有多么的先进，都可能会发生意想不到的情况。有预测，就会有不确定性。承认必然会有不确定性，并且尽我们所能去形成一个表现如预期的生态系统，我们就要在灾难发生前尽量减少其发生的可能性，以及尽可能确保当意外发生时，不会导致一场灾难。这意味着要一再进行检验、权衡、反馈，会很复杂，有时要持保守的态度。在生态系统设计中，永远不要孤注一掷。

我们必须确保生态系统设计应具有的第二个特征是应变能力（第一个特征是应对预测的不确定性。译者注）。当设计形成的生态系统与其环境相互作用时，总会有发生创造性改变的可能——设计与管理相关联的重要性就在于此。形态应该具有可塑性，而不是一成不变的。道家的办法确实是人类生态系统的行为方式，尽管我们也必须要适应这个通常是以儒家方式运作的经济环境。总而言之，我们还没有学会如何做到更好，但我相信，我们至少已经知道要努力去做什么。

参考文献

Alden, Jeremy, and Morgan, Robert. 1974. *Regional Planning: A Comprehensive View.* New York: John Wiley and Sons.

Alexander, Christopher. 1964. *Notes on the Synthesis of Form.* Cambridge: Harvard University Press.

Allen, Robert. 1980. *How to Save the World.* Totowa, New Jersey: Barnes and Noble.

Appleton, Jay. 1975. *The Experience of Landscape.* New York: John Wiley and Sons.

Armstrong, J. T. "Breeding Home Range in the Nighthawk and Other Birds: Its Evolutionary and Ecological Significance." In *Ecology* 46, 1965.

Assagioli, Roberto. 1971. *Psychosynthesis.* New York: The Viking Press.

Barney, Gerald, ed. 1980. *The Global 2000 Report to the President of the U.S.: Entering the 21st Century.* Vols. I and II. New York: Pergamon Press.

Bastian, Robert K. "Natural Treatment Systems in Wastewater Treatment and Sludge Management." In *Civil Engineering*, May, 1982.

Bennett, John. 1976. *The Ecological Transition: Cultural Anthropology and Human Adaptation.* New York: Pergamon Press.

Bente, Paul F., Jr. *The Food People Problem: Can the Land's Capacity to Produce Be Sustained?* Washington, D.C.: Council of Environmental Quality, 1977.

Bernatzky, A. "The Performance and Value of Trees." In *Anthos.* No. 1, 1969.

Berry, Wendell. 1977. *The Unsettling of America: Culture and Agriculture.* New York: Avon Books.

Boer, K. "Tree Planting Reconsidered." In *Landscape Architecture.* Vol. 62, No. 2, 1972.

Bormann, F. H., and Likens, G. E. "The Watershed-Ecosystem Concept and Studies of Nutrient Cycles." In *The Ecosystem Concept in Natural Resource Management*, ed. George M. van Dyne. New York: Academic Press, 1969.

———— "The Fresh Air–Clean Water Exchange." In *Natural History.* Vol. 86, No. 9, 1977.

Braun-Blanquet, Josias. 1964. *Pflanzensoziologie, Grundzugie de Vegetationskunde*, 3rd ed. Vienna: Springer.

Braun-Blanquet, Josias, and Furrer, Ernst. "Remarques sur l'etude des groupements de plants." *Bulletin Societe Languedocienne de Geographie* 36, 1913.

Bronowski, J. 1973. *The Ascent of Man.* Boston: Little, Brown, and Company.

Brown, Lester. 1978. *The Twenty-Ninth Day.* New York: W.W. Norton Co.

Brown, Lester R., with Eckholm, Erik P. 1974. *By Bread Alone.* New York: Praeger Publishers.

Brubaker, Charles William, and Sturgis, Robert. "Urban Design and National Policy for Urban Growth." In *American Institute of Architects Journal*, October, 1969.

Bruner, Jerome. 1965. *On Knowing: Essays for the Left Hand.* New York: Atheneum.

Bryson, Reid A., and Ross, John E. "The Climate of the City." In *Urbanization and Environment*, ed. Thomas R. Detweiler and Melvin G. Marens. Belmont, California: Duxbury Press, 1972.

Bureau of Land Management. *The California Desert Conservation Area Plan Alternatives and Environmental Impact Statement.* Draft. Riverside, California, 1980.

Churchman, C. West. 1979. *The Systems Approach and Its Enemies.* New York: Basic Books.

Clements, Frederic E. "Plant Succession, An Analysis of the Development of Vegetation." *Carnegie Institution of Washington Publications* 242, 1916.

Cooper, Charles F., and Zedler, Paul H. "Ecological Assessment for Regional Development." In *Journal of Environmental Management* 10, 1980.

Cranz, Galen. "The Useful and the Beautiful: Urban Parks in China." In *Landscape.* Vol. 23, No. 2, 1979.

Curtis, J. T. 1959. *The Vegetation of Wisconsin.* Madison: The University of Wisconsin Press.

Dangermond, Jack; Derrenberger, Bill; and Harnden, Eric. "Description of Techniques for Automation of Regional Natural Resource Inventories." Redlands, California: Environmental Systems Research Institute, Inc., 1982.

Daubenmire, R. F. "Vegetation: Identification of Typal Communities." In *Science* 151, 1966.

Deithelm and Bressler, Inc. 1980. *Mt. Bachelor Recreation Area: Proposed Master Plan.* Eugene, Oregon.

Department of Conservation, State of Illinois. *Illinois Streams Information System.* Urbana, 1982.

Diesing, Paul. 1962. *Reason in Society.* Urbana: The University of Illinois Press.

Dubos, Rene. 1980. *The Wooing of Earth.* New York: Charles Scribner's Sons.

Duckworth, F., and Sandberg, J. "The Effect of Cities Upon Horizontal and Vertical Temperature Gradients." *Bulletin of the American Meteorological Society* 35, 1954.

Earle, Eliza. *Conservation of Natural Areas in the Context of Urban Development.* Unpublished M.L.A. thesis. Pomona, California: State Polytechnic University, 1975.

Eberhard, John P. "A Humanist Case for the Systems Approach." In *American Institute of Architects Journal*, July, 1968.

Eckholm, Eric. 1976. *Losing Ground.* New York: Norton.

Ehrenfeld, David. 1972. *Conserving Life on Earth.* New York: Oxford University Press.

Ehrlich, Paul, and Ehrlich, Anne. 1981. *Extinction*. New York: Random House.

Emmelin, Lars, and Wiman, Bo. 1978. *The Environmental Problems of Energy Production*. Stockholm: Secretariat for Futures Studies.

Environmental Protection Agency. "Aquaculture Systems for Wastewater Treatment/Seminar Proceedings." EPA 430/9-80-006, MCD-68. September, 1979.

————— "Aquaculture Systems for Wastewater Treatment—An Engineering Assessment." EPA 430/9-80-007, MCD-68. June, 1980.

Evans, Francis C. "Ecosystem as the Basic Unit in Ecology." In *Science* 123, 1956.

Fabos, Julius G. 1979. *Planning the Total Landscape: A Guide to Intelligent Land Use*. Boulder, Colorado: Westview Press.

Fabos, Julius G., and Caswell, Stephanie J. *Composite Landscape Assessment*. Research Bulletin No. 637. Amherst: Massachusetts Agricultural Experiment Station, Amherst, 1977.

Holling, C. S., and Clark, William C. "Notes toward a Science of Ecological Management." In *Unifying Concepts in Ecology*, eds. van Dobben, W. H., and Lowe-McConnell, R. H. The Hague: Dr. W. Junk B.V. Publishers, 1975.

Holloway, Cecile, and Yarbrough, Janet. *San Diego Wild Animal Park Land Use Study*. Pomona: Department of Landscape Architecture, California State Polytechnic University, 1978.

Hopkins, Lewis. "Methods for Generating Land Suitability Maps." In *Journal of the American Institute of Planners*. Vol. 43, No. 4, 1977.

Hopkins, Lewis D.; Brill, E. Downey, Jr.; Liebman, Jon C.; and Wenzel, Harry G., Jr. "Land Use Allocation Model for Flood Control." In *Journal of Water Resources Planning and Management Div*. ASCE. Vol. 104, No. WRI, 1978.

Hopkins, Lewis D.; Goulter, Ian C.; Kurtz, Kenneth B.; Wenzel, Harry G., Jr.; and Brill, E. Downey, Jr. *A Model for Floodplain Management in Urbanizing Areas*. Final Report. Water Resources Center, University of Illinois, Urbana, 1980.

Hough, Michael. "Metro Homestead." In *Landscape Architecture*. Vol. 73, No. 1, 1983.

Hutchinson, Boyd A.; Taylor, Fred G.; and the Critical Review Panel. "Energy Conservation Mechanisms and Potentials of Landscape Design to Ameliorate Building Climates." In *Landscape Journal*. Vol. 2, No. 1, 1983.

Hutchinson, Boyd A.; Taylor, Fred G.; and Wendt, Robert L. 1982. *Use of Vegetation to Ameliorate Microclimates: An Assessment of Energy Conservation Potentials*. Oak Ridge National Laboratory Environmental Sciences Division.

Hyams, Edward. 1976. *Soil and Civilization*. New York: Harper Colophon Books.

Jantsch, Erich. 1975. *Design for Evolution*. New York: George Braziller.

Janzen, Daniel. "Tropical Agroecosystems." In *Science* 182, 1973.

Johansson, Thomas B., and Steen, Peter. 1978. *Solar Sweden: An Outline to a Renewable Energy System*. Stockholm: Secretariat for Futures Studies.

Johnson, Arthur H., and Hester, James S. "Nitrate as a Consideration in Planning Future Land Use." In *Landscape Planning* 8, 1981.

Jokela, Alice Tang, and Jokela, Arthur W. "Water Reclamation, Aquaculture, and Wetland Management." Paper delivered at Coastal Zone '78, Symposium on Technical, Environmental and Regulatory Aspects of Coastal Zone Planning and Management. San Francisco, California. March 14–16, 1978.

Jokela, Arthur. "Institutional Ecology: Another Agenda for the Landscape Planner." In *Landscape Research*. Vol. 5, No. 1, 1979.

Kilpack, Charles. "Computer Mapping, Spatial Analysis, and Landscape Architecture." In *Landscape Journal*. Vol. 1, No. 1, 1982.

————— 1982. *Innovating Landscape Architecture*. Washington, D.C.: Architecture Technical Information Series, American Society of Landscape Architects.

Knowles, Ralph. 1975. *Energy and Form*. Cambridge: Massachusetts Institute of Technology Press.

Koenig, Herman E. "Engineering for Ecological, Sociological, and Economic Compatibility." In *IEEE Transactions on Systems, Man and Cybernetics*. Vol. SMC 2, No. 1, 1972.

Koenig, Herman E.; Cooper, William; and Falvey, James M. "Industrialized Ecosystem Design and Management." Unpublished working paper. East Lansing: Michigan State University, 1971.

Fabos, Julius G., and Joyner, Spencer A., Jr. "Landscape Plan Formulation and Evaluation." In *Landscape Planning* 7, pp. 95-119, 1980.

Falini, Paola E.; Grifoni, Cristina; and Lomoro, Annarita. "Conservation Planning for the Countryside: A Preliminary Report of an Experimental Study of the Terni Basin (Italy)." In *Landscape Planning* 7, 1980.

Federer, C. A. "Trees Modify the Urban Microclimate." In *Journal of Arboriculture* 2. 1976.

Feibleman, James K. "Theory of Integrative Levels." In *British Journal of the Philosophy of Science*. Vol. V, No. 17, 1954.

Friedmann, John. "Introduction" (to issue on regional planning). In *Journal of the American Institute of Planners*. Vol. 30, No. 2, 1964.

————— "Regional Planning as Field of Study." In *Regional Development and Planning*, eds. Friedmann, John and Alonso, William. Cambridge: The M.I.T. Press, 1964.

Frissell, Sidney S.; Lee, Robert G.; Stankey, George H.; and Zube, Ervin H. "A Framework for Estimating the Consequences of Alternative Carrying Capacity Levels in Yosemite Valley." In *Landscape Planning* 7, 1980.

Geddes, Patrick. 1915. *Cities in Evolution*. London: Ernest Benn Ltd.

Geiger, Rudolph. 1965. *The Climate Near the Ground*. Cambridge: Harvard University Press.

Geis, Aelred. "The New Town Bird Quadrille." In *Natural History*. Vol. XXXIII, No. 6, 1974.

Giedion, Sigfried. 1967. *Space, Time and Architecture*, 5th ed. Cambridge: Harvard University Press.

Gill, Don, and Bonnett, Penelope. 1973. *Nature in the Urban Landscape*. Baltimore: York Press.

Gilpin, M. S., and Diamond, J. M. "Subdivision of Nature Reserves and the Maintenance of Species Diversity." In *Nature* 285, 1980.

Gold, A. J. "Design with Nature: A Critique." In *Journal of the American Institute of Planners*. Vol. 40, No. 4, 1974.

Golley, F. B. "Energy Flux in Ecosystems." In *Ecosystem Structure and Function*, ed. Wiens, J. A. Corvallis: Oregon State University Press, 1971.

Gomez-Pompa, A.; Vazquez-Yanes, C.; and Guevara, S. "The Tropical Rain Forest: A Nonrenewable Resource." In *Science* 176, 1972.

Gottmann, Jean, 1961. *Megalopolis*. Cambridge: M.I.T. Press.

Haller, J. R. "Vegetation of Central America." Mimeograph. University of California, Santa Barbara, n.d.

Hartman, Frederick. "The Chicago Forestry Scheme." In *Natural History*. Vol. LXXXII, No. 9, 1973.

Hathaway, Melvin G. "The Ecology of City Squirrels." In *Natural History*. Vol. LXXXII, No. 9, 1973.

Higgs, A. J., and Usher, M. B. "Should Nature Reserves Be Large or Small?" In *Nature* 285, 1980.

Hills, Angus. "The Classification and Evaluation of Land for Multiple Uses." In *Forestry Chronicles*. Vol. 42, No. 2, 1966.

Holdridge, Leslie R. 1971. *Forest Environments in Tropical Life Zones*. New York: Pergamon Press.

Holdridge, Leslie R., and Tosi, Joseph A., Jr. *Report on the Ecological Adaptability of Selected Economic Plants for Small Farm Production in Six Regions of Costa Rica*. San José, Costa Rica: Tropical Science Center, n.d.

Krebs, Charles J. 1978. *Ecology: The Experimental Analysis of Distribution and Abundance*. New York: Harper & Row.

Küchler, A. W. In *Goode's World Atlas*, ed. Espenshade, E. B., Jr. Chicago: Rand-McNally, 1960.

——— 1964. *Potential Natural Vegetation of the Coterminous United States*. New York: American Geographical Society.

Kuehn, E. "Planning the City's Climate." In *Landscape*. Vol. 8, No. 3, 1959.

Landsberg, H. E. "The Climate of Towns." In *Man's Role in Changing the Face of the Earth*, ed. Thomas, William L. Chicago: University of Chicago Press, 1956.

Leopold, Aldo. "The Conservation Ethic." In *Journal of Forestry* 31, 1933.

——— 1936. *Game Management*. New York: Charles Scribner's Sons.

Lewis, Charles A. "Comment: Healing in the Urban Environment." In *American Planning Association Journal*, July, 1979.

Lewis, Phillip H., Jr. "Quality Corridors." In *Landscape Architecture*. Vol. 54, No. 1, 1964.

——— "The New Landscape Challenge." In *Agora*, Autumn, 1982.

Likens, Gene E., and Bormann, F. Herbert. "Nutrient Cycling in Ecosystems." In *Ecosystem Structure and Function*, ed. Weins, John A. Corvallis: Oregon State University Press, 1972.

Lösch, August. "The Nature of Economic Regions." In *Regional Development and Planning*, ed. Friedmann, John, and Alonso, William. Cambridge: The M.I.T. Press, 1964.

Lovelock, J. E. 1980. *Gaia: A New Look at Life on Earth*. New York: Oxford University Press.

Lovins, Amory B. 1977. *Soft Energy Paths: Toward a Durable Peace*. Cambridge: Ballinger Publishing Company.

Lowry, Ira S. "A Short Course in Model Design." In *Journal of the American Institute of Planners*. Vol. 21, No. 2, 1965.

Lyle, John, and von Wodtke, Mark. "An Information System for Environmental Planning." In *Journal of the American Institute of Planners*. Vol. 40, No. 6, 1974.

——— "Design Methods for Developing Environmentally Integrated Urban Systems." In *DMG-DRS Journal: Design Research and Methods*. Vol. 8, No. 3, 1974.

Lynch, Kevin. 1971. *Site Planning*, 2nd ed. Cambridge: M.I.T. Press.

MacArthur, R. H., and Wilson, E. O. 1967. *The Theory of Island Biogeography*. Princeton: Princeton University Press.

MacDougall, E. Bruce. "The Accuracy of Map Overlays." In *Landscape Planning*. Vol. 2, No. 1, 1977.

——— "Fuzzy Set Evaluation in Landscape Assessment." In *Regional Landscape Planning Proceedings*. Washington, D.C.: Annual Meeting of the American Society of Landscape Architects, 1981.

McHarg, Ian L. 1969. *Design with Nature*. New York: Natural History Press.

——— "Human Ecological Planning at Pennsylvania." In *Landscape Planning*. Vol. 8, No. 2, 1981.

McHarg, Ian L., and Sutton, Jonathan. "Ecological Plumbing for the Texas Coastal Plain." In *Landscape Architecture*. Vol. 65, No. 1, 1975.

MacKaye, Benton. 1962. *The New Exploration: A Philosophy of Regional Planning*. Urbana, Illinois: University of Illinois Press.

Margalef, Ramon. "On Certain Unifying Principles in Ecology." In *American Naturalist* 97, 1963.

——— 1968. *Perspectives in Ecological Theory*. Chicago: University of Chicago Press.

——— "Diversity, Stability and Maturity in Natural Ecosystems." In *Unifying Concepts in Ecology*, eds. van Dobben, W. H., and Lowe-McConnell, R. H. The Hague: Dr. W. Junk B.V. Publishers, 1975.

Marquis, Stewart. *Urban-Regional Ecosystems: Toward a Natural Science of Cities*. Unpublished manuscript. School of Natural Resources, University of Michigan, 1974.

Martin, Alexander C.; Zim, Herbert S.; and Nelson, Arnold L. 1951. *American Wildlife and Plants: A Guide to Wildlife Food Habits*. New York: McGraw-Hill Book Company, Inc.

Marušič, Ivan. "Landscape Planning Methods in the U.S.A.: An Outside View." In *Landscape Research*. Vol. 5, No. 1, 1979.

May, R. M. "Stability in Ecosystems: Some Comments." In *Unifying Concepts in Ecology*, eds. van Dobben, W. H. and Lowe-McConnell, R. H. The Hague: Dr. W. Junk B.V. Publishers, 1975.

——— 1973. *Stability and Complexity in Model Ecosystems.* Princeton: Princeton University Press.

Meadows, Donella H.; Meadows, Dennis L.; Randers, Jorgen; and Behrens, William W. 1972. *The Limits to Growth.* New York: Universe Books.

Meier, Richard L. 1974. *Planning for an Urban World: The Design of Resource Conserving Cities.* Cambridge: M.I.T. Press.

Meinig, D. W. "The Beholding Eye: Ten Versions of the Same Scene." In *Landscape Architecture.* Vol. 66, No. 1, 1976.

Meldan, R. "Besondere luftechnische Aufgaben der Industrie." *Staedtehygiene.* Vol. 3, No. 8, 1959.

Mesarovič, Mihaljo, and Pestel, Edouard. 1974. *Mankind at the Turning Point.* New York: E. P. Dutton and Company.

Moore, Russell T.; Ellis, Scott L.; and Duba, David R. "Advantages of Natural Successional Processes on Western Reclaimed Lands." *Papers Presented at the Fifth Symposium on Surface Mining and Reclamation.* Louisville: National Coal Association, 1977.

Mumford, Lewis. "The Natural History of Urbanization." In *Man's Role in Changing the Face of the Earth,* ed. Thomas, William L. Chicago: University of Chicago Press, 1956.

Needham, Joseph. 1954. *Science and Civilization in China.* Vol. IV:3. Cambridge University Press.

Novikoff, Alex B. "The Concept of Integrative Levels and Biology." In *Science* 101, 1945.

Odum, Eugene P. "Strategy of Ecosystem Development." In *Science* 164, 1969.

——— 1971. *Fundamentals of Ecology,* 3rd ed. Philadelphia: W. B. Saunders Company.

——— "Diversity as a Function of Energy Flow." In *Unifying Concepts in Ecology,* eds. van Dobben, W. H., and Lowe-McConnell, R. H. The Hague: Dr. W. Junk B.V. Publishers, 1975.

Odum, Howard T. "Energy Quality and Carrying Capacity of the Earth." In *Tropical Ecology* 16, 1976.

——— "Net Energy Analysis of Alternatives for the United States." Testimony delivered before the U.S. House of Representatives Subcommittee on Energy and Power of the Committee on Interstate and Foreign Commerce, March 25 and 26, 1976.

Odum, Howard T., and Odum, Elizabeth C. 1975. *Energy Basis for Man and Nature.* New York: McGraw-Hill Book Company.

Orians, Gordon H. "Diversity, Stability and Maturity in Natural Ecosystems." In *Unifying Concepts in Ecology,* eds. van Dobben, W. H., and Lowe-McConnell, R. H. The Hague: Dr. W. Junk B.V. Publishers, 1975.

Ornstein, Robert E. 1972. *The Psychology of Consciousness.* New York: The Viking Press.

Pinkard, H. P. "Trees, Regulators of the Environment." In *Soil Conservation,* October, 1970.

Powell, John Wesley. *Report on the Arid Regions of the United States with a More Detailed Account of the Lands of Utah.* Edited by Stegner, Wallace. Cambridge: The Belknap Press of Harvard University Press, 1962.

Prigogine, Ilya. "Order through Fluctuation: Self-Organization and Social Systems." In *Evolution and Consciousness: Human Systems in Transition,* eds. Jantsch, Erich, and Waddington, Conrad H. Reading, Massachusetts: Addison-Wesley, 1976.

——— "From Being to Becoming." Austin, Texas: University of Texas Center for Statistical Mechanics and Thermodynamics, 1978.

——— "Biological Order, Structure, and Instabilities." In *Review of Biophysics.* Vol. 4, Nos. 2 and 3, 1978.

Reed, Sherwood; Bastian, Robert K.; and Jewell, William J. "Engineers Assess Aquaculture Systems for Wastewater Treatment." In *Civil Engineering,* July, 1981.

Regional Energy Consumption: Second Interim Report of a Joint Study. New York and Washington, D.C.: Regional Plan Association, Inc. and Resources for the Future, Inc., 1974.

Reichle, D. E.; O'Neill, R. V.; and Harris, W. F. "Principles of Energy and Material Exchange in Ecosystems." In *Unifying Concepts in Ecology,* eds. van Dobben, W. H., and Lowe-McConnell, R. H. The Hague: Dr. W. Junk B.V. Publishers, 1975.

Reilly, Michael. *Ecological Uses of Urban Trees.* Unpublished M.L.A. thesis, California State Polytechnic University, 1976.

Richards, P. W. 1952. *The Tropical Rain Forest.* London: Cambridge University Press.

Richardson, Harry Ward. 1979. *Regional Economics.* Urbana: University of Illinois Press.

Rigler, R. H. "The Concept of Energy Flow and Nutrient Flow between Trophic Levels." In *Unifying Concepts in Ecology,* eds. van Dobben, W. H., and Lowe-McConnell, R. H. The Hague: Dr. W. Junk B.V. Publishers, 1975.

Robinette, Gary. 1972. *Plants, People and Environmental Quality.* Washington, D.C.: U.S. Department of the Interior.

Robinson, A. C., et al. "An Analysis of the Market Potential of Water Hyacinth-Based Systems for Municipal Wastewater Treatment." Research Report No. BCL-OA-TFT-76-5. Columbus, Ohio: Battelle Columbus Laboratories, 1976.

Rodiek, Jon. "Wildlife Habitat Management and Landscape Architecture." In *Landscape Journal.* Vol. 1, No. 1, 1982.

Rodiek, Jon, and Wilen, Billy. "Landscape Inventory: A Key to Sound Environmental Planning." In *Landscape Research.* Vol. 5, No. 1, 1979–80.

Saurin, Jean-Pierre. "The Compatability of Conifer Afforestation with the Landscape of the Monts D'Arrei Region." In *Landscape Planning* 7, 1980.

Schlauch, Frederick C. "City Snakes, Suburban Salamanders." In *Natural History.* Vol. LXXXV, No. 5, 1976.

Schram, D., and Grist, C. "Building Site Selection to Conserve Energy by Optimizing Topoclimatic Benefits." *Proceedings for the National Conference on Technology for Energy Conservation.* Rockville, Maryland: Environmental Protection Agency, 1978.

Schweitzer, Albert. *Out of My Life and Work.* 1933. Reprint. New York: Holt, Rinehart and Winston, 1972.

Sharpe, Carl, and Williams, Donald L. "The Making of an Environmental Fit." In *Landscape Architecture.* Vol. 63,

No. 3, 1972.

Soemarwoto, Otto. "Rural Ecology and Development in Java." In *Unifying Concepts in Ecology*, eds. van Dobben, W. H., and Lowe-McConnell, R. H. The Hague: Dr. W. Junk B.V. Publishers, 1975.

Sperry, R. W. "The Great Cerebral Commissure." In *Scientific American*, January, 1964.

Steiner, Frederick; Brooks, Kenneth; and Struckmeyer, Kenneth. "Determining the Regional Context for Landscape Planning." In *Regional Landscape Planning: Proceedings of Three Educational Seminars*. Washington, D.C.: Annual Meeting of the American Society of Landscape Architects, 1981.

Steinitz, Carl. "Simulating Alternative Policies for Implementing the Massachusetts Scenic and Recreational Rivers Act: The North River Demonstration Project. In *Land-scape Planning* 6, 1979.

——— 1978. *Defensible Processes for Regional Landscape Design*. Washington, D.C.: Landscape Architecture Technical Information Series, American Society of Landscape Architects.

Steinitz, C., and Brown, H. J. "A Computer Modeling Approach to Managing Urban Expansion." *Geoprocessing* 1, 1981.

Steinitz, Carl; Brown, H. James; and Goodale, Peter. 1976. *Managing Suburban Growth: A Modeling Approach*. Cambridge: Landscape Architecture Research Office, Harvard University.

Steinitz, Carl; Murray, Timothy; Sinton, David; and Way, Douglas. 1969. *A Comparative Study of Resource Analysis Methods*. Cambridge Department of Landscape Architecture Research Office, Harvard University.

Stilgoe, John. "Suburbanites Forever: The American Dream Endures." In *Landscape Architecture*. Vol. 72, No. 3, 1982.

Stobaugh, Robert, and Yergin, Daniel. 1979. *Energy Future: Report of the Energy Project at the Harvard Business School*. New York: Random House.

Streeter, Robert G.; Moore, Russell T.; Skinner, Janet J.; Martin, Stephen G.; Terrel, Ted L.; Klimstra, Willard D.; Tate, James, Jr.; and Nolde, Michelle, J. "Energy Mining Impacts and Wildlife Management: Which Way to Turn." *Transactions of the 44th North American Wildlife and Natural Resources Conference*. Washington, D.C.: The Wildlife Management Institute, 1979.

Strong, Maurice F. "A Global Imperative for the Environment." In *Natural History*. Vol. 83, No. 3, 1974.

Stuart, Darwin G. *The Systems Approach in Urban Planning*. Planning Advisory Service Report No. 253. Chicago: American Society of Planning Officials, January, 1970.

Study of Man's Impact on Climate (SMIC). 1971. *Inadvertent Climate Modification*. Cambridge: M.I.T. Press.

Sullivan, Arthur L, and Shaffer, Mark L. "Biogeography of the Megazoo." In *Science* 189, 1975.

Tansley, A. G. "The Use and Abuse of Vegetational Concepts and Terms. In *Ecology* 16, 1935.

Teilhard de Chardin, Pierre. 1966. *Man's Place in Nature*. London: Collins Publishing Company.

Tosi, Joseph A. 1969. *Republica de Costa Rica: Mapa Ecológico*.

San José, Costa Rica: Tropical Science Center.

——— "El Recurso Forestal como Base Pontencial para el Desarrollo Industrial de Costa Rica." In *La Nación*, March 20 and 21, 1971.

U.S. Department of the Interior. *Yosemite Draft General Management Plan*. Washington, D.C., 1978.

U.S. Department of the Interior. *Final Environmental Impact Report and Proposed Plan: California Desert Conservation Area*. Riverside, California, 1980.

van Dobben, W. H., and Lowe-McConnell, R. H. "Preface" to *Unifying Concepts in Ecology*. The Hague: Dr. W. Junk B.V. Publishers, 1975.

Van Dyne, George M. "Ecosystems, Systems Ecology and Systems Ecologists." In *Readings in Conservation Ecology*, ed. Cox, George W. New York: Appleton-Century-Crofts, 1969.

Van Til, Jon. "Spatial Form and Structure in a Possible Future." In *American Planning Association Journal*, July, 1979.

Wagstaff and Brady and Robert Odland Associates. *San Gorgonio Wind Resource Study—Draft Environmental Impact Report/Environmental Impact Statement*. Berkeley, California, 1982.

Wallace, McHarg, Roberts, and Todd. *Woodlands New Community Phase One: Land Planning and Design Principles*. Houston: Woodlands Development Corporation, 1972.

——— *Woodlands New Community: Guidelines for Site Planning*. Houston: Woodlands Development Corporation, 1973.

Watson, James D. 1968. *The Double Helix: A Personal Account of the Discovery of the Structure of DNA*. New York: New American Library.

Wheaton, William. "Metropolitan Allocation Planning." In *Regional Planning*, ed. Hufschmidt, M. New York: Praeger Publishers, 1967.

Whitehead, Alfred North. 1929. *The Aim of Education and Other Essays*. New York: The MacMillan Company.

Whittaker, R. H. "Gradient Analysis of Vegetation." In *Biological Review* 42, 1967.

——— "A Study of Summer Foliage Insect Communities in the Great Smoky Mountains." *Ecological Monographs* 22, 1966.

Williamson, Robert D. "Bird-and-People-Neighborhoods." In *Natural History*. Vol. LXXXII, No. 9, 1973.

Wittfogel, Karl A. "The Hydraulic Civilizations." In *Man's Role in Changing the Face of the Earth*, ed. Thomas, William L., Jr. Chicago: University of Chicago Press, 1956.

Wolman, Abel. "The Metabolism of Cities." In *Scientific American*. Vol. 213, No. 3, 1965.

Woodwell, George M. "Recycling Sewage Effluent through Plant Communities." In *American Scientist* 65, 1977.

——— "The Carbon Dioxide Question." In *Scientific American*. Vol. 238, No. 1, 1978.

Woodwell, G. M.; Whittaker, R. H.; Reiners, W. A.; Likens, G. E.; Delwicke, C. C.; and Botkin, D. B. "The Biota and the World Carbon Budget." In *Science* 199, 1978.

在 4 年前顺利完成了《环境再生设计：为了可持续发展》之后，应同济大学出版社之邀，继续进行莱尔的开山之作《人类生态系统设计》的翻译。接受任务之后迟迟没有动手。一则是认为此书的英文原版已是经典，且流畅易读，实在没有把握译文的水平能够比肩；二则是常年疲于应付日常的工作和考核。因为去年疫情的封闭，有了相对自由的时间，得以静下心来完成之前的承诺，希望不辱使命。

这本书是我开始生态规划设计研习的启蒙书，相信也是很多那个年代的同行或多或少有所了解的著作；但是之后因为原书绝版以及其他一些原因，很难读到了。这次翻译，虽然感叹书中的一些技术性描述，如当时的 GIS 技术，确实是过时了，但是其根本的洞见，如不同尺度、城乡环境下景观所担负的生态作用、面临的根本问题以及可行的解决方案，仍然对当今的从业者，以及无论是初学者还是为现实问题所困扰者，都具有醍醐灌顶之效。

在本书完稿出版之际，首先要感谢 2 位小朋友——同济大学建筑与城市规划学院景观学系 2018 级学生刘亦凡和赵雪蕊。她们利用新入学的寒假之际，将本书的英文版扫描页面全部数字化，并利用翻译软件形成了最初的翻译文档，为整个翻译工作奠定了基础。还要感谢同济大学建筑与城市规划学院景观学系 2020 级硕士研究生聂浦珍同学，她对书中的所有图片进行了符合出版要求的处理，并根据译稿植入了图上的中文说明文字。本书的出版也有赖于同济大学出版社相关工作人员的坚持不懈，尤其是武蔚编辑。没有他们的努力和督促，本书的出版问世也许还会遥遥无期。

希望借这一次的译作出版，使莱尔的先见之明能够再一次地启示当下规划设计的教学和实践。

骆天庆

2021.6.22. 于上海

图书在版编目（C I P）数据

人类生态系统设计：景观、土地利用与自然资源 /（美）约翰·蒂尔曼·莱尔（John Tillman Lyle）著；骆天庆译 . -- 上海：同济大学出版社，2021.8
（建筑·城规设计教学前沿论丛 / 吴江主编）
ISBN 978-7-5608-9710-3

Ⅰ . ①人… Ⅱ . ①约… ②骆… Ⅲ . ①景观设计
Ⅳ . ① TU983

中国版本图书馆 CIP 数据核字 (2021) 第 132577 号

人类生态系统设计
景观、土地利用与自然资源
DESIGN FOR HUMAN ECOSYSTEMS
LANDSCAPE, LAND USE, AND NATURAL RESOURCES

[美] 约翰·蒂尔曼·莱尔（John Tillman Lyle）著　　骆天庆 译

责任编辑　武 蔚
责任校对　徐春莲
版式设计　曾 增　封面设计　完 颖
出版发行　同济大学出版社 http://www.tongjipress.com.cn
　　　　　地址：上海市四平路 1239 号 邮编：200092 电话：021-65985622
经　销　全国各地新华书店，建筑书店，网络书店
印　刷　上海安枫印务有限公司
开　本　787mm×1092mm　1/16
印　张　22.5
字　数　562 000
版　次　2021 年 8 月第 1 版　2021 年 8 月第 1 次印刷
书　号　ISBN 978-7-5608-9710-3
定　价　88.00 元